天下文化
BELIEVE IN READING

財經企管 550A

成為賈伯斯

天才巨星的挫敗與孕成

史蘭德（Brent SCHLENDER）
特茲利（Rick TETZELI）——合著

廖月娟、沈維君、蕭美惠、連育德 ——合譯

Becoming Steve Jobs

The Evolution of a Reckless Upstart into a Visionary Leader

譯者簡介

廖月娟（前言、第1至7章）

1966年生，美國西雅圖華盛頓大學比較文學碩士。曾獲誠品好讀報告2006年度最佳翻譯人、2007年金鼎獎最佳翻譯人獎、2008年吳大猷科普翻譯銀籤獎。譯作繁多，包括《賈伯斯傳》、《你要如何衡量你的人生》、《文明的代價》、《告別之前》、《狼廳》、《雅各的千秋之年》、《我的焦慮歲月》等數十冊。

沈維君（第8至11章）

長榮大學翻譯系畢業，曾任出版社編輯，現從事翻譯與文案工作。譯有《關於人生，我確實知道……》、《讓自己適應壞世界》、《ICARE！傳奇式服務，讓你的顧客愛死你》等書。賜教信箱：echo.wind1215@gmail.com。

蕭美惠（第12至14章）

國立政治大學英語系畢業，從事翻譯二十餘年，譯作數十本，包括《透明社會》、《景氣為什麼會循環》、《投資人的生存戰役》、《單純信念，富足心靈》等書。

連育德（第15至17章、致謝）

英國巴斯大學口筆譯所畢業，曾任東吳英文系口筆譯兼任講師、證券業內部譯者。教育部中英翻譯能力檢定通過，亦曾獲梁實秋翻譯評審獎，譯有《第一眼就看出問題》、《3000元開始的自主人生》、《自造者時代》、《什麼才是最難的事？》、《蘋果設計的靈魂》、《因為堅持，所以贏》等書。

成為賈伯斯
天才巨星的挫敗與孕成

Becoming Steve Jobs
The Evolution of a Reckless Upstart into a Visionary Leader

目次

推薦序

行過幽蔭低谷：賈伯斯的領導者修煉

呂學錦

歷史上就只有這麼一位「不同凡想」（Think Different）卻又複雜的曠世奇才：賈伯斯。寫他的書、報導和文章，多如牛毛，然而，這一本不一樣。這一本的作者，用心盡力回答一個核心謎題。這個謎題，在本書之前，包括賈伯斯生前唯一授權的傳記《賈伯斯傳》，沒有答案。

借用康納曼的理論，《賈伯斯傳》比較像是「第一系統」裡「快思」下的成果，《成為賈伯斯》則偏似「第二系統」裡「慢想」下的結晶：作者提出一個核心謎題，然後回溯時間之流，在他與賈伯斯相識多年的點滴裡，尋覓問題的答案。

本書要解答的謎就是「蛻變」。

起落間的頓悟

他小小年紀就挑戰電信巨人AT&T，開發藍色小盒子免費打電話；他才上了大學就發現自己在浪費養父母的辛苦積蓄，上大學不如自學；他遇見電子天才沃茲尼克，兩人的交會綻放出無比的光亮。若說賈伯斯定義了個人電腦，比爾‧蓋茲對此也無異議。

他有足夠的理由可以傲慢自負，甚至近乎唐突無禮。然而，這種態度或許可以成就一時，斷然不能成功一世。於是，大風大浪襲來，他從雲端跌到谷底。不服輸的倔強個性驅動他，企圖東山再起，笑傲江湖。誰知一花一柳，正打的歪著，歪打的正著：他先是積極經營NeXT，後來因緣際會入主皮克斯；到頭來，NeXT無疾而終，皮克斯卻大放異彩，正應了「有意栽花花不發，無心插柳柳成蔭」的諺語。

曾經遠赴印度探索心靈，並拜師學禪的賈伯斯，夜深人靜時，必然有峯迴路轉，笑拈梅花，春在枝頭的自悟。「只要我感受到純淨的事物，純淨的精神與愛，我總忍不住落淚，純淨總是深深打進我心裡，深深吸引我。」賈伯斯回憶蘋果形象廣告「不同凡想」製作時的情景時曾說：「那種純淨令我永遠無法忘懷。」相信這是他自悟成長的見證之一。

聽從心裡的聲音

賈伯斯2005年在史丹佛大學畢業典禮發表的那場演講中，他說「被蘋果電腦開除，是我所經歷過最好的事」，以及「有時候，人生會用磚塊砸你的頭」。這是人生給賈伯斯的當頭棒喝。這一棒，敲醒了沉醉迷茫的賈伯斯。所以他才說，「成功的沉重被從頭來過的輕鬆所取代，每件事情都不再那麼確定。我得到釋放……」。相信這是他的另一個頓悟。

彼時，他豁然開朗，心中烏雲散盡。此刻的賈伯斯已非昔日的賈伯斯。他跟隨直覺，一路前行，「進入這輩子最具創意的階段」，而且無往不利，這正是所謂「鑿池不待月，池成月自來」。

他立業成家，家庭生活美滿；他重掌蘋果，創造價值無限；他組成的團隊陣容堅強，相互信賴；他授權負責，同仁合作無間。賈伯斯管頭理尾，一體成形，一氣呵成。i系列產品，從iMac、iPod、iTunes、iStore、iPhone、iPad、iCloud，各個不同凡想，也確實不同凡響。

君子的胸襟

作者回顧與賈伯斯一路往來二十五年的交情，充分詮釋有意無意間所做的記錄，並深入採訪蘋果公司各個發展階段的重要主管，以及賈伯斯的夥伴、眷屬、朋友，乃至商場上的對手，內容生動，引人入勝。

作者在書中首次揭露賈伯斯為皮克斯尋找歸宿的精采故事。賈伯斯在公開宣布出售皮克斯給迪士尼前的一小時，特別單獨跟迪士尼執行長伊格會談，坦露自己癌症復發的病情，容允對方重新考慮，給予選擇退出的機會。這一幕，真情流露，君子之交，令人動容。

尤有勝者，庫克在2009年初得知賈伯斯必須換肝，正在排隊等待適合的捐贈者。作者陳述庫克自願捐贈部分肝臟給賈伯斯，但賈伯斯二話不說，斷然拒絕，一來一往之間，成就一段君子之交的佳話，讀來分外深刻。

賈伯斯是一座高山，橫看成嶺側成峰，在仰望者的眼中，遠近高低各有不同。請讀者自己展卷，一探廬山真面目吧！

向賈伯斯致敬。

（本文作者為交通大學電機學院榮譽教授）

前言

「你對這裡還很陌生，不是嗎？」這是他最初對我說的話。（二十五年後，他最後對我說的則是：「對不起。」）我是記者，該由我來發問才是，沒想到他反守為攻，先丟出問題給我。

有人警告我，要採訪賈伯斯不只要有豹子膽。前一晚，我和《華爾街日報》舊金山分社幾個新來的同事小酌，其中一人提醒我，第一次碰面最好穿防彈衣，另一個也開玩笑說道，採訪賈伯斯最好有上戰場的心理準備。那時是1986年4月，賈伯斯早就是財經界的傳奇人物。據說，我們報社以前有個記者去採訪他，就被他狠狠地教訓了一頓：「你懂不懂啊？你到底懂不懂我們談的東西？」

採訪有如上戰場

我真的穿過防彈衣。一九八〇年代初期，我在中美洲報導戰地新聞。那時，我大半時間都在薩爾瓦多和尼加拉瓜，採訪過形形色色的人，包括開車經過戰區的卡車司機，以及美國派駐到中美洲叢林的軍事顧問。我曾到反政府指揮官藏身之地與之密會，也曾獲准進入總統官邸採訪總統。除了深入戰區，我還曾與難纏的億萬富翁交手，像是有「油神」之稱的皮肯斯（T. Boone Pickens）、裴若（H. Ross Perot）和李嘉誠，也採訪過搖滾明星、電影偶像、好幾位諾貝爾獎得主，如發明積體電路的基爾比（Jack Kilby），甚至包括離宗叛教、坐擁三妻四妾的人和刺客的祖母。我不是膽小鬼，不會輕易被人嚇唬。但我從加州聖馬特奧（San Mateo）的家出發，到NeXT公司在帕羅奧圖（Palo Alto）的總部，在這二十分鐘的車程裡，還是忐忑不安，不知道用怎樣的角度採訪賈伯斯最好。

我的不安還有一部分源於年齡。我採訪過的知名企業領導人年紀都比我大，但這次例外：我三十二歲，賈伯斯還小我一歲，但已舉世聞名，與比爾・蓋茲並稱電腦雙雄，是個人電腦產業的開創者。在網際網路浪潮襲捲全球、每週都有電腦神童現身之前，賈伯斯早就是科技產業的超級巨星，打遍天下無敵手，創下許許多多的輝煌紀錄。他和沃茲尼克（Steve Wozniak）從在帕羅奧圖自宅車庫組裝電路板起家，他們創立的公司已成市值達十億美元的大企業。個人電腦似乎潛力無窮，身為蘋果公司創辦人的賈伯斯正象徵無限可能。1985年9月，賈伯斯眼看不得不交出掌管蘋果的大權，於是向董事會坦白，他打算自立門戶，專攻工作站電腦，蘋果有幾個幹部也將追隨他。不久，他就被迫辭去董事長的職位。賈伯斯居然被他自己一手創立的蘋果炒魷魚，這真是個驚天動地的消息。媒體百般剖析這場鬥爭，《財星》和《新聞週刊》都以被逐出蘋果、顏面盡失的賈伯斯做為封面故事。

在接下來的半年間，賈伯斯對其新創公司的細節守口如瓶，部分原因是蘋果已對賈伯斯提出訴訟，以免他繼續挖角。幸好，後來雙方和解，蘋果願意撤銷告訴。此時，賈伯斯的公關人員說，他們已打過電話給我在《華爾街日報》的老闆，說他願意接受幾家重要財經媒體的訪談，準備好要讓NeXT亮相。對這個機會，我一則以喜，一則以憂：我當然想藉這個機會一探究竟，但又不想被毀譽參半的賈伯斯先生玩弄於股掌之間。

在NeXT總部初識

從聖馬特奧往南到帕羅奧圖，這一路正是矽谷發展的軌跡。從橫跨聖馬特奧中央的92號州道一直往西，就可接上280號州際公路：這是條八線道的高速公路，風景如詩如畫，途經聖安德烈斯湖（San Andreas Lake）和晶泉水庫（Crystal Spring Reservoir），後者貯存源於內華達山脈的純淨優質水，供給舊金山地區居民所需。再往南就是創投公司林立的沙丘路（Sand Hill Road），這裡多的是光鮮亮麗、出手闊綽的投資客。有條像是絲狀骨折的裂縫夾在沙丘路和高速公路之間，此即長達3.2公里的史丹佛線性加速器（Stanford Linear Accelerator）。接著是史丹佛大學校園後方的山丘，山丘空曠，綠草如茵，點綴著白面赫里福德牛和華麗的橡樹。著名的無線電波望遠鏡「史丹佛盤」（Stanford Dish）就在這裡。這一大片青草地在冬季和春天的雨水滋潤之下，暫時像高爾夫球場那樣綠意盎然，接著經過烈日曝曬後又會變得土黃。草地上可見橘紅、粉紫和豔黃的野花。我才剛來灣區，還不知道此時正是這條公路一年當中最美的時節。

我在佩吉米爾路（Page Mill Road）出口下高速公路。大名鼎鼎的惠普公司（Hewlett-Packard）、生技公司阿爾薩（ALZA Corporation）、與矽谷高科技產業合作密切的安達信諮詢顧問公司〔Andersen Consulting，現已更名為埃森哲（Accenture）〕以及WSGR聯合法律事務所（Wilson Sonsini Goodrich & Rosati）都在這條路上。然而，最先映入眼簾的是史丹佛研究園區（Stanford Research Park）一排排低矮的研發實驗室及其周邊綠地。聞名遐邇的全錄帕羅奧圖研究中心（PARC）也在這裡，而正是在此地，賈伯斯第一次看到使用滑鼠與位元對映技術、以圖形為介面的電腦。後來，他也決定把NeXT總部設在帕羅奧圖。

NeXT總部是兩層樓高、方方正正的水泥與玻璃建築。與之合作的公關公司艾莉森湯瑪絲（Allison Thomas Associates）派了一位年輕小姐帶著我經過辦公室，然後來到一間小小的會議室。會議室的窗外沒什麼景觀，只能看到停車場，停放的車輛只占了一半。賈伯斯已坐在那裡等我。他對我點頭，表示歡迎之意，要那位公關人員退下。我還沒坐好，他已拋出第一個問題。

試探與攻防

我不知道是否該三言兩語簡單給個答案就好，或者他真的對我這個人好奇，想要知道我是誰和我的背景。我大膽猜想是後者，因此歷數我待過的地方以及為《華爾街日報》採訪過哪些公司。我從堪薩斯大學研究所休學之後，即在該報的達拉斯分社當記者，多是撰寫有關飛行與航空公司的報導。由於德州儀器（Texas Instruments）和無線電屋（Radio Shack）的總部都在這裡，我的寫作觸角也延伸到電子產業。我坦白自己曾專題報導在1981年刺殺雷根的德州石油富商之子欣克利（John Hinckley），因而招致一些負面批評。

「你高中畢業是哪一年？」他插嘴問道。「1972年，」我答道：「然後在大學和研究所唸了七年，最後還是沒拿到碩士學位。」他沒等我講完，就急著說：「那我們應該同年。」（我後來才知道他小學時曾跳級，因此我比他大一歲。）

接著，我談到我被派駐到中美洲，當了兩年戰地記者，後來又在香港待了兩年，為《華爾街日報》撰寫地緣政治的議題，接著回到洛杉磯，一年後終於得到目前這個夢寐以求的工作，在舊金山落腳。此時，我真的覺得我好像是來這裡面試。只是不管我說什麼，賈伯斯都沒什麼反應。

「你懂電腦嗎？」他插嘴問道，又接著說：「國內大報或財經雜誌的記者對電腦根本一竅不通，只會亂寫。」他搖搖頭，擺出一副不屑的模樣。「上次貴報派來採訪我的記者，甚至不知道電腦記憶體和磁片有什麼不同！」

我那惶恐的心終於平靜了一點。「其實，我主修英國文學，但也會寫簡單的遊戲程式，曾利用大學主機設計關聯資料庫。」他流露不可置信的眼神。「有幾年，我晚上兼差當電腦操作員，用安訊公司（NCR）的迷你電腦處理四家銀行每日交易資料。」這時，他看著窗外。「IBM個人電腦上市第一天我就買了一部。在達拉斯的電腦賣場商業天地（Businessland）買的。這部電腦的序號前八碼都是『0』。電腦到手後，我立即安裝CP/M作業系統。後來因為我要去香港，得把電腦賣掉，因為買家要求，才安裝MS-DOS。」

一聽到那兩種早期電腦作業系統和競爭對手的產品，賈伯斯的精神就來了。「你為什麼不買蘋果二號？」他問。

好問題，但是說真的……我為什麼要變成這傢伙採訪的對象？

我坦承：「我沒買過蘋果二號。但我來舊金山之後，向報社申請了一部『胖麥』。」（譯注：即1984年9月上市的Fat Mac，Macintosh 512K，記憶體為第一代麥金塔的兩倍，因此暱稱「胖麥」。）我說服我們紐約總部的大老，如果我得寫有關蘋果的報導，最好熟悉他們最新推出的機器。「這部麥金塔我才用兩個星期，但已經覺得比PC好用。」

這話顯然正中下懷。他說：「等你看到我們打造出來的東西，你就會想把那部胖麥丟了。」至此，我們終於可以切入這次採訪的正題：蘋果竟然把他這個創辦人掃地出門，但他已東山再起，矢志復仇，特別是冷血將他逐出蘋果王國的執行長史考利（John Sculley）。

NeXT的虛與實

現在，他總算願意回答我的問題，雖然不總是實話直說。例如，我很好奇，這個總部空蕩蕩的，好像只有小貓兩、三隻，他們真的要在這裡組裝電腦嗎？不管怎麼說，這裡實在不像生產線。他是否只靠自己的資金，或者要拉人投資？他已出脫手中所有的蘋果股票，只留一股，因此約有現金七千萬美元，然而從他的雄心壯志來看，這筆錢恐怕很快就燒完了。

有時，他會轉到讓人意想不到的話題。例如，他用一個600c.c.的啤酒杯裝了滾燙的熱開水，一邊談一邊喝。他解釋說，有一天他發現茶葉沒了，突然想到，只喝熱開水也很不錯。「感覺跟喝茶一樣舒心。」他說。最後，他才言歸正傳：高等教育機構需要更高階的電腦，只有NeXT能滿足這樣的需求。他們正和史丹佛、卡內基美隆等資訊工程學系很強的名校密切合作。「他們將是我們的第一批客戶。」

儘管他只想傳達一個訊息，儘管他回答問題時多半閃爍其詞，但仍散發一股迷人的魅力。他極度自信，讓我不由得全神貫注，傾聽他說的字字句句。他說話的時候常常字斟句酌，碰到意想不到的問題也是。二十五年後，賈伯斯的遺孀蘿琳在燭光追思會中提到，他在非常年輕的時候已是個很重視美學的人。他的回答透露他的品味，也彰顯他對自己判斷的信心。事實也證明如此。

在我們談話的過程中，我感覺我就像個去找他面試的新人，他真的在考我，看我是不是真的知道他做了什麼，他做的事有何特別，以及他計畫在NeXT做什麼。後來，我才了解，如果有人要報導他跟他做的事，賈伯斯也希望那人的描述能達到他對品質的要求。此時，三十出頭的他認為自己不管做什麼，都能做得很好。當然，有這種心態的老闆，可能會讓員工寢食難安。

此次採訪歷時四十五分鐘。他草草帶過NeXT的發展計畫，而事實證明，這正是這家公司草創那幾年多災多難的一個徵兆。關於NeXT，他的確有件事想好好談談，那就是商標。他給我一本印刷精美的小冊子，然後細說設計大師藍德（Paul Rand）創造這個公司商標的過程，就連這本小冊的設計也是藍德親自操刀，以厚磅乳白紙張印刷，並用昂貴的透明紙隔開，一步步解說這個商標意象的由來及其所要傳達的「多重視覺語言」。手冊上說，這個有NeXT四個字母的正立方體圖案「以黑色為底色（因為黑色最能顯現色彩的對比），四個字母分別為朱紅、桃紅、綠和黃」，而且「傾斜了28度」。

那時，藍德已是公認當代最厲害的平面設計大師，很多知名企業的商標都是他的作品，如IBM、ABC、UPS、西屋（Westinghouse）等。為了這本手冊和這次提案，賈伯斯花了十萬美元。就算他不喜歡，要丟到垃圾桶，也得付這麼多錢。儘管賈伯斯有追求完美的性格，這種不惜一擲千金的作風，在NeXT必然會為他帶來不少麻煩。

追憶四分之一世紀的交情

採訪後，有關NeXT的報導，我一個字也沒寫。一家新創公司找人設計了一個很酷的商標，即使委託人大有來頭，而且設計者是業界翹楚，也算不上是什麼新聞吧！再說，那時《華爾街日報》還是黑白印刷，不曾出現過彩色圖片。即使我想寫篇文章介紹NeXT光鮮亮麗的新商標，教人欣賞這款設計的細微之處和美感，恐怕沒有人想看。在那個時代，誰在意設計？

我採訪後無隻字片語見諸報端一事，賈伯斯並不介意。我倆能體諒彼此的需求與難處，這段交情才能綿延二十五年。我們也像大多數的記者與受訪者，因有求於對方而聯絡。我能讓他出現在《華爾街日報》頭版，後來也讓他成為《財星》封面人物；我的讀者想知道他的消息，我也想搶先一步報導，讓其他記者瞠目其後，更希望寫得比他們好。他要我報導他的新產品，而我的讀者不但想知道他的產品，更想了解他這個人。他想讓全世界知道，他的產品有多麼精美，創造多具巧思，而我則想深入幕後，知道他的公司有何競爭優勢和弱點。

我們就在這樣的背景中交流：說是「交易」也未嘗不可，因為我們彼此都希望吸引對方，達成有利於自己的目的。與賈伯斯來往這麼多年，有時我覺得我們像打橋牌的搭檔，但下一刻又覺得自己像是滿手爛牌又容易上當的撲克牌玩家。通常我覺得他略勝一籌，即使我勝算較大，他還是有贏家的氣勢。

儘管報導沒見報，賈伯斯仍然跟艾莉森湯瑪絲公關公司的凱西・庫柯（Cathy Cook）說採訪滿順利的，他認為我「還不賴」。有時，他會要凱西邀我到NeXT聊聊。其實，那時NeXT還沒有什麼值得報導的。直到1988年，NeXT推出了第一個工作站電腦產品，我才寫出第一篇有關賈伯斯與NeXT電腦的深入報導。儘管如此，我還是樂意去NeXT找賈伯斯。跟他聊天很有意思，他總會激發我的靈感與鬥志。

有一次他找我，希望我能幫忙說服裴若拿出兩千萬美元投資NeXT。表面上看來，這兩人實在格格不入：裴若海軍退伍、理小平頭、忠貞愛國，不管什麼都一板一眼，而賈伯斯曾是嬉皮、喜歡打赤腳、吃素、討厭用體香噴劑。但由於我很了解賈伯斯，加上我採訪過裴若幾次，所以知道這兩人合得來：他們都是怪人、很有理想色彩，也都是自學成功者。

我告訴賈伯斯，他一定得親自去達拉斯的電子數據系統公司（EDS）拜訪裴若。即使不是有求於他，去他那裡看看他收藏的老鷹雕像和EDS總部車道那一長排美國國旗，也算不虛此行。賈伯斯呵呵一笑，俏皮地溜轉了一下眼珠，說道：「我早就去過了。」他問我，他喜歡裴若，我會不會認為他瘋了？「跟他見過面的人很難不喜歡他。」我答道。「這人有趣得很。」賈伯斯說他也有同感，又說：「說實在的，我能從他身上學到不少東西。」

經過一段時間的來往，我發現我們年齡相近並非阻礙，反而更容易建立友誼。我們在同一個年代長大，成長環境近似，都來自中產階級家庭，上公立學校。雖然我和比爾・蓋茲一樣只差一歲，也採訪過他很多次，但他可是含著金湯匙出生的。由於美國在1973年退出越戰，結束徵兵制，我們這三個年滿十八歲的小夥子因此不必置身於越戰的槍林彈雨。但我和賈伯斯打從骨子裡是反戰的一代，擁抱愛與和平，喜歡激發熱情與探索內心世界。我們熱愛音樂，會為酷玩意兒瘋狂，敢以荒誕的新點子大膽進行實驗。賈伯斯有時會跟我談起他被收養的事，但這樣的身世似乎對他沒什麼影響，真正影響他的心智與文化發展的，是社會與政治氛圍，當然還有電子科技發展的潮流。我們就是在這樣的背景之下長大成人。

在一九八〇年代末那幾年，電腦世界風起雲湧、變化莫測。NeXT 要推出一部像樣的電腦，還需要將近五年的時間。賈伯斯希望世人能對他的新產品屏息以待，而要吸引潛在的消費者，尤其要吸引潛在的投資人，就不得不好好培養和媒體的關係。他敏於察覺媒體報導的策略價值，正如為蘋果公關與廣告操刀的矽谷公關教父麥肯納（Regis McKenna）所言：「賈伯斯有市場行銷的天賦。即使他才三十二歲，他對市場的直覺非常敏銳。他知道索尼偉大的地方在哪裡，也深諳英特爾的長處。他希望他創造的東西也能有那樣的形象。」

微妙的共生關係

賈伯斯知道蘋果一直在我採訪的公司之列，有時會打電話給我，告訴我他的前同事透露給他的一些「情報」，或是評論正在老東家內部上演、永無完結篇的管理肥皂劇。九〇年代初期，蘋果王國雞飛狗跳，暗潮洶湧，想要知道內幕，我知道最可靠的消息來源就是賈伯斯。我也了解，賈伯斯打電話給我，不只是聊天。他的動機不外乎想探知某個對手的情況，有時則要我去看看他的產品，或是批評我寫的文章哪裡不對。如果是要罵我，他往往等到最後才出口。例如，九〇年代末他重回蘋果，當時我已在《財星》擔任特約編輯。我寫信告訴他，該是我為蘋果寫篇專題報導的時候了。先前我因為接受開心手術，有好幾個月沒跟他聯絡，但他得知消息，還是到醫院來看我，祝我早日康復。現在，我總算復原了，正摩拳擦掌，準備動筆，這時我收到他回覆的電子郵件：「布蘭特，我還記得去年夏天，你寫了篇有關我及蘋果的報導。你寫的字字句句刺傷了我的心。這種報導你竟寫得出來？」過了幾個月，他才前嫌盡棄，與我合作，讓我為蘋果寫封面故事。

我與賈伯斯的情誼漫長而複雜，我們互相回饋，互助互惠。我在產業活動的場合碰到他，他總向人介紹說我是他的朋友，讓我有受寵若驚之感。聽到他說我是他的朋友，這麼說固然沒錯，但感覺還是有點怪怪的。他在帕羅奧圖的辦公室就在我們雜誌社附近，我們不時會在市區巧遇，閒聊幾句。有一次，他要買生日禮物給老婆大人，要我陪他挑選。我去過他家很多次，通常是為了工作的事，但我們常常像朋友一樣，天南地北地聊；我和其他企業大老闆訪談則都是正襟危坐。然而，我與賈伯斯的基本關係再清楚不過：我是記者，他是受訪者或消息來源。他欣賞我寫的一些文章，有些則讓他看了火冒三丈，甚至就像前面說的，他曾為了我在某一年夏天寫的有關蘋果的報導，寫電子郵件來罵我。我的獨立以及他對一些消息的保留，形成我倆之間的壁壘。

在他過世前幾年，我和他的距離愈來愈大。步入2000年後，我倆都在奮力抵抗病魔。他在2003年診斷得了胰臟癌，而我則在2005年的中美洲之旅感染了心內膜炎和腦炎，足足有十四天在昏迷邊緣，最後甚至幾乎喪失所有的聽力。當然，他對我的病情瞭如指掌，而我對他的病卻知道得相當有限。他有時還是會跟我透露一點，例如我們曾掀起上衣，比較彼此的手術傷口，就像電影「大白鯊」（*Jaw*）裡的捕鯊高手昆特與海洋生物學家胡柏。我在史丹佛大學附設醫院住院期間，他因為要來這裡的腫瘤科追蹤檢查，曾兩次順道探望我。他說了幾個有關比爾．蓋茲的笑話給我聽，還狠狠地訓了我一頓，說他老早就告訴我不要抽菸，我還菸不離手，是不是不要命了。他就是這樣，老愛管別人的生活。

一個賈伯斯稱之為「朋友」的聲音

賈伯斯過世之後，報導和分析排山倒海般攻占媒體，相關文章、書籍和電視節目多不勝數。然而，這些文字與影像只是重現他在一九八〇年代給人的刻板印象。那時，媒體剛發現這個來自庫珀蒂諾的天才，大肆追捧。賈伯斯本人也很享受鎂光燈下的風光，於是打開公司大門迎接記者，侃侃而談。那也是他最放蕩不羈的時期。他在媒體面前展現的形象，一方面固然是個推出劃時代產品的天才，另一方面也是個刻薄寡恩的混蛋，讓員工和朋友多有怨言。後來，他就和媒體保持距離，變得低調、神祕，只有在推出新作前夕才會和記者合作。但媒體和大眾對他的印象還停留在蘋果創業的初期，不知他的個性和思考方式已有很大的轉變。

在他逝世之後，媒體報導的賈伯斯多半如此：一個有設計品味的天才，不但舌燦蓮花，而且擁有「現實扭轉力場」的法力；一心一意追求完美，高傲自大，完全不把人放在眼裡；自認聰明蓋世，別人都是笨蛋，從來不聽他人勸告；打從出生開始，他就是天才與混蛋的結合體。

這些與我認識的賈伯斯並不相符。我所看到的賈伯斯沒有這麼簡單，不但較有人情味，多愁善感，也比書中或報章雜誌對他的描述要來得聰明。在他死後幾個月，我翻箱倒櫃，翻看長年來累積有關他的筆記、錄音和報導檔案。我都忘了我還保留了這麼多東西，包括隨手寫下的筆記、採訪時他告訴我的事（有些因為敏感原因沒在報導中寫出來）、多年前來往的電子郵件等，甚至有幾卷錄音帶還沒打字出來。他也曾親自拷貝一卷錄音帶給我。那是約翰・藍儂的遺孀小野洋子給他的，裡頭錄了二十幾個版本的「永恆的草莓園」（Strawberry Fields Forever），可見此曲創作過程之漫長。

這些東西一直堆放在我車庫的儲物盒，一打開，塵封的回憶歷歷浮現。有好幾個星期，我都窩在這堆收藏品中，沉緬於往事。有一天，我突然了悟：光是抱怨世人對賈伯斯的認識只是片面的刻板印象有什麼用？畢竟，我跟他來往了二十五年，多年來一直緊密追蹤他的一舉一動，我想要提供更多的角度，讓人更深入了解他這個人，而這在他生前是不可能的。賈伯斯的故事就像莎士比亞的戲劇一樣引人入勝，高潮迭起，其中有自負、陰謀、驕傲、壞人、笨手笨腳的蠢蛋、不可思議的運氣、善心善意，還有讓人意想不到的結局。賈伯斯一生短暫，其中有這麼多的起起落落，如果要把他的成功軌跡完全描繪出來，也只有在他離開人世之後才能做到。

現在，我想從遠距離看這個我採訪這麼多年的對象，這個稱我為朋友的人。

賈伯斯的關鍵十年

關於賈伯斯的生涯，最基本的問題是：這樣一個反覆無常、不顧別人、莽撞輕狂、固執己見的人，被自己一手創立的公司逐出之後，究竟歷經什麼樣的轉變，才能東山再起、回歸蘋果，讓這家公司起死回生，推出一系列可定義當代文化的高科技產品，自己也搖身一變，成為令人尊敬的執行長？是怎樣的變化促成蘋果變成全世界最有價值、最讓人景仰的一家公司，甚至改變了數十億人的生活，不管屬於哪一個社會經濟階層與哪種文化社群，無不受到影響？

賈伯斯本人對這樣的問題沒興趣。儘管他常內省，卻很少回溯往事。他曾在給我的電子郵件寫道：「往者已矣，回顧過去又有什麼用？我寧可放眼未來，著眼於未來的美好。」

如果要追尋正確答案，就得看看他如何蛻變，受到哪些人的影響，以及他如何應用自己學到的東西，創造出了不起的產品。我翻看那些陳年文件，不斷回想賈伯斯三十歲出頭那段「狂野不羈的歲月」，也就是從1985年他被蘋果逐出到1997年回歸的那十幾年。這個時期很容易被忽視。畢竟，沒有什麼低潮比得上被自己創辦的公司趕出門外，而任何高潮也都遠比不上他在二十一世紀第一個十年在電子產業的推陳出新、獨領風騷。這是個混沌不明、複雜難解的時期，他也沒做出什麼驚天動地、可上報紙頭條的事。但這個時期的確是他生涯的關鍵。有這個時期的沉潛與學習，才有日後的成功。

那些年，他的脾氣和行為都改了不少。忽略這段期間，你就更難看清他了，因為他的成功就像耀眼的光環，會讓人睜不開眼睛。我們從失敗學習，即使走入死巷，必須回頭重來，也能獲得不少心得。賈伯斯生命最後十年的觀省、了悟、耐心和智慧，都來自沉潛時期的摸索。因為有過去的失敗、逆境、誤會、誤判、對錯誤價值觀的偏執，因為有這些從潘朵拉盒子跑出來的災難與缺陷，才有日後的睿智、中庸、反省與穩定。

賈伯斯在試煉的叢林摸索了十幾年，儘管多次失足，摔得鼻青臉腫，還是讓NeXT和皮克斯轉危為安。NeXT的安然屹立，為他在電子產業的發展打下良好根基，而皮克斯的成功則讓他在財務上無後顧之憂。這些經驗讓他學到很多，不但使蘋果得以峰迴路轉，也讓他達成改變世界的雄心壯志。他有時相當固執，毫不妥協，但他還是願意學習、改變自我。那可是千辛萬苦、刻骨銘心的學習歷程。儘管困難重重，他依然不斷驅策自己，而且有強烈的好奇心。在那沉潛時期，他將自己視為學習機器，把學到的東西謹記在心。

在這個世上，沒有人可以獨活。結婚生子讓賈伯斯的性格起了很大的變化，這也有利於他的事業。這麼多年來，我常與他往來，也見過蘿琳和他們的孩子幾次。儘管如此，我仍不算他們一家的親密友人。2012年冬天，我著手寫本書之時，覺得自己似乎對他的私生活了解還不夠多。賈伯斯的死，讓他在蘋果的工作夥伴和朋友感到很傷痛，加上他們對他死後出版的一些書籍和報導感到忿怒、不滿，因此一開始沒有人願意跟我談。

經過一段時間之後，他最親密的朋友和同事（包括蘋果內部那四個受邀參加那場小型私人葬禮的員工）才願意對我敞開心扉，我也才了解賈伯斯不為人知的一面。關於這一面，儘管我隱約已有感覺，卻一直未能全盤了解，也沒能從其他報導看到。

人生各層面的區分與拿捏，他都做得很好，因此在回歸蘋果之後，能以簡馭繁。也因此，在他得了癌症的消息傳出去之後，人人憂心忡忡，眾口異聲，他還是能心無旁騖，繼續聚焦於他認為最重要的事。也因為這樣的能力，他才能真正做到公私分明，除了工作，還能擁有幸福的家庭生活。因此，他行事低調、注重隱私，除了最親密的家人和工作夥伴，皆拒人於千里之外。

的確，他是個不好相處的人，即使到了生命晚期也是。對某些人而言，他實在是惡魔般的老闆。他的強烈使命感使他把種種不可理喻的行為合理化。但他也是忠誠的朋友、善於激勵的良師。他擁有善心，也能悲天憫人，他真是個好父親。他對自己的價值觀深信不疑，也希望周遭的人能相信他們的努力與付出是值得的。正如他的友人兼事業夥伴皮克斯董事長卡特慕爾（Ed

Catmull）所言，賈伯斯情感豐富，有才幹，也有缺陷，但「絕非沒心沒肺的傢伙。」

我熱愛商業新聞這個領域，因為我們總是可以在冷血機巧的商業世界洞悉人性。這也是我從頂尖財經記者身上學到的一課。賈伯斯在世時，我就明白這個道理了。畢竟，他這一路走來，我都緊緊尾隨於後，而我不曾這樣關注過其他企業家。然而，直到提筆寫這本書，我才了解賈伯斯的工作與家庭生活如何交疊、如何相互影響。如果你不明白這點，就難以了解何以他是我們這個時代愛迪生、福特、迪士尼與貓王的結合體。這也是為何他的再造與革新是商業史上最偉大的故事。

當時，故事正要開始……

我們初次訪談結束，賈伯斯陪我走過光潔晶亮的辦公室走廊，送我到門口。我們兩人都不發一語。畢竟，我們已經談完了。我走出大門之時，他甚至沒跟我說再見，只是站在那裡，盯著通往鹿溪路停車場入口的玻璃大門，那裡有幾個工人正在裝設公司的正方體招牌。我慢慢駛離，發現他還站在原地，目不轉睛地看著這個花了他十萬美元的招牌。他知道，他要做出一番大事業。當然，那時他還不知道什麼樣的未來在等著他。

01

阿拉庭園裡的賈伯斯

1979年，一個寒冷的十二月下午，賈伯斯開車駛進阿拉庭園（Garden of Allah）的停車場。阿拉庭園是在舊金山北邊馬林郡（Marin County）天瑪帕伊斯山（Mount Tamalpais）山肩的度假與會議中心。他身心俱疲，既鬱卒又憤怒，而且已經遲到了。他從庫珀蒂諾的蘋果總部往北，280號州際公路和101號國道皆走走停停。

出發前，他剛開完董事會，憋了一肚子火。董事會主席是德高望重的洛克（Arthur Rock）。他和洛克兩人總是意見不一。在洛克的心目中，賈伯斯還是個小屁孩。他愛好秩序、凡事喜歡按部就班，相信科技公司會按照一定的法則成長。他相信這樣的信念，因為位於矽谷心臟聖塔克拉拉的晶片巨人英特爾就是這樣成長的。早在六〇年代，他就看出英特爾大為可為，在這家公司賭上一把。

儘管洛克是那個時期科技創投業的傳奇人物，然而起初他看賈伯斯和沃茲尼克這兩個人不順眼，所以不怎麼願意拿錢出來投資蘋果。他對蘋果的看法和賈伯斯不同：賈伯斯認為蘋果是家非凡的公司，誓言打破體制與傳統，打造人性化電腦，但蘋果對洛克而言，只是另一個投資標的。賈伯斯覺得和洛克等人在董事會上纏鬥，實是一大折磨。他想把敞篷車頂收起來，飛車直奔馬林郡，把董事會的烏煙瘴氣拋在腦後。

但是灣區雨霧籠罩，車頂只好一直放下。路面濕滑，車流緩慢，即使賈伯斯開的是嶄新的賓士450SL，也覺得索然無味。他很愛這部車，就像他喜愛他的英國老牌音響Linn Sondek轉盤和安瑟．亞當斯（Ansel Adams）的白金版攝影作品。其實，他理想中的電腦就像這部賓士汽車：流線迷人、直覺式駕駛導向、強勁有力、效能卓越，沒有一個零件是多餘的設計。但是這個下午，天候不佳，加上交通壅塞，再怎麼高檔的跑車，也只能龜速爬行。

慈善與性靈的盛宴

賈伯斯要去參加塞瓦基金會（Seva Foundation）召開的會議，他已遲到半個鐘頭。這是他友人布里恩特（Larry Brilliant）創辦的非營利組織。布里恩特看起來就像穿運動鞋的彌勒佛，而塞瓦基金會的目標是提供手術治療等醫療資源，幫助百萬印度人恢復視力。

賈伯斯把車子停好，然後下車。他高182公分，重75公斤，棕髮及肩，眼眸深邃，眼神銳利，英氣逼人。因早先有董事會的行程，他穿了一套三件頭西裝，格外挺拔帥氣。其實，在蘋果上班的人，平常都是愛怎麼穿就怎麼穿，賈伯斯也不例外，他甚至常在公司打赤腳。

阿拉庭園建築古雅，被一大片的紅木和柏樹包圍。從天瑪帕伊斯山碧綠的山頭上俯瞰，下方就是舊金山灣。阿拉庭園有著古典加州工藝風格，又有點像瑞士山上的農舍，為加州富翁懷特（Ralston Love White）在1916年建造，自1957年由聯合基督教會（United Church of Christ）管理、營運。庭園前有一塊心形草地，周圍是車道。賈伯斯走過草地，爬了幾級階梯，來到一個大陽台，然後走進室內。

一入內，只要掃視一下坐在大會議桌的那一群人，任何旁觀者都知道，這絕非平常的教會聚會。其中有猶太裔的印度瑜伽行者拉姆・達斯（Ram Dass），他在1971年出版暢銷書《活在當下》（*Be Here Now*），傳授冥想與靈修之道，被賈伯斯奉為聖典。一旁坐的是死之華樂團（Grateful Dead）的主唱與吉他手威爾（Bob Weir），這個樂團即將在12月26日於奧克蘭體育館，為塞瓦基金會義演。來自美國疾病控制中心（CDC）的流行病學家瓊斯（Stephen Jones）和世界衛生組織的官員葛雷希特（Nicole Grasse）也來了。布里恩特與瓊斯曾前往印度與孟加拉，協助葛雷希特斬除天花。反文化英雄、嬉皮哲學家葛萊維（Wavy Gravy）夫婦則坐在印度亞拉文眼科醫院（Aravind Eye Hospital）創辦人文卡塔斯瓦米醫師（Govindappa Venkataswamy，簡稱文醫師）身旁。亞拉文醫院為窮苦的印度民眾免費做白內障手術，受惠病人多達數百萬人。繼世界衛生組織終結天花之後，布里恩特希望塞瓦基金會能支援文醫師等人的志業，在南亞偏鄉設立眼科治療營，讓眾多的失明者得以重見光明。

其中也有熟面孔。他的老朋友傅萊蘭德（Robert Friedland）走過來跟他打招呼。賈伯斯正是因為這個朋友的鼓勵，因此在1974年踏上印度朝聖之旅。他景仰死之華樂團，當然認得威爾，然而他的最愛還是巴布・狄倫（Bob Dylan），他認為狄倫的情感與思想深度勝過死之華樂團。賈伯斯此次是接受布里恩特的邀請來的，兩人五年前在印度結識。傅萊蘭德曾寄給他一篇1978年刊登的報導，詳述布里恩特如何在印、巴地區上山下鄉，與天花奮戰，終於使天花從地球上絕跡。此文也簡單提到布里恩特的南亞窮人復明計畫。賈伯斯於是慷慨解囊，寄了張五千美元的支票給塞瓦基金會，資助他們的行動。

這群人真是奇異的集合，背景迥異，各有所長，包括印度教與佛教徒、搖滾歌手和醫師，聚集在聯合基督教會的阿拉庭園。企業老闆來到這裡就像走錯地方，但賈伯斯沒有格格不入之感。他了解性靈的追求。其實，他當年去印度，就是要拜布里恩特的老師尼姆・卡洛里巴巴（人稱「瑪哈拉」）為師。不料，在他抵達印度之前，卡洛里上師已與世長辭。賈伯斯不只是想建造商業王國，他的心底老早埋藏著想要改變世界的宏偉志向。他在這場會議中看到反偶像、不同背景的交會和人道關懷，而他自己一樣具有反骨精神，也擁有一顆善心。然而，不知為何，他感到煩躁，無法和這個團體水乳交融。

這裡至少還有二十個人他完全陌生。在他自我介紹的時候，其他人還繼續說話。他知道，這些人似乎也不知道他是誰。他倒是有點驚訝，畢竟蘋果在灣區已掀起一股旋風：他們每月銷售三千台以上的電腦（兩年前，每月才賣七十台左右）。這種成長速度，無人可及。賈伯斯預料，明年他們的業績還會更亮眼。

他坐下，聆聽。眾人已決定創立一個基金會，問題是如何讓世人知道塞瓦的計畫及其推動者為何人。賈伯斯發覺，他們提出來的點子簡直天真到了好笑的地步，一連串的討論聽來像是在開家長會。眾人一度熱烈辯論宣傳手冊上的內容，只有賈伯斯冷眼旁觀。宣傳手冊？這就是最好的點子？這些所謂的專家或許是一方之雄，然而說到宣傳，他們顯然並不在行。如果你不能用故事打動人心，懷抱的理想再怎麼偉大都沒用。

賈伯斯聽他們脣槍舌戰，心思漸漸跑到別的地方。布里恩特回憶說：「他從蘋果董事會來到這裡，角色還是不變，但經營公司和致力於貧窮地區醫療，如對抗眼盲或斬除天花，是完全不同的事。」有時他會冒出一兩句，然而多半只是嗤之以鼻地插嘴，說這樣或那樣根本行不通。布里恩特說：「他愈來愈惹人討厭。」最後，賈伯斯忍無可忍，站了起來。

他只是想幫忙改變世界

「各位，」他說：「我真的知道行銷、宣傳是怎麼一回事。我們蘋果已經賣了將近十萬台的電腦，但在我們創立之時，沒有人知道我們。今天，塞瓦的處境正像兩年前的蘋果。差別在於，你們根本對行銷一竅不通。所以，如果你們真的想做出一點成績，希望改變世界，就得積極進取一點，不能像其他非營利組織那樣慢吞吞，到最後還是沒有人知道你們是誰。你們必須去找市場行銷之王麥肯納來幫忙。如果各位同意的話，我可以請他來這裡。你們只能用一流的高手，絕對不能找二流的。」

語畢，會議室頓時變得鴉雀無聲。文醫師跟布里恩特咬耳朵：「這個年輕人是誰？」有人開始質問他，反擊之聲此起彼落，最後吵成一團。賈伯斯無視在這群人當中，有人是殲滅天花的大功臣，有人立志拯救印度盲人，有人還曾在交戰國家之間奔走，協調他們簽訂合約，以利救援計畫的進行。換言之，他們真的對國際慈善計畫略知一二。但賈伯斯不管他們是何方神聖，他鬥志高昂，甚至戀戰，無畏任何挑戰、衝突：從他有限的經驗來看，就是要這麼做，不這麼做根本成不了大事。正當大夥吵得臉紅脖子粗，布里恩特終於插嘴：「史帝夫。」接著大吼：「史帝夫！」

賈伯斯轉過頭去，布里恩特打斷他的話，顯然讓他十分惱怒。他急著繼續闡述自己的論點。

「史帝夫，」布里恩特說：「我們真的很高興請你來到這裡，但請你別再說了！」

「可是，我還沒講完。」他說：「你們請我幫忙，我正竭盡所能。你們不是想知道怎麼做？你們得去找麥肯納。聽我說，麥肯納這個人，他可是……」

「史帝夫！」布里恩特不得不扯開喉嚨。「別說了！」但賈伯斯還是不肯閉嘴，他非把話講清楚不可。於是，他繼續高談闊論，一邊走來走去，好像他捐了五千美元，就有權霸占舞台，說話之間不時對著其他與會者指指點點，像是為自己說的話加上標點。在場的流行病學家、醫師、死之華樂團的威爾都在看好戲。布里恩特不得不做個了結。「史帝夫，」他輕聲地說，努力保持平靜，但最後還是按捺不住。「你該走了。」他帶賈伯斯走到會議室外頭。

十五分鐘後，傅萊蘭德悄悄溜到外頭。不一會兒，他就回來了，偷偷走到布里恩特身旁，跟他說悄悄話：「你去看看史帝夫吧。他在停車場哭。」

「他還沒走？」布里恩特問道。

「是啊，他還在停車場哭。」

主持會議的布里恩特只好向大家道歉，跑出去看一下。他發現，這個小老弟的賓士敞篷車還停在停車場中央，他正趴在方向盤上啜泣。雨已經停了，霧色漸深，他已把敞篷車頂收起來。「史帝夫，」布里恩特輕喚一聲，然後探過身來，給這個二十四歲的年輕人一個擁抱。「沒關係，別難過了。」

「對不起。我太激動了，」賈伯斯說：「我活在兩個世界裡。」

「沒關係。跟我回去吧。」

「我得走了。我知道我已失控。我只希望他們能聽聽我的意見。」

「沒關係。進去裡頭吧。」

「好，我跟你進去。跟大家道歉之後，我就要走了。」他說。他真的這麼做了。

阿拉庭園的狂放青年

我們可從這個1979年冬日的小故事透視賈伯斯的

轉變，看他如何變成這個時代最有遠見的領導人。那個十二月傍晚，匆匆趕到阿拉庭園開會的他，是許多矛盾的集合。他雖然創辦了有史以來最成功的電腦公司，卻不希望被視為生意人。他渴望明師的指引，又厭惡那些大權在握的人。他抽大麻，喜歡打赤腳，穿破破爛爛的牛仔褲，嚮往公社生活，又很愛開著精工打造的德國跑車，在高速公路上奔馳。他支持慈善事業，但討厭大多數慈善機構的效率不彰。他性情急躁，然心裡明白真正值得解決的問題急不得，總得花好幾年的時間。他打坐修禪，同時也是資本家。他目空一切，自以為無所不知，斥責比他有智慧、經驗也比他豐富的人，然而他說那些人對宣傳、行銷一無所知，實在沒說錯。他固然粗魯莽撞，還是會真心悔悟。他拒絕妥協，但渴望學習。即使忿而走人，還是拉得下臉，回來道歉。

在阿拉庭園的時候，他的莽撞、狂妄表露無遺，這也是賈伯斯迷思牢不可破的一部分。但他也有心軟的一面，只是很少人注意到。要真正了解賈伯斯和他那非凡的人生歷程，看清楚他的轉變，我們不得不認清、考量並接受這個人的矛盾之處。

他出現在阿拉庭園之時，儘管已是個人電腦產業的風雲人物，卻仍只是個二十四歲的大孩子，他的商業教育還在啟蒙階段。他的強處與弱點密不可分。在1979年，那些弱點並沒有阻礙他的成功。

但在往後幾年，賈伯斯身上那些緊緊糾纏的矛盾慢慢解開。因為他的執著與毅力，蘋果才能在1984年推出劃時代的麥金塔，但他的弱點也使公司陷入混亂，一年後就被逐出。他一離開蘋果，就自立門戶創立NeXT，但難以攀上電腦事業的第二個高峰。事實上，群雄逐鹿的電腦產業，已無他的一席之地，他有個好友就曾感嘆，他已成「過去式」。即使他在1997年讓所有的人跌破眼鏡，回歸蘋果，但有鑑於他過去的名聲，電腦產業的觀察家和同行都說，蘋果董事會一定是瘋了，才會讓賈伯斯回鍋。

但他還是力挽狂瀾，帶領蘋果絕地反攻，創造一系列令人驚豔、劃時代的產品，使一家岌岌可危的電腦製造商，變成全世界最有價值、最讓人欽羨的公司。這種轉變並非奇蹟。在被逐出蘋果的那段時期，賈伯斯學會利用自己的長處及克制自己的弱點。這個事實與一般人印象裡的賈伯斯不符。在世人的想像中，他是暴君，但他就是知道消費者喜歡什麼樣的產品，而且是個固執己見、討人厭的傢伙，沒有朋友、沒有耐心，不把道德放在眼裡。他自始至終都是天才與混蛋的結合體。

如果那個在阿拉庭園的年輕人依然故我，就不可能在1997年讓蘋果起死回生，也無法在蘋果推動既深沉又複雜的企業變革，締造他人生最後十年無人可及的功業。他本身的成長一樣複雜。在我認識的企業人士當中，沒見過第二個像他那樣成長、轉變、成熟。個人的轉變當然都是循序漸進的。每一個有點年紀的人都知道，要發揮才華、克服缺陷，需要經年累月不斷地摸索、學習。這是個永無止盡的成長歷程。然而，我們不會改頭換面，變成一個完全不一樣的人。我們可從賈伯斯的人生借鏡，看一個人如何善加利用自己的長處，精益求精，不讓個性缺陷成為成功的阻力。賈伯斯很多性格上的缺點一直都在，也沒有被優點取代，但他知道如何控制自己，如何截長補短。要了解這點，以及他後來何以能帶領蘋果登峰造極，我們就必須回到那個十二月的下午，看看在阿拉庭園現身的賈伯斯，洞悉他身上所有的矛盾。

矽谷的電子少年

史帝夫・保羅・賈伯斯從小自命不凡，而他的養父母也盡心盡力栽培這個寶貝兒子。他於1955年2月24日出生於舊金山。生母裘安・許爾博（Joanna Shieble）一生下他就把他送給別人領養。1954年，許爾博在威斯康辛大學麥迪遜分校就讀研究所時，與來自敘利亞、攻讀政治學的博士候選人阿巴杜爾法塔・簡達里（Abdulfattah Jandali）相戀。許爾博懷孕之後獨自到舊金山的未婚媽媽之家待產，簡達里則依然待在威斯康辛。

史帝夫出生沒幾天，就被一對無法生育的中產階級夫婦收養。他們就是保羅與克蕾拉・賈伯斯，後來又領養了一個女兒，給她取名為佩蒂。史帝夫五歲那年，這一家搬到舊金山南邊四十公里的山景城（Mountain View）。有人解析賈伯斯的個性，認為他的桀驁不馴（尤其是在事業剛起飛的時候），就是源於被父母拋棄的身世。但賈伯斯跟我說過好幾次，保羅和克蕾拉一直對他寵愛有加。他的遺孀蘿琳也曾說道：「有這樣的父母，他覺得自己真是福氣。」

保羅和克蕾拉都沒上過大學，但他們答應史帝夫的生母，一定會讓他接受高等教育。對一個收入不豐的勞工家庭而言，這可是一個重大承諾。我們也可從這點看出，他的養父母打從一開始就下定決心給他最好的，滿足他的需要。史帝夫從小天資聰穎，五年級結束就跳級讀七年級，本來老師還打算讓他連跳兩級。升上公立中學之後，由於學校裡流氓學生多，霸凌事件層出不窮，加上功課過於輕鬆，他央求父母讓他轉學。儘管好學校學費昂貴，這對夫婦還是咬著牙，籌出錢來，搬到舊金山灣區西邊的洛斯阿圖斯（Los Altos）。那裡有果園和低矮的丘陵，是個綠意盎然、寧靜的社區，隸屬全加州最好的庫珀蒂諾－桑尼維爾學區。搬到這個新家之後，史帝夫終於有如魚得水之感。

雖然保羅和克蕾拉對他十分寵愛，有求必應，但也培養這孩子認真執著、追求完美的習性，尤其是在工藝方面。保羅・賈伯斯一生做過好幾種工作，包括在財務管理公司擔任債務回收員、機械工和修理汽車的黑手，手藝高超，週末假日幾乎都在做家具或修理舊車變賣，不時對兒子強調細節的重要。為了省錢，他常在別人家車庫出清雜物時尋寶，找尋可用的汽車零件。

賈伯斯在接受史密森學會（Smithsonian Institution）訪談時說道：「在我五、六歲的時候，我父親就把自己的工作區分出一塊給我，跟我說：『史帝夫，從現在起，這裡就是你專用的工作檯了。』他還給我一些比較小的工具，教我使用鐵槌和鋸子，讓我看東西是怎麼做出來的。對我來說，這實在是很好的經驗。他花很多時間教我……告訴我東西要如何拆解，以及如何重新組合。」

後來，賈伯斯展示新iPod或筆電給我看的時候，就曾提到他父親對細節的注重，即使是櫥櫃的底面，也不能馬虎，要和表面一樣講究。又如修理雪佛蘭羚羊，剎車片的安裝也得和烤漆同樣細心。他是個感情豐富的人，提到這些和父親有關的往事，情感總是溢於言表。提到工藝美學，他總是歸功於父親給他的啟蒙。可惜，他的父親保羅・賈伯斯是前一代的匠人，對數位電子產品的了解有限。

從賈伯斯成長的時間和地點來看，相信自己與眾不同，而且求好心切，這點非常重要。在六〇年代末到七〇年代初期，根本還沒有「矽谷」這個名稱。賈伯斯就在這個時間、地點，獲得獨特的成長經驗。當時，帕羅奧圖和聖荷西一帶因半導體產業、通訊科技和電子公司紛紛成立，吸引了很多電機工程師、化學家、光學專家、電腦工程師和物理學家前來，因此人才濟濟，欣欣向榮。此時，高階電子產品的市場也逐漸從政府和軍事單位轉移到民間，最新電子科技的潛在客戶大增。賈伯斯發現，住在他們那一帶的小孩，很多人的父親都是工程師，每天通勤到附近的公司總部上班，如洛克希德（Lockheed）、英特爾、惠普和應用材料公司（Applied

Materials）等。

在這裡成長、對數學和科學深感興趣、有著一顆好奇心的小孩，要比美國其他地區的孩子更容易嗅到尖端科技的趨勢。年輕人最熱中的不是改裝汽車引擎，而是玩電子材料。電腦玩家自行焊接線材，交換翻到破爛的《大眾科學》（*Popular Science*）或《大眾電子》（*Popular Electronics*）雜誌。他們自己組裝電晶體收音機和立體音響，玩無線電、示波器、小火箭、雷射、特斯拉線圈等。所需器材皆可透過郵購，向艾德蒙科學社（Edmund Scientific）、希斯科學套件材料行（Heathkit）、艾斯提斯企業社（Estes Industries）或無線電屋購買。在矽谷，電子不只是科學少年的嗜好，更是迅速發展的新產業，和搖滾樂一樣令人血脈賁張。

對賈伯斯這樣早熟的孩子來說，這些電子套件組讓他們得到啟發：他們知道這樣的東西是基於什麼原理做出來的，因此把零件組合起來，就可以得到成品。他告訴我：「不管我們看到什麼，只要了解構造，就能知道怎麼做出來，沒有神祕可言。例如你看到一部電視機，就會心想：『我雖然沒組裝過這東西，但我相信自己做得出來。希斯套件的目錄就有，我已經做出其他兩種東西，這個應該也不是問題。』你看到的很多東西，大多數是人類創造出來的，不是像變魔術般突然出現在你周遭，內部神祕難解。」

他也加入了探索者俱樂部，每個星期和其他十四個小孩去帕羅奧圖的惠普公司員工餐廳聚會，在惠普實驗室的工程師指導之下，研究電子方面的東西。這就是賈伯斯初次接觸電腦的地方。有一次，為了實驗，他需要某種電子零件，竟直接打電話給惠普公司的創辦人比爾・惠立，向他索取。那時，他只是個十四歲的少年，而從車庫起家的惠普已是矽谷巨擘。他能言善道，不但說動了惠立，還得到去惠普打工的機會。然而，少年賈伯斯不只是個對電子、電腦狂熱的小孩，他也很喜歡人文學科，莎士比亞、梅爾維爾和巴布・狄倫都讓他著迷。他口才便給，不僅能說服父母，也能打動朋友、師長，甚至有錢、有權的人都願意聽他的。從小他就知道如何用言語和故事吸引別人，進而得到自己想要的。

當鬼才賈伯斯遇見天才沃茲

在矽谷這個科技搖籃裡成長的電子少年當中，賈伯斯並不算是真正的天才。1969年，一個名叫費南德茲的朋友介紹一個人給賈伯斯認識，此人才是電腦天才。他就是沃茲尼克。沃茲尼克（暱稱「沃茲」）來自桑尼維爾附近，父親是洛克希德工程師。賈伯斯本人雖然電腦方面的天賦不足，卻是推動電腦天才、使他們得以把能力發揮到淋漓盡致的鬼才。沃茲就是他在電腦產業一炮而紅的最佳拍檔。

沃茲比賈伯斯大五歲，生性害羞，一副書呆子的樣子。他和賈伯斯一樣從自己父親和朋友的爸爸那裡學到很多電子方面的知識，但他比其他孩子鑽研得更深，不管在學校或是在家，無時不在研究電腦的程式與零件，才十幾歲，就曾用電晶體、電阻和二極體設計出可做加、減法的計算器。1971年，在單晶片微處理器問世之前，沃茲就把幾個晶片和電子零件裝在電路板上，製造出一部簡單的電腦，並以自己最愛喝的汽水為名，稱之為「奶油蘇打電腦」。沃茲不但具有電腦硬體設計方面的才華，也有程式設計師的直覺和想像力，使他得以見人所不能見，洞悉電路與軟體設計的捷徑。

賈伯斯的電腦才能雖然比不上沃茲，但他與生俱來有一種渴望，想要把真正的酷發明送到每一個人手上。這點使他有別於其他電腦玩家。他是天生的指揮，能指引別人去追求常常只有他一個人看得到的東西，然後協調眾人，驅策他們達成目標。從他和沃茲在1972年合作的一段往事可見端倪。

沃茲在賈伯斯的幫忙下，製作出第一部數位「藍盒子」，也就是一部可模仿電話公司音頻、闖入長途電話網絡的機器。藍盒子用的是電池，靠近電話聽筒發聲，即可切入電話公司交換機系統，盜打長途或國際電話。

沃茲只要能做出電路板，讓人使用，就心滿意足了，一如他後來設計、打造蘋果一號的電路板，讓這電腦具有心臟與靈魂時，即已有大功告成之感。但賈伯斯認為，他們可以多組裝一些機器賣給別人，賺一小筆。因此，沃茲專心改良電路板的設計，而賈伯斯則負責購買所需零件，並為產品定價。他們一個藍盒子賣一百五十美元，幾乎都賣給大學生，最後淨賺六千美元左右。賈伯斯和沃茲跑到大學宿舍，一間間地敲門，假裝在找一個名叫「喬治」的電話飛客。如果應門的人有興趣，他們就展示藍盒子給那人看，有時就此成交。他們的生意零零星星，後來想要擴展事業地盤，沒想到潛在買家是壞人，在付款時拿槍抵住賈伯斯。兩人逃過一劫後，決定收山。儘管如此，初次做生意就有這樣的成績，殊屬難得。

心靈之眼

把賈伯斯的靈修生活納入生涯的一部分來看，似乎有點怪異。但他在還很年輕的時候，就想要潛入意識底下，尋求更深的真理。他曾借助於迷幻藥，後來則轉向宗教。他對精神生活的敏感，使他的心靈視野格外寬廣，讓他得以看到各種可能，包括偉大的新產品，到企業模式的徹底再造，這些都是大多數人看不到的。

矽谷滋養了賈伯斯對科技的樂觀，而他所成長的六〇年代則激發這個年輕人去追求更深的真理。他就像這個年代的很多年輕人，投身於反文化運動。他屬於嬰兒潮世代，喜歡嗑藥，叛逆不羈，沉醉於巴布・狄倫、披頭四、死之華、樂隊樂團和珍妮絲・賈普林（Janis Joplin）等歌手創作的歌詞，甚至包括邁爾士・戴維斯（Miles Davis）那前衛、富有抽象意味的爵士樂作品，他也拜服於哲學家皇帝及日本禪師鈴木俊隆（Suzuki Roshi）、瑜伽行者拉姆・達斯、尤伽南達（Paramahansa

Yogananda）等人。這麼一個時代要傳達的訊息再清楚不過：質疑一切（尤其是權威）、實驗、上路、無畏，以及努力開創一個更好的世界。

賈伯斯從庫珀蒂諾的霍姆史戴德中學（Homestead High School）畢業之後，就踏上理想追尋之路。第一站就是奧勒岡波特蘭的里德學院（Reed College）。不久，這個任性的小夥子只上自己有興趣的課，很多必修課都不去上。第二學期索性瞞著父母辦了休學，旁聽自己喜歡的課程，像是英文書法課，也在他內心播下美學種子。多年後，他開發麥金塔電腦之時，那些種子終於發芽；由於他對字型的執著，麥金塔因而有多采多姿的字型可供選用。他對東方宗教與神祕主義涉獵日深，也更常嗑藥，然而在七〇年代初期，對年輕人而言，這些都有如靈魂的聖禮。

翌年夏天，他離開校園回到庫珀蒂諾，和父母一起住，然而不時會回到奧勒岡的一個蘋果園工作，與幾個志同道合的朋友在那裡過公社生活。後來，他在電動玩具製造商雅達利（Atari）找到了技術員的工作。這家公司的創辦人是布許聶爾（Nolan Bushnell），他們研發出的電玩街機「乓」就像搖錢樹。賈伯斯很會修理故障機器，因此說服布許聶爾讓他去德國修理機器，並支付他前往印度的旅費，因此得以與老友傅萊蘭德會面。

賈伯斯的印度之旅，目的在追尋有真正意義的生活方式。此時也是美國文化的狂風暴雨期。布里恩特說道：「你必須從時代的脈絡來看賈伯斯這個人。在那狂飆的七〇年代，像他那樣的人在追尋什麼？那個年代的文化分裂，要比今日的左、右派之分或宗教激進主義與世俗主義的對立來得深。即使賈伯斯的養父母對他寵愛有加，他仍然與傅萊蘭德等曾去過印度的友人聯絡，相信印度是個靈修的聖地，可獲得心靈平和，找到真理。這就是他追尋的目標。」

賈伯斯去印度，主要是要拜人稱「瑪哈拉」（意為「至聖者」）的尼姆・卡洛里巴巴為師。卡洛里巴巴也是布里恩特、傅萊蘭德等人的精神導師。然而，卡洛里巴巴剛好在賈伯斯抵達印度之前離世，讓他抱憾終生。賈伯斯於是像孩子般漫無目的地在印度遊走，希望擴大自己的眼界。他和數百萬朝聖者一起參加宗教慶典，身穿寬鬆棉袍，吃當地食物，而且由一位神祕的上師為他剃髮。他得了痢疾，養病期間第一次讀尤伽南達寫的《一個瑜伽行者的自傳》（*Autobiography of a Yogi*），日後還拜讀多次。2011年10月16日，蘋果公司在史丹佛大學內的紀念教堂為他舉行燭光追思會，每位參加者都獲贈此書。

布里恩特說：「賈伯斯剛來印度的時候，曾想過當苦行者。」在印度，大多數的苦行者皆棄絕所有物質享受，蓬頭垢面，衣不蔽體，長期斷食，鍛練心志，以求悟道證果。然而，賈伯斯顯然還有太多的理想與抱負，無法放棄塵世的生活。布里恩特又說：「他的修行，浪漫因素居多。」回到美國之後，他並沒有白走一遭的感覺，更沒有就此棄絕東方精神主義。他只是從禁欲苦行的印度教轉向禪學，積極入世。他不但繼續尋求開悟，同時希望能創建一家公司，製造改變世界的產品。畢竟，他有無窮的念頭，致力於開創自我，這才是他想走的路。禪學讓他有安身立命之感，他也因此發展出極簡的美學觀。這點也深深影響他那追求極致、絕不妥協的性格，不管對別人、對自己的產品，甚至是他自己，他都秉持這樣的標準。

在佛教思想中，人生常被比喻為一條時時刻刻都在流動、變化的河流。所謂諸行無常，宇宙萬有的一切事物都在不停變化，包括每一個人。根據這樣的世界觀，追求完美也是一個持續不斷的過程，一個永遠無法達到的目標。這樣的觀點正符合賈伯斯的個性。他先設想尚未製造出來的產品，每走一段，就有更多的靈感。他不曾為可能設限，最後才可能做到盡善盡美。雖然他刻意避免自我分析，在外人看來，他或許有種無可救藥的固執，而且自以為是，但他的確不斷在調適，跟隨自己的直覺，摸索新的方向。他一直在轉變。

但他的這一面少為人知，即使是他的摯友、同事也未必了解他的思想。後來與他共事的行銷主管史雷德（Mike Slade）曾說：「他的精神層面與他的所做所為看來似乎不盡相合。」他年輕時經常打坐，然而到和蘿琳生兒育女之後，因家事與工作兩頭忙，才沒繼續。他重讀多次鈴木俊隆寫的《禪者的初心》（*Beginner's Mind*），在東方精神主義與事業的經營找到一些交集，也常和畢生好友布里恩特分享這方面的心得。多年來，他每個星期都在辦公室向禪師乙川弘文請益，請其指導如何在禪修和事業之間求取平衡。儘管沒有人稱他是「虔誠的佛教徒」，但禪修的確對他的生活產生微妙而深遠的影響。

封閉的產業環境

1974年秋天，賈伯斯從印度返回美國，又回去雅達利工作，主要是幫布許聶爾修理機器。這家公司管理鬆散，即使賈伯斯半個月沒來上班，跑到傅萊蘭德的蘋果園工作也沒關係，同事也不在乎。這時候，沃茲還在惠普當工程師，工作穩定，待遇也不錯，只是沒什麼挑戰性。如果你看這個時期的賈伯斯，實在看不出他日後能在商業界或電腦科技有一番了不起的成就。連他自己都不知道他即將踏出事業的第一步。在短短三年內，他就從一個外表不修邊幅、心念飄浮不定的十九歲年輕人搖身一變，成為一家新公司的共同創辦人與領導人。

所謂時勢造英雄，擁有才幹的賈伯斯占盡天時，也就得以一飛沖天。那是個不斷變動的時代，資訊科技產業世界尤其瞬息萬變。七〇年代，所謂的電腦就是指體積和房間一樣大的大型主機，購買客戶多半是航空公司、銀行、保險公司和大型大學等龐大的企業、教育或政府機構。那時，即使是寫計算房貸金額的程式都極其麻煩。那個年代，在大學上過電腦課程的人都知道，要讓主機跑程式絕非易事。你想好希望電腦幫忙解決什麼樣的問題之後，就得利用COBOL或Fortran等程式語言，一行一行地撰寫程式，讓電腦執行計算或分析。然後，你得來到主控台前，輸入手寫的每一行計算指令，儲存在長方形的打孔卡片上，電腦才可讀取。如果是簡單的計算指令，可能只需要幾十張卡片，可用一條橡皮筋綑起來，若是複雜的指令，則需要數百張以上的卡片，並按照順序放在特製的卡片盒裡。你把卡片交給電腦操作員，他們就會把你的卡片置入主機，而排在你前面等結果的人可能有好幾十個人。最後，主機會把結果印在綠白條紋相間的大張電腦連續報表紙上。通常你還得把程式修改個三、四次，甚至幾十次，才能得到運算結果。

換言之，1975年的電腦還不是個人可以入手的工具。程式撰寫非常辛苦，而且很花時間。電腦主機龐大、昂貴，而且時時需要維護，只有幾家財力雄厚的大型科技公司才能製造、販售。自五〇年代開始，截至1975年為止，國際商業機器公司（IBM）出售的主機比所有競爭者的產品加起來還要多。在六〇年代，在大型主機這個市場，除了IBM這個電腦巨人，還有所謂「七個小矮人」，亦即通用電氣（General Electric）、無線電公司（RCA）、寶羅斯（Burroughs）、優費（Univac）、安迅（NCR）、控制資料公司（Control Data Corporation）與漢威（Honeywell）。但在七〇年代，通用電氣與RCA退出市場，後五者首字母合起來，變成BUNCH（群五）。至於比較便宜、效能也沒那麼強大的「迷你電腦」，這個市場的佼佼者則是迪吉多（DEC），客戶大都是中小型企業或大公司裡的某個部門。

然而，在高價與低價電腦的兩端各有一個異數。

以高價電腦而言，創立於1972年的克雷電腦（Cray Research）專攻科學研究與數學模型計算的超級電腦，一部要價300萬美元以上。至於最廉價的電腦則有特殊用途，如王安電腦（Wang Laboratories）在七〇年代推出的電子文字處理機。這樣的機器可說是當時最接近「個人電腦」的產品，主要用來打報告或寫信。

在那個年代，美國電腦產業的重心大抵位在東部。IBM的總部在紐約市北邊風景優美的郊區，迪吉多和王安電腦在波士頓，寶羅斯的總部設於底特律，優費在費城，NCR在俄亥俄州的戴頓（Dayton），而克雷、漢威和控制資料公司皆在明尼蘇達州。唯一的例外是位於矽谷的惠普，但惠普當時的主要業務是製造精密科學儀器與計算器。

這個產業完全不像風起雲湧、求新求變的今日科技世界。他們大抵是資本設備生產商，潛在客戶只有數百個，但這些客戶口袋很深，只要電腦效能卓越、夠穩定，錢不是問題。無怪乎這時的資訊產業傾向封閉，姿態很高。

玩家顛覆電腦世界

這時，加州有一群定期聚會的電腦玩家。這些人就是翻轉電腦產業的種子。這個團體自稱為「自組電腦俱樂部」（Homebrew Computer Club），成立於1975年1月號的《大眾電子》發刊之後。那一期的封面故事就是牛郎星8800微電腦（Altair）。矽谷工程師法蘭奇（Gordon French）就在他家車庫召集同好，展示他和另一個朋友以495美元從微型儀器儀錶與遙測系統公司（MITS）購得套裝材料組合起來的牛郎星。這部機器大小如立體音響音箱，面板上方有兩排燈號，閃爍著紅光，下方還有一排搖柄開關，乍看之下，實在不曉得是什麼東西。儘管這部電腦很笨重，功能又很有限，但它代表個人終於可以擁有一部屬於自己的電腦，一天二十四小時都可以跑程式，而不必使用打孔卡片或排隊等主機處理。比爾·蓋茲當時也看了這期的《大眾電子》，不久就決定從哈佛輟學，成立一家名叫微軟（Microsoft）的電腦公司，為牛郎星開發程式。

沃茲知道這部牛郎星根本就沒有什麼了不起，和他在1971年組裝的奶油蘇打電腦差不多。更何況，那時他用的零件還比較簡單。基於競爭本能，他知道自己應該可以設計出更容易操控、更好的微電腦。他認為牛郎星面板那些開關和燈號就像旗語或摩斯密碼，為何不用打字機那樣的鍵盤直接輸入指令和資料？至於輸入的東西，如果能用電腦顯示器顯示出來，那就更棒了。說到資料和程式的儲存，何不利用磁帶？牛郎星不但沒有這樣的特色，甚至讓人望而生懼，覺得很不容易上手。沃茲決心打敗牛郎星。他希望他的雇主，也就是惠普公司，能夠讓他把這樣的構想化為現實。

賈伯斯知道他的計畫之後，眼睛為之一亮，緊緊咬住這個機會。他鼓動三寸不爛之舌說服沃茲，說他不需要惠普，他們倆乾脆開一家屬於自己的公司。賈伯斯對沃茲的才華深具信心，相信他必然能設計出便宜、好用的電腦，讓自組電腦俱樂部的每一個成員都想要一部。因此，從1975年秋冬到1976年初，沃茲不斷改良設計，賈伯斯則設法籌措資金以購買零件，做出第一部可用的原型電腦。每兩個星期，他們就把最新組裝好的電腦帶到自組電腦俱樂部，向一群功力高深的電腦玩家展示一、兩個新特色。賈伯斯說服沃茲，他們可把電腦線路圖或主機板圖賣給俱樂部的朋友，他們自己去買晶片等零件，就可組裝一部微電腦。接下來，賈伯斯得找人繪製電路板設計圖，再請廠商做個幾十片，這部分的花費約一千美元，賈伯斯只好把自己的福斯露營車賣掉，沃茲也得出讓他那部寶貴的惠普65型計算機。他們以每片五十美元的價格出售電路板，每片淨賺三十美元。

蘋果誕生

儘管賺得不多，但兩人因此相信他們製造的微電腦有朝一日必然能夠顛覆電腦科技產業。多年後，沃茲說：「我們相信這樣的電腦可影響每個家庭。只是我們當時高估了每個人的電腦能力，認為人人都有足夠的技能來使用電腦、自己寫程式及解決問題。」賈伯斯給他們的公司命名為蘋果，儘管這個名稱由來有多個版本，定名為蘋果實在是高明的決策。

多年後，長期和賈伯斯一起努力、打響蘋果名號的廣告鬼才李・克洛（Lee Clow）告訴我：「我真的相信賈伯斯的初衷就是以科技改變世人的生活，儘管一般人不知道自己需要什麼，但他們用了就知道這是前所未有的體驗。因此，公司給人的印象要友善、有親和力。賈伯斯取法索尼（SONY）。這家公司本來叫做東京通信工業株式會社，但共同創辦人盛田昭夫認為這樣的名稱冗長、死板，於是自創一個日式英文字『SONY』，希望這個品牌能讓人覺得親切、可愛。」

其實，蘋果這樣的品牌名稱，正象徵賈伯斯希望產品具有的無限可能與原創性。蘋果帶來無窮的聯想：伊甸園；人性（包括善與惡）；夏娃偷嘗的禁果；美國神話中播灑蘋果種子的蘋果籽強尼（Johnny Appleseed）；隸屬蘋果唱片公司（Apple Corps.）的披頭四；蘋果唱片公司與蘋果公司纏訟近三十年的商標戰；被掉下來的蘋果打中，因而發現萬有引力的牛頓；做為美國文化標誌的蘋果派；射中兒子頭上蘋果，自己和兒子才能獲救的威廉・泰爾（William Tell）；吃蘋果有益健康；土地豐饒，蘋果才能結實纍纍等。

當然，對電腦玩家而言，蘋果這樣的品牌名不夠新奇酷炫，不像以下這些電腦公司：華碩（Asus）、康柏（Compaq）、控制資料、通用數據（Data General）、DEC、IBM、斯佩里蘭德（Sperry Rand）、德州儀器（Texas Instruments）、威普爾（Wipro）。就連一些不怎麼花心思命名的電腦公司，也不會選用水果做為公司名。然而，在科學與電腦科技世界之中，只有蘋果這樣的名稱蘊含人性與創造力。正如克洛所言，決定命名為蘋果，大膽又有創意。賈伯斯相信自己的直覺，而這就是卓越創業者的一個重要特質。如果要開發出沒有人想像得到的東西，讓世人驚豔，就得相信自己的直覺。

當然，賈伯斯的直覺也有失準的時候，就像他一眼就愛上蘋果第一個商標設計。這是以維多利亞時代的小說插圖風格設計的，描繪坐在蘋果樹下的牛頓。在一個對字體研究有興趣的學生眼中，這樣的設計也許滿吸引人的，卻不適合一家主流的大公司。這個商標出自韋恩（Ronald Wayne）之手，他是賈伯斯在雅達利的同事，後來被賈伯斯拉進他家車庫，幫忙組裝電路板。由於韋恩比較年長、成熟，如果賈伯斯和沃茲兩人僵持不下，他就得出面當和事佬。後來三人簽署了一份合作協議書：賈伯斯、沃茲各持股45%，韋恩則是10%，然而不久韋恩就退縮了，不想把未來壓在這兩個新手身上。1976年，他以八百美元將手中持股賣給賈伯斯和沃茲尼克。一年後，蘋果再請人設計新的商標。韋恩就像披頭四最初的鼓手彼得・貝斯特（Pete Best），失去了在人生一飛沖天的機會。

實踐夢想，發現使命

賈伯斯和沃茲於1976年4月1日愚人節在加州登記設立公司，不久就去自組電腦俱樂部，展示他們最新組裝完成的新電腦。沃茲克服種種挑戰，在一個長約39.4公分、寬22.8公分的電路板上裝了一個微處理器、幾個隨機存取記憶體晶片、一個中央處理器、一個電源供應器等零件，只要連接鍵盤和顯示器，就可在自己的家、在這台屬於自己的電腦上寫程式，不必透過遠方的主機。有史以來，任何一個電腦玩家都能在鍵盤上敲打指令，結果立即會從黑白電視螢幕顯現出來，程式的編輯與修改變得易如反掌。這樣的步驟和以往截然不同。沃茲也寫了一套培基語言（BASIC），在這部電腦的微處器摩托羅拉6800上跑。他們將這部電腦命名為「蘋果一號」。

儘管蘋果一號還有一些缺點尚待改進，但沃茲已創造出第一部真正的個人電腦。賈伯斯當然了解這部電腦意義非凡。從電腦發展史來看，直到蘋果一號誕生之前，沒有任何一部電腦是為個人使用所設計、生產的。因此，後來每次有人問他，沃茲的夢想為何，他總是說製造出第一部個人電腦。

然而，自組電腦俱樂部的成員反應平淡。他們玩電腦，有一半的樂趣來自設計、組裝自己的機器。這也就是為什麼這個社團叫做自組電腦俱樂部。但就沃茲設計的蘋果一號而言，你只要接上鍵盤和顯示器，插電，打開開關，就可以用了。有些成員對賈伯斯發牢騷說，這樣悖離了社團精神與構想自由流通的傳統，要求他們改賣電腦套裝零件，讓他們自己組裝。

如果賈伯斯遵照大家的意思，那就不是他了。他是個獨特、有自由思想的人，不惜獨行，不願服從任何團體。他和自組電腦俱樂部的成員可謂道不同不相為謀，聽他們辯得天翻地覆，只是覺得無聊。雖然這個團體有幾個成員也具有商業企圖，最後創立自己的電腦公司，但大多數的人只在乎電子技術的細節，例如記憶晶片和微處理器如何連接才能發揮最大效能，或是如何利用便宜電腦打原本在主機上玩的一些電玩。賈伯斯對電子學和電腦設計也有興趣，他後來曾自誇地說，他也會設計程式。但在1975年，他對電腦內外的設計與結構其實不是那麼著迷，他只是像熱心的傳道人，一心一意想著，如何讓千千萬萬的人利用這種高妙的科技。

那些年，賈伯斯可說是命運的寵兒。他的運氣好到令人難以置信，當然，他也有運勢很背的時候。皮克斯的卡特慕爾常說，既然人不能操控命運，那就只能做好準備，臨機應變。賈伯斯對環境和時局非常敏感，一旦機會來了，他絕不會放過。在山景城附近開設拜特電腦商店（Byte Shop）的老闆泰瑞爾（Paul Terrell）向賈伯斯和沃茲自我介紹，並表達合作的意願時，賈伯斯立刻知道要好好把握。

第二天，他就借了一部車開到國王大道，去泰瑞爾的小店拜訪。泰瑞爾說，他要的是晶片安裝好的電路板，如果賈伯斯和沃茲能在期限之前交付五十片，他願意以每片五百美元的價格收購。換言之，這樣的價格是他們先前出售電路板圖的十倍。賈伯斯吃了一驚，見機不可失，隨即答應如期交貨。但這時他和沃茲一無所有，沒有買零件的資金，沒有組裝電路板的工廠，也沒有必要的人手。

賈伯斯不但很會把握機會，而且善於駕馭驅策。這兩點足以凸顯他和沃茲兩個人的關係。沃茲比他年長五歲，教他欣賞工程設計的價值。賈伯斯也明白，如果你能與科技天才合作，不管做什麼，都能成功。賈伯斯說動沃茲兩人一起開公司，儘管他們有共同奮鬥的革命情感，然而沃茲也曾有被利用的感覺而心生不快。例如，1974年，雅達利想為熱銷的電玩「乓」開發新版本。老闆布許聶爾把賈伯斯叫過去，要他設計出一個原型機，而且如果他能減少電路板上的晶片數目，省愈多，就能得到愈多的獎金。賈伯斯於是求助於沃茲，答應獎金對分。沃茲果然全力以赴，讓布許聶爾省下巨額的晶片成本。於是，布許聶爾給賈伯斯七百美元的設計費，還有一筆高達五千美元的獎金。但後來沃茲只拿到三百五十美元，而非應得的兩千八百五十美元。根據唯一得到賈伯斯授權的傳記作者艾薩克森（Walter Isaacson）所述，賈伯斯否認私吞獎金。然而，這樣的指控並非空穴來風，畢竟賈伯斯的確還有其他把朋友當跳板的事例。

但沃茲後來也坦承，如果沒有賈伯斯，他絕對無法締造這樣的成功。他和賈伯斯從泰瑞爾那兒獲得的訂單高達兩萬五千美元。這個數字遠超過他的想像，他不敢相信自己設計的電路板能賣這麼多錢。

車庫裡的奇蹟生產線

賈伯斯和沃茲最初靠「藍盒子」闖蕩江湖，但與蘋果一號相比，簡直是小巫見大巫。他們不曾生產過零件較為複雜的機器，更何況訂單數量不小。說實在的，他們幾乎也沒賺過多少錢，賣出真正有價值的東西。但賈伯斯不會因此退縮，他只注意產品的細節。他利用父母家的一個房間當臨時工廠，把他妹妹佩蒂找來，幫忙把晶片焊接在做好記號的電路板上。不久，泰瑞爾又訂了五十片，賈伯斯只好把工廠擴大到車庫，請老爸把他要修理的二手車挪出去。他也找高中時代的朋友費南德茲來幫忙，當初他就是經由費南德茲的介紹才會認識沃茲。為了趕工，連附近的小孩都被他拉進來。他租用電話答錄服務，也租了個郵政信箱。換言之，不達目的，他絕不罷休。

賈伯斯家的車庫於是成了迷你生產線。他妹妹和幾個朋友幫忙焊接晶片。沃茲的工作室在附近，他負責檢查電路板。大家還必須輪流到車庫的一邊，把裝好晶片電路板放在炙熱的燈光下烤，讓它變得耐用。賈伯斯的母親幫忙接電話，每個人都沒日沒夜地趕工。賈伯斯則比任何人都專注，不斷驅策他們快一點。如果有什麼地方出錯，他立刻解決。友人的前女友也來幫忙，但她焊壞了幾個晶片，賈伯斯就叫她不要焊了，只需整理帳目資料。他性急，脾氣也不好，如果有人做得不好，他總會立刻發火。

打從小時候開始，賈伯斯已習慣有話直說，不知道如何壓抑自己。現在，他已從這第一節企業管理課程得到一點心得：如果要發脾氣，一定要選對對象，才能真正發揮激勵效果。日後證明，這的確是很有用的一課。

在賈伯斯緊迫盯人之下，他的雜牌軍果然如期完成所有電路板。儘管蘋果一號只賣了一百多部，但那年夏天，賈伯斯已使老家車庫成為傳奇。這是他第一次帶領一群人齊心努力，打造出創新、神奇的產品。在此之前，這群人根本不知道他們能做出什麼。當然，這也不是最後一次，日後蘋果還有更多教人嘆為觀止的故事。

從大學休學到印度朝聖、迷幻藥的奇幻之旅、在雅達利當電玩機器技術員，經過這些五花八門的歷程，賈伯斯終於發現他真正的使命。現在，他將全心投入，義無反顧。

02

「我不想當生意人。」

賈伯斯從創立蘋果到被公司逐出的這段經歷，就是一個年輕夢想家在事業發展早期打拚的故事。他是促成蘋果一號誕生和銷售的關鍵人物，下一個挑戰就是利用他自己的遠見、才智、直覺與幹勁，將蘋果電腦這棵小樹苗，從他父親的車庫移到更大的空間去發展，也就是結集金錢與技術的矽谷世界。賈伯斯可能曾經研究過，但他依然在摸索，不知道要怎麼做。有些年輕人似乎是天生的企業家，比方說比爾・蓋茲。但賈伯斯不是。

如果賈伯斯不想和同伴繼續窩在車庫裡搞創新，就得學習如何在大人的世界闖出一番名堂。但這並不容易。他跟我說過好幾次：「我不想當生意人，因為我認識的生意人都是那副德性，我不想跟他們一樣。」他傾向當一個批評者、反抗者、一個有眼光的人，他以身手矯健的小蝦米自許，企圖對抗代表權勢的大鯨魚。像他這樣的年輕人，要跟「長輩」合作，不只是問題重重，還等於跟他們共謀。是的，他想跟他們玩，但是要依照他自己的遊戲規則。

為小樹苗尋找長成大樹的養分

蘋果一號才剛開始出貨，沃茲就告訴賈伯斯，他可以設計出更好的機器。在沃茲的想像中，新機螢幕是彩色的，主機板尺寸不變，但效能更強，而且有多個插槽，以滿足多工需求。如果賈伯斯和沃茲真要生產、販售這麼酷的機器，那真需要籌措一大筆錢，不能像過去一樣向朋友和父母借錢，或是利用電腦商店預先支付的訂金應急。賈伯斯於是設法打入矽谷金融世界，看能不能結識這個封閉圈子的大老闆、營銷公司和投資人。

1976年，矽谷的成功之路有如迷霧中的森林小徑，完全不像今天可以按圖索驥：有志創業者只要上網搜尋「創投資金」，就知道如何踏出創業的第一步。一九七〇年代，矽谷的律師、投資人和經理人不多，大多數的生意都是面對面談成的。但賈伯斯具有幾種特質，使他成為經營人脈的高手。他曾告訴我：「我真的很幸運，在電腦領域發展之初就一頭鑽進去。那時，資訊工程系所還很少，因此在這個產業工作的，什麼背景都有，像是數學、物理學、音樂、動物學等。他們一踏入這個領域就像如魚得水，有些人真的很厲害。」如果需要什麼資訊或協助，他可不會不好意思，拿起電話就打。拜託，他十四歲的時候就曾打電話給惠普的惠立跟他要零件。大多數的年輕人要了解一個複雜的圈子（如創投界），總會躊躇生怯，但賈伯斯完全不會。他對自己的東西有絕對的信心，他就是千里馬，伯樂遲早會發現他。如果不流於自大、粗魯，這樣的自信真的很有魅力。

他不斷在矽谷遊走，不知疲倦，拜訪一個又一個專家，最後終於和公關教父麥肯納搭上線。麥肯納曾幫助英特爾打響名號，日後也將幫助蘋果建立巔覆、堅韌的公共形象。

賈伯斯和沃茲在麥肯納的辦公室跟他見面。賈伯斯和平常一樣不修邊幅，穿著破破爛爛的牛仔褲、露出腳趾的鞋子、蓬頭垢面，還有體味。他對麥肯納露出迷人的微笑。在這個時期，他認為噴體香劑、穿鞋子等，都是矯柔做作。麥肯納是矽谷精英中的異數，頭髮發亮、一絲不苟，有著一對吸引人的冰藍眼珠。他這人有話直說，不輕易妥協，有慧黠的幽默感，人脈極廣。說到他的自信，可是跟賈伯斯不相上下。他的名片只印這幾個字：雷吉斯・麥肯納，本人。儘管賈伯斯和沃茲看起來邋遢，他卻能穿透表象，看到他們絕頂聰明，不由得心生惜才之情。麥肯納回憶說：「賈伯斯是個胸懷廣大的人，而且會為人著想。」於是，麥肯納和雅達利老闆布許聶爾，引介投資高科技公司的先驅紅杉創投（Sequoia Capital）創辦人華倫泰（Don Valentine）給賈伯斯認識。

華倫泰來自晶片製造業，曾在國家半導體擔任要職，也曾在快捷半導體（Fairchild）擔任資深主管，與諾宜斯（Robert Noyce）等人合作，後來諾宜斯等人出走，成立英特爾。華倫泰看在麥肯納這個朋友的面子上，才答應和這兩個小夥子見面。聽賈伯斯和沃茲講話的時候，他還得屏住呼吸。談完後，華倫泰隨即打電話跟麥肯納抱怨說：「你怎麼叫兩個天兵來找我？」儘管如此，他還是指點他們去找一個「有如天使」的金主，說他應該比較喜歡和蘋果這樣卓爾不群的新創公司合作。

馬庫拉對蘋果的投資與布局

這就是賈伯斯與馬庫拉（A. C. “Mike” Marklula）相

識的經過，馬庫拉因而成為賈伯斯學習經營管理最初的導師。有一天，馬庫拉開著他那部金光閃閃的雪佛蘭國寶級超跑科爾維特（Corvette），來到賈伯斯家的車庫前，想要親眼瞧瞧蘋果一號的神奇。他擁有電機工程研究所的學歷，曾在英特爾擔任銷售主管，靠股票選擇權致富，三十歲出頭就決定「退休」，不戀棧公司最高銷售主管的職位。他沉靜寡言，喜歡搞電腦，甚至會設計程式，一眼就可以看出賈伯斯和沃茲尼克非池中物，未來無可限量。他也了解這兩個年輕人如何在資源困窘的情況下，用自己的聰明才智，努力變通。見過幾次面之後，他就開始跟他們談條件。馬庫拉打算從自己口袋掏出九萬兩千美元，再向美國銀行（Bank of America）申請二十五萬美元的貸款，希望以將近三十萬美元，取得蘋果三分之一的股權。

那時沃茲還在惠普工作，捨不得放棄這個鐵飯碗，但馬庫拉堅持要他離職，把全副心力都投注於蘋果。雖然沃茲不想離開惠普，但他的確想要創造出比蘋果一號更棒的電腦。於是，他決定向惠普的主管提出蘋果二號的初步構想，看他們反應如何。如果惠普想留他，這是最後的機會了。但他們興趣缺缺。沃茲回憶道：「那些身經百戰的大公司、投資人和分析師都是歷練過的，也比我們聰明，但他們認為微電腦市場很小，就像家用機器人或火腿族玩的無線電收發訊機，只是少數電子迷的玩意兒。」於是，他了無遺憾地離開惠普，投入蘋果。

打從一開始，馬庫拉和賈伯斯、沃茲似乎是不同世界的人。馬庫拉矮小精瘦、頭髮濃密，留著長長的鬢角，一身花俏的休閒套裝，加上一部拉風跑車，就像一九七〇年代典型的富豪。他跟人講話就像喃喃自語一樣含糊不清。儘管他聰明過人，也稱得上是科技專家，卻不會咄咄逼人或一副得理不饒人的樣子，也不會固執己見。他雖已奮鬥有成，身家富裕，但他還想賺更多的錢，只是不希望太辛苦。後來，在賈伯斯被逐出蘋果那段時間，他因為危機當頭，身不由己，不得不努力扛起經營的重責大任，以免蘋果滅頂。但在他遇見賈伯斯之時，那可是他這一生最輕鬆的時候。他坐擁豪宅，荷包滿滿。他答應老婆，他協助蘋果頂多四年，之後又可以繼續過他的快意人生。

馬庫拉已設定好蘋果的格局：蘋果不是幾個人合夥經營的小工廠，而是一家總部設於加州的公司，而且必須延攬專業經理人主事，但他無意承擔這樣的責任。他決定請他的老朋友史考特（Michael “Scotty” Scott）出馬。當時史考特三十二歲，是國家半導體的生產部門經理。於是，史考特成了蘋果的第一任執行長和總裁，而三十四歲的馬庫拉出任蘋果董事會主席。那時是1977年2月，年僅二十一歲的賈伯斯不得不把蘋果的管理權交給「大人」。遺憾的是，馬庫拉和史考特都不是賈伯斯需要的導師。

與眾不同的蘋果二號

於是，蘋果從賈伯斯父母家的車庫遷出，搬到庫珀蒂諾史蒂文斯溪大道。有了像樣的辦公室，史考特和馬庫拉隨即招兵買馬，為公司的經營打好基礎。頭幾個月，賈伯斯繼續做他最在行的，即帶領一小群人，打造了不起的東西。這次，他們將要推出的是蘋果二號。他們希望藉由這部機器，讓全世界好好瞧瞧個人電腦。

賈伯斯再次扮演指揮的角色，而沃茲則是天才工程師。賈伯斯驅策沃茲，用甜言蜜語打動他，也會嚴厲地斥責他，並挑戰他的思考。沃茲果然打造出一部有多種功能、實用、容易上手的新機器。對微電腦而言，這些都是前所未見的。這部電腦看來就是一個簡單的扁盒子，然而已十分完備，只要接上顯示器就可使用。蘋果二號的外殼是米色的，採流線設計，鍵盤內建在機體上，外觀就像那個年代常見的電動打字機。蘋果二號出廠時已是成品，可在家庭、學校或辦公室使用。相形之下，蘋果一號是電子玩家才會用的東西，你要是不懂焊接、示波器、電壓計等，這玩意兒就不容易入手，一般消費者難免望而生畏。

蘋果二號的微處理器速度要比一號快多了，也有更大的內建記憶體，效能因此大為提升。此外，二號加了擴音器和喇叭，甚至可以接上遊戲控制桿，利用便宜的錄音帶儲存資料。沃茲也希望，蘋果二號插上電源後，電腦玩家就能用它寫程式，於是在主機板加裝一片灌了

BASIC語言的特殊晶片。最重要的是，為了擴展蘋果二號未來的性能，或讓它能執行某種計算功能，如數據研究、執行遊戲程式、寫程式或建立可搜尋的表單，沃茲在蘋果二號內部的新電路板上預留了八個插槽，可與主機板上的微處理器和記憶晶片連結，發揮新的功能，如增加軟碟機、插上更先進的視訊卡或音效卡，也可擴充記憶體。這意謂，如果有專業的應用軟體，加上電路板的擴充，蘋果二號的效能就能變得更加強大；而應用軟體和具有特殊功能的電路板不久即將問世。

賈伯斯打從在車庫打造蘋果一號的第一塊電路板開始，就有強烈的完美主義傾向，喜歡挑戰傳統思維，而這樣的特質不免和沃茲衝突。例如，他反對蘋果二號預留那些插槽。理由是：如果蘋果二號已經是一部完美的電腦，消費者何必打開電腦外殼，擴增硬體功能？在他的理想中，電腦應該像家電一樣簡單、好用。遠程來看，這樣的目標值得稱許，但在1977年，個人電腦才誕生不久，真的還不是時候。很多電腦玩家已迫不及待，想在蘋果二號的插槽插上新板子，控制電話、樂器、實驗儀器、醫療設備、辦公室事務機、印表機等。沃茲深知這點，最後說服了賈伯斯。

但賈伯斯的反傳統思維有時是正確的。如果個人電腦像工業用機器，一般消費者恐怕沒有人想買。於是，他找到一個名叫霍特（Frederick Rodney Holt）的工程師，請這位高手設計出轉換效能高、不會過熱的電源供應器，電腦內部就不必安裝嗡嗡響的散熱風扇。賈伯斯也為了蘋果二號的外殼設計費盡心思。他希望這部電腦看起來像高檔家電，而不是實驗室設備，甚至常為此到百貨公司找靈感。以後見之明來看，賈伯斯的品味與選擇沒錯，但在那個時代，電腦玩家還是喜歡工業產品般的外殼，即使有一面裸露也沒關係，因為這樣不但能看到電腦內部，而且方便調整、修理。但對一般消費者而言，蘋果二號的外殼精簡、漂亮，這樣的設計反而更吸引人，在所有的電腦產品中顯得突出。可供蘋果二號利用的第一種重要應用軟體要到1979年才面世，也就是布里克林（Dan Bricklin）與傅蘭克斯敦（Robert Frankston）共同開發的個人財務管理程式VisiCalc，儘管如此，在1977年4月，每部要價一千兩百九十五美元的蘋果二號一上市，就在市場掀起旋風。早先，蘋果一號銷售的速度約是每一、兩個星期賣個十幾部。不到一年的光景，蘋果二號每月都能熱銷五百部左右。

賈伯斯與史考特的矛盾與拉鋸

賈伯斯再次證明他是帶領一小撮尖兵的悍將。問題是，他是否能服從馬庫拉和史考特的領導？賈伯斯了解，這兩位前輩有他們的一套，知道如何讓公司不斷茁壯，掌握開發、製造、配銷與販售的各個環節。對沃茲尼克而言，交出控制權並非難事，他本來就對公司的經營興趣缺缺。他是世界級的電子工程師，最愛在工作室裡埋頭苦幹、創新發明，或是跟其他工程師辯論某個技術細節，因此他樂於當個不管事的研發副總。

要賈伯斯放手不管，那就難了。畢竟，他本來就對權威懷有敵意。他已經了解，如果他想推出突破性的產品，就要有反向思維，不能人云亦云。他也知道，他能驅使人達成目標。只是，這樣的特質與公司那些大人的領導風格不怎麼相容。

史考特為蘋果帶來制度。如果蘋果是個家，史考特就是一家之長，負責決定家中大事，如到銀行開戶、申請貸款等。當然，他在蘋果做的事要複雜得多。史考特原本任職於國家半導體，在製造業的經驗相當豐富，外表看起來就像是鑽研科技的書呆子，習慣在短袖襯衫前胸口袋放專用保護套，防止筆墨弄髒口袋。來到蘋果之前，他曾管理過好幾百人，監督複雜的晶片生產過程。在蘋果，他得施展管理功力，從零開始建立一家高科技公司，例如：承租辦公室、廠房與設備、策劃可靠的製程、組織銷售團隊、品質控制、監督工程、設立管理資訊系統、找人負責財務和人員召募等。他必須與重要零件供應商及軟體開發者建立穩固的關係。賈伯斯在旁觀看，也學到不少。

此外，新興的個人電腦產業和其他產業有很大的不同：電腦的發展包含三種日新月異的科技，也就是半導體、軟體與資料儲存。史考特如要帶領蘋果在個人電腦產業大放異彩，就得掌握這一切。一家公司不能只是設計出一部優異、創新的機器，然後生產、出貨，就能好整以暇地等著數錢。雖然有些高科技公司，如寶麗來和全錄，在公司發展的前幾十年，推出新產品之後，就能坐享其成，但個人電腦沒這麼容易。

一家電腦公司一旦創造出一個新系統，就得立即歸零，從頭開始設計另一個系統，以免另一家公司嗅得先機，搶先推出更好的產品。就這樣一代又一代，不斷歸零、重來。其實，早在一家公司推出最新、最好的東西之前，就該著手準備下一個革命性的新產品，讓所有市面上的產品相形失色。科技市場發展的腳步就是這麼快，等於是產品一出廠就準備被淘汰。由於半導體、軟體與資料儲存科技發展神速，電腦公司就得搶先利用最新、最好的東西，不然一下子就落後了。

一家科技公司執行長即使能把公司管理得有條不紊，也得時時提高警覺，當心公司在變化的洪流之中滅頂。說來，史考特並非厲害的執行長，就他的能力和個性而言，他來當營運長應該更稱職。穩定是他追求的目標，如果公司的運作無法穩定，他就會覺得心力交瘁，難以為繼。蘋果有賈伯斯這樣討厭穩定的人，史考特當然傷透腦筋。

賈伯斯的理智告訴他，他需要公司井然有序、運作順暢，才能達成他所設立的目標。但他天生喜歡變動與叛逆、不喜歡穩定，甚至想要顛覆既有的電腦產業。穩定是IBM的特質，在賈伯斯的想法裡，蘋果是和IBM對立的。

不消說，勉強把一個渴望穩定和一個討厭穩定的人湊在一起，必然無法長久。我們可從史考特剛到蘋果頭兩個星期的一個事件看出端倪。他發放員工證給每一個在史蒂文斯溪大道辦公室工作的員工時，把1號給沃茲，賈伯斯於是去找他理論。沒多久史考特就讓步了，給賈伯斯一個特製員工名牌：0號。

葛洛夫樹立典範

由於賈伯斯常去向馬庫拉和史考特興師問罪，又愛堅持己見，聲稱自己的意見就是事實，加上在媒體前總是搶盡風頭，好像功勞都是他一個人的，給人的印象難免自大狂妄，不願意學習。其實，他真的不是這樣的人，即使在他最年輕、大膽、傲慢的時期，他也有虛心求教的一面。

賈伯斯不只向蘋果內部的前輩學習，也走訪業者高人。以他的能力，還無法建立一家偉大的公司，但他景仰成功的先驅。他會努力尋求跟他們見面的機會，並向他們學習。他曾告訴我：「這些人都不是把賺錢當做最終目標。像惠普的普克（Dave Packard）就把所有的錢捐給自己的慈善教育基金會。在他過世時，也許是地底下最有錢的人，但他這一生不是為了賺錢。英特爾的諾宜斯也是。我有幸與他們結識。我在二十一歲那年與葛洛夫（Andy Grove，1987至1998年在英特爾任職執行長）結識。我打電話告訴他說，我一直聽說他是公司營運的高手，希望能跟他一起吃頓飯。我也曾求教於桑德斯〔Jerry Sanders，超微半導體（Advanced Micro Devices）創辦人〕、史波克（Charlie Sporck，國家半導體創辦人）等人。總之，與這些一手創立公司的人結交，以及矽谷當時特別的氛圍，都對我產生很大的影響。」

這些前輩多半樂意跟這個口才便給、聰明又渴望學習的年輕人談談，並給他一些建議。當然，他們和賈伯斯沒有合作關係，所以沒什麼壓力。有些人只和他見過一、兩次面，例如寶麗來的創辦人蘭德（Edwin Land）。賈伯斯很仰慕蘭德能一心一意創造有風格、實用、大受消費者青睞的產品，如1970年代讓所有美國人驚豔的折疊式拍立得相機SX-70。蘭德憑藉自己的直覺，不靠消費者研究。他把鍥而不捨與創新的精神，灌輸到他一手創辦的公司。

其他人則成為賈伯斯畢生的顧問。賈伯斯在他生涯的幾個關鍵時刻，都曾私底下請葛洛夫指點。儘管蘋果在2006年以前都沒有使用英特爾的晶片，葛洛夫並不在意。賈伯斯很尊敬葛洛夫。葛洛夫是出身匈牙利的猶太人，少時命運多舛，曾被關在納粹勞動營，也歷經法西斯的統治、失敗的革命，還曾在布達佩斯被俄軍圍攻。他在四歲那年因患上嚴重的猩紅熱，喪失大部分的聽力。十幾歲時，獨自一人從匈牙利的共產鐵幕逃出，來到紐約的愛麗絲島。年紀輕輕的他和任何商人一樣強悍、務實，他也和賈伯斯一樣，對很多東西都有興趣。他在紐約城市學院（City College of New York）學會流利的英語，而拜他的匈牙利口音之賜，一些最尖刻的俚俗字眼，他都能說得別具力道。賈伯斯欣賞葛洛夫的務實與豪爽，也希望自己也能成為這樣的人。

把個人電腦帶給大眾的人，除了賈伯斯與比爾・蓋茲，第三位就是葛洛夫。1968年，快捷半導體的兩位工程師諾宜斯與摩爾（Gordon Moore）自立門戶，創立英特爾，第一個加入這個團隊的就是葛洛夫。著名的「摩爾定律」即摩爾在1965年提出的。他觀察半導體的價格和性能，率先發現一個現象：晶片上的電晶體數目，每十八個月就會增加一倍，而價格依然差不多。但葛洛夫最清楚，半導體零件的穩定度必須夠高，IBM、斯佩里、寶羅斯等電腦大廠才會放心採購。可以說，葛洛夫是把摩爾定律轉化成商業模式的人，使電腦產業得以依據時間表正確推測獲利率。

葛洛夫精明頑固，常不按牌理出牌。例如，英特爾的營收幾乎完全靠記憶晶片（如RAM和DRAM）的製造，但他破斧沉舟，毅然決然放棄這個市場，轉向微處理器的生產，以供應正在興起的個人電腦、工作站和檔案伺服器等較大的系統。他的靈活應變與高妙的管理風格，在矽谷的高科技業設下高標準。葛洛夫甚至經常為《聖荷西信使報》撰寫經營管理專欄，而且大受好評。

英特爾的共同創辦人諾宜斯是積體電路發展的先驅，也是電腦世界早期的英雄人物。1977年，賈伯斯和沃茲尼克曾帶蘋果二號去英特爾，展示給諾宜斯等董事會成員看。雖然諾宜斯肯定這兩個小夥子在技術上有兩把刷子，但對他們的長髮和邋遢模樣不敢恭維。然而，賈伯斯不放棄，緊追不捨，幾年後，兩人終於成為朋友。諾宜斯的太太安・包爾斯（Ann Bowers）很早就開始投資蘋果，1980年甚至當上蘋果第一位人力資源部門副總。

亦師亦友的麥肯納

賈伯斯與外界導師的關係也有相當親近的。麥肯納回憶道：「賈伯斯很喜歡那種一家人的感覺。他常來我家，與我圍坐在廚房餐桌旁，和內人一起聊天（他太太是戴安・麥肯納，都市設計專家，曾任桑尼維爾市長）。他很喜歡跟她說話。我和內人都覺得，他希望和我們打成一片。他甚至會從蘋果過來，幫我解決蘋果二號的問題。我跟他說，你還有更重要的事要忙，但他堅持親自過來幫我處理。他告訴我：『更何況，我還能跟戴安聊天，豈不是一舉兩得？』」

一方面因為賈伯斯帥氣迷人，另一方面馬庫拉曾拜託他擔任蘋果公關顧問，加上他具有行銷長才，麥肯納因而成為賈伯斯事業早期最重要的導師。麥肯納是述說企業故事的大師，對經營策略也有高見。長久以來，矽谷對市場行銷人才的倚重並不亞於對工程師。光是在研究室埋頭苦幹還不夠，技術創新的每一步都得以動人的敘事包裝，才能打進市場，走入家庭。畢竟，技術創新的細節往往不是一般人能夠理解的，特別是很多人都有科技恐懼。要做好市場行銷，就得把那些冷硬、艱澀的概念加以轉化，使之變得吸睛、容易接受。矽谷內外不少大公司都曾與麥肯納合作，包括國家半導體、矽谷圖形公司（Silicon Graphics）、藝電公司（Electronic Arts）、康柏、英特爾和蓮花軟體（Lotus Software）。

麥肯納很快就發現賈伯斯口才過人、衝勁十足。他說：「他天生就有在矽谷闖盪的智慧與本事，就像都市貧民區長大的孩子，曉得可以去哪裡找到自己想要的東西，也知道附近的老大是誰。如果你住在矽谷，鄰居不是電子工程師，就是程式設計師，而在這裡長大的孩子，如果聰明、好奇，東逛逛、西走走，不時豎起耳朵，就能學到不少東西。賈伯斯從中學時期開始，就已浸淫在科技世界，會自己想辦法解決問題。」

麥肯納那富有農莊風格的家在桑尼維爾。賈伯斯常待在他們家地下室，和他天南地北地聊。除了生活瑣事、蘋果努力的目標與神奇的蘋果二號，他們也會聊設計、行銷、產品發展和策略，以及這些要素如何促成健全的事業體。麥肯納能洞視一家公司發展的關鍵，這個本領讓賈伯斯很佩服。麥肯納說：「一家公司的財務狀況就是最好的行銷工具。你要讓別人正襟危坐，對你的話洗耳恭聽，特別是在電腦這個產業，那就得先拿出漂亮的財務報表讓人瞧瞧。」

賈伯斯把他的話銘記在心。麥肯納說：「他是個很討人喜歡的年輕人，思想也很有深度。他知識淵博，什麼都可以談。我們常常一下子聊些芝麻蒜皮的事，一下子又切換到蘋果和事業經營等大事。我記得他曾問我，蘋果是否有超越英特爾的一天？我答道，英特爾是零件製造商，零件製造商通常要比設備製造商賺得多。」

麥肯納和賈伯斯在很多方面都很契合，因此在賈伯斯的職業生涯早期，最了解賈伯斯的人就是麥肯納。賈伯斯如有粗魯、惡劣的行為，麥肯納絕不容許，必然會糾正他。麥肯納回憶道：「他有時的確很衝動，脾氣暴躁，但我絕不讓他對我吼叫，我也不讓他失望。我們是否曾經意見相左？當然。我們會不會爭吵？會啊！但我們相處得很好。我的助理曾告訴我，有一次賈伯斯過來這裡拿某樣東西，對她大吼大叫，還用髒話罵她。後來，我見到賈伯斯就告訴他：『我不准你再對我的助理大小聲。』助理跟我說，賈伯斯下次走進辦公室，就向她道歉，說他真的很不好意思。當年我在半導體業，是在史波克、華倫泰等人的魔鬼訓練之下出師的。如果你不夠強悍，就會被生吞活剝。因此，我敢跟賈伯斯說：『嘿，你可不可以閉嘴？』他真的不是喜歡宰制別人的暴君。然而，如果你在他面前表現得像奴才，他就會把你當奴才用。」

為蘋果的企業形象定調

麥肯納和他的公關團隊和賈伯斯攜手合作，一起為蘋果二號定調。他們希望蘋果二號具有親和力，一般人也容易上手，不是只為電腦玩家打造的。麥肯納操刀的第一份宣傳手冊封面就印了這樣的標題：「簡約就是細膩的極致。」這在電腦產業可說是逆向操作。當時，很多電腦製造商，如康莫多（Commodore）、MITS和向量圖形公司（Vector Graphic）等都愛用電腦玩家的術語，並用一大堆文字介紹某個最新特色。幾十年來，友善行銷一直是蘋果與競爭者的一大差異。

麥肯納也教賈伯斯了解這種形象的價值。首先，他說，既然蘋果製造的電腦不搞深奧玄祕，公司需要的應該是現代、清晰的視覺標誌。韋恩設計的商標雖然有古典的韻味，拿來做柏克萊大麻店的招牌還比較合適，看來不像是一家想要推動全球電腦革命的公司。賈伯斯也同意這樣的看法。於是他們以一顆被咬了一口的蘋果為新的商標，蘋果有六條顏色鮮豔的線條，有如一顆彩虹蘋果。

這樣的設計很現代，也很引人注目，一看就知道蘋果電腦比較有趣，而且容易使用。相形之下，IBM的商標為藍底白字，白字部分有如百葉窗片，看起來就像條紋西裝那樣保守、嚴肅。當時，賈伯斯曾解釋說：「本公司創立的宗旨在於開創個人電腦的新紀元。如果個人能擁有一部屬於自己的電腦，意義非凡。這和十個人共用一部電腦大不同。我們致力於消除個人與電腦之間的障礙，希望使用者不必學習就能上手。」

賈伯斯和麥肯納一樣，能用簡單、清晰甚至富詩意的說法，講解複雜的科技，讓人一聽就懂。對蘋果來說，這是重要資產，因為公司其他領導者都做不到這點。從1977年底《紐約客》所引用賈伯斯精采的即席談話，即可一窺他駕馭語言的能力之高超。那時，一般讀者幾乎對電腦一無所知，賈伯斯於是用一些挑逗的語彙來激發大眾的興趣，如「一絲不掛的電腦」，也會用「位元（byte）／咬（bite）」和「蘋果」等雙關語玩文字遊戲。在那場電腦展中，記者見賈伯斯在蘋果電腦的攤位上駐守，於是上前攀談。賈伯斯說：「我希望在我小時候就有個人電腦可以用。」接下來他說的這些話，全數都都被記者引用：

近十年來，我們從媒體報導得知有關電腦的種種。我們擔心生活的各個層面最後都會被電腦控制。儘管如此，大多數的人還是不知道，電腦究竟是什麼樣的東西，能做什麼，不能做什麼。

現在，一般人終於可用實惠的價格買下一部電腦，花費就和一部好的音響差不多，但你可以跟電腦互動，了解電腦的一切，就像你把一部1955年出廠的雪佛蘭拆開來。或是像照相機，全美國有成千上萬的人在學攝影，但他們不是專業攝影師，只是想了解攝影。電腦也是一樣。

我們公司在1976年創立於洛斯阿圖斯，以車庫為工廠，製造個人電腦。然而，現在我們已是全世界最大的個人電腦製造商。我們以個人電腦中的勞斯萊斯為產品定位。這是部聽話、好用的電腦。你以為會在電腦上看到很多閃爍的燈號，但你會發現，這部機器竟然就像一部打字機，只要接上合適的螢幕，就可出現彩色畫面。這樣一部電腦會回應使用者，保證讓你用了愛不釋手。

很多人問我們，個人電腦能做什麼？它能做的事太多了，但依我之見，個人電腦現在能做的最重要的一件事，就是教人寫程式。

記者準備轉往下一個攤位，那裡已有一堆小孩搶著玩「太空探險」的電腦遊戲。離去前，他突然想到一個問題：「你是否願意透露你的年齡？」賈伯斯答道：「我二十二歲。」

賈伯斯對一家大眾雜誌的記者即興發表他對電腦的看法，以各種比喻讓大家明白，一般人也能夠使用他和沃茲創造出來的機器。這部機器既先進又友善，絕非只是電腦玩家可以入手之物。他了解一般人害怕電腦可能會宰制現代生活（賈伯斯在經典的「1984」廣告裡重現這樣的恐懼，靈感正來自歐威爾的小說）。他理解這種無知，並以雪佛蘭、打字機和照相機比喻個人電腦的實用和方便。的確，他認為電腦的使用應該和拍照一樣簡單，甚至用「聽話」來形容電腦。他也展現了無比的雄心壯志，把幾個月前他和沃茲在車庫搞出來的東西與勞斯萊斯相提並論，但勞斯萊斯可是有七十三年歷史、精工打造、符合精英階級品味的汽車。他還聲稱蘋果是世界級的個人電腦製造商，這樣的說法使蘋果這家小公司一飛沖天，晉身IBM、迪吉多、寶羅斯等電腦巨人之列。可見他舌燦蓮花。麥肯納知道這是他的過人之處，也幫他把這個長處發揮到極致。

輝煌榮寵裡，暗流四伏

蘋果二號的銷售量果然一飛沖天。成功的關鍵在於：首先，蘋果加了部外接式磁碟機，讓人輕輕鬆鬆就可完成軟體安裝。其次，1979年財務管理程式VisiCalc問世，使大眾趨之若鶩。VisiCalc這種簡單的試算表是財務管理的基本工具，可處理繁瑣的帳務、管理庫存，也可做財務預測，可節省很多時間，因此讓一般消費者心生購買電腦的動機。由於蘋果二號一部要價一千三百美元，公司每月營業額很快就衝破好幾萬。蘋果就像挖到了油井般，財源滾滾：1978年的銷售量為七百八十萬美元，1979年躍升為四千七百萬美元，到了1980年，也就是公司公開上市那年，更創下一億一千七百九十萬美元的驚人紀錄。沒有第二家公司成長如此神速。

主流媒體注意到蘋果了，像《君子》（*Esquire*）、《時代雜誌》和《商業週刊》等都開始深入報導蘋果旋風。賈伯斯甚至躍上《公司雜誌》（*Inc.*）封面，並以斗大的標題讚頌他：「改變商業世界的人。」然而，蘋果登場的燦爛輝煌，也掩飾了內部的黑暗面，包括長久以來的領導問題。

賈伯斯在蘋果外面找到的導師，每一個都啟發他發揮商業才華。蘭德設計的產品雖然一開始不被看好，但他鍥而不捨，終於開創了一家偉大的公司。諾宜斯有遠見，也有領袖魅力，只有出走，自立門戶，才能從半導體之父蕭克萊（William Shockley）的影子走出來，闖出自己的一片天。葛洛夫更是企業悍將，帶領英特爾成功轉型，因此能在矽谷笑傲群雄。而麥肯納則是深諳矽谷文化與變遷的高人，曾寫了好幾本書，為有志在矽谷探險者指點迷津。他們都是富才幹、成熟、有智慧的人，不怕改變，活在科技與人文藝術的交叉點。這些人也是在公司設下遊戲規則的人。賈伯斯也想像這些導師一樣，擁有如此精采的人生。

如果他們能在蘋果內部指導賈伯斯呢？或許如此一來他們就能化解他個性中的矛盾、糾結，使他安然度過種種考驗。但人生是無法重來的。在蘋果，他只有史考特和馬庫拉。顯然，這兩人是管不了他的，無法把賈伯斯的精力和衝勁導引到正確的方向。年輕的賈伯斯與廣大的現實世界就要發生慢動作般的撞擊。他不只即將失去朋友，丟掉工作，甚至連自己一手創立的公司也沒了。

03

突破與崩壞

每一句老生常談裡都有幾分真實。

關於賈伯斯，很多人都說他是天才與混蛋的結合體。這種傳言大抵源於他在蘋果前九年的作為。他曾在這個時期散發出萬丈光芒，也曾跌落入漆黑深淵。他渴望在科技舞台上發光發熱，卻經常失控。有人忠心耿耿地追隨他，但他也樹敵不少。他身上那些矛盾的特質讓他自己和蘋果都陷入混亂。要評估賈伯斯的生涯，這個時期就是一個很好的基準線。

複雜矛盾的性格

二十歲出頭的賈伯斯就像大多數這個年齡的年輕人，不知如何處理感情糾葛，為了工作，不眠不休，沒有社交和家庭生活。1978年5月，賈伯斯的考驗來了：女友克莉絲安・布雷能（Chrisann Brennan）為他生下一女，名為麗莎。然而，賈伯斯矢口否認麗莎是他的親生骨肉。克莉絲安在傅萊蘭德的奧勒岡州農場生產，三天後，賈伯斯搭機前來探望她們母女。

不料，幾個月後，他翻臉了，說他不是麗莎的親生父親，拒絕支付撫養費。於是，克莉絲安對賈伯斯提告，要他接受親子血緣關係鑑定。儘管鑑定報告書上說，他是生父的機率高達94.4%，他還是不肯承認他是麗莎的父親。他似乎以為，只要他否認到底，證據就會消失。他最後在加州法院的命令下，每月支付三百八十五美元的撫養費，卻仍口口聲聲說他是冤枉的。克莉絲安在門羅公園租了間小房子，獨自撫養麗莎長大，賈伯斯幾乎不聞不問。

多年後，賈伯斯才接納麗莎，深深為當年的頑冥不悟後悔。他知道自己已鑄成大錯。他與克莉絲安生下麗莎，又不認帳，不管任何人來看，都認為太過分了。麗莎曾提到自己和父親關係疏遠，兒時不免因此心煩意亂，而且沒有安全感。克莉絲安也把賈伯斯說成是一個無情、冷淡的人，對她和女兒都很殘酷。儘管這是她片面的說法，但很多人評論賈伯斯的好壞，還是用這點來抨擊他。在賈伯斯二十三歲那年，女兒麗莎的誕生有如響亮的號角聲，提醒他得負起大人的責任。只是他充耳不聞，甚至不認這個女兒。

和他密切合作的同事都知道麗莎，但他告訴同事，他不是麗莎的父親，還抱怨克莉絲安糾纏不休。洛克後來說道，賈伯斯很可能「耽溺在自己的幻想裡」，才會做出這種事。洛克生性冷靜，在他看來，賈伯斯不只是個不負責任的父親，在公司也一樣任性。不管和上面的人合作，如洛克，或是決定會影響到部屬時，他似乎一意孤行，不在乎會帶來什麼衝擊。總之，他對別人完全缺乏同理心。

甜美的蘋果

他去了一趟阿拉庭園之後，接下來的一年更是變本加厲，因為蘋果公開上市讓他迅速暴富，名利雙收。幾年後，賈伯斯曾對為他工作的財務經理巴恩斯（Susan Barnes）說，蘋果公開上市那日（1980年12月12日）是他的生涯中最重要的一天，直到這天他才相信，他和工作夥伴果然打拚出一片天，真的可以賺大錢。但他所謂的「夥伴」並不包括費南德茲和卡特基（Daniel Kottke）等當年一起在他父母家車庫打拚的老朋友。賈伯斯有他自己的一套說法：費南德茲和卡特基只是鐘點雇員，因此無法和其他三百多個全職員工一樣配發到「創辦人股票」，只能眼巴巴地看著人家晉升百萬富翁。這種小家子氣也漸漸變成他個性中的一部分。

與賈伯斯合作推出「1984」經典廣告的克洛解釋說：「賈伯斯的個性有很多面，但眼裡只有工作。」在他青澀、年輕之時，認為大多數的人都是可取代的。以費南德茲和卡特基為例，三年前，他們還是賈伯斯的知己，也是他創業的重要夥伴，但賈伯斯功成名就之後，認為他們沒有進步，已非蘋果的中堅份子，於是成了可有可無的人。只有能持續推動蘋果進步的人才值得獎勵。其實，賈伯斯也沒料想到自己會變成一個只顧工作、六親不認的人，而這樣的思考邏輯也使他背負無情無義的罪名。卡特基與費南德茲等人都覺得公司其他人看不起他們，而賈伯斯也變得孤立。這時，他冷酷孤傲，不知道他在公司少不了真正的盟友。他終將會因這樣的盲點摔得鼻青臉腫。

蘋果股票上市第一天，賈伯斯的身價一夕之間暴漲到兩億五千六百萬美元，成為電子科技業最閃耀的明星。蘋果公司停車場出現一部又一部拉風的名車，還有人大手筆買下鄉間別墅，或是享受奢華假期。這些人都是公司裡的贏家，至於得不到這些的，則是輸家。蘋果在1977年成立之初，只有幾個人，到了1981年夏天，員工人數已達兩千九百人。光是在1980年秋天那三個月，員工人數就膨脹了一倍。蘋果的「老人」看不慣那些新人，說他們是一批「傻瓜大軍」。

賈伯斯極少炫富，但他因為固執己見，使公司內部分裂的問題益發嚴重。一般來說，蘋果員工主要的工作不是支援蘋果二號，就是開發新產品，而此時公司營收還是靠蘋果二號，分銷管道多達數百個。為了延續蘋果二號的生命，非得不斷加強這部電腦的效能。蘋果二號部門的員工和軟體開發商密切合作，看能不能用更有趣的軟體吸引消費者，也陸續推出更新的機種，如Apple IIe和Apple II GS。這樣的努力果然是值得的：蘋果二號系列機種自1977年面世至1993年完全停產，總共賣出將近六百萬部。沃茲的蘋果二號可謂蘋果成長的火車頭，讓這家公司在十年間不斷成長。1984年誕生的麥金塔要到1988年，營收才超過蘋果二號。

摸索成長之路的試誤

賈伯斯的工作主要是帶領產品開發，不久他就不再關心蘋果二號。他常這麼說：蘋果需要偉大的新產品，電腦產業日新月異，光靠蘋果二號小改版，很快就會被拋在後頭。他把這樣的立場表達得十分清楚，公司裡的工程師或行銷人員能跟他站在同一陣線，推出革命性的新產品，才值得他重視。但對公司那幾十個負責蘋果二號軟、硬體設計師而言，這樣的話讓他們情何以堪，多年來孕育、拉拔蘋果二號的沃茲聽了更是難過。沃茲後來說：「有些蘋果二號的工程師覺得自己在公司就像空氣一樣，完全不受重視。」公司規模日增，賈伯斯和沃茲的隔閡也愈來愈大。

大體上來說，賈伯斯說的沒錯，蘋果的確必須在短期內推出全新的產品。在電腦這個產業，要持續不斷提高營收，祕訣無它，就是在目前的產品登峰造極之時，就得準備推出下一個突破性的產品。馬庫拉、史考特和董事會都同意，公司迫切需要全新的產品，最好能符合辦公室人員所需。過去，IBM就像沉睡的巨象，然而據說他們已經醒來，準備加入個人電腦的戰場（他們製造的個人電腦於1981年夏天問世）。因此，蘋果董事會在1978年給賈伯斯預算，讓他帶領最好的工程師著手打造新產品。

其實，在此個人電腦發展的早期，人人都在盲目摸索，賈伯斯也不例外。賈伯斯不了解，大多數有突破性的電子產品都歷經長時間的試誤與發展，不斷改進原型機，加上特色的累積和既有科技的整合，最後才能一鳴驚人。但他和沃茲並非如此，兩人埋頭苦幹，從零開始，希望創造出前所未見的東西。這就是賈伯斯對產品開發的概念。不久，他就會發現，一旦公司規模變大，這樣是行不通的。

公司已為新機器設定好具體且有意義的目標。這部電腦就叫蘋果三號，適合家庭和辦公室使用，可支援彩色顯示器，螢幕每行可顯示八十個字元，比蘋果二號多一倍。由於一般打字機文件每行一樣可容納八十個字元，蘋果三號將可與王安電腦電子文字處理機匹敵。過去兩年，王安電腦的文字處理機在美國和歐洲大出風頭，成為公司行號必備的事務機器，而蘋果二號因定位為個人或家用電腦，銷量當然遠遠不及。如果蘋果三號可以成功，就可打入企業市場。

蘋果一號和二號的成功讓賈伯斯過於自滿，認為自己對技術的判斷是對的。結果，他做了一堆錯誤決定，最糟的一個就是堅持尺寸要小（以免占據太多辦公桌的空間）、電路板上的零件增多，而且必須完全靜音，也就是不能在主機裡面加上冷卻風扇。這樣的要求讓工程師遇上瓶頸，不知如何在電腦內部製造出氣流的對流，供主機板散熱。主機板上的晶片不少，加上電流供應器也會發熱，如果沒有散熱風扇，主機裡面簡直熱得像批薩烤箱。工程師最後只好設法打造散熱式的外殼，那就得用鋁來當機殼材料。鋁雖容易傳熱，但價格高，鋁製機殼的製作也比較複雜。

蘋果三號的難產不只是因為賈伯斯的要求。蘋果希望購買蘋果二號的顧客能使用蘋果三號，就得讓三號也能跑為二號設計的軟體。但這樣的「向下相容」沒有賈伯斯想的那麼簡單。蘋果三號的軟、硬體設計都讓工程師吃足了苦頭。賈伯斯只會向蘋果三號的工程師下命令，要他們快點解決問題，不管這些問題有多難纏。過去賈伯斯跟電腦魔法師沃茲合作，沒有克服不了的險阻、跨越不了的障礙，他以為蘋果三號的工程師也能如此。然而，事與願違，他們就是突破不了關卡。

到全錄取經

賈伯斯對企業文化一些瑣碎實務很不耐煩，這點我們可以理解，畢竟，他是個夢想家。儘管現在所謂的夢想家滿坑滿谷，特別是在矽谷，但賈伯斯從很年輕的時候，就懷抱偉大的夢想。他能見人所不能見者，想像理念的種子如何開花結果，創造出一般人難以想像的非凡之物。他要面對的挑戰，就是當一個有效能的夢想家，也就是不只是夢想，進而成為能真正改變世界的人。

1979年冬，他去了一趟阿拉庭園。在那之前的幾個星期，他在亞特金森（Bill Atkinson）、羅斯金（Jef Raskin）等蘋果技術人員的力勸之下，前去全錄帕羅奧圖研究中心（Palo Alto Research Center，簡稱PARC）參觀。著名的電腦科學家凱伊（Alan Kay）就在那裡做研究，擁有乙太網路、高解析螢幕顯示、雷射印表機及物件導向程式設計等重要技術。

PARC離庫珀蒂諾很近，只有十分鐘車程。那年夏天，全錄聯合其他創投公司在蘋果第二次召募股東的時候入股，共投資七百萬美元。賈伯斯說，如果全錄願意

「掀開和服一角」讓蘋果的人瞧瞧，他就願意把自己手中值一百萬美元的股票賣給他們。賈伯斯等人於是直搗這個電腦科技寶山，然而發現他們藏了一手，沒看到任何讓人眼睛一亮的東西。

在賈伯斯抱怨之下，PARC只好讓蘋果的人瞧瞧他們研發出來的最新科技，後來的麗莎電腦與麥金塔因此配備了這項功能，最後更擴及所有的個人電腦。PARC展示一部電腦給賈伯斯等人看。電腦螢幕背景是白的，就像一張白紙，而不是黑的，而且尺寸和標準的打字用紙一樣，長27.94公分，寬20.32公分，上面顯示的字元是黑色的，非常清晰，就像印刷在白紙上的黑字。這些字元都是位元對映顯示圖形（bitmapped），亦即每個影像都是由數千個小點構成，而每一個小點都由記憶體的一個位元相對映。如此一來，螢幕不但能顯示文字，也能顯示圖形。這種嶄新的科技使電腦開發者能控制電腦螢幕上的圖形顯示（之前，電腦螢幕背景都是黑色的，上面顯示原始的白、綠或橘色字元，電腦圖形只是利用數字或文字排列而成的黑白圖形或線畫）。

除了位元對映顯示圖形，PARC還有其他教人驚豔的技術：例如把數位資料儲存在比郵票還小的圖示（icon）之中，而每一個圖示就像一個資料夾，可利用一種叫做「滑鼠」的工具來移動。撰寫或編輯文件時，也能運用滑鼠來移動游標。要清除某個檔案或資料夾，用滑鼠拖到螢幕上標示垃圾桶的圖示即可。這種圖形使用者介面（graphical user interface）使電腦進入新紀元，有如電影從默片演變到有聲片的時代。

PARC的研究人員完全了解這些技術發展有多麼重要，因此知道全錄為了坐擁蘋果股票，竟然讓賈伯斯等外人一探究竟，使如此新穎的新科技外流，不禁心生驚恐。他們猜想，全錄那些在東岸高級主管必然對打造全新的電腦並不感興趣，只想要更好的影印機，或是可與王安的文字處理器匹敵的東西。全錄直到1981年才推出自己的電腦，名為「全錄之星」（STAR）。這是一款視窗桌上型商用電腦，銷售對象是企業，而非個人，每部要價一萬六千美元，而且一次至少要買三部，以組成一個系統。雖然電腦效能不錯，但一套要價五萬美元，這樣的價格難以被市場接受，因此乏人問津。

賈伯斯了解，全錄的圖形使用者介面是個了不起的基礎。螢幕圖示化將使一般人只要憑藉直覺就會使用。既有的電腦介面有一大堆艱澀的指令和符號，讓人覺得電腦莫測高深。如果你以視覺圖示來取代這些指令，用滑鼠隨意操控，就能利用電腦處理資料，如此一來就像上圖書館，從書架上抽一本書出來，或是像與良師益友討論。與電腦輕鬆互動正是賈伯斯的遠大目標，他希望創造出這樣的電腦，供一般人使用，甚至用「心靈腳踏車」來比喻電腦。參觀完PARC，他感到煥然一新，感覺今日之我和昨日之我已判若兩人。他決心把這些新科技傳送到全世界的每個角落，讓每個人都能使用。

麗莎的挫敗

現在，賈伯斯面臨的挑戰，就是如何在蘋果內部的重重限制之下達成這樣的目標。除了他，在公司裡沒有人可以想像電腦能發展到這樣的境地，而他也讓這個目標變得無比複雜。儘管長路漫漫、過程曲折，而且連帶造成不少傷害，蘋果最後還是在1984年推出麥金塔。

賈伯斯從全錄PARC取經回來之後，終於對蘋果三號死心。他了解蘋果三號只比蘋果二號好一點，於是漸漸把注意力轉移到別的地方。現在，他決心運用在PARC看到的技術，發展蘋果正在研發的另一款電腦。這部機器是為了財星五百大企業打造的，需要有強大的網路運算能力，進行資料密集計算；這項功能不但已超乎蘋果二號的能力，連蘋果三號也做不到。

這部機器就叫「麗莎」，自1978年中就開始醞釀、開發，但進展緩慢，1980年初，賈伯斯親自接手，麗莎團隊有如注射了強心劑，充滿希望。賈伯斯告訴團隊成員，他希望麗莎成為第一部擁有圖形使用者介面和滑鼠的電腦。他說，這是他們創造歷史的機會。他問麗莎專案的首席軟體設計師亞特金森，如果要把他們在PARC看到的技術變成可在麗莎上使用的軟體，要花多少時間。亞特金森答道，只要半年（但事實上，又拖了兩年半才完成）。顯然，在蘋果有人跟賈伯斯一樣，以為目標近在眼前，唾手可得，但其實難如登天。

賈伯斯在麗莎團隊坐陣的時間不長，但已暴露出他個性上所有的缺點。公司要求是一回事，他個人的野心又是另一回事。其實，這已是老問題。麗莎的定位是企業用電腦，但賈伯斯希望這部電腦價格親民又好用，人人都可入手。長遠來看，他的理念固然沒錯，多年後事實也證明，容易使用的個人電腦才是市場主流，不僅可供企業使用，個人使用也可得心應手。雖然他口口聲聲宣稱，麗莎可以滿足公司與研究機構的特別需求，但他最得意的，莫過於麗莎「桌面」上那一個個小巧可愛的圓邊圖示。

亞特金森等程式設計師甚至把他們在PARC看到的技術發揚光大，因此麗莎不但具有現代的使用者介面、重疊視窗、平滑捲軸，還有滑鼠。然而，由於電腦使用者的定義分歧，公司設定的購買者是企業用戶，賈伯斯自己想要做的是個人電腦，因此研發過程充滿矛盾，多有延宕。賈伯斯又不善管理，見進度落後，只會把團隊成員罵得狗血淋頭，威脅他們說，要是做不好，就叫沃茲來，沃茲一定能做得又好又快。

史考特想助賈伯斯一臂之力，就從全錄挖了一群頂尖人才過來，包括泰斯勒（Larry Tesler），希望這個團隊知道努力的方向，也能有一點紀律。泰斯勒加入蘋果兩個月後，史考特評估這個準備進攻企業市場的麗莎專案，發現研發進度依然落後，而且耗費成本太多，看起來還是一團糟。

賈伯斯麗莎團隊九個月後，亦即在1980年秋天，史考特就把他除名，將這個團隊交給前惠普資深工程經理高奇（John Couch）。至此，賈伯斯帶領團隊研發企業用電腦已連續失敗兩次。雖然電腦業有愈來愈多人專攻企業用戶需求，賈伯斯已經不屬於這個行列。

史考特戰爭愈演愈烈

賈伯斯無法駕馭龐大的團隊，加上無法調整自己迎合經營管理階層，終於使公司遭遇災難。蘋果三號的問世使蘋果的光環盡失。不但出貨時間延遲至1980年5月，比預定時間晚了一年，基本售價甚至高達四千三百四十美元，比原訂的目標價格高出一倍。上市才幾個星期，由於主機過熱造成當機，很多消費者都把電腦搬回來，要求退款。有些主機板甚至熱到焊料熔化、晶片脫落。總計需要更換的主機板多達一萬四千塊（鋁製機殼雖能散熱，問題是電路片上的零件過於密集）。再者，向下相容並沒有他們想的那麼容易，結果能在蘋果三號跑的程式寥寥無幾。蘋果三號成了失敗的產品，到1984年停產之前，只賣出十二萬部。在那四、五年間，蘋果二號還繼續熱銷，賣了將近兩百萬部。

史考特身為公司執行長和總裁，要為公司營收負責，面對廣大的投資人，顧及公司數千員工的生計。可想而知，他的壓力很大。但賈伯斯一再扯他的後腿，羞辱他好不容易才找來的零件供應商，不斷抱怨一些雞毛蒜皮的小事，像是實驗室工作凳的顏色，甚至一再堅持某個無關緊要的細節，干擾史考特定下的生產時程。賈伯斯沒有因為挫敗而收斂，反而和史考特變得更水火不容。賈伯斯堅持自己的理念，毫不妥協，任何決策不照他的意思，他就鬧得天翻地覆。他與史考特的內鬥，公司裡的人稱之為「史考特戰爭」。

史考特不只要和難纏的賈伯斯共事，還有很多事都讓他焦頭爛額。最後，連他自己都亂了陣腳，非但無法好好領導公司，健康也出現問題。顯然，這是壓力太大造成的。最後，他終於決定好好收拾爛攤子，裁掉一些前些日子召募進來的傻瓜大軍。1981年3月，他在員工大會上坦承，公司的經營管理讓他一個頭兩個大。

不久，董事會決議讓他下台。離去前，他又中了一槍。賈伯斯寫信攻擊他，說他好大喜功，為蘋果帶來虛偽文化，讓唯唯諾諾的小人得志。當然，蘋果會落到這步田地，賈伯斯自己也有責任，不能全怪史考特。但賈伯斯心知肚明，蘋果能從一家小小的新創公司變成卓然有成的大企業，史考特功不可沒。史考特離去後，賈伯斯突然覺得內疚，有人曾聽他說：「我老是擔心接到電話說，史考特自殺了。」

IBM與微軟意外翻轉產業態勢

1981年9月的某一天，也就是史考特離開蘋果的兩個月前，比爾・蓋茲造訪蘋果在庫珀蒂諾的總部。其實，這位年僅二十六歲的微軟執行長已是蘋果總部的常客，畢竟麥金塔的培基編譯器要靠微軟，賈伯斯也希望微軟幫忙開發蘋果電腦能用的應用程式，因此雙方關係密切。這時，雖然賈伯斯已名震天下，也比比爾・蓋茲來得富有，但比爾・蓋茲少年老成，是個機伶的生意人。

1975年，比爾・蓋茲從哈佛大學輟學，在新墨西哥州的阿布奎基與中學時代一起研究程式的死黨艾倫（Paul Allen）創立微軟。MITS總部就在阿布奎基。MITS製造的牛郎星電腦曾在加州自組電腦俱樂部的玩家間掀起一陣騷動。比爾・蓋茲和艾倫寫了一套叫做「編譯器」的軟體，讓電腦玩家可用簡單的培基語言寫程式。由於MITS決定將培基語言內建於牛郎星8800電腦，比爾・蓋茲於是抓住這個契機，創立公司。

比爾・蓋茲的父親是西雅圖的大律師，母親則是熱心公益的銀行世家名媛，因此他天生具有生意頭腦。他和艾倫發現，很多電腦玩家自行盜拷他們為牛郎星寫的培基編譯器，於是發布宣言指稱，電腦程式是微電腦軟體開發人員的心血，不該隨意複製、散布，應該尊重版權，秉持使用者付費的原則。比爾・蓋茲預言，電腦程式的版權受到保護，軟體開發產業才能蓬勃發展，創造軟體開發者、微電腦製造商和使用者三贏的局面。這也標示一個很大的轉折：在此之前，軟體開發大抵是電腦製造商的工作，他們在販售電腦之時，會把軟體的價格加進去。但比爾・蓋茲相信，如果光是設計軟體就能賺錢，軟體創新的腳步就會變快，電腦硬體製造商也能專注在半導體技術的研發。

對個人電腦而言，比爾・蓋茲的宣言和摩爾定律一樣重要。軟體開發幾乎不需要什麼資金，基本上是智慧的產物，只是寫出一套機器可以了解的語言。主要的勞力成本為設計與試驗，不用生產設備，也不需要設立工廠。程式完成之後，複製的成本差不多是零。由於潛在的消費者動輒數十萬，甚至上百萬，可以以量制價，壓低程式的定價。

比爾・蓋茲說的沒錯。如果軟體值得每一個使用者花錢購買，將帶動一個全新的產業。可以說，比爾・蓋茲給這個世界最大的貢獻不是創立微軟、不是磁碟作業系統（MS-DOS），也非Windows作業系統或Office等幾億人使用的應用軟體，而是他是第一個提出軟體有價的人。可見他具有何等高超的商業頭腦。在微軟發展的早期，比爾・蓋茲就是位有遠見而且稱職的領導人，這是他勝過賈伯斯之處。

1981年9月的那個早晨，IBM終於推出了第一部個人電腦。賈伯斯經常以「沉睡的恐龍」來嘲笑IBM，相信眼睛雪亮的消費者都會購買蘋果電腦，沒有人會想買IBM個人電腦。然而，比爾・蓋茲卻從中窺見大事即將發生的端倪。他見識過艾斯崔吉（Don Estridge）和羅伊（Bill Lowe）如何帶著個人電腦部門，在IBM官僚體系迅速殺出重圍，而每一部IBM出廠的個人電腦都搭配微軟的磁碟作業系統。由於IBM個人電腦急著上市，艾斯崔吉只向比爾・蓋茲要微軟磁碟作業系統的「授權」，沒有簽立獨家或買斷條款。

其他電腦製造商見IBM個人電腦大發利市，於是開始仿效，紛紛向微軟要求授權，以製造「IBM相容」的個人電腦。IBM的決定無意間造就了微軟的帝國霸業，使軟體開發業者的勢力得以抬頭，凌駕硬體製造商。IBM沒有先見之明，但後悔已來不及。由於蘋果以外的個人電腦都採用微軟磁碟作業系統，以此系統做為標準，不授權作業系統的蘋果於是被邊緣化。

然而，在那個秋日午後，在蘋果總部與比爾・蓋茲交談過的每一個人似乎不知道電腦產業即將生變，更不知道要擔心。多年後，比爾・蓋茲回憶道：「那天，我在蘋果總部走來走去，提到IBM推出個人電腦的消息，但似乎沒有人在意。」

識人不明，引狼入室

史考特離去後，換馬庫拉擔任總裁，賈伯斯則升為董事長。此時，IBM個人電腦一炮而紅，許多電腦公司（如康柏）也推出相容機種，個人電腦成了群雄並起的局面。在這個節骨眼，蘋果電腦的兩巨頭都不適任。賈伯斯幼稚任性，馬庫拉則優柔寡斷，公司人員因而有無所適從之感。幾個月後，蘋果董事會終於決定和軒德人力仲介公司（Heidrick & Struggles）合作，請這家公司的老闆羅許（Gerry Roche）親自出馬，為蘋果尋覓下一任執行長。羅許於是介紹史考利給賈伯斯。

史考利本來仍是百事可樂總裁，賈伯斯為了延攬他，使出渾身解數。從相交到交惡，這段愛恨情仇已有無數文章描述過。兩人起先有相見恨晚之感，都從對方身上看到令自己激賞的特質，希望兩人攜手合作能使彼此的人生出現新氣象，沒想到最後反目成仇。

那年，史考利四十三歲，之前都在飲料食品業發展。他是紐約富家子弟，出身自私立中學和長春藤名校。布朗大學畢業後，在賓大華頓商學院取得MBA學位。他在百事可樂當家期間，因推出讓消費者盲目試飲的「百事挑戰」及蒐集瓶蓋等行銷活動而聲名大噪。他是消費者研究的高手，知道如何改善產品以迎合消費者的喜好。

儘管賈伯斯不把史考特和馬庫拉放在眼裡，仍有自知之明，知道要在這個商業世界打滾，他還有得學。賈伯斯認為從史考利的背景、資歷和胸懷來看，這位財星五百大企業最高主管就是他等待已久的良師，認定他就是領導蘋果邁向新紀元的舵手。史考利一邊聽賈伯斯述說蘋果的潛力和未來發展的方向，心中也生出不少點子，知道如何推賈伯斯一把，導引他前進。

史考利不愧是商場老手，他的欲迎還拒只是讓賈伯斯陷得更深。賈伯斯原本提出的條件是年薪三十萬美元加上五十萬股蘋果股票的股票選擇權（市值約一千八百萬美元）。1982年3月20日，兩人約在紐約卡萊爾飯店相會。賈伯斯此時已被熱情沖昏頭。他們邊走邊談，繞到中央公園和大都會博物館，最後史考利陪賈伯斯來到中央公園西側看房子。賈伯斯正考慮買下聖雷莫雙塔公寓大樓一戶頂層的樓中樓。他們站在頂樓露台，史考利提出他的條件：年薪一百萬，簽約金一百萬，解職金一百萬。他這樣獅子大開口並沒有嚇退賈伯斯。賈伯斯說，就算他得掏自己的錢來延攬史考利，他也心甘情願。

最後，他用一句話打動了史考利：「你是甘願賣一輩子的糖水，還是希望有機會改變這個世界？」

兩天後，CBS創辦人培里（William S. Paley）告訴史考利，要是他還年輕，就該頭也不回地往矽谷前進，因為那裡就是創造未來之地。於是，1983年4月8日起，史考利在庫珀蒂諾的蘋果總部走馬上任，成了電腦產業史上薪酬最高的主管。

賈伯斯以為自己慧眼識英雄，苦苦追求史考利，沒想到看走眼，這個錯誤將使他後悔莫及。賈伯斯急欲從商業界挖來一個大咖經理人，以彌補自己的不足，卻沒注意到史考利有些嚴重的缺點。儘管史考利擁有MBA學位，也在百事可樂待了不少年，具有市場行銷長才，然而光是這樣還不夠。其實，他和賈伯斯一樣不安，很想向賈伯斯證明自己的本事。他誇口說，他小時候也是火腿族，也曾在家裡搞過彩色電視真空管。但他對電腦幾乎一竅不通。來到庫珀蒂諾之後，他第一個雇用的人是個技術助理，幫他惡補數位科技以及如何使用自己辦公室裡的蘋果二號。

賈伯斯雖然聰明絕頂，也有用人失當的時候，常常誤信遠來的和尚會念經，以為外面的人要比蘋果內部為他工作的人來得高明，因而草率做了決定。為此，他付出不少慘痛的代價，也學到如何收拾這樣的爛攤子。但是，史考利為他帶來雙重的災難。首先，史考利並不是他所需要的企業導師，對他幫助不大。其次，史考利精於企業政治的暗黑學。經過一段時間之後，等到賈伯斯恍然大悟自己上了當，這時的他已經不知道如何打贏接下來的戰爭。

劫持麥金塔計畫

儘管蘋果那幾年的管理亂七八糟，一些老將仍記得公司具有獨特的精神，而且說賈伯斯為他們帶來充沛的靈感。打造麥金塔的漫漫長路就是一則傳奇，顯示賈伯斯為了創新與再造，不惜使公司分裂。

要了解這點，且讓我們回到1980年秋天，也就是史考特把賈伯斯逐出麗莎團隊之時。那時，史考特要賈伯斯看看羅斯金進行的一個小專案。羅斯金以前是大學教授，聰明、性情古怪、喜歡理論。幾年前，賈伯斯因為想找人寫蘋果二號的使用手冊和產品文件而找上他。因此，他在蘋果最初是擔任出版部經理。雖然賈伯斯認為他是個愛賣弄學問的蛋頭學者，但這個不起眼的專案卻深深吸引他：打造一部消費者導向、好用的電腦，售價約莫只有一千美元。羅斯金以一種蘋果品種名稱來為這部電腦命名，也就是「麥金塔」（Macintosh）。

賈伯斯看上了麥金塔，於是設法把羅斯金趕走。他公然向羅斯金挑釁，打擊他，要他手下的工程師去做一些無關緊要的事。他批評羅斯金的產品計畫，說這樣低估了麥金塔的潛力。史考特只好把他和羅斯金找來，企圖解決這兩人的爭端。賈伯斯懇切陳辭，要求讓他負責這個專案。史考特最後決定讓賈伯斯負責麥金塔，羅斯金憤而離職。但他在離開前，還是寫了一封信給蘋果高層，數落賈伯斯的不是：「雖然賈伯斯先生陳述的管理技巧不錯，其實他是個很可怕的主管……他對進度的估算過於樂觀，認為所有的功勞都是他的，如果進度落後則都是部屬的錯。」又說：「他經常爽約……不給人應得的……做人偏心……而且說話不算話。」

沒錯，賈伯斯的確有上述缺點，但羅斯金被他踢出去也是對的。照羅斯金的計畫來看，麥金塔不過是部普普通通的電腦，算不上是突破性的產品。為了擴展消費者市場，麥金塔非脫胎換骨不可，才能把他在PARC看到的圖形使用者介面發揮得淋漓盡致。賈伯斯有自信可以做到，也深信羅斯金沒這樣的能耐。賈伯斯不在乎別人說他自私或是不尊重別人。為了達成目標，他絕不手下留情。

首先，他不惜將麥金塔團隊隔離，花了一百萬美元在蘋果總部所在的同一條路上找了棟房子另起爐灶。麥金塔團隊入駐這個在班德利大道3號的新家之後，一個名叫凱柏斯（Steve Capps）的程式設計師在房子頂端升起了一面有著白色骷髏頭和兩根交叉骨頭的大黑旗，為大家打氣。但在蘋果總部的人看來，這顯示賈伯斯已成了麥金塔陣營的頭子。不久，麗莎電腦出師不利，恐怕步上蘋果三號的後塵，而蘋果二號在IBM個人電腦及眾多相容機種的圍攻之下，已見疲態。蘋果的確需要有突破性的產品。就在此時，賈伯斯帶領一群天才工程師攀上連他們自己都難以想像的科技顛峰。

讓人又愛又恨的「惡」老闆

羅斯金本來打算用效能低但便宜的摩托羅拉6809e微處理器，雖然省錢，但不能使用滑鼠，螢幕解析度也不夠，只能顯現簡單的圖形，不能呈現位元對映顯示圖形。當時，麥金塔團隊有個技術不亞於沃茲的硬體工程師史密斯（Burrell Smith）。賈伯斯用激將法挑戰這個年僅二十四歲的年輕人，要他用麗莎的微處理器，也就是摩托羅拉68000，重新設計麥金塔原型機，以提升麥金塔的性能。68000的價格可足足是6809e的二十倍！

史密斯就像沃茲，面對挑戰不會輕言放棄。他不眠不休地研究，終於找到快速傳輸數據的方式，使麥金塔可以提升處理效能，不必其他晶片或電路的支援。如此一來，麥金塔就有了漂亮的位元對映顯示圖形，反應迅速，而且可以用滑鼠操控。史密斯在實驗室住了一個星期，連感恩節和耶誕假期都沒回家。12月19日是他的二十五歲生日，但他如常工作。因為這樣的專注力，他得以達成不可能的任務。

驅使史密斯只是第一步。這個麥金塔專案使賈伯斯重燃當年在車庫創業的熱情。他不管三七二十一，從麗莎團隊和其他部門把最好的程式師拉過來。例如：還在研發蘋果二號Dos系統的何茲菲德（Andy Hertzfeld），需要幾天才能結束手頭上的工作，但賈伯斯已迫不及待，乾脆把電腦電源線拔掉（他寫的程式因此消失），把人連同電腦載到麥金塔團隊工作的地方。這樣的人格特質令人厭惡，但在麥金塔這個案子卻成了前進的動力。儘管他喜怒無常，但是跟他合作的工程師都願意容忍他。克洛說道：「如果你受得了他，他會使你更好。有些人臉皮薄，受不了他的要求和辱罵，索性走人。但是我想證明我做得到，因此能精益求精。」麥金塔團隊裡的其他明星也是。

賈伯斯有時會帶領麥金塔團隊去度假，暫時遠離蘋果總部的人。他善用言語激勵部屬。他曾告訴他們：「我們將在宇宙中留下刻痕。」幾個月後，由於進度不如預期，他又有新的說法：「過程本身就是收獲。」以及「延後總好過做錯。」為了敦促成員，他又改口說：「不到出貨那一刻，都不算大功告成。」團隊裡的每個人都願意賣命工作，因為賈伯斯把他們當成藝術家、創新者，不遺餘力地保護他們。有名成員曾對《財星》的記者說：「如果團隊中有人抱怨受到其他部門的刁難。他就像鬆了鏈圈的惡犬，立刻打電話修理人。」

麥金塔團隊裡的人也不怕挑戰賈伯斯。他們以事實、能力和毅力來說服他，不但得以充分發揮能力，也贏得他的尊重，有時則乾脆無視他的要求。例如，團隊裡的硬體工程師貝爾維（Bob Belleville）就不顧賈伯斯反對，偷偷與索尼合作，為麥金塔開發一款比較小的磁碟機，麥金塔才可能如期出貨。要是遵照賈伯斯的意思，和另一家磁碟供應商合作，至少會再延誤一年半以上。對貝爾維的陽奉陰違，賈伯斯不但不以為忤，反倒嘉許他做了正確的選擇，而且堅持到底。

麥金塔團隊的總經理巴恩斯說道：「看了書上那些有關賈伯斯的描述，你或許會覺得奇怪，像他這樣一個不好相處的人，你怎麼會想為他工作？」巴恩斯是財務管理高手，對上司和部屬都很有一套。她話少，做起事來十分專注，儘管身材嬌小，也不會擺架子，卻教人打從心裡尊敬。她又說：「在職場上打滾久了，你自然可以區分哪些老闆一點就通，哪些則需費盡唇舌，才能讓他知道你要做什麼。碰到一點就通的老闆，你會不由得驚嘆：『天啊！真是太棒了。這麼一來我就輕鬆了。』賈伯斯就是這樣的人。你不必多解釋什麼，他就懂了。他真的很重視我們，不會對我們冷冰冰。」

兩年後，麥金塔團隊果然完成任務。賈伯斯驅策他們絲毫不放鬆，對自己也一樣嚴苛。他對他們耳提面命：公司的命運繫於他們的工作。進度落後或是做得不夠完美，就會被他修理。離交貨日期愈近，壓力就愈大，對身心都是莫大的考驗。有些員工真的累壞了，再也不想回到高科技產業工作，另一些雖然覺得這樣的經驗很難得，但也不想經歷第二遍，於是離開蘋果，換一個比較輕鬆的環境工作。還有一些人則熱愛這樣的試煉，願意在賈伯斯的領導之下賣命。

大功告成之時，賈伯斯要麥金塔團隊的四十六個成員簽名（包括他自己），在製造塑料機殼的硬模上把這些名字刻在殼內。即使是蘋果二號的人也打從心底佩服賈伯斯。有人就半開玩笑地說：「麥金塔的人必然有神在冥冥之中相助。」

巨星麥金塔的登場與殞落

麥金塔上市也為賈伯斯奠定主持大師的地位。從1984年1月22日在超級盃轉播中出現的經典廣告「1984」（也僅只一次），到1984年1月24日蘋果在庫珀蒂諾德安札社區學院（De Anza College）弗林特廳舉辦麥金塔發表會，這場產品發表會，完全超出眾人的預期。克洛一頭白髮，留著魔法師般的長鬚，他用柔和的聲調回憶當年：「賈伯斯有如十九世紀的馬戲團節目主持人巴納姆（P. T. Barnum）附身。在『嗒－噠！』聲響起時，說道：『請看！全世界最嬌小玲瓏的人即將登場！』他最愛覆蓋新產品的那塊黑天鵝絨布掀開的那一刻。這一切都是表演，也是行銷和溝通。」賈伯斯和行銷團隊與公關主管合作，一再排練，極盡挑剔，務求完美。比爾・蓋茲去看了兩次，記得曾在後台跟賈伯斯見面。說到賈伯斯在台上的表現，他回憶說：「我跟他是完全不一樣的人。看他認真排練的樣子，真讓我開了眼界。在他上台之前，如果發現哪裡出了點紕漏，有人就要倒大楣了。他真的很兇。在這麼重要的場合，他當然有點緊張。他在台上的表現實在很棒，教人嘆為觀止。」

「我的意思是，他最厲害的地方就是把上台要講的東西完全內化。他在台上說出來的字字句句，就像即席發揮那樣自然……」說到這裡，比爾・蓋茲呵呵一笑。

對廣告「1984」的創意總監克洛、藝術總監湯瑪斯（Brenton Thomas）以及負責文案撰寫的海敦（Steve Hayden）而言，跟賈伯斯合作有如海盜密謀偷襲行動。因為，直到超級盃開打前兩天，賈伯斯才讓董事會看這支廣告，而所有看過影片的董事都嚇壞了。

這支六十秒的廣告是由電影「銀翼殺手」（*Blade Runner*）的導演史考特（Ridley Scott）執導，畫面是鐵灰色的冷色調，一大群光頭男女囚犯恭敬地傾聽巨大螢幕上的老大哥說話。老大哥在講述絕對服從的重要。最後，一個身穿白衣紅褲的女人衝過來，把手中的鐵槌擲向屏幕，屏幕於是啪啦碎了一地。最後出現一句：「1月24日，蘋果電腦將推出麥金塔。到時候，你就知道為何1984這一年將不同於《1984》。」

史考利膽怯了。要賽特＼戴廣告公司（Chiat\Day）把蘋果買下的那個九十秒時段轉賣出去，不播這支「1984」。賽特＼戴賣掉了三十秒的時段，但騙史考利說，六十秒的那個時段賣不掉。儘管史考利和董事會憂心忡忡，行銷主管康貝爾（Bill Campbell）還是決定播出這個廣告。和克洛一樣才華洋溢的海敦後來用一幅漫畫表達他對史考利的看法。克洛說，那幅漫畫是這樣的：史考利和賈伯斯兩人從公園走過。賈伯斯對史考利說：「你知道嗎？我認為科技能使人類更幸福。」史考利的頭上有個大泡泡，顯示他的內心獨白：「我會贏得董事會的支持。六個月後，這小子就要滾蛋了。」

正如所料，由於那支「1984」廣告，麥金塔在德安札的展示會未演先轟動。那天，賈伯斯就像巴納姆，緊緊抓住觀眾的目光。他昂首闊步地走到台上。為了凸顯麥金塔大膽、有創造力、卓而不群的精神，先誦讀巴布・狄倫寫的歌詞〈變革的時代〉（The Times They Are a-Changin'），然後慷慨激昂地抨擊IBM。

接下來，他展示麥金塔漂亮的圖像，巨大的螢幕顯示著「瘋狂般偉大」的草寫字體。最後，這部電腦甚至用呆呆的電子合成語音跟大家自我介紹：「哈囉！我叫麥金塔，能從那個布袋鑽出來的感覺真好。」它指的是先前一直被放在帆布袋中，方才才被賈伯斯拿出來，插上電源。觀眾如痴如醉，大聲叫好，賈伯斯激動得幾乎哽咽。他展示給世人看麥金塔的神奇，媒體跟著大肆報導。

由於在產品發表會前，麥肯納已做足了宣傳功夫，如今終於可以一睹麥金塔的廬山真面目，媒體當然為之瘋狂，從庫珀蒂諾到《財星》，乃至《君子雜誌》和《錢雜誌》等，都說麥金塔是「最物超所值、容易入手的電腦」。《滾石》（*Rolling Stone*）稱麥金塔已成為一種次文化現象。《創業雜誌》（*Venture*）甚至標榜賈伯斯的特立獨行。

麥金塔有著象牙白的機殼，小巧可愛，就像一部迷你冰箱，外觀與傳統的電腦大相逕庭。最特出的一點就是使用者介面，讓人覺得方便、好用。你建立的檔案看來和紙本文件沒什麼兩樣。你可使用滑鼠控制游標，把文件拖到檔案夾中。要是你想清除檔案，拖到螢幕上的垃圾桶圖示即可。這些都是賈伯斯等人在PARC看到的，但PARC的東西不像賈伯斯在產品發表會示範的那麼簡單、好玩。因為得到媒體一致好評，加上消費者的好奇以及有些大學的採購，麥金塔前幾個月的市場表現可謂勢如破竹。但在這股熱潮退去之後，銷量則筆直下滑。

事實上，第一代麥金塔有很嚴重的問題。即使這部電腦是偉大的工藝品，展現電腦的潛力，但效能有限，因此實用性大打折扣。由於賈伯斯想將零售價壓低到一千九百九十五美元，而拒絕使用超過128K的記憶體。這樣的記憶體容量只有高價麗莎的十分之一。麥金塔的位元對映顯示很耗效能，雖然可在螢幕上顯示漂亮的線條和字元，但有時似乎得等到天荒地老才能顯示出來。事實上，第一代麥金塔不管做什麼都很慢。再者，它使用外接式的磁碟機，而非硬碟，因此拷貝檔案很麻煩，兩張磁碟片必須放進、退出好幾次。還有，麥金塔的作業系統一直到出貨前才調整好，幾乎沒有什麼應用軟體可用。由此種種，難怪銷量不佳。儘管賈伯斯已盡全力實現理想，卻未能顧及機器的實用性。

蘋果，大家都想咬一口

這些技術上的缺點也許都能克服，如加裝硬碟、擴充記憶體，以及與獨立軟體開發商合作，設計更多應用軟體，進一步發揮麥金塔的圖形能力。其實，在第一代麥金塔出貨之後，賈伯斯已正式負責接掌麗莎和麥金塔兩個團隊。只是賈伯斯對這兩個機種的改良不感興趣。至今，他的生涯已出現幾次差錯，除了蘋果三號和麗莎，還有幾個專案。在開創個人電腦產業、推出革命性的電腦之後，不斷改善麥金塔、讓它變成長銷機種並不是他的目標。

此外，麥金塔亮麗登場後，賈伯斯也躋身社交名流之列，覺得自己已經登峰造極。他把麥金塔送給米克・傑格（Mick Jagger）、西恩・藍儂（Sean Lennon）和安迪・沃荷（Andy Warhol）。他的三十歲生日宴會就在舊金山聖法蘭西斯酒店舉行，邀請爵士樂第一夫人艾拉・費茲傑羅（Ella Fitzgerald）獻唱，賓客多達上千人。

然而，他在業界展現出來的專橫和霸氣，不免為自己帶來傷害。在麥金塔開發期間，他和軟體開發圈變得疏遠，好像允許他們為他的寶貝機器設計軟體是天大的恩惠。比爾・蓋茲回憶說：「我們去庫珀蒂諾的時候，他會對我們說這樣的話：『這部機器酷斃了。我實在不知道為什麼要讓你們碰。聽說，你們是一群白癡，而這東西又是如此寶貴。我們把價格定在九百九十九美元，再過九個月就要上市了。』然而，有時他又會顯露他的不安。第二天，我們又一起開會，他則說：『這部機器是什麼爛東西？不曉得能不能用？拜託，請幫我們解決這令人頭痛的問題。』不管如何，這個人實在難以共事。」

儘管賈伯斯不可一世，麥金塔的銷量依舊低迷。

本來在微軟行銷部任職、後來被蘋果網羅的史雷德還記得，賈伯斯在1984年秋天仍志得意滿。那時，史雷德陪比爾・蓋茲參加蘋果在檀香山希爾頓夏威夷村舉辦的全國銷售大會。對微軟來說，為麥金塔開發應用軟體是公司的重要業務，因此他們有一群程式師專門為麥金塔設計繪圖軟體。最後，微軟終於成為麥金塔主要的軟體搭檔。但在那時，已開發出試算表軟體的蓮花也想咬一口蘋果。史雷德說：「（蓮花的執行長與產品經理）曼齊（Jim Manzi）和班戴爾（Eric Bedel）就像來到兄弟會的新妞兒，大受歡迎。」這人很有幽默感，因此比爾・蓋茲和賈伯斯都很喜歡他。他又說：「賈伯斯和他帶來的那些人根本把我和比爾・蓋茲當空氣。他們好像把比爾・蓋茲當成工友。用餐時，我們倆就像被發配邊疆。」那晚，史雷德和比爾・蓋茲在沙灘上散步。「比爾・蓋茲很緊張，擔心軟體生意會被蓮花搶走。他穿了雙名牌皮鞋。等到我們走回飯店，才發現他的鞋子都濕了。他心煩意亂，連踩到水坑都不知道。」

三個月後，史雷德和比爾・蓋茲要展示Excel給賈伯斯等蘋果高級主管看。「我們要展示Excel，但三十秒過去了，程式還跑不出來，賈伯斯已不耐煩。如果我們無法展示給他看，和蘋果的生意就做不成了。史考利比較了解我們在做什麼。我們討論到如何使Excel在麥金塔的表現勝過在PC。然而此時賈伯斯已跑到會議桌的另一頭，為了培基語言，跟何茲菲德吵得臉紅脖子粗。賈伯斯就像脫韁的野馬，沒有人控制得了他。儘管我來自一個不太正常的家庭，家裡的人一天到晚吵得雞飛狗跳，但看到他和何茲菲德爭吵，還是覺得大開眼界。賈伯斯好不容易才離開會議室，我們終於可以開會了。」

多年後，賈伯斯逝世後，比爾・蓋茲對我說：「賈伯斯是個強悍的人，但他並沒常常對我發火。」（比爾・蓋茲和許多我們採訪過的人一樣，說著說著就會變成現在式，好像賈伯斯還活著。）我問，他覺得賈伯斯哪一點不行？他笑道：「如果有人上台做報告，他必須坐在台下聽，偏偏那個人講的東西又窮極無聊，那簡直是要他的命。」

鬥爭、落敗與放逐

1984年下半，麥金塔的銷量有如墜入懸崖深谷。公司營收仍有七成靠蘋果二號，而IBM個人電腦已在市場上攻城掠地，大有斬獲。到了1985年新年，麥金塔依然沒有起色，看來即將步入蘋果三號和麗莎的後塵。公司董事會本來相信麥金塔將取代蘋果二號，也將在個人電腦市場把IBM打得落花流水，但銷量令人失望，而執行長史考利和負責產品部門的賈伯斯似乎一籌莫展。賈伯斯和史考利的壓力愈來愈大，在一起的時間少了，更不再如膠似漆。這意味賈伯斯將會有大麻煩。

1985年3月，史考利要賈伯斯離開麥金塔產品部門。賈伯斯花了好幾個星期，好話、難聽的話都說盡了，還是無法挽回。他的說服力完全施展不了。史考利堅持要他放手，並在4月11日向董事會報告。儘管馬庫拉、洛克等人在賈伯斯身上投資多年，仍選擇站在史考利那邊。蘋果是賈伯斯創立的，是他的一切，他的成就完全來自這家公司，如今遭到降職，未來恐怕凶多吉少。

過了幾個星期，賈伯斯吞不下這樣的恥辱。他打算反擊，把史考利趕走。他告訴他的親信，他想在陣亡將士紀念日的週末推翻史考利。屆時，史考利將前往北京簽約，讓蘋果電腦打入中國市場。賈伯斯很天真，相信自己有權這麼做，甚至把政變計畫洩露給葛賽（Jean-Louis Gassée）。葛賽是蘋果在歐洲的營運主管，史考利把他叫來庫珀蒂諾，就是準備讓他取代賈伯斯。葛賽跟我說：「那時，我已做了決定，我寧願跟史考利合作，也不願和賈伯斯站在同一陣線。賈伯斯已完全失控。」葛賽於是對史考利通風報信，告訴他賈伯斯的行動：「如果你去中國，就死定了。」史考利因此取消中國之行，要與賈伯斯對決。

翌日，在主管會議上，史考利告訴公司所有的高層主管，他們必須在他和賈伯斯之間選擇一個。與會者一個個輪流解釋他們為何決定支持史考利。賈伯斯沒想到公司主管會一個個倒戈。事後，驚惶未定的他打電話給自己陣營的人和幾個朋友，說他輸了這場戰役。那天下午，他淚流滿面地向布里恩特坦白：「我失算了。」在那個週末，史考利繼續拉攏董事會成員，懇求他們的支持。

到了星期二，賈伯斯知道他已一敗塗地。接下來的星期五，也就是5月31日，他坐在會議廳後排，目不轉睛地盯著史考利，聽他發布改造計畫。葛賽取代了賈伯斯，成為麥金塔和蘋果二號部門的主管，而他只是一個有名無實的「董事長」。此刻，再度遭到降職的賈伯斯有如被打入第十八層地獄。葛賽說：「賈伯斯內在有隻猛獸。在一九八〇年代初期，這隻猛獸把他重重地摔在地上。砰！」

被挖掉心臟的蘋果

賈伯斯被放逐的命運已定，而且受盡屈辱。公司分配給他的辦公室在另一棟大樓，離史考利、葛賽等顯然才是位居權力核心的人遠遠的。公司要他去俄國促銷蘋果二號，接著又要他走訪義大利、法國和瑞典。回到加州之後，他拜訪了一間電腦工作室。這個工作室有許多頂尖電腦圖形技術人員，是導演盧卡斯「星際大戰」（*Star Wars*）後製的重要班底。賈伯斯因而預見3D電腦繪圖的無窮潛力。

賈伯斯向蘋果董事會建議從盧卡斯電影動畫公司買下他們的電腦工作室。賈伯斯後來告訴我：「以電腦繪圖而言，那些人實在厲害，比任何人都要厲害。我的直覺告訴我機不可失。」然而，賈伯斯已經成了蘋果高層的眼中釘，董事會根本沒有理他。於是，賈伯斯自己出資，成了這間工作室最大的股東，並以皮克斯（Pixar）做為公司名稱。其實，蘋果的任何重要決策，身為共同創辦人賈伯斯已經沒有置喙的餘地。

史考利明白表示，此後公司將比較重視「市場導向」。現在，不是蘋果要給市場什麼，而是蘋果要迎合消費者的需要。產品決策主要看銷售和行銷部門的意見，而非工程師。這就是史考利在後賈伯斯時代所要建立的原則。雖然這是個理性的決定，但他忘了，很多人來到庫珀蒂諾，就是為了跟蘋果一起逐夢。儘管現在處於低潮，但是麥金塔曾帶他們攀上科技世界之顛。

有個蘋果員工對《財星》說：「他們把蘋果的心臟挖出來，換了顆人工心臟。等著瞧吧，看這顆假心臟能跳多久。」巴恩斯也覺得不妙，覺得蘋果已變得平庸，失去創新精神。「蘋果再造之後，反而走上錯誤的方向，行銷掛帥，工程師變成小角色。對一家科技公司而言，這實在太危險了。」

賈伯斯的後蘋果時代

賈伯斯開始思考失去蘋果之後的生活。他花較多的時間陪伴麗莎，想想女兒如何融入自己的人生。他住在伍得塞德（Woodside）的一棟大房子，利用房子旁邊的一塊空地以有機的方式種花蒔草，甚至以平民的身份申請坐上太空梭到宇宙冒險。有一陣子，這個全世界最有拚勁的三十歲青年過著像退休人士的生活。巴恩斯說：「有一天，他打電話給我，說道：『我們下星期本來要一起吃晚飯，但是我就要去歐洲了，可能會在那裡待上一年。』我說：『謝謝你告訴我，很棒啊！我還在為公司的事焦頭爛額，你可千萬別從巴黎或義大利打電話給我。』」

儘管他是為了出差才去歐洲，但仍挪出時間去參觀博物館，享受旅行。他不是一個人獨行，就是跟女朋友在一起。巴恩斯說：「他在二十一歲那年創立公司，一直沒有機會好好喘息，思考人生。」似乎這是反思的時候，銘記他得到的教訓。他真該好好想想問題出在哪裡，了解自己和公司為何會走到這步田地。從某個角度來看，賈伯斯的確是蘋果的心臟，這顆心臟被挖掉之後，蘋果就變得平庸。他究竟是如何讓一切陷入如此瘋狂和失控的境地？

但對這個三十歲的年輕人來說，他的思緒剪不斷，理還亂。歐洲仍把他奉為一手促成電腦革命風潮的偶像。他拜訪各國總理、大學校長、藝術家等，他更加相信自己超凡入聖，只是在企業政治中慘遭陷害。但伴隨這樣的自我膨脹，是刻骨銘心的痛苦和強烈的不安全感。畢竟，他已被自己創立的公司逐出。那年夏末，他從義大利打電話給巴恩斯，語氣沮喪，讓她不由得擔心他可能會自殺。

但是他回到美國之後，則找到努力的目標：發現下一種偉大的產品。九月初，他和諾貝爾獎化學獎得主柏格（Paul Berg）餐敘。柏格抱怨現在的電腦運算速度不夠，有礙研究。麥金塔和個人電腦效能不足，不能用來執行運算模型，而主機和中級電腦則過於昂貴、龐大，大多數實驗室都無法負擔。賈伯斯於是開始思考電腦的新方向，以及如何打造出像柏格這樣的科學家需要的高效能電腦。

另一方面，巴恩斯等人也經常向賈伯斯報告，說史考利如何剛愎自用，他們已忍無可忍。他知道，他可以從蘋果拉一些人過來，成立一家新公司。他於是在9月13日蘋果召開的董事會上，跟史考利及所有董事會成員攤牌。

他說，他即將成立一家新公司，而且會帶走幾個「基層員工」。由於新公司計劃生產高等學府和研究機構所需的高效能電腦工作站，而這個市場很小，所以不會和蘋果衝突。他甚至表示，歡迎蘋果投資他的新公司。幾天後，蘋果內部雞飛狗跳。史考利恨得牙癢癢地說，他要帶走的人怎麼算是「基層員工」？董事會成員也對媒體指控說賈伯斯是騙子。賈伯斯又上了全國重要財經雜誌封面：賈伯斯下台，蘋果將對他提出告訴。

但這些都不重要。畢竟，他已離開蘋果，要開始做真正的大事，也就是創造下一種偉大的產品，再次施展創新的熱情。

04

接下來呢？

賈伯斯離開蘋果公司後不久，在一個和煦的秋日，幾個跟他一起出走的部屬來到他在伍得塞德的房子。房子位於寧靜的郊區，綠意盎然，可以騎馬，在I-280州際公路之西，西側有和緩的坡地，越過坡地，可以看到太平洋。

這棟位於伍得塞德、風格特出的大宅邸是他在1984年買的，頗符合他那搖滾巨星般的地位。原屋主賈克林（Daniel C. Jackling）是一位具有創新精神的銅礦大亨，但也引發不少爭議。二十世紀初，賈克林是露天採礦的先驅，儘管這種採礦方式效能很高，卻會造成嚴重的環境破壞與污染。

這棟大宅院是以西班牙殖民風格建造，建地達五千坪，共有十四個房間，特別訂製的鑄鐵吊燈，還有一座由七十一根管子做成的管風琴，響起來震耳欲聾。房子裡還有寬敞、氣派的宴會廳，林白（Charles Lindbergh）和默片時代風華絕代的女明星莉蓮・吉許（Lillian Gish）都曾經是這裡的座上賓。

通往這棟豪宅的車道年久失修。賈伯斯的兩部愛車，BMW摩托車和灰色的保持捷911，都停在門口。但任何人一走進屋子，都會倒抽一口氣。這裡實在不像是一個家。賈伯斯還沒有時間買家具，因此房子裡空蕩蕩的，只有一張地毯、一盞燈，還有幾幅安瑟・亞當斯的攝影作品。他買了一棟大如城堡的房子，卻沒想到要把這裡變成一個溫馨的家。

六隻小蝦米力抗大蘋果

這幾個跟隨賈伯斯的人包括：享有蘋果研究員頭銜的硬體工程師佩吉（Rich Page）、頂尖程式設計師崔博爾（Bud Tribble）、硬體專家克羅（George Crow）、蘋果教育市場行銷主管魯文（Dan'l Lewin），以及麥金塔團隊的財務經理巴恩斯。他們每一、兩天就在這裡會合，與賈伯斯謀劃下一次革命大業。

打從一開始，外界就已在外面偷窺。《新聞週刊》報導賈伯斯離開蘋果的那期，就在封面故事刊登賈伯斯和上述五人做上班打扮，坐在草地上（普林斯頓畢業的魯文還打領帶）。賈伯斯接受記者採訪時，狠狠挖苦了蘋果一番：「很難想像，一家有四千三百名員工、市值達二十億的大公司，居然拚不過六個穿牛仔褲的年輕人。」

賈伯斯辭職前，已向蘋果董事會表明，他的新公司不會搶蘋果的市場。那是不可能的。其實，高等教育市場也是蘋果的重要業務；再者，他也把公司負責跑學術界的行銷主管魯文挖走了。不管怎麼說，這塊小小的市場是無法滿足賈伯斯的。從賈伯斯的角度來看，他已在個人電腦領域立下了兩個里程碑：蘋果二號和麥金塔（當然，IBM在1981年推出PC也值得大書特書，但賈伯斯根本對IBM PC嗤之以鼻，無法想像有人寧可選擇這麼難用的電腦）。現在，另一波浪潮即將興起，他自然而然認為自己會是那個站在浪頭上的人。他想讓蘋果那些管理不力的人見識一下，什麼才叫真正的領導與創新。

賈伯斯相信，他能成為世界級的執行長。過去八年，他已深入蘋果業務的各個層面。他學得很快，而且有眼光，能預見革命性的產品，帶領核心成員進行設計與製造。他更是天生的行銷高手。在他的眼裡，史考利和他的市場導向策略根本沒什麼。我第一次採訪賈伯斯時，他對我說：「關於蘋果，每一個人都想問這麼一個問題：以今天的環境而言，是否還能創造下一代的麥金塔？」他懷有遠大的抱負，新公司取名為NeXT，就是打算在未來超越蘋果。「這個世界不需要另一家市值一億元的電腦公司。」這些話語透露出他的鴻鵠之志。

從零開始的豪賭

他相信，只有自己能從零開始，創造出一鳴驚人的產品。這樣的產品也將使NeXT成為偉大的公司。追隨他的部屬都這麼想。最後一個從蘋果過來的魯文說：「他有不少讓人不敢恭維的地方，我都領教過。我當然也想過從蘋果叛逃、投靠他的風險。但我又擔心，如果我不去NeXT，以後會後悔自己錯過了這個大好機會。」另一個在1986年加入的NeXT的人員說：「如果你不相信下一個了不起的產品是他創造出來的，那你一定是白癡，因為每一個人都對他深信不疑。」

但他們日後才會知道，賈伯斯最糟的一面，在經營NeXT的時期顯露無遺。沒錯，他是產品的先知，是口才令人折服的發言人，但他不夠穩定，在經營管理方面，還有得學。從很多層面來看，他還不成熟。

離開蘋果之後的賈伯斯，雖然再也不必忍受壓迫與監管，其實他仍有重重的束縛：名氣、追求完美到吹毛求疵的地步、既輕浮又專橫的管理風格、對電腦產業的分析過於偏頗、熊熊的復仇之火，以及無視於這些的盲點。不管從哪一個角度來看，他都像是還沒長大的青少年，不但自我中心、好高騖遠，而且不切實際，也無法妥善處理人際關係。

他太自我中心，乃至於不了解蘋果的成功，其實是建立在時機和團隊合作，不是他一人之力。當然，他也不知道很多問題都是他造成的。到目前為止，他在商業所受的訓練像是速成班，真的吸收到的東西很有限，沒有基本功可言。他只在蘋果剛成立、史考特還沒進來的短短幾個月當過執行長，不知道要當一家公司的領導人需要哪些條件。儘管他很聰明，了解成功的執行長如何區分輕重緩急，但也是在經過多年的摸索與磨練之後，才知道如何不讓自我牽著鼻子走，以為自己的想法總是最好的。他也還不知道，在一個產業已有許多強勁對手的態勢下，如何奪得一席之地。即使他已打算東山再起，但他渾然不知自己身上有這麼多的缺點。

那年秋天的某個下午，最早加入NeXT的那幾個人到他在伍得塞德的家開會。在NeXT擔任財務長的巴恩斯記得那天風很大。「門不時被風吹得開開關關，猛然發出砰地一聲，不久又被吹開。門這樣砰砰響，搞得他都快瘋了。我看得出來，他希望有人能出來解決這個問題，讓大家擺脫這惱人的處境。但這是他的房子，不是我管得著的。就像蘋果，也不是我該管的。拜託，老兄，這是你的房子，你家的門壞了，你就自己看著辦吧。」巴恩斯的意思是，多年來在蘋果，有無數雞毛蒜皮的小事都是別人做的，賈伯斯只是追逐偉大的夢想。現在，他得好好學習。巴恩斯說：「如果你是一家公司的執行長也是出資者，什麼事情都會落在你的肩上。」

爭奪另一片藍海

賈伯斯和沃茲在1975年開啟個人電腦的新紀元，到了1986年，電腦產業已成為競爭激烈的市場，產品琳瑯滿目，很難看到真正獨特的東西。基於摩爾定律，電腦科技的發展一日千里。1985年，半導體製造商如英特爾和NEC等皆宣稱，他們生產的每一顆記憶體晶片含有一百萬顆電晶體（當然，這和今天的晶片相比可謂小巫見大巫。今天的高效能晶片已可含一百二十八兆顆電晶體）。不只是科技進步神速，硬碟的價格也一直往下掉：只要七百美元就能買到10MB的硬碟，已足以儲存重要的軟體和應用程式（到了今天，七百美元已可買到10TB的硬碟，可儲存一千部以上高畫質電影）。

個人電腦的效能不斷提升，價格也愈來愈低，在可預見的未來仍是如此。賈伯斯了解這點，認為他的新機器可在個人電腦和工作站型的電腦之間找到一個完美的立足點。

工作站電腦出現於一九八〇年代初期，差不多是蘋果在開發麗莎電腦而IBM準備推出PC之時。基本上來說，工作站電腦是進階版的微電腦，效能比個人電腦強大得多，有較大的記憶體和資料儲存空間，處理器的速度較快，而且有24吋的螢幕。工作站電腦出自大學資訊科學系所，讓個人得以使用強大的電腦運算能力，例如工程師或科學家可以藉由這樣的電腦寫出應用程式，處理複雜的計算和數學模型。這樣的電腦所費不貲，因此大都是由研究機構購買。

工作站電腦還有兩個特色：首先，這樣的電腦在設計之初，已預想到與其他工作站連結。其次，使用最先進的微電腦軟體作業系統，而這樣的系統最初是由AT&T貝爾實驗室的電腦科學家開發出來，再由研究人員和科學家在國家級實驗室不斷擴充、改良。這種作業系統就叫Unix，能使資料網絡相連，形成「由網絡構成的網路」，亦即後來所謂的網際網路（Internet）。

矽谷的工作站電腦製造商昇陽電腦（Sun Microsystems）創立於1982年。昇陽生產的工作站電腦供應史丹佛大學網絡（Stanford University Network，簡稱為SUN）使用，而這就是該公司名稱的由來。昇陽在短短的四年內，銷售額即從零飆升到十億美元，至今仍然沒有第二家電腦公司打破這個紀錄。賈伯斯創立NeXT那年，正是昇陽的業績如日中天之時。昇陽的工作站電腦不花俏，但效能強大，讓用戶覺得物超所值。然而，這樣的電腦外觀毫無美感，讓賈伯斯不禁皺起眉頭。不過，他也因此嗅到商機。如果工作站能更容易使用、外觀更吸引人，必然能贏得消費者的心。

同時，IBM賣的PC和康柏等廠商推出的IBM相容機種，已成功打入企業用戶的市場，成為辦公室的標準配備。企業用戶市場成長很快，競爭者也多，而用戶都非常在意價格、生產力和投資報酬率。新創公司要在這個市場殺出重圍，得到學校、企業或消費者的青睞，就得提供別家沒有的產品。

有鑑於電腦產業競爭激烈，難怪史考利和蘋果董事會把賈伯斯告上法庭。企業用戶市場已由IBM PC及其相容機種稱霸，蘋果更需要拉攏學術機構。很快地，工作站電腦將成為研究型大學和企業研發祕密基地的新寵，因此蘋果正在想辦法開發獨特的工作站電腦。賈伯斯被蘋果告上法院，也就受到牽制，不敢輕舉妄動，難以和供應商簽約，不能拉客戶，員工的雇用也有問題。

幸好蘋果在1986年撤銷告訴。其中一個原因是史考利不想因為這場官司壞了蘋果名聲，畢竟他已經驅逐了賈伯斯，這樣趕盡殺絕，有損蘋果形象。賈伯斯則在1985年秋天的空檔深入研究教育市場。他和魯文多次走訪各大學，傾聽教授和研究人員述說他們的需求。最早跟隨賈伯斯到NeXT的那幾個人，仍記得草創時期的蓽路藍縷。崔博爾說：「當初去大學拜訪的時候，為了省錢，我們六個人只租一輛車，如果晚上要在飯店過夜，也得幾個人擠一間。然而，不久我們就生出拓荒者精神。」幾個月後，NeXT終於有新創公司的模樣。

經過不斷探訪，他們發現教育市場很有潛力：研究人員的確需要效能強大的工作站。然而，他也知道最大的難關為何：他們無法負擔一部兩萬美元的機器，預算上限是三千美元。魯文拿出他在蘋果的那套做法，也就是和多家大學簽約，使他們成為NeXT的前導用戶。大學校長願意簽約並非看在賈伯斯的面子上，而是賈伯斯保證，這麼一部讓他們夢寐以求的工作站電腦只要三千美元。只是這張支票能否兌現，還是個問題。

協調多頭馬車朝共同的方向直奔

後來，賈伯斯掌握到與媒體應對的訣竅。在媒體面前，沒有第二個企業家像他那樣如魚得水。但他在三十歲出頭的時候，他認為只要能得到媒體的關注，就是好公關。他在剛創立NeXT時，正希望藉由在媒體前曝光來吸引投資人，建立一家比蘋果還偉大的公司。因此，他敞開大門，接受兩家重要媒體的採訪，即《君子雜誌》和美國公共電視網（PBS）。鏡頭下的賈伯斯有如一個正在試穿企業家新裝的年輕人，只是衣服仍不合身。

公共電視為了製作「企業家」的系列節目，採訪了賈伯斯及其新公司。在賈伯斯為主角的那集，開頭是他在菜園裡拔紅蘿蔔。他真的會親手種菜，或許想藉由這樣的鏡頭呈現自己反文化的根源。只是這樣登場，似乎過於溫馨，乃至幾乎有點可笑。總體來看，這個節目透露的訊息，超乎賈伯斯的預期。

這一集節目主要是拍攝NeXT頭兩次的度假會議。這樣的會議目的有二：一是讓團隊成員腦力激盪，另一則是測試成員的耐力。參與影片製作的每一個人，都盡力呈現這位年輕企業家的真實身影，旁白也描述說，我們將可從這段影片看到，賈伯斯如何以清楚的思維，建立一家公司、激勵公司成員。但觀眾看完後最深的印象就是，NeXT就像部多頭馬車，如何凝聚焦點是賈伯斯的艱巨挑戰。

這兩次會議都在加州圓石灘（Pebble Beach）舉行。第一次是在1985年12月，第二次則是在1986年3月。會議目的是明確界定一項重要專案，以及成員對專案的責任。在12月的會議中，賈伯斯站在白板前，要大家區分輕重緩急：對公司而言，最重要的目標為何？在售價三千美元的限制下完成產品？創造出一部效能卓越的機器？還是在1987年春天出貨？

NeXT就像任何一家新創公司，各部門都有自己的主張。佩吉說，如果他們的電腦在技術上沒有大幅突破，那就沒有意義。負責銷售與行銷的魯文解釋說，由於學校會在暑假下單購買電腦，錯過這個時機，當年的營收就泡湯了，只能來年再談。硬體專家克羅則說，三千美元才是最大的考驗。

和往常一樣，賈伯斯在鏡頭前展現領導人的魅力和自信。他秉持善念，態度誠摯，字字句句打動人心：「我們不只是製造一項產品，而是一步一腳印地建立一家偉大的公司。你要看整體，而不是看部分的總和。」他又說：「在接下來的兩年之內，我們即將做出兩萬個決定，NeXT會如何，就看這些決定的結果。蘋果之所以能成功，就是因為它是一家用心建立的公司。」團隊成員議論紛紛，莫衷一是，很難達成共識，難怪他會說出「兩萬個決定」。最後，他有了結論：「出貨日就是底線。」然而，大家都心知肚明，這是不可能的。這個團隊的每一個人似乎都很聰明，而且充滿熱情，但他們也都年輕、天真，對公司的未來感到茫然，迫切需要一個比賈伯斯有決斷力的領導人。

他們陳述意見，仔細考慮別人所言，也會互相指責，特別是在3月那次會議論及費用刪減的事。在場的每個人都認為，要在十五個月內推出一部全新、酷炫的電腦，是不可能的。多年來，賈伯斯被史考特、史考利、馬庫拉和沃茲等人批評，他們說他蠻橫、衝動，製造不必要的混亂，交貨延遲，給人的指示不明確，又愛朝令夕改，為了推動自己的理想，不惜讓全公司付出代價等。這些指控並非空穴來風，可見NeXT的員工也會碰到類似的麻煩。

《君子雜誌》的採訪報導則在1986年12月刊登。賈伯斯邀請諾瑟拉（Joe Nocera，現為《紐約時報》專欄作家）來NeXT在帕羅奧圖史丹佛研究園區的新辦公室待上一週，旁觀他們召開計劃會議及研擬策略（我第一次採訪賈伯斯就在同一棟大樓）。諾瑟拉也採訪了各部門員工。他和賈伯斯一起吃飯，也去他家拜訪；相較於後來，由於賈伯斯注重隱私，大多數的記者都被他拒於門外。賈伯斯要傳遞給媒體的訊息向來都很清楚，這次也不例外。他告訴諾瑟拉：「NeXT將使電腦科技更上一層樓。」為了達成這點，他將再現當年研發麥金塔的專注與熱情。賈伯斯說：「我還記得，不知有多少個日子，我走出麥金塔研究室時已是深夜，滿懷激動。我當時感到，我這一生能創造出這樣的產品，死而無憾。現在，我在NeXT也有相同的感覺。我無法解釋為什麼，也不了解真正的原因，但這樣的感覺教我歡喜、自在。」

純真與幼稚只一線之隔

顯然，賈伯斯對蘋果仍無法忘情。諾瑟拉說，他說他已把蘋果拋在腦後，那只是他一廂情願的說法。賈伯斯曾坦承：「我在蘋果的日子就像和一個女孩熱戀。我真的、真的很愛她，但她居然把我拋下，決定跟一個不怎麼樣的男人在一起。」諾瑟拉甚至在文章裡提到賈伯斯的感情生活，說他曾寫一封長信給那個時期的女友蒂娜・瑞思（Tina Redse），向她道歉說，有一晚他工作到很晚才回家。諾瑟拉也發現他把所有心思都放在工作上，因此沒有朋友，甚至一度忘記自己的房子有沒有窗簾。但他否認他還對蘋果念念不忘，內心也無任何不滿。

「他給人的印象就是青春洋溢，好像永遠不會變老。」諾瑟拉寫道：「加上他誠實和幾近幼稚的特質，更加強化了這個印象，例如，他要是發現身邊出現一個能力不足的傢伙，就會用野蠻的方式羞辱那人。他一點也不圓滑。如果他被迫聽不感興趣的議題，絲毫不會隱藏無聊透頂的感覺，就像小六學童迫不及待想下課。」諾瑟拉看穿賈伯斯少為人知的一面。1986年的賈伯斯太生澀、太自我中心，而且不夠成熟，因此無法像一流的執行長那樣面面俱到。這些是連賈伯斯自己都不願見到的特質。

差不多在諾瑟拉進駐NeXT進行採訪之時，賈伯斯雇用了一家新的公關公司，也就是艾莉森湯瑪絲公司。他之所以會結識這家公司的創辦人湯瑪絲，是因為她曾是州政府和高科技公司的橋樑，讓電腦公司捐獻電腦給學校，以獲得稅務減免及其他互惠計畫。湯瑪絲希望幫賈伯斯建立良好形象，讓外界別再拿他過去的乖戾行為大做文章。

經過多年的合作，她和賈伯斯變得親近，也知道如何跟他討論問題，而不會讓他難堪，例如她會說，我們該如何處理「另一個賈伯斯」的問題，也就是那個自大、討人厭的傢伙？由此可見，湯瑪絲是個機靈的人，才能與賈伯斯共事那麼多年，只是到了最後，那「另一個賈伯斯」終究勝出了。賈伯斯不斷對她施壓，要與任何膽敢批評他的記者斷絕往來。她在1993年終於忍無可忍，憤而走人。導火線是幾個星期前的柯林頓就職大典，她在華盛頓特區觀禮，沒想到賈伯斯竟在此時用呼叫器對她奪命連環call。

在NeXT成立初期召開的一場董事會之後，賈伯斯把財務長巴恩斯拉到一邊，對她說：「人說蓋棺論定。等我死後，世人將會記得我創造的那些東西，然而沒有人會知道，我在公司的經營管理真的下了功夫。」

賈伯斯剛創立NeXT的時候，的確知道經營一家電腦公司的要點。他很會激勵別人，也是個努力不懈的創新者。他也善於和零件供應商協商。早期，在蘋果下的訂單還不大的時候，他就能拿到更優惠的價格。他能把重要概念結合在一起，也知道如何整合不同的科技，使之發揮更大的效用。巴恩斯說：「他了解庫存名詞，知道資本投資如何運作，也懂什麼是現金流。這些他都了解，在蘋果那幾年他學到的東西，並不亞於MBA。他真的知道，因為這些就是商業世界的生存技能。」

賈伯斯渴望得到認可，而且經常說他把NeXT管理得很好，還有他已經從年輕時在蘋果犯的錯誤學到很多東西。他對我說：「我們已有不少前車之鑑。過去在蘋果，我們總要花一半的時間彌補過錯。我們要解決的問題或許是股票選擇權計畫、零件編號系統或是生產線的問題。我們從零開始，使蘋果成長為一家市值達二十億美元的大公司，你可以想像得到，我們從中獲得多少經驗。我們已可預見未來將會出現的一些難題。這是之前做不到的。我們因而生出信心，願意冒險。我們也比較懂得工作的竅門，不必走冤枉路。我們也更加深思熟慮，知道事半功倍之道。」

等待成熟的執行長

他說得頭頭是道，然而大抵是往自己臉上貼金和自欺欺人。在他剛創立蘋果之時，他其實不知道如何管理一家公司，只得把這個重責大任交付公司幾個「大人」，如馬庫拉和史考特。然而，現在他好像什麼都知道，從支薪、機器設計，到行銷，到製造，十八般武藝樣樣精通。不管大大小小的事，他得一手掌握，而且不能出差錯。對此，他的肢體語言表達得再清楚不過。不管別人和他抱怨什麼事，他都表現出一副他早就了解那是怎麼一回事的樣子。不管什麼問題，他都覺得沒有人會比他懂。這時，他會別過頭去，用腳敲打地板，坐在椅子上動來動去，像個坐立不安的青少年，最後才表示意見。當然，這一切，參加會議的其他人都看在眼裡。

賈伯斯把每一件事都攬在自己身上。套用他的話，也就是要做出「兩萬個決定」，而且不能出錯。這麼一來，每個人都被拖慢了。這樣的微觀管理顯示，賈伯斯在這個階段仍不知如何區分事情的輕重。還記得他曾帶員工去圓石灘舉辦度假會議的事嗎？會中，大家討論哪項任務最重要：創造一部偉大的機器、準時出貨，還是把機器售價壓到三千美元以下？其實，討論這種問題根本沒有意義。這三個任務都必須達成才對。但是，由於賈伯斯自己抓不到關鍵，手下的人也就莫衷一是。

再者，他雖然已籌措不少資金，但錢的管理也大有問題。賈伯斯自己拿出一千兩百萬美元，分兩階段挹注到公司財庫，另外從卡內基美隆和史丹佛大學各募到六十六萬美元，裴若看了公共電視以賈伯斯為焦點人物的那集「企業家」之後，也慷慨解囊，決定拿兩千萬投資NeXT投資（裴若告訴《新聞週刊》的記者，這個系列節目的人物頗能引發他的共鳴）。到了1987年，儘管NeXT這家新創公司還未製造出任何產品，已擁有一億兩千六百萬的資金（兩年後，日本照相機和印表機公司佳能也拿出一億投資NeXT，此時NeXT的資金已暴漲至六億美元）。

賈伯斯認為，投資人會買單，是因為他們相信他的信念。卡內基美隆和史丹佛的投資，代表學校引頸期盼他的電腦。裴若願意背書，是因為他看出潛在市場不小，欣賞賈伯斯的創新精神，認為他已是偉大、成熟、深具潛力的企業家。裴若發誓，他會緊盯他投資在NeXT的錢：他告訴《新聞週刊》的記者，如果NeXT是牡蠣，那他會像砂子一樣刺激牠，讓牠生出珍珠。但事實上，他只是袖手旁觀，並沒有干涉NeXT。幾年前，他曾有投資微軟的機會，卻讓這個機會溜走，眼看微軟股票一飛沖天，深覺後悔。這次，他不再坐失良機，決心在西岸高科技天才身上押寶。賈伯斯答應妥善管理公司資金。在「企業家」節目中，他一再要員工節省，甚至抱怨飯店住宿費太貴。巴恩斯曾看過賈伯斯在蘋果的大手筆，起先希望他真能改變這樣的作風。她回憶說：「我想，現在他花的是自己的錢，應該會省一點。唉，我真是錯了。」

在矽谷，大多數成功的新創公司一開始無不克勤克儉，而且聚焦於單一的產品或點子。他們沒有官僚系統的約束，也不必延續產品傳統，幾個志趣相投、才華洋溢的年輕人集合在一起，就可立即動手，把概念化為產品。他們每週工作時數都破百，幹勁十足，公司只要付他們薪水，別礙事就行了。這些人知道，只要可以把理念化為現實，公司就能成長，等公司達到一定的規模再來處理一些管理上的細節。反正，現在用不著傷腦筋。如果打從一開始就受到公司的束縛，綁手綁腳，那就難以施展長才，創造理想的產品。

賈伯斯向諾瑟拉解釋這點時，顯然心中充滿鬥志。然而，由於他已在蘋果待過一段時間，對節約的定義有所不同。巴恩斯說：「由奢返儉難。畢竟他已攀上人生之巔，什麼高檔的東西都已到手，要他儉僕度日實在不易。」的確，賈伯斯享受蘋果的資源和規模，生產線效率高，行銷預算也很充裕。儘管他口口聲聲說，當年在蘋果二號和麥金塔出了很多差錯，他已得到教訓，絕不重蹈覆轍，而他心目中的NeXT，不但要像從車庫起家，具備新創公司精神，連公司的穩定性、地位、給員工的待遇，也必須媲美財星五百大企業。可惜他做不到。

難改揮霍舊習

從他一擲千金委託藍德為NeXT設計商標可見一斑。決定請藍德這位設計大師操刀，彰顯他再度進軍電腦市場的雄心壯志：藍德最有名的作品就是他為IBM設計的商標。請大師出馬豈可兒戲？藍德說他只會為賈伯斯設計一款，不管他喜不喜歡，都得付十萬美元。幸好，賈伯斯喜歡藍德為NeXT設計的商標，以及他製作的那本印刷精美的小冊子，解說商標發想過程，說明為何「e」要小寫，以及為何用黑色當底色，用鮮豔的色彩呈現那四個字母。

魯文記得拿到這本小冊子那天，他回想起1977年第一次碰到賈伯斯的情景。當時，他是索尼的銷售員。他們的辦公室離蘋果在史蒂文斯溪大道的總部附近，因此賈伯斯常來翻看索尼的產品宣傳資料。他很欣賞索尼選用的紙張和設計風格。「他很喜歡索尼的東西。他也好奇，為什麼消費者願意多花15%以上的錢購買索尼產品。他常走進我們辦公室，細看我們的冊子，撫摸紙質。他最後恍然大悟：啊，不是產品，是質感！對他來說，那種風格的表現才是最重要的。」但NeXT只是一家新創公司，如何和營收動輒達數十億美元的索尼同日而語？在索尼這麼大的一家公司，花在宣傳手冊的錢猶如幾個銅板，根本微不足道。

說到NeXT總部的裝潢和設計，賈伯斯可講究呢，花再多的錢，眉頭都不會皺一下。他們在帕羅奧圖的辦公室家具，很多都是特別訂製的，公司牆上懸掛安瑟・亞當斯的作品，廚房流理檯面是花崗岩。1989年公司總部遷到紅木市（Redwood City），辦公室更氣派了，會客廳那張長長的牛皮沙發是進口的義大利精品，大廳中央那座有飄浮視覺效果的玻璃樓梯，讓人眼睛一亮，那可是世界級建築師貝聿銘的作品（同一年開幕的羅浮宮，令全世界驚豔的玻璃金字塔就是他設計的）。後來，這樣的玻璃樓梯設計也在多間蘋果專賣店熠熠生輝。

賈伯斯的揮霍蔓延到公司各部門。1989年，他驕傲地對我說：「我們的資訊系統和年度營收十億美元的公司是一樣的。」（1989年，NeXT營收頂多只有幾百萬美元，距離十億其實還有十萬八千里。）他解釋說，NeXT將躋身財星五百大企業之列，因此得先完成大規模的基礎建設。他又說：「我們不像蘋果，所以最好什麼都一次到位。我們雇用一流的人才，一起腦力激盪、擬定策略，不必分好幾次來做。我們目前完成的一切至少可撐好幾年。雖然在起步時花的錢比較多，但長遠來看的確值得。」

完美的廠房，過剩的產能

賈伯斯甚至不惜耗費鉅資打造最先進的廠房，以生產電腦。這是讓全世界豔羨的工廠，位於費蒙特（Fremont），距離紅木市二十四公里，兩地隔著舊金山灣。這個工廠雖然很小，卻是個奇蹟。工廠在1989年開始生產之前，賈伯斯曾帶我去參觀。那時，廠裡沒人。賈伯斯解釋說，由於以全自動生產為原則，不必雇用很多人。工廠的每個細節都是他的心血結晶。他指著那些機器人和設備說道，這些東西已塗上他指定的一款灰色。生產區只占一個樓層，和一家大型餐廳差不多大。那天因為沒有其他人在，廠房靜悄悄的，就像是間樣品工廠。然而，賈伯斯宣稱，這間廠房一天可製造六百部機器，以年度營收來看，等於總值達十億美元的硬體。

這樣的廠房是由一群製造系統工程師設計、打造出來的，因此有段時間NeXT製造部門的博士要比軟體部門來得多。製程很有彈性，採即時生產模式（Just in Time, JIT）。幾乎所有需要精密組裝的工作都可由機器人代勞，例如沃茲和賈伯斯當年在車庫把晶片焊接到電路板的工作。機器人不但可焊接，還會檢測成品是否良好。最後經人工檢查過，就可把電路板安插到主機內。

賈伯斯說的沒錯，這真是一間完美的廠房。日本在半導體製造業異軍突起，把大多數的美國公司打得落花流水。底特律的汽車製造廠也面臨類似的窘境。賈伯斯希望他的工廠向世界證明，美國能奪回高科技製造業王國的寶座。更重要的是，他希望以完美的工廠和專注細節的精神讓員工知道：如果你凡事以完美為目標，結果將超乎你的想像。

這樣的原則固然可圈可點，問題是：在拿到訂單之前，就在廠房花這麼多錢，這樣的投資真的值得嗎？到了一九八〇年代末期，代工已經非常流行。在矽谷就有一大堆代工廠，可以代客戶生產像NeXT工作站這麼高檔的電腦，委託他們生產將可省下很多成本。儘管NeXT廠房盡善盡美，廠房前方風景絕佳，連運送零件的輪桌都是精工打造出來的，這個廠房還是猶如專門吃錢的怪獸。至於一天生產六百部電腦這件事，就甭提了，因為這間工廠一整個月生產的電腦從未超過六百部。

是追求完美，還是捨本逐末？

理論上來說，打造一間先進的廠房並沒有錯，讓員工在漂亮的辦公室工作，請大師設計酷炫的商標也都沒問題。只是賈伯斯在做決定之時，沒仔細考慮到他要付出的代價。他無法區分建設性的批評和風涼話。身為一家新公司的執行長，這是他的首要責任，但是，他的確沒做到。

賈伯斯早就決定，NeXT電腦要採用光碟機儲存資料，而不用標準硬碟。光碟機有兩大優點：可儲存的資料是標準硬碟的兩百倍，而且可以外接。賈伯斯經常向一般人灌輸這樣的概念，也就是把所有的個人資料用光碟機儲存起來，如果換電腦，把光碟機接上新電腦即可，因此個人重要資料皆可隨身攜帶（今天，我們也可從智慧型手機或平板電腦得到所有的資料，只是資料放在所謂的「雲端」）。

無論如何，光碟機有很多問題，主要是讀取資料速度很慢。儘管賈伯斯希望電腦能提供足夠的儲存空間，但使用者更需要快速讀取資料。1989年，NeXT電腦終於在零售店上架，光碟機讀取資料的速度和使用標準硬碟的昇陽電腦相比，差了一大截。

NeXT電腦似乎想以獨特的設計讓人眩目。儘管這部電腦和標準PC一樣，由四個部分組成：鍵盤、滑鼠、主機和螢幕，但設計者是德國工業設計高手艾斯林格（Hartmut Esslinger）。賈伯斯在打造麥金塔之時就曾找他合作。艾斯林格是世界級的設計師，價碼很高，而且和賈伯斯一樣不輕易妥協。他為NeXT設計的機殼是個完美的正立方體，每個角都是九十度，有別於其他廠牌的電腦，包括蘋果。

一般而言，電腦廠商並不怎麼注重電腦的設計與美學，大抵著眼於實用性和成本等現實面。為了打造完美的正方體，賈伯斯與艾斯林格只能找一家在芝加哥生產特殊模具的製造廠。他們還堅持用昂貴的鎂合金外殼，不用一般的塑膠外殼。這個決定讓人想到，在八年前，賈伯斯製作蘋果三號時也一樣固執，堅持非用鋁製機殼不可。鎂合金外殼雖然有些地方比塑膠的來得好，但是在製造過程中容易出現瑕疵。

這麼多的細節，環環皆如此講究，如何把價格壓在三千美元？成本只會節節高升。魯文說：「在我們的計畫中，主機材料是五十美元，還不含主機板。結果，賈伯斯希望機殼的塗漆必須是鈦金屬色澤。他曾看過一部要價四千美元的唱機轉盤，那唱臂就是鈦金屬顏色。他說，機殼塗漆必須要有同樣的質感。由於通用汽車的金屬塗漆技術是全世界最強的，而裴若剛好是通用的董事，賈伯斯於是透過他的關係，派三個人到通用汽車學習。但光是機殼塗漆，每部電腦就得花五十美元，其他主機材料要怎麼辦？」

就連主機內部，也得符合賈伯斯的美學原則。通常工程師知道老闆對電腦效能的要求之後，才開始設計電路板。但賈伯斯反其道而行，他先提出對電路板尺寸與形狀的要求，然後要工程師去執行。他告訴克羅等硬體工程師，為了配合正立方體的外殼，NeXT電腦電路板的尺寸也必須是正方形。這樣的要求使工程師在零件使用上大受限制，常常無法使用現成而且便宜的東西。如此一來，不但提高設計的難度，必須花更多的錢，工程師也得花費更多的時間，而這樣的付出卻不見得有意義。

萬眾榮寵的天才巨星

賈伯斯做的很多決定，只是對產品進展造成阻礙。他無法區分哪些是最重要的，哪些不是。他毫不妥協，不管他想要什麼，非達成不可。賈伯斯如此一意孤行，因為他一向是媒體寵兒，被媒體和投資人譽為天才。裴若曾形容他是「一個有五十年商業經驗但年僅三十三歲的年輕人」。因此他絲毫不知自己錯得多離譜。雷根總統的商業部長波多里奇（Malcolm Baldrige）請賈伯斯擔任他的顧問。全美國重要媒體都派記者到西岸採訪他，聽他針對每個議題侃侃而談，而不只是聽他發表對電腦與科技的意見〔上級就曾指派我去做這樣的事，聽賈伯斯談產業政策、美蘇競爭、毒品問題和巴拿馬獨裁者諾瑞嘉（Manuel Noriega）等〕。

NeXT即使還沒推出任何產品，仍受到極大的關注，這是任何一家新創公司望塵莫及的。賈伯斯因而深信，他一定會創造出偉大的東西。天才加上命運女神的眷顧，他因而不會反省，認為自己的想法一定是最好的。他以為他對細節的種種堅持就能推出突破性的產品，讓其他製造商瞠目其後。多年後，裴若才承認自己押錯寶，說道：「我這輩子最大的錯誤，就是給那些年輕人太多錢。」

此外，只要是蘋果足可傲人之處，賈伯斯也無法忍住不跟進。像是蘋果商標風格特出，賈伯斯也需要出自名家之手、象徵無限潛能的商標。蘋果擁有設備先進的工廠，賈伯斯也建立了一座造價昂貴的廠房，產量不會輸給蘋果。儘管他不准公司裡的人提，但他還是對蘋果念念不忘。《財星》雜誌編輯修伊（John Huey）第一次前去NeXT採訪，在公司大廳等賈伯斯與其他訪客餐敘回來。由於賈伯斯不認識修伊，回來後直接坐在大廳的沙發椅上翻看雜誌。那十五分鐘，他忍不住一再出聲批評蘋果在雜誌上刊登的廣告，像是「愚蠢」或是「笨蛋」。

有些作者剖析，賈伯斯無法把蘋果拋在腦後，以及他對成功的渴望，是一種佛洛伊德式的衝動，因為他甫出生就遭到親生父母的「遺棄」，把他送給別人收養。我則認為這和他的親生父母無關，他其實就是個被寵壞的小孩。

他天資聰穎、早熟，而且能言善道，養父母都順著他，讓他成為天之驕子，如果受到挫折，就像隻受傷的驢子嗚嗚叫。長大成人之後，他還是一樣，有時會突然暴怒。但在NeXT，沒有人能牽制他。公司裡幾個明理、冷靜的人，如魯文和巴恩斯，若意見與他相左，則會苦口婆心地勸他，但他不但不為所動，甚至嗤之以鼻。提到過去推出麥金塔的風光，賈伯斯告訴諾瑟拉：「我感覺那就像是看自己的孩子出生。」遺憾的是，對NeXT團隊而言，賈伯斯似乎乳臭未乾，仍不是成熟的父母。

放棄微軟股票，也要追隨賈伯斯

賈伯斯武斷的決定不但使NeXT員工傻眼，他的微觀管理也讓他們吃足了苦頭。他認為，員工晚上和週末一樣得賣力工作。星期天或假日，如果他臨時有什麼「緊急」的事，就會毫不猶豫地打電話給員工。儘管如此，公司的工程師一樣心甘情願為他工作。

畢竟，賈伯斯很了解這些工程師，知道他們喜歡解決問題，而他們的成就感正來自突破困境，以為前去無路，沒想到柳暗花明又一村。賈伯斯以超乎他們想像的方式挑戰他們。沒有一家電腦公司會給工程師如此激進的目標和期許，其他公司似乎也不會去關心他們的工作。創造出一部可以翻轉教育的電腦，的確是件很酷的事。對賈伯斯旗下那些天才程式師和工程師而言，能為這麼一個特別的老闆打造一部特別的電腦，也是千載難逢的機遇。

過了幾年，顯然高等教育市場已無法滿足賈伯斯。魯文帶領一群銷售尖兵進攻其他市場。他們認為NeXT工作站也能改變職場，企業用戶可利用NeXT電腦高超的運算能力做3D模型。由於NeXT電腦可與公司其他網絡相連，因此可處理龐大的資料。NeXT電腦不只能迎合象牙塔精英的需求，還能助華爾街計量金融家一臂之力，甚至市井商人也能蒙受其利，這樣一部機器可謂革命性的產品。儘管經過一個月又一個月、一年又一年，NeXT電腦仍遲遲未能上市，NeXT工程師依然努力不懈，在神聖使命的召喚下，無怨無悔地工作。NeXT對工程師相當禮遇，工程部門在總部的一側，有一部平台大鋼琴，還有門禁，不讓其他部門的員工隨意進出。賈伯斯召募了很多人才，他們最後也交出漂亮的成果。

里德學院物理學教授克蘭岱爾（Richard Crandall）也受聘於NeXT，擔任首席科學家，研究電腦如何擴展計算科學等高等教育領域。他在NeXT的研究也觸及已發展數十年的密碼學。後來，他被蘋果延攬，擔任高等計算部門的主管。剛從麻省理工學院畢業的霍利（Michael Hawley）及其研究小組，則創立了全世界第一間電子圖書館，收錄了《莎士比亞全集》和《牛津引用語辭典》等書。因此，在NeXT電腦終於面世之時，已具有多工模式，能輕輕鬆鬆地把檔案附加在郵件裡面，而直覺式的使用者介面也使網絡連結變得易如反掌。

更重要的是，賈伯斯從微軟那裡把郃凡尼恩（Avie Tevanian）搶來。郃凡尼恩是程式設計高手，來自卡內基美隆大學，曾開發過可支援Unix、且比Unix更強大的微核心作業系統（Mach）。郃凡尼恩來到NeXT之後，成為崔博爾底下最重要的程式開發人員，負責NeXT的作業系統，也就是NeXTSTEP。多年來，郤凡尼恩的電腦一直設有一個小計算器，每日計算他沒去微軟上班損失的股票選擇權總額。但他熱愛在NeXT的工作，原因就是賈伯斯欣賞他的才華，而且每次見到他都會交付重要任務給他。

賈伯斯說過很多次，NeXT和其他廠商販售的傳統工作站的不同，在於他很注重軟體。崔博爾和郤凡尼恩開發的NeXTSTEP作業系統優雅、先進、穩定，幾乎不會當機，而且介面具有親和力，讓人容易上手。這個作業系統的物件導向程式（object-oriented programming），可以在開發應用程式時節省很多時間。郤凡尼恩開發的物件導向工具名為「WebObjects」，最後成為NeXT的獲利產品，在網際網路興起後，很多公司都利用它來建立網路服務。

儘管賈伯斯非常倚重崔博爾和郤凡尼恩的長才，依然忍不住在後面不斷驅使他們。崔博爾的太太巴恩斯說：「我老公常跟我抱怨說，賈伯斯一直催他，要立即在螢幕上看到成果。『他會吼叫說，太陽不該從東方升起。然而，太陽還是從東方升起。要在螢幕上看到成果必然需要耐心等待。我知道他喜歡圖形，要他看一行行的程式會要他的命。但人生就是這樣！』」

郤凡尼恩說：「這家公司真的很小。」他的體格有如職業橄欖球員，有著一頭黑色捲髮和深邃的眼睛。「因此，在這裡工作的每一個人都很熟。如果我工作到很晚，賈伯斯就會過來看看，跟我聊聊。我給他看我正在研發的東西。他看了之後，會對我大吼大叫，說這東西爛透了。但是說到程式，我懂的當然遠遠超過他。他也承認這點，所以尊重我的專業。我在講解他不懂的東西時，他還是會聽，我也才能忍受他的批評。因此，我們還是能合作把東西做出來。」

學習做「大家長」

在建立NeXT之初，賈伯斯說，他要做的事最重要的就是「打造一家偉大的公司」。儘管志向遠大，但行事不夠成熟，事情常弄得一團糟，不能聚焦於目標。有時，他的出發點是好的，最後卻演變成自欺欺人，對瑣事吹毛求疵，一些重要的現實問題反而置之不理。

他的確想當個好老闆。例如，每年他都會找個星期六，在門羅公園舉辦「家庭野餐日」，讓員工帶家人來同樂。這是特別為員工的孩子設計的活動，有小丑表演，可打排球，玩袋鼠跳等遊戲，現場還會供應漢堡、熱狗等餐點。1989年時，他邀請我帶五歲的女兒葛瑞塔一起參加。他打赤腳，我們坐在捆包的乾草上聊了一個小時左右，葛瑞塔則跑去看皮克家庭馬戲團（Pickle Family Circus）表演雜技。這個灣區藝人團體是他特別請來的。NeXT員工有時會走過來，謝謝他舉辦這樣的親子活動。我們談了點公司的事，但他幾乎都在講家庭對員工的重要，以及他還得顧及皮克斯員工的生計及其家庭。雖然聽來像是堂而皇之的理想，但也反映出一個事實，也就是他真的已努力承擔當家長的責任。他內心深處也有成家的渴望。現在，他花較多的時間陪伴麗莎。雖然這對父女兩人關係的修復並未完全，麗莎就讀中學那幾年還是跟爸爸同住。從他辦家庭野餐日的用心，可以感受到他真的想當一個好爸爸，就算在他女兒眼中，他還有待努力，至少他願意好好照顧員工。巴恩斯說：「我可以想像他看著我們這群員工，心想，我肩上的重擔不只是這些員工，還包括他們的家庭。他難免覺得壓力很大。」

賈伯斯新萌生的責任感，也使他和幾個重要部屬更加親近。崔博爾和巴恩斯的第一個孩子出生時，他在下班後溜到醫院探望他們。1991年進入NeXT、最後取代佩吉成為公司首席硬體工程師的盧賓斯坦（Jon Rubinstein）說道：「他很想有一個做父親的樣子。他只比我大一歲，仍以長輩自居。這真的有點好笑，但他認為自己的人生經驗比周遭的人都要豐富。他就對我的私生活非常好奇，老是問東問西。」

但是，為了負起當公司「大家長」的責任，他制定的制度卻漏洞百出。例如，因為要「打造一家偉大的公司」，他進行一項名為「開放公司」的社會實驗：每一個員工的薪水都依工作項目而定，也就是職稱相同的人員都領一樣的薪水。所有員工的薪水都公開、透明。賈伯斯對我說，這是他對員工的承諾，也就是他保證會公平對待每一個人。接著，他似乎已有所準備，說出這番「發自內心」的獨白：

人是公司能夠運作的關鍵。軟體是人寫出來的，機器也是人設計出來的。我們的規模不一定要比競爭對手來得大，但我們的思考必須超越他們。我們每雇用一個人，也就為公司的未來砌上一塊磚。

雇用最合適的人只是個開始，你必須建立一家開放公司。你可以這麼想：你看著自己的身體，你身上的每個細胞都有特別的功能，對全身都有貢獻。如果在NeXT工作的每個員工都著眼於公司整體，在做任何決策之時，就可以此做為量尺。當然，完全公開像薪水這樣的機密資料會帶來一些風險，甚至損失，但你獲得的將遠超過你失去的。

NeXT要成為開放公司，最顯而易見的一點，就是我們讓每個員工知道其他人領多少薪水。我們的財務部有一份薪資表，每個人都可以去查看。為什麼呢？通常一家公司的經理人每週得花三個小時處理薪資問題，而這些時間多半是用來闢謠，或用僵固的術語解釋薪資差異。在我們公司，經理一樣得花三個小時處理薪資問題，但是可以用開放的方式來解釋為何會有這樣的薪資制度，告訴員工怎麼做可以更上一層樓，領更多薪水。因此，我們把這三小時當成是教育員工的機會。

賈伯斯頭頭是道地闡述開放公司、人人平等的原則。然而，很快他就自打嘴巴了。在他對我說上面那番話之時，早已出現了反例。這是因為賈伯斯一心一意想雇用全世界最頂尖的人才，特別是工程師。他曾告訴我：「就大多數的行業而言，最棒的人和普通的人比起來，程度頂多差個兩倍。例如你在紐約坐計程車，同樣的路程，比起普通司機，厲害的司機可能可以讓你節省三成坐車時間。差兩倍已經差很多了，但在軟體設計方面，高手會比平庸之才的功力好上二十五倍。然而，你要招攬到最卓越的人才，當然得用特別優渥的條件去吸引他們。在電腦這個瞬息萬變的產業，用頂尖高手絕對值得。」

應徵者要進入NeXT很不容易，必須經過數關面試。常常，只要有個考官投反對票，應徵者就被封殺了。想要進入NeXT和賈伯斯一起工作的人很多。當然，NeXT要召募到強手，沒有薪水這樣強大的誘因是辦不到的。因此，賈伯斯就一再為這些人破例，有人拿到豐厚的簽約金，有人的薪水則比相同職銜的同事來得高。不久，想要到財務部瞧瞧所有人的薪資表，就沒那麼容易了。

賈伯斯的暴衝性格

不只是「開放公司」不切實際，造成人員雇用和管理上的問題，讓公司內部易生磨擦，賈伯斯還反覆無常，經常暴怒，一再利用消極式的攻擊鞭策員工。這樣要如何在公司培養和諧、平和與平等？他也經常出爾反爾、口不擇言。他不是在NeXT才這樣，之前或之後在蘋果都是如此。有件事，他倒是一視同仁，那就是什麼人都會被他罵，不只是工程師，主管群及他的行政助理也經常被罵得狗血淋頭。

他的親信了解他的脾氣，常得安撫受傷的部屬。郃凡尼恩就盡全力保護軟體部門的同事，免於被賈伯斯的怒火燒得體無完膚。每次他要向賈伯斯報告進度或是使用者介面出了問題，在賈伯斯走進來之前，他會要同事趕緊出去避難。巴恩斯在蘋果老早就領教過他的脾氣，她為自己和同事擬定好明確的因應策略。「如果他氣瘋了，大吼大叫，我就掛他的電話。我認識的人當中，也只有他可以讓人掛他電話、等一會兒再打電話給他，那時他就會冷靜多了。我是說，如果換成是我，你要是敢掛我電話，我會氣到要殺了你。但換成是他，如果他大吼大叫也於事無補，在他氣昏頭的時候，最好的辦法就是不理他，趕緊脫身。給他時間，等他恢復之後，他就會變得好多了。他的脾氣就像開關，可以打開或關上，絕對不要跟他硬槓。」她也常提醒自己的部屬，在他發脾氣的時候，盡可能「充耳不聞」。她解釋說：「你得想想他為什麼要這樣吼叫，這才是最重要的，這樣你才能從根本去解決問題。」

NeXT產品盛大初登場

賈伯斯宣布即將在1988年10月22日舉辦NeXT電腦產品發表會之後，公司上上下下都繃緊了神經。賈伯斯要在世人的眼前揭露最新產品，總是像在推出世紀大秀，但他上次像魔術師從帽子裡變出兔子般地從袋子裡拿出麥金塔，已是1984年的事了。為了新產品的面世，公司員工不知已努力多久，苦撐到最後。他認為這種魔術般的手法不但吸睛，也能振奮員工士氣，為公司注入活力。他在舞台上的演出愈來愈講究，幕後人員的壓力也跟著增高。這樣的產品發表會有如艱辛的一戰，因此落幕之後，公司裡的人都馬上動身去度假。

要介紹NeXT電腦不得不運用更多的戲法。作業系統仍有很多錯誤，程式師至少要再花一年的時間除錯。再者，光碟機的速度太慢，可能會在展示的時候變成笑話。此外，尚未有外界軟體開發商為這部電腦寫應用程式。除了二十年後的iPhone，賈伯斯未曾拿半生不熟的產品出來見人。他這麼快就要讓NeXT電腦面世，其實是不得已的。他需要這樣的盛會來證明他依然屹立。要是不趕快露臉，「下一家由賈伯斯建立的偉大公司」就會光環盡失。即使是像賈伯斯這樣具有無窮潛力的人也有「保存期限」。

產品發表會在舊金山戴維斯交響樂廳（Davies Symphony Hall）舉辦，三千名以上的與會者把整個廳擠得水洩不通。這個採用大量玻璃的現代建築，是舊金山交響樂團的專屬音樂廳。發表會那天，安檢嚴格，有好幾十位自稱是「貴賓」的人，因為沒有邀請函而被擋在門外。那時，在彎曲的前廳正好有個攝影展，展出民謠搖滾樂手納許（Graham Nash）的照片，暗示可能有真正的明星現身。

觀眾一踏進音樂廳，就會看到一個巨大的螢幕。舞台左邊有張高高的桌子，上面擺了一排搖控器，大花瓶裡插滿了白色鬱金香。舞台右邊有張橢圓形的桌子，上面有個用黑色天鵝絨蓋起來的東西，顯然是一排電腦螢幕。在舞台中央的桌椅後方還有一根高約一百二十公分的柱子，上面的東西一樣用黑色天鵝絨覆蓋起來。觀眾進場之時，廣播播放優美的室內樂。雖然這時是星期二上午，但是大多數的人都盛裝出席，就像是晚上要來聆聽交響樂的來賓（連我都穿了西裝）。這正是賈伯斯想要的排場。

這場發表會舞台效果令人驚豔，賈伯斯果然為了NeXT第一個重要產品費盡心思。賈伯斯一上台，觀眾便鴉雀無聲。他鬍子刮得精光，頭髮一絲不苟，身穿深色義大利西裝，雪白的襯衫配上酒紅與黑色十字織布領帶。他在台上靜靜地站了一會兒，享受舞台上的榮光，然後露出微笑。掌聲如雷，久久不歇。

等到掌聲完全停了，他才開口：「回來的感覺真好。」他合掌祈禱，然後開始介紹。這場發表會歷時兩個半小時。他花了好幾個月的時間擬稿，語調有如在商學院講課，而非推銷東西。他用一套新的分類法來講述電腦產業，在這個講述架構下，他的新機器有如自然演化的一大步。

由於當時還沒有幻燈片自動播放程式，他使用的幻燈片是事前精心製作，然後手動播放。光是幻燈片的製作就沒完沒了，底色不知換過多次，有一天他終於找到他喜歡的一種色調，不斷自言自語：「這綠色很棒！這綠色很棒！」累得人仰馬翻的行銷團隊也跟著複誦，就像唸咒語一般。

他解釋說，這種「個人工作站」與昇陽或阿波羅那種一部動輒上萬美元的工作站相比，更能迎合電腦高階使用者的需求。他承認，當年他在蘋果忽略麥金塔等個人電腦的相互連結。然而，NeXT電腦打從設計之初，就考慮到連結其他電腦網絡的問題。

電腦科學家早已知道這段歷史，但一般大眾並不知道。他們對賈伯斯說的一切照單全收。賈伯斯就是有辦法把複雜、晦澀的科技講得活靈活現，讓觀眾心癢難耐。他有絕對的信心，不管什麼科技產品，經他推銷之後，原本不知道自己是否需要的人也趨之若鶩。

他拿起NeXT電腦主機，讓人窺視它的內部，說道：「這是我有生以來看過最美的電路板。」觀眾先屏息凝視，接著掌聲震耳欲聾。其實，從台下望去，任何電路板看起來都差不多。甚至在他形容正立方體主機那條長達三公尺的電源線時，觀眾也熱情拍手。觀眾看得癡迷，不管他說什麼都信。賈伯斯說，大型大學跟《財星》五百大企業沒什麼兩樣，只是換個名稱罷了。大家似乎也相信這是真的。

華麗精緻的排場

在這場大秀，最難的莫過於解釋為什麼這部全新的電腦螢幕仍是黑白和灰階，不是彩色。事實上，這是為了節省成本所做的決定（可使每部電腦省下七百五十美元）。在電腦設計的過程中，由於賈伯斯百般挑剔、不斷干預，致使進度一再延後，成本節節升高。但這些都不打緊。在賈伯斯的述說之下，螢幕設計極其優雅，那各種層次的灰至為美麗細緻，彩色反倒相形失色。賈伯斯繼續展示，宣稱這部電腦將在學術界引發震撼，不只是科學家獲益良多，藝術家也能運用。基於這麼多的潛能，這部電腦只要六千五百美元，印表機也只要兩千美元。如果使用希望利用傳統的硬碟機以增加儲存空間，也只要多付兩千美元。他沒說的是，一部配備完全的NeXT電腦系統要價將超過一萬美元，足足比原訂價格高出七千美元。

賈伯斯知道不能在現實層面打住，得趕快掀起高潮，讓觀眾陷入癡狂。最好的點子就是音樂。過去六個星期，他一直催促郃凡尼恩趕快寫出一種音樂合成應用程式，以表現NeXT主機的多工特性。郃凡尼恩才來幾個月，這種應用程式實在有點棘手。他努力了好幾個星期，一天晚上，終於成功了。「電路板突然發出聲音！我心想，這真是太棒了！」郃凡尼恩回憶道：「那時是晚上十一點，辦公室沒人。於是我跑到隔壁棟。果然，賈伯斯還在工作。我說：『我要給你看一樣東西。』我們跑回工程實驗室，我給他聽電腦發出的聲音。沒想到他對我破口大罵：『你給我看這個做什麼？真不知道你在搞什麼！』我說：『你難道不了解？電路板真的能發出音樂聲了！』他說：『但這是什麼聲音？難聽死了！別再叫我來看這種東西。』」

「我從這樣的互動學到很多。」郜凡尼恩又說：「大多數在賈伯斯底下工作的人，碰到這樣的情況，不是辭職就是被炒魷魚。那時，我低頭沉思，好吧，你不能東西一做出來就迫不及待要給他看，要等做得更好再說。在東西剛做出來的時候，可以給其他人看，就是不能給他看。」

賈伯斯等到觀眾引頸期待，才打算施展郜凡尼恩的絕活。他先用電腦播放印尼甘美朗音樂。這段電腦合成的多聲部打擊樂在大廳迴蕩。此刻，賈伯斯笑容緊繃，似乎難掩自己的驕傲。沒有人聽過電腦發出這樣的聲音。但這是要把場子炒熱。賈伯斯接著請舊金山交響樂團的小提琴首席柯比亞卡（Dan Kobialka）上台，和NeXT主機表演一段巴哈a小調雙小提琴協奏曲。賈伯斯退到一邊，聚光燈打在小提琴家和他的電腦上。在那五、六分鐘，戴維斯交響樂廳有如家庭音樂沙龍一樣溫馨。演奏完畢，柯比亞卡琴弓一收，全體觀眾立刻起立鼓掌。還有一道光打在賈伯斯身上，他拿著一枝玫瑰花，對熱情的觀眾敬禮。

風光背後的危機

這場產品發表會風光落幕，很多電腦專家也對NeXT電腦讚不絕口。像奧索普（Stewart Alsop）、謝佛（Dick Shaffer）和墨菲（Michael Murphy）等人都預測，到了1990年，這部機器將使NeXT每年進帳兩億至三億美元。謝佛甚至說自己對這部電腦「完全傾倒」。我們可以說，這是蛋頭學者之見，他們總是喜歡說好聽的話。可是，連冷靜保守的媒體對賈伯斯的說辭也買單。我在《華爾街日報》的報導則稱這部電腦「令人驚豔」，價格和市面上的工作站相比「不算昂貴」；我順從賈伯斯的期望，沒有拿他原先答應各大學的價格做為比較標準。

事實上，這部電腦在市場上根本就沒有成功的機會。儘管NeXT電腦比大多數工作站便宜一點，卻只加強了幾個小地方，電腦本身還有很多問題沒有解決。他在NeXT揭櫫的原則不知道到哪裡去了，而公司建立之初在圓石灘度假會議強調的目標，早就被丟掉了。賈伯斯起先耳提面命地告訴大家，無論如何這部電腦的價格都不能超過三千美元。不久前，他在大學的一些顧問甚至告訴他，三千美元還是太貴，或許應該砍半。沒有一家大學願意花一萬美元買一部NeXT電腦系統。麥金塔只要兩千五百美元，而一部低階昇陽工作站也只要五千美元。NeXT的未來凶多吉少，只是沒有幾個人知道。

內行人看門道

賈伯斯的勁敵眼睛可雪亮著。NeXT電腦產品發表會讓昇陽電腦的人笑破肚皮。昇陽執行長麥尼利（Scott McNealy）是底特律人，性格急躁，閒暇喜歡打冰上曲棍球。他認為NeXT電腦那些優美的字形和鎂合金外殼都只是花拳繡腿，會買工作站的客戶根本看不上眼。他告訴我：「客戶要什麼，我們就給什麼，他們才不在乎圖示是否漂亮。」

如果賈伯斯建立NeXT時腦筋清楚些，甚至懷抱一點謙遜，就會知道昇陽是致命的敵人，但也是他學習的模範。麥尼利在1982年和其他三個人共同創辦昇陽，在1984年當執行長，雖然年紀只比賈伯斯大三個月，卻比他老練得多。他父親曾在美國汽車公司（American Motors）擔任執行長。這家公司早就被收購，然而曾因生產一些標新立異的車型而聞名，如納許漫步者（Nash Rambler）和AMC溜馬（AMC Pacer）。麥尼利小時候會趁父親不注意的時候偷翻他公事包裡的東西。青少年和大學時期，曾到父親的汽車公司實地學習，以了解複雜的汽車製造業和大公司生態。他是天之驕子，在底特律就讀最有名的私立學校，之後上哈佛修習商學，最後取得史丹佛MBA學位。

麥尼利和賈伯斯兩人有著天壤之別。麥尼利是狂熱的球迷，喜歡鄉村音樂和重金屬音樂，不聽狄倫和披頭四。他喜歡取笑別人，伶牙俐齒，嘴上不饒人，但他管理公司確實有兩把刷子，而賈伯斯只是表面看起來成熟。不到四年，昇陽就締造年度營收十億美元的佳績。

麥尼利是怎麼辦到的呢？他瞄準有錢的客戶，如企業研發部門、軍事單位、國家級實驗室等。這些客戶雖然不像學術殿堂讓人心生嚮往，但採購電腦時，再貴都沒關係。接著，昇陽急欲拉攏的是華爾街金融公司，這些公司剛剛發現電腦是快速交易的利器。這些大戶購買電腦不在乎主機有多美，只要螢幕夠大，能同時應付多執行緒（multithreading）即可。

NeXT與昇陽的對比

昇陽能成功是因為了解市場真正的需求，推出正好符合所需的產品，價格也在合理的範圍內。NeXT就敗在這裡。其實，在產品發表會結束後將近一年，NeXT才賣出第一部電腦，此時賈伯斯已創業四年。此外，麥尼利不但完全瞄準目標，注意預算，也很會把握機會。賈伯斯目標不明，又愛揮霍，進度一再拖延。麥尼利和昇陽其他創辦人齊心努力，賣了很多部電腦，對客戶的服務不遺餘力，因此賺了很多錢。賈伯斯創立NeXT是因為他要復仇，他對史考利和蘋果懷恨在心，他非得東山再起不可。再度推出撼動世界的產品是他的使命，也是他的生存權。在賈伯斯創立NeXT之時，的確有一塊市場讓他發揮，但這塊市場被麥尼利搶走了。賈伯斯還很年輕，而且不夠成熟，老是目中無人，認為自己才是電腦產業的一哥。他成天凝視鏡中的自己，而麥尼利一直盯著窗外，觀察這個世界真的需要什麼。

電腦界還有一個人對NeXT不以為然。儘管賈伯斯一再勸誘，比爾・蓋茲依然拒絕為NeXT電腦開發軟體。賈伯斯說，麥金塔和微軟的合作，雙方都蒙受其利（多年來微軟一直是麥金塔應用程式最主要的開發者），因此微軟和NeXT搭配，必然也能雙贏。然而，在賈伯斯剛創立NeXT之時，比爾・蓋茲去帕羅奧圖拜訪他，不料賈伯斯讓比爾・蓋茲在大廳苦等半個小時。比爾・蓋茲因此心生嫌隙，一再拒絕和NeXT合作。比爾・蓋茲曾告訴《資訊世界》（*InfoWorld*）雜誌的記者：「為NeXT開發軟體？我不屑一顧。」微軟的作業系統與應用程式已成PC標準配備，儼然已成軟體霸主。比爾・蓋茲拒絕特別為NeXT開發應用程式，就是為了排斥NeXT，把NeXT驅趕到電腦產業的邊緣。

比爾・蓋茲也不忘批評在戴維斯廳舉辦的那場產品發表會。他說：「從較宏觀的角度來看，賈伯斯介紹的那些特色都很瑣碎。」一年後，提到NeXT電腦，他則說：「如果你要黑的，我可以給你一罐油漆。」至今，比爾・蓋茲依然記得他斬釘截鐵拒絕賈伯斯的那一刻。最近比爾・蓋茲才告訴我：「他沒生氣，只是洩氣，不知道該說什麼才好。他很少像那次舌頭打結。他知道我這麼說或許沒錯，NeXT那黑色立方體實在前景欠佳，遑論改變世界。」

白白浪費一手好牌

在戴維斯廳那場產品大秀的最後，賈伯斯公布了一個驚天動地的消息：電腦產業巨人IBM決定向NeXT取得NeXTSTEP作業系統的授權，用於IBM的一款工作站。對賈伯斯來說，NeXTSTEP作業系統能得到電腦龍頭的背書，也是可喜可賀之事。

為了這個作業系統的授權，IBM願意支付六千萬美元的權利金給NeXT。雖然這筆錢對IBM不是大數目，對NeXT卻不失為一筆重要的營運資金，畢竟NeXT工作站拖了這麼多年，錢也快燒光了。其實，IBM和微軟已經簽約合作，共同為未來的PC開發一種叫做OS/2的作業系統，如今IBM又向NeXT頻送秋波，代表他們跟微軟的合作關係並非那麼水乳交融。由於除了微軟，IBM並無其他重要的合作夥伴，現在找NeXT，可見他們不想把所有的雞蛋放在同一個籃子。賈伯斯的野心可大著呢。想到他的作業系統不只是用在工作站，也能用在蘋果害怕的強敵身上，他做夢也會笑。

只是賈伯斯面對IBM時，似乎不知道怎麼打手上的牌。他既忐忑不安，又狂妄自大。他可以大膽、強悍，在IBM還沒看到NeXTSTEP作業系統的影子之前，就先應允投資。但是他有時真的很魯莽：一天早上，一群西裝筆挺的IBM主管飛來NeXT開會，他不但已經遲到，一走進會議室就不分青紅皂白地說：「你們的使用者介面爛透了。」每次要和IBM的人開會前，魯文都會跟賈伯斯沙盤推演，但明明已經說好的腳本，他還是不知道老闆到時候會說出什麼樣的話。有時，賈伯斯甚至把雙方好不容易建立起來的基礎毀掉。魯文說：「我坐在那裡，在桌子底下踢他。例如，有一次開會，他一進來就對IBM的人說：『我真的不知道你們能幫得上什麼忙？我看只會愈幫愈忙。』」

矛盾的心情

對賈伯斯來說，和IBM合作一事，他的心情很複雜，就像懇求比爾・蓋茲為NeXT開發應用程式。賈伯斯一向把NeXTSTEP作業系統當成是NeXT電腦的靈魂。他想當英雄，而不是一家大廠的次要合作夥伴。如果IBM因為利用他的作業系統，電腦因此大賣，光榮也是他們的，不是他的。

難怪和IBM合作的事最後胎死腹中。他既無心當一個好的生意夥伴，交易當然就談不成了。1981年，IBM PC上市，主導人是羅伊。這名老將也是向賈伯斯提出合作計畫的人。但羅伊在1990年退休，由康納維諾（James Cannavino）擔任代表。康納維諾以為案子已經談得差不多，IBM的電腦將可使用2.0版的NeXTSTEP作業系統，但賈伯斯還沒跟康納維諾見面，就向IBM要求更多的授權金，因此雙方又得進入另一回合的協商。賈伯斯高估自己手上這副牌。康納維諾不再接他的電話，索性放棄這個案子，也沒有對外公開宣布合作破局的事。對

IBM來說，他們想要取得NeXTSTEP作業系統，只是不想讓微軟吃得死死的，非用他們家的Windows不可。但對NeXT來說，這可是致命的一擊。他們的作業系統明明有機會揚名立萬，和Windows一拚高下，實現賈伯斯在1985年立下的豪語，也就是「成為下一家全世界最偉大的公司」，但現在，機會沒了。

老戰友的臨別真言

與IBM的合作案告吹之前幾個月，魯文就因心力交瘁遞出辭呈。他是NeXT五個元老員工裡第一個離開的。他難掩失望之情地說：「我們明明可以擁有全世界，卻因為賈伯斯，全都搞砸了。」魯文辭職半個月後，賈伯斯請他吃飯，問他：「既然你要走了，可有什麼真心話要對我說？」

「你得好好想想，你的每一分錢要怎麼花。」魯文說。當時NeXT的現金部位還剩一億兩千萬美元左右。「再這樣下去絕對不行。你或許擁有51%或58%的股權，但公司裡也有過半數的人歸我管。以前，我一直跟你吵，是因為想讓公司存活下去。如果你想要成功，一定要聽手下的人怎麼說，不然就完了。」

幾個月後，公司的另一名老將克羅也走了。他的硬體部門因為進度延遲，老是被賈伯斯修理，他已忍無可忍。巴恩斯差不多在1991年離去。由於賈伯斯用錢不知節制，當他的財務長真的很累。巴恩斯說：「他的樂觀和我對現實的考量老是牴觸。他老是說，我們就要苦盡甘來，我則告訴他，這種事根本不可預料。」

巴恩斯走了之後，賈伯斯立即與她斷絕來往，不接她的電話，也退回她寫的信。一年後，佩吉也決心走人，巴恩斯的老公崔博爾打電話給昇陽的麥尼利，問他說他們是否需要經驗豐富的軟體設計師。幾天後，崔博爾就去昇陽上班了。

六年前，滿懷熱情在伍得塞德那棟老房子為NeXT謀劃未來的那五名老將，如今一一離去，留下孤獨的國王。

05

赌注

在1985年那個多事之秋，賈伯斯被蘋果掃地出門後，創立NeXT。那時，他發現自己對一個機會念念不忘：他不斷想到盧卡斯電影動畫公司的電腦繪圖工作室（Graphics Group）及其優秀的團隊。他曾在春天力勸蘋果買下這間電腦繪圖工作室。

改變一生的決定

賈伯斯欣賞這種尖端電腦科技的應用。這間工作室的軟體工具曾為盧卡斯的光影魔幻工業部門（Industrial Light & Magic division）製作特效。盧卡斯的電影「星艦奇航記II：可汗之怒」（*Star Trek II: The Wrath of Khan*）和史蒂芬・史匹柏製作的「出神入化：少年福爾摩斯」（*Young Sherlock Holmes*）都有這個部門製作的特效。

賈伯斯相信，電腦繪圖科技有雄厚的商業潛能：盧卡斯電腦繪圖工作室的3D影像也可用在醫院、企業和大學，也就是他在NeXT瞄準的客戶群。這樣的科技甚至可能帶動革命性的風潮。他想像，在摩爾定律之下，電腦處理能力大幅躍升，而價格則愈來愈便宜，最後就連一般的使用者也能操縱3D影像。

再者，賈伯斯發現，盧卡斯電腦工作室有一點很棒，也就是這裡的人才。巴恩斯說：「他希望能留住整個團隊，他實在不忍坐視一支優秀的團隊被拆散。他們的腦力聚合起來十分驚人，他無論如何都不能坐視這股力量消失。」

於是，賈伯斯決定再度走訪馬林郡，造訪這個工作室。他完全想不到，這個決定竟會改變他的一生。

強悍的談判者

那時，盧卡斯正為龐大的贍養費傷透腦筋。為了籌錢而出售電腦繪圖工作室，對他的電影事業不至於造成太大的傷害，因此是個可以考慮的選項。他希望至少可以賣個一千萬美元，但賈伯斯的底線則是五百萬。賈伯斯發現，盧卡斯很難纏。首先，他自己不出面，而是找下面的人和銀行的人代他跟賈伯斯談判，好拖延進度。此外，他還和其他可能的買家接觸，包括西門子、賀曼（Hallmark）、通用的電子數據系統部門（EDS）和飛利浦，但都沒談成。

此時，情況對賈伯斯比較有利。因為盧卡斯需錢孔急，而他的電腦工作室對賈伯斯來說則可有可無。因此，賈伯斯就可擺出比較高的姿態。協助賈伯斯進行談判的巴恩斯說道：「談判一度陷入僵局，不知還要再拖多久。盧卡斯派人來談，賈伯斯氣得要他滾蛋。盧卡斯那邊的人對他說：『你怎麼可以對我們的執行副總這樣說話？』他答道：『我偏要這麼說。你也給我滾吧！』」

賈伯斯與人談判時，向來果決強悍。他要是不滿意，隨時都可能走人。盧卡斯怕談判破局，最後落得一無所有，最後還是屈服了。賈伯斯先付五百萬美元現金，答應日後會再投資五百萬。他對《商業週刊》的記者說，買下皮克斯是他進入3D電腦繪圖產業的敲門磚，他在1978年打入個人電腦市場之時，就嗅到了同樣的風向。電腦工作室的領導人卡特慕爾說：「賈伯斯認為他可以把皮克斯當成NeXT的核心。」

在皮克斯修煉領導力

賈伯斯的直覺沒錯，皮克斯的電腦繪圖科技不但具有領先地位，而且將會帶來很大的衝擊。過去十年，3D影像已開始運用在飛行計畫、石油探勘、醫療、氣象學和財務分析等領域。賈伯斯覺得可惜，因為利用3D影像的人，用的都是昇陽電腦與矽谷圖形公司的工作站電腦，而不是皮克斯和NeXT的電腦。

但是皮克斯最後締造革命性的成功。賈伯斯在皮克斯的投資有如一場勝算不大的賭注，但他卻從這個事業體深入了解消費科技產業，遠勝過他在蘋果和NeXT學到的。日後，他將在皮克斯磨練出擔任企業領導人必備的兩大功力：一是在逆境中殺出重圍；另一則是利用創新的力量，領先群倫。換言之，他學會在被逼得走投無路的時候，從容冷靜，為自己開闢一條生路，也知道如何迎風而起，逆風高飛。因此，皮克斯成了他的修煉場，儘管他學得很慢，不得不壓抑自己的個性與本能，然而，要當一個偉大的企業領導人，他有時不得不放棄微觀管理，給有才能的人充分的空間好好發揮。

賈伯斯在1986年剛投資皮克斯的時候，完全不知道皮克斯能給他的不只是可加強NeXT電腦的繪圖技術。將近十年之後，賈伯斯的皮克斯歷險記讓他再度充滿自尊，使他成為億萬富翁，他在經營管理方面的修煉也完成了，可與偉大的企業領導人並駕齊驅。沒有在皮克斯的學習，他就不可能重返蘋果，奪回王座。

一支為夢想而生的團隊

皮克斯團隊可說是個非凡的組合，他們的電腦科學家個個是藝術創作人才。這個團隊的核心成員來自紐約理工學院（New York Institute of Technology）。這個理工學院的創辦人舒爾（Alexander Schure）不但是個百萬富翁，也是個打破傳統的教育家。他創辦這所學校的初衷是為了讓越戰退役軍人有受教育的機會，也讓不願到越南打仗的學生以就學為由，免於上戰場。

儘管舒爾在動畫製作方面的才能有限，他真正的夢想則是創立可與迪士尼匹敵的動畫工作室。他曾出資製作一部動畫電影「土巴托比」（*Tubby the Tuba*），但票房慘不忍睹。直到一九七〇年代末期，舒爾仍不斷出資延攬電腦繪圖方面的人才。這也就是為何電腦繪圖先驅紛紛來到紐約理工學院。舒爾建立了一支非常優秀的團隊，包括後來創立矽谷圖形公司與網景通訊（Netscape Communications）的克拉克（Jim Clark）、之後成為迪士尼動畫工作室首席科學家的威廉斯（Lance Williams）、卡特慕爾、古根漢（Ralph Guggenheim）和史密思（Alvy

Ray Smith），而這些人日後皆是皮克斯的大將。

雖然舒爾是建立這個團隊的人，但他並沒插手管事。這些專精電腦繪圖研究人員對自己的技術很有信心，只是需要時間和設備實現革命性的想法，老闆不來干預當然再好不過。他們的工作室位於《大亨小傳》故事背景所在地長島北灘，由原來是一棟大宅邸的車庫改建而來。這個團隊的研究開發計畫主要是電腦和3D繪圖，從虛擬實境的頭戴顯示器到材質貼圖（texture mapping，把材質、顏色充填到電腦生成的圖形表面，圖形因此具有豐富的細節或擬真效果）都包括在內，甚至賦予一些平常的物體擬人化的特質，成為電視廣告中的角色。

古根漢曾說，他們這個團隊就像「電腦宅男組成的兄弟會」。打從成軍的第一天，他們就夢想創造出一部電腦動畫長片。因此，當古根漢接獲盧卡斯電影公司代表打來的電話，說盧卡斯執導的「星際大戰」需要電腦繪圖技術支援，問他們是否願意加入盧卡斯的公司，成為公司的電腦動畫部門時，這支動畫團隊欣喜若狂。於是，他們從長島一路遠征加州聖拉斐爾（San Rafael）、舊金山灣北邊的馬林郡。馬林郡最有名的就是聖昆丁州立監獄，很多惡名昭彰的犯人都被囚禁在這裡。他們加入盧卡斯電影公司之後，部門名稱為「電腦繪圖工作室」，主要是開發電腦繪圖軟體，為盧卡斯的電影添加驚人特效。

想像力與管理力兼具的卡特慕爾

這個繪圖工作室的領導人是卡特慕爾。他來自猶他州，一度夢想當動畫師，但他掂掂自己的斤兩之後覺得，自己在繪畫的天分不夠，於是改攻電腦。他在加入紐約理工學院之前，則在鹽湖城的猶他大學學習電腦繪圖。

對賈伯斯而言，卡特慕爾是絕佳的學習對象。卡特慕爾不只具有想像力，也能管理有創造力的人才。多年來，他有時會後悔自己放棄了動畫師的夢想，但他帶領這支多才多藝的電腦動畫團隊度過一次又一次的危機之後，就漸漸釋懷了，因為他發現，管理也是一門藝術。雖然他在繪圖方面的天分有限，卻能把他的管理才華發揮得淋漓盡致，對團隊也有很大的貢獻。後來，他果然成為全球最卓越的企業領導人，並於2014年出版《創意電力公司》（*Creativity, Inc.*）一書，揭露他領導創意人才的獨門心法。我發現這個話不多、留著鬍子的經理人很有專業風範，在管理與激勵創意人才方面勝過我遇過的其他企業家，如索尼的盛田昭夫、英特爾的葛洛夫、微軟的比爾・蓋茲、迪士尼的卡森伯格（Jeffrey Katzenberg）和西南航空的凱勒賀（Herb Kelleher）等。卡特慕爾的成功讓賈伯斯見賢思齊。

盧卡斯和舒爾一樣，讓旗下的電腦繪圖工作室自行運作。一九八〇年代初，正是盧卡斯聲譽如日中天之時，他在聖拉斐爾北邊的酒莊酪農之鄉建立自己的電影王國，名為「天行者農場」（Skywalker Ranch）。巧的是，這裡的地名正是盧卡斯谷地（Lucas Valley）。盧卡斯正專心籌劃「星際大戰」續集和印第安納瓊斯系列電影的前兩部（即「法櫃奇兵」和「魔宮傳奇」）。

用短片試水溫

卡特慕爾的團隊開發的電腦軟、硬體，很快就可做出盧卡斯需要的電腦特效，而且可省下一些經費。儘管如此，這個電腦動畫部門還是希望有一天能利用電腦做出動畫電影。有鑑於此，卡特慕爾積極從迪士尼挖來一位年輕動畫師拉塞特（John Lasseter），打算先製作一系列的動畫短片，以顯現3D電腦繪圖的潛力。卡特慕爾了解盧卡斯希望他們把焦點放在工具的研發，而非動畫電影，只好以「介面設計師」的名義聘用拉塞特。拉塞特說：「卡特慕爾知道，財務部的人不敢來問這位設計師到底是做什麼的，免得自取其辱。」

他們製作的動畫短片，有些還不到三十秒，預計在電腦動畫年會（SIGGRAPH）上發表，希望他們的電腦動畫部門能打響名號。結果，他們的作品「安德魯和威利冒險記」（*The Adventures of Andre and Wally B.*）和「頑皮跳跳燈」（*Luxo Jr.*）果然一鳴驚人。這些短片顯現拉塞特有說故事的天才，能把小檯燈那樣平常的日用品變成活潑生動、靈妙可愛的主角。這盞小檯燈不但在動畫年會出盡風頭，甚至成為皮克斯動畫作品的片頭標誌。

這個電腦動畫部門有充裕的資金，又可不受干擾，成員之間也發展出兄弟的情誼。卡特慕爾和大家打成一片，不會高高在上。盧卡斯決定出售這個部門時，卡特慕爾希望買主不會把他們拆散。拉塞特之前因為有志難伸而從迪士尼出走，卡森伯格看了他的短片，非常後悔自己沒能把握這樣的人才。拉塞特在卡特慕爾領導的電腦動畫部門如魚得水，也和同事相處愉快，再也不想到其他地方。

賈伯斯入主皮克斯

賈伯斯與盧卡斯完成交易、入主皮克斯之後，處境和以往截然不同。他是蘋果的創辦人，儘管沒有企業經營的經驗，仍是蘋果企業文化的奠基者。在NeXT公司，他自然是公司上下注目的焦點，是公司的中樞，也是靈魂人物。然而，他不是皮克斯的創辦人，即使他是老闆，也無法改變皮克斯的文化。他無法以自己的形象和感覺來塑造這家公司。皮克斯已經有自己的文化、自己的領導人，所有的成員團結一心，為了共同的目標而努力。卡特慕爾絕不會讓這個年輕的新老闆毀了這一切。

卡特慕爾當然對賈伯斯那百般挑剔、錙銖必較的管理風格略有所聞。儘管他曾在1985年秋天去賈伯斯在伍得塞德的家拜訪，兩人相談甚歡，但一開始他還是反對盧卡斯把電腦動畫部門賣給賈伯斯。眼見盧卡斯與賈伯斯達成交易，生米已煮成熟飯，卡特慕爾決定靜觀其變，小心應對，畢竟賈伯斯不是省油的燈。不過，在此之前，他已讓舒爾和盧卡斯這兩位難纏的大老闆服服貼貼，要應付第三位有錢老闆，應該不是不可能的事，他也預想到會出現什麼挑戰。他對賈伯斯觀察入微，經過一段時間之後，就把他的脾氣摸得一清二楚。他對賈伯斯的了解也使他成為賈伯斯的良師益友。

他很快就掌握了賈伯斯的潛力和不足之處。卡特慕爾說：「他很聰明，天啊，這人真是聰明絕頂！你用不著先跟他講太多。例如，我會直截了當地告訴他，我們碰到了什麼樣的問題，但不去引導他思考。」他也看得出來，賈伯斯天生是做大事的人。他說：「我曾看他跟大人物一起坐下來談。他們談得很投機，就像同一類的人，而且總能想出好的方案。他就是知道如何應付位高權重的人。」

至於他的缺點，舉其大者是經驗不足，以及會公然羞辱人。卡特慕爾說：「一開始，他不知道怎麼面對那些軟弱的人，他好像無法理解他們。如果有人來到他面前，他會很快估量一下對方是不是笨蛋。糟糕的是，他絲毫不會掩飾自己的想法，往往會說出侮辱人的話。他不曾對我說出這樣的話，但我親眼看過他修理別人。顯然，這種行為是不適當的。」

然而卡特慕爾看得出來，賈伯斯有改變的潛力。他說：「有時，別人的反應會讓他百思不解。我曾記得他曾問我：『他們為什麼要難過呢？』顯然，他不是故意的，沒料想到會有這樣的結果。他實在是缺乏待人處世的技巧，而不是刻薄卑鄙。」

賈伯斯對皮克斯的期望

為了應付賈伯斯，卡特慕爾和史密思想出了一個兩全其美的策略。最重要的一點就是「天高皇帝遠」，讓他儘量待在矽谷的NeXT總部，別常跑來皮克斯在聖拉斐爾的小辦公室。幾乎每個星期一早上，卡特慕爾都會開車南下，經過金門大橋，去向賈伯斯報告。有時，史密斯則會跟他一起去。如果賈伯斯開車北上去皮克斯，因為常塞車，總要耗個一個半小時以上。他最討厭塞車，卡特慕爾能來，就可讓他節省時間。

雖然卡特慕爾已準備好討論議題，但賈伯斯總是不管他提出什麼，想到什麼就說什麼。賈伯斯要卡特慕爾好好想想，如何把皮卡斯的繪圖技術，化為可以高價販售的軟硬體工具。他相信他們可以推出皮克斯圖像電腦，但這其實不是真正的電腦，而是一種特別的圖像處理器，好跟工程工作站搭配。賈伯斯甚至參與這款圖像電腦的設計工作，堅持處理器要做成正立方體，並塗上仿花崗岩塗料。

賈伯斯談到皮克斯圖像電腦就滔滔不絕，充滿熱情，但卡特慕爾和史密思離開NeXT總部時，總覺得賈伯斯還是不了解皮克斯。卡特慕爾說：「其實，他不知道我們在做什麼，甚至不知道如何經營小公司。他當然知道怎麼經營一家生產電子消費產品的公司，但在他剛買下皮克斯的時候，由於不了解我們這一行，就不能給我們好的建言。我們要是對他言聽計從，完全照他說的去做，那就完了。」

他們對電腦繪圖技術的消費市場，完全不像賈伯斯那麼樂觀。畢竟他們在3D影像領域努力了很久，知道這方面的東西極難，產品市場狹小。再者，他們的目標也與賈伯斯說的不一樣。他們販售影像工具的軟硬體，只是為了有朝一日能製作動畫長片。儘管後來賈伯斯曾說，他一直深信皮斯克能製造很棒的內容，但事實並非如此。他的終極目標是使皮克斯變成一家成功的電腦公司，如果能和NeXT互補，則是再理想不過。

軟體之路難行

即使是最幹練的老闆，也很難把皮克斯變為一家自給自足的科技公司，而在一九八〇年代末期，賈伯斯還稱不上幹練。他給皮克斯的建議幾乎毫無幫助。例如，他認為公司應該把業務觸角伸到醫療市場，畢竟醫院已廣泛使用X光之類的高解析影像。他於是要皮克斯派出一支銷售大軍，向醫學界進攻，甚至和荷蘭飛利浦簽訂合約，讓皮克斯利用飛利浦的營銷網絡，把皮克斯的影像技術推廣到各大醫院。只是皮克斯圖像電腦價位高達十三萬五千美元，還需連接一部高階昇陽工作站，那就得再加個三萬五千美元左右（因那時NeXT還沒推出自己的工作站）。皮克斯的最大客戶還是迪士尼。他們不但買了很多部皮克斯的機器，還有皮克斯的電腦動畫製作系統（Computer Animation Production System，CAPS），因此能分層儲存背景數據，追蹤製作進度。皮克斯的電腦繪圖技術雖然對迪士尼有如虎添翼之功，若要推廣到其他領域則困難重重。

卡特慕爾的創業夥伴史密思來自德州泉井城（Mineral Wells），他和賈伯斯一樣，天不怕地不怕，嘴巴也一樣厲害。他對賈伯斯的很多想法常公然嗤之以鼻。聽賈伯斯述說這個或那個偉大的策略，總讓他失去耐心。兩人的關係愈來愈差，最後演變成水火不容，在一次董事會議上，兩人甚至上演一場荒謬的白板爭奪戰，互相叫罵。事後，賈伯斯雖向史密思道歉，但史密思覺得受夠了，憤而走人。他接著自創軟體公司，後來公司被微軟收購，他也到微軟任職研究員。

皮克斯還販售一種專業3D圖像渲染軟體，名為RenderMan，使電腦繪圖師得以把質地和顏色渲染到電腦生成的3D圖像表面。渲染之後的圖像鮮明，解析度很高，因此可融入傳統電影影像之中。史蒂芬・史匹柏的技術人員就利用RenderMan（以及昇陽的圖像工作站）創造出「侏儸紀公園」（*Jurassic Park*）裡恐龍那鱗片狀的皮膚和牙齒。RenderMan在3D電腦繪圖這個領域占有關鍵地位，為多部電影增色，如「無底洞」（*Abyss*）、「魔鬼終結者第二集」（*Terminator II*）、「異形第三集」（*Alien III*），以及迪士尼的動畫電影「阿拉丁」（*Aladdin*）、「美女與野獸」（*Beauty and the Beast*）、「獅子王」（*The*

Lion King）等。皮克斯甚至曾推出可在麥金塔上用的RenderMan版本。儘管這種軟體很酷，仍不足以成為皮克斯的生存命脈。

苦守最後一把賭注

到了1990年，皮克斯似乎已難以為繼。此時的賈伯斯已非大亨。他離開蘋果之後，出清手中的股票，得到七千萬美元的現金，有些投資賺了些錢。但後來創立NeXT、買下皮克斯，過了幾年，他的錢大部分都燒光了。皮克斯營收不佳，賈伯斯開出一張又一張的支票，只能使這家公司苟延殘喘。曾經是舉世聞名的電腦小霸王，漸漸陷入泥淖，就要變得沒沒無聞。其實，科技世界多的是這種曇花一現的奇才。理智告訴賈伯斯要認賠殺出，但賈伯斯不肯放棄。

他的確有堅持下去的理由。最容易了解的一點是，他不想認輸。他既已被蘋果掃地出門，NeXT又遲遲未能推出「瘋狂般偉大」的產品。目前為止，他只能靠著宣示新里程碑維持招牌，但那些都是尚待實現的未來式。再來，他也只能宣布某個大企業決定購買NeXT電腦或軟體，或是皮克斯的圖形技術榮獲某個大獎等，表示他的公司已獲得背書。

但是這些宣示終究逃不過現實的考驗。賈伯斯的故事，榮光漸黯，將轉為失敗。收掉皮克斯只是早一點讓人看到故事的結局。在他的事業陷入低潮之時，關閉皮克斯只會更糟。卡特慕爾說：「賈伯斯在剛創立NeXT的時候曾對我說，他不是為了證明自己什麼。我不信。我相信他必然能闖出一番名堂。他創立NeXT是一個賭注，另一個賭注就是買下皮克斯。由於他幾乎已把所有身家都押在上面，也就不能再下別的賭注了。」

在動畫年會大放異彩

賈伯斯力撐皮克斯，因為他相信這些人的才幹和他們的領導人。儘管生意難做，賈伯斯還是很尊敬卡特慕爾和拉塞特。他非常欣賞卡特慕爾的管理長才。拉塞特呢？拉塞特是罕見的天才，他的作品讓人感覺生命的偉大與無限可能。

拉塞特說：「賈伯斯如果有事，總是找卡特慕爾談，因為他們負責業務，我只是在另一棟大樓工作的動畫師。我第一次跟賈伯斯互動是在1986年電腦動畫年會上。那年的年會八月初在達拉斯舉行，熱得叫人受不了。動畫年會的電影展就像搖滾演唱會，很多人都提早六個小時來排隊等待進場，你要是插隊，那就死定了。賈伯斯和他女友過來跟我說：『嘿，我們真的得排隊嗎？』我於是硬著頭皮，對門口警衛編了個藉口，說我為什麼非先帶他們兩人進去不可。警衛讓我們進場之後，不久人潮就蜂擁進來。」

「在此之前，賈伯斯覺得最有成就感的，是到學校演講或是去一間實驗室，發現裡面都是他製造的電腦。但這個年會的電影展大不相同，真的讓人有大型搖滾演唱會的感覺。」

「影片一部接著一部放映。觀眾看到水晶球在銀幕上跳來跳去，驚呼連連。但這只是繪圖科技，沒有故事可言。突然間，我們的「頑皮跳跳燈」出現了。雖然這只是一支一分鐘半的短片，很快就結束了，但觀眾熱烈歡呼。這一刻將在電腦動畫史上留下印記，畢竟這是有史以來第一部運用電腦3D繪圖技術製作的動畫短片，不只是呈現電腦技術，還有情節，也有角色。全場觀眾都起立為我們歡呼。他們知道這是嶄新的東西。」

「賈伯斯眼睛睜得斗大，看著我，」拉塞特繼續說，自己也瞪大了眼睛：「他像是在對我說：『這個太棒了！哇！我喜歡！』他從未像這樣立即感受到觀眾的反應。他彷彿被蟲咬了一口般受到衝擊，但是擺出一副『噢，好棒』的表情。現場有六千人以上，我可是冒著被剝皮的危險，帶他插隊進來的。從這一刻起，我們的關係再也不一樣了。」

多年後，賈伯斯告訴我：「『頑皮跳跳燈』是一大突破。」如果有任何人能讓賈伯斯深深折服，那就是拉塞特。拉塞特的藝術證明了賈伯斯對電腦的信念：電腦是能讓人發揮創造力的工具。儘管拉塞特外表看來像是個大頑童（他的辦公室堆了很多玩具，同事戲稱那是「皮克斯博物館」，而他的衣服全是藍色牛仔褲和數百件色彩鮮豔的夏威夷印花衫），他的個性穩重成熟，充滿自信，而且大器、不挑剔。至於他拍的短片，他只是平靜地聆聽賈伯斯的意見，但不會被他牽著鼻子走，因為他自己已有定見。然而如有必要，他還是會妥協，不會堅持非做到完美不可。例如，他的「小錫兵」（*Tin Toy*）要在動畫年會中播放，儘管最後版本還沒準備好，他還是決定盡力而為，好的部分先播，其他部分則用線條畫來呈現。

奧斯卡的榮耀

有鑑於公司財務欠佳，拉塞特一直很擔心賈伯斯會解散他的動畫小組。雖然賈伯斯還是繼續開支票，讓皮克斯維持營運，但他經常砍預算和凍薪。拉塞特說：「從1984年到1989年，我的薪水完全沒調。我想，他們就要裁掉動畫了。在硬體部門裁員時，我聽到很多人發牢騷：『動畫那邊為什麼不裁？他們對公司營收一點貢獻也沒有。』於是，我跑去問軟體部門的主管。那人就叫米奇・曼托（Mickey Mantle），和洋基傳奇球星同名同姓。『什麼時候輪到動畫部門？』我問。他說：『安啦，絕對不會動到你們那個部門。』」

「『什麼意思？』我問他，」拉塞特繼續說：「曼托跟我解釋說：『電腦公司都會歷經裁員風暴，不管做硬體或軟體的都一樣，這是產業生態，總有盛衰沉浮。但大家一想到皮克斯，不是我們做的電腦或軟體，而是你做的那些短片。這就是世界眼中的皮克斯。因此，如果皮克斯不製作動畫電影，把動畫部門整個裁掉，就是告訴全世界，皮克斯已經完了。因此，不管如何，他們絕對不會關閉動畫部門。』」

由於拉塞特團隊摘下一個又一個大獎，對公司自是有益無害。有一天，拉塞特為了「小錫兵」去向賈伯斯申請製作經費，賈伯斯跟他說：「那就做出很棒的東西來瞧瞧吧！」這支只有一分鐘半的短片敘述一個身上背了很多樂器的小錫兵，碰到一個愛亂丟玩具的嬰兒。結果，此片在1989年3月29日勇奪奧斯卡最佳動畫短片獎。典禮結束後，賈伯斯帶整個皮克斯動畫團隊去舊金山一家名叫「青綠」的高級蔬食餐廳舉行慶功宴。

拉塞特說：「他覺得好驕傲。我把小金人放在他面前，跟他說：『你不是要我做出很棒的東西？這就是了。』那晚，我和我老婆南西第一次遇見蘿琳。她和賈伯斯幾個月前才開始交往，賈伯斯顯然陶醉在愛河，手一直搭在蘿琳肩上……他看起來很開心，似乎高興到暈頭轉向，覺得人生就像香檳泡泡一樣美好。他興奮極了。他拿到奧斯卡，而他愛的女人就在他身旁。」

遇見生命中的靈魂伴侶

回顧賈伯斯的人生歷程，1989年可說是個重要的轉折點。儘管公司經營的問題仍在，他已漸漸擺脫過去的瘋狂與幼稚，變得比較理性。皮克斯贏得奧斯卡實在是他生涯的一大勝利。然而，另一個關鍵是他在此時遇到了他的真命天女，也就是蘿琳。賈伯斯是在史丹佛商學院演講時遇見她的。那時，她正在這所學校攻讀MBA。

不久後，賈伯斯告訴我：「她就坐在演講廳的第一排，我的目光完全離不開她。我的思緒一直受到干擾，甚至有點暈眩。」演講結束後，他在停車場追上她，說要請她吃飯。那晚，他們共享了一頓浪漫的晚餐，後來除非賈伯斯出差，兩人幾乎形影不離。

這兩人可說是天造地設的一對。蘿琳還小時，父親就過世了。她生於紐澤西西米福德（West Milford）的中產階級家庭，和賈伯斯的背景差不多。但她家境不好，不得不自立自強。她成績優異，自賓州大學畢業，後來又在史丹佛商學院就讀。她很聰明，口齒伶俐，喜歡運動，興趣廣泛，凡是文學、藝術、營養學、政治、哲學的書，她都感興趣。她也喜愛觀看運動賽事。大學畢業之後，她曾在高盛工作了兩年，後來因志趣不合，就決定離職去商學院唸書，並想想人生的下一步要怎麼走。

之前，賈伯斯已認真談過幾段戀愛，包括瓊・拜雅（Joan Baez）和克莉絲安・布雷能。然而，蘿琳不但是身材纖細、明眸皓齒的金髮美女，最吸引賈伯斯的是她的個性。賈伯斯過去有些女友會因看不到他而變得神經質，但蘿琳不會。她很獨立，不會依賴，對他的財富不感興趣，也不想藉由他成為社交名媛，在上流社會穿梭。他們兩人都明白勤奮努力的價值，因此蘿琳不介意賈伯斯一天到晚被工作綁住。由於他們皆出身中產階級，這樣的共通點有助於他們建立自己的家庭：儘管他們擁有驚人的財富，仍決定讓子女在正常的家庭環境下長大，盡心盡力養育他們，不讓他們變得驕縱。

這對才子佳人一開始就打得火熱。儘管賈伯斯已在1990年元旦向蘿琳求婚，蘿琳也答應了，但他又三心兩意，甚至想打退堂鼓，最後好不容易才敲定結婚的日子。二十一年後，蘿琳在賈伯斯的追思會上提到，當年他拿著「在路邊摘的一束野花」向她求婚。她真心真意地對他，日後還曾為他研究禪學，閱讀他年少性靈啟蒙的書籍。1991年3月18日，他們倆終於在優勝美地國家公園的阿瓦尼旅館（Ahwahnee Lodge）舉行結婚典禮。賈伯斯恭請他的禪修老師孔川弘文福證。那時，蘿琳已經懷孕。九月，長子里德呱呱落地。

皮克斯的招牌部門

米奇・曼托說的沒錯：拉塞特一點都不必擔心動畫部門會遭到裁撤。賈伯斯決定處理皮克斯的虧損，但他並沒放棄整家公司。他用兩百萬美元賣掉公司的硬體部門，打算專心發展軟體和動畫。1991年初，公司員工原本有一百二十人，被他裁掉一半以上，剩下四十二人，而被裁掉的就是他當初堅持要召募的銷售人員。於是，皮克斯的規模又回復到1986年，也就是他剛入主這家公司之時。

這個時期可真艱難。賈伯斯在皮克斯下的賭注愈來愈高，最後已快無以為繼。他不得不賤價買回發給員工的限制性無償配股。這是一種激勵員工的做法，通常公司在授予這些股票給員工之時，也會限制股票的處分權。眼看未來的金雞母被老闆拿回去了，很多員工都覺得不是滋味。

賈伯斯後來稱這個時期為轉捩點，說他們以熱情克服財務的窘迫，在絕地中求生。他告訴我：「我把每個人都找來。說到底，皮克斯是一家以內容見長的公司，因此我們必須轉型，朝著這個方向去發展。這就是為何我願意買下皮克斯，為什麼大家今天都會在這裡。讓我們齊心努力吧！儘管這樣的策略風險很高，但回饋將超乎你的預期。」儘管他這樣打氣，只有一些員工充滿希望，因為事實擺在眼前，大多數的人因此憂心忡忡，不知公司是否真能轉危為安。卡特慕爾和拉塞特一樣失去限制性股票，他對我大吐苦水：「這真是我這一生最難熬的一刻。」然而，賈伯斯在皮克斯的投資已逼近五千萬美元。

從轉戰廣告到正式進軍電影

皮克斯瘦身三分之二之後，公司營收主要來源有三：授權迪士尼使用的CAPS（電腦動畫製作系統）、使麥金塔可製作3D影像的新版RenderMan，以及動畫廣告。動畫廣告是皮克斯新開發出來的業務項目。他們已經拉到了一些大客戶，像是李施德霖漱口水、三叉戟口香糖（Trident）、純品康納果汁、福斯汽車等。

拉塞特和史坦頓（Andrew Stanton，後來執導「蟲蟲危機」）等動畫師製作出來的廣告既特別又活潑，顯示皮克斯有獨特的能力，可以把一片口香糖或是一顆柳橙變得活靈活現，而皮克斯也能控制預算，並在一定的期限內完成作品。卡特慕爾說：「這是我們不得不發展出來的紀律。」由於拉塞特的動畫短片日益精湛，技術和說故事的功力都愈來愈強，距離製作動畫長片的理想也就愈來愈近。儘管如此，皮克斯的營收還是很有限，無法損益平衡。

差不多同時，迪士尼動畫片場（Walt Disney Features Animation）的老闆史奈德（Peter Schneider）演出「三顧茅廬」戲碼，就是為了把拉塞特請回去。連續三年，他每年都來勸說拉塞特，要他離開皮克斯，回到老東家的懷抱。但拉塞特不肯走。他說：「我住在灣區，我開始創造新的東西。我還是想待在這裡。說到迪士尼，我只有往事不堪回首的感覺。」他告訴史奈德，只有在一種情況下他會考慮和迪士尼合作，也就是迪士尼要和皮克斯合作製作電影。

06

冤家聚頭

1991年7月21日，中午過後，五個人在賈伯斯帕羅奧圖的家會合。那個星期天熱得出奇，氣溫飆升到三十幾度。室內悶熱，想必賈伯斯沒開冷氣。這個週末，他剛和蘿琳去優勝美地度假回來，投宿原始古樸的阿瓦尼旅館，也就是兩人數月前的成婚之地。

賈伯斯不久前才買下這棟在帕羅奧圖的房子。那棟座落於伍得塞德山丘上的大宅院既破舊又偏遠，有如鬼屋，他和蘿琳可不想在那裡養兒育女。他們希望找一個比較接近城裡的地方。帕羅奧圖老城區靜謐幽美，有很多林蔭，步行就可到學校和市中心，於是他們決定在此築巢。再者，麗莎和她母親就住在附近，來他們家也方便。賈伯斯與蘿琳買下的這間房子是紅磚建築，露出巨大的原木屋樑，這些樑木本是舊金山大橋基座建材。以灣區的標準來看，他們的家質樸可愛，算不上豪宅（拉塞特開玩笑說，這房子其實就像格林童話漢斯與葛蕾特在森林中發現的那棟糖果屋）。但自此之後，賈伯斯口中的家就是這裡了。

賈伯斯和蘿琳入住後幾年，稍稍增建、修繕，最後買下旁邊一塊地，增加園圃的面積。七月，正是花果熾盛的好時節，他們家的園子冒出不少番茄、向日葵、四季豆、花椰菜、羅勒和各種萵苣。他們還從加州北部引進一種野草，種植在住家面向街道那側。雖然一開始招惹鄰居抱怨，但後來這些鄰居也愛上了這片隨季節更替、五顏六色的蔬果。春天，野花繁盛，夏日，參差不齊的綠草在風中閃閃發光。這裡沒有防盜外牆，只有低矮的圍籬與人行道相隔。他們家甚至沒有車庫。賈伯斯和蘿琳很少從前面的木造大門出入。如果有客人來，車子就停在路邊（賈伯斯的保時捷和賓士也停在那裡），推開花園的門，就來到通往廚房那扇門。他們不常鎖門，因此風常把門吹開。

兩顆巨星的交會

這是我第一次到賈伯斯的家。往後十年，我還常來。賈伯斯要我、攝影師藍吉（George Lange）和他的助理三人直接來到廚房門口。那個大熱天的下午，門果然沒關。今天的貴賓比爾・蓋茲可能不知道要從這裡出入，或者他忘了。過了約定時間十五分鐘，他站在大門，敲敲門環，讓我們知道他來了。我和賈伯斯開大門迎接他，他向開黑色加長型豪華轎車的司機揮揮手，要他先走。我們握手，帶他入內。

這房子與伍得塞德那棟大宅院相比，可以說很迷你，裡頭的家具也很少。客廳牆腳邊擺了五、六幅亞當斯的攝影作品，還沒掛上去。直立架上有部音響，兩座高塔狀的喇叭則小心翼翼地擺在一面牆邊。地上約有百來張黑膠唱片，有些放在盒子裡，有的則散亂地擺在音響旁。

客廳只有兩張有腳凳的伊姆斯單人皮椅。比爾・蓋茲和賈伯斯各坐一張，我坐在腳凳上。比爾・蓋茲有時會坐到另一張腳凳，或是站起來、走幾步。賈伯斯打赤腳，訪談時幾乎都盤腿而坐。藍吉在客廳走來走去，為這兩位電腦產業的大人物拍照。

這是賈伯斯與比爾・蓋茲的第一次聯合訪談（另一次則是在十六年後的高科技產業會議）。這次訪談是為《財星》封面故事安排的，以紀念IBM PC問世十週年，同時省思這個年輕產業的未來。比爾・蓋茲很快就同意參加。那個週末他本來要和書友溫布萊特（Ann Winblad）帶一堆磚塊書到湖邊小屋閉關讀書並交換心得，也就是例行的年度「思考週」計畫。溫布萊特是來自明尼蘇達的程式設計師，現在則是創投業者。比爾・蓋茲那時已經在和米蘭達・法蘭奇（Melinda French）約會，幾年後兩人結為連理。但婚後，他依然繼續和溫布萊特共度「思考週」讀書假期。

反之，賈伯斯這邊就比較難纏，不像比爾・蓋茲那麼隨和，堅持一定要在他家進行訪談，所以比爾・蓋茲得來帕羅奧圖，而且非這個星期天不可。當時，賈伯斯已經立下媒體採訪原則：除非有利於公司產品的宣傳，否則敬謝不敏。這次訪談可說是為我破例，因為他並沒有產品需要宣傳。如果我想得到這個獨家訪談的機會，最好接受他的條件。

一場對談，兩樣際遇

比爾・蓋茲與賈伯斯這兩顆巨星交會，放出的光芒照亮了整個個人電腦產業史。兩人的映照不但可看出為何賈伯斯在NeXT那麼不得志，也可洞見他為何可以光榮回歸蘋果。《財星》的訪談本來是要回顧近十年來個人電腦的發展，但比爾・蓋茲與賈伯斯不約而同地把話鋒轉向未來的電腦世界。這兩人個性南轅北轍，對電腦的看法完全不同。儘管《財星》將他們喻為電腦革命的共同發起人，但在1991年，你很難斷定在未來二十年，這兩人是否依然在電腦產業呼風喚雨。從現在來看，的確如此。打從蘋果二號問世，到2011年賈伯斯離世這三十五年，比爾・蓋茲與賈伯斯對電腦理念上的差異，對所有電腦產品的設計、目的與行銷都有重大影響，包括智慧型手機、iPod、廉價筆電、桌上型電腦及財星五百大企業使用的大型主機。

1991年，這兩個同年出生的年輕人（兩人都是三十六歲，只是賈伯斯大比爾・蓋茲八個月），因為他們之間的差異而走向相反的軌道。簡單來說，賈伯斯的生涯每況愈下，而比爾・蓋茲已登峰造極，聲名如日中天。比如說，《財星》策劃這次訪談是為了紀念IBM PC問世十週年，卻沒想到邀請IBM的人參加。這是因為比爾・蓋茲在IBM製造第一批個人電腦時，授權IBM使用微軟的MS-DOS作業系統，而IBM卻沒有要求任何獨家或買斷條款，其他電腦廠商只要向微軟取得MS-DOS的使用授權，就可製作「IBM相容電腦」。比爾・蓋茲就是利用這個漏點坐大，成為軟體霸王。因此，在1991年握有未來電腦產業之鑰的是比爾・蓋茲，而不是IBM。

比爾・蓋茲之所以能扳倒IBM，是因為他參透了一點：IBM需要的作業系統有望成為整個電腦產業的基石。作業系統是管理電腦軟硬體的程式，可謂電腦系統的核心。作業系統也提供一個讓使用者可和電腦系統互動的操作介面。比爾・蓋茲發現，作業系統的標準化十分有利於整個電腦產業，而誰握有這個系統，當然就是最大的贏家。但是除了他，沒有人洞視這個商機。

封閉與開放之爭

那時是1981年，在接下來的十年，賈伯斯在蘋果不斷創新，製造一系列革命性的產品，而比爾・蓋茲則懷抱更大的野心。IBM切入個人電腦市場之後，即迅速攻城掠地，領先群雄，甚至超越蘋果。IBM PC的普及，也讓微軟作業系統MS-DOS大為風行，唯一的競爭者只有蘋果的作業系統，但蘋果並不授權給其他電腦製造商使用。反之，比爾・蓋茲則是有求必應，任何電腦廠商只要來跟他要求授權，他都一視同仁，給予和IBM相同的條件。其他電腦製造商如康柏、戴爾和捷威（Gateway）都是精實強悍之輩，只要拿到微軟作業系統MS-DOS和英特爾的微處理器晶片這兩樣東西，就可以複製出和IBM PC類似的電腦，運算速度還更快。

墨守成規的IBM不久就跟不上這些勇於創新的新秀了。例如，研發可攜式個人電腦、開拓電腦新市場的是康柏，而不是IBM。此外，比爾・蓋茲不但授權作業系統給這些製造商，微軟的程式開發人員也持續不斷地改進，MS-DOS一路發展下來，最後就變成Windows這個一樣支援圖形介面的作業系統。如此一來，圖形介面就不再是蘋果獨有的特色，所有IBM相容電腦都有。到了1991年，全世界個人電腦有90%都安裝了比爾・蓋茲的作業系統，剩下的10%呢？就是蘋果電腦。此時，蘋果創新腳步緩慢，在業界不但不再舉足輕重，而且一年不如一年。

微軟的軟體霸權帶來更多的利多。在Windows作業系統問世之前，微軟已開發出可在MS-DOS下執行的文書處理和試算表軟體。等Windows上陣，加上Word和Excel這兩種實用的應用程式，其他軟體公司如生產WordPerfect的柯立爾數位科技（Corel）和蓮花，都招架不住。1990年，比爾・蓋茲更想出一記絕招，也就是把這些好用的辦公應用程式集合在一起，成套販賣，也就是微軟Office套裝軟體。Office銷售之強勁，讓其他軟體開發商望塵莫及。到了1991年，微軟已成全世界最大的軟體公司。可是，比爾・蓋茲還不滿足，他繼續擴展微軟的優勢與力量，讓這家公司大到無人能敵，唯獨政府能限制其獨占市場的野心。

微軟的成功使全世界對比爾・蓋茲刮目相看。比爾・蓋茲在一九八〇年代起家，原本還靠IBM和蘋果賞碗飯吃。那時，賈伯斯是電腦產業最具代表性的人物。蘋果首次公開上市，他的身價立刻暴漲到兩億五千六百萬美元。然而，風水轉流轉，等到1986年3月，微軟公開上市，比爾・蓋茲持有的微軟45%股票市值高達三億五千萬美元。在他接受訪談的此刻，他已是全世界最年輕的億萬富翁。反之，賈伯斯為了推出另一項偉大的產品，銀行帳戶不斷失血。如今，電腦產業的一哥已非比爾・蓋茲莫屬，而賈伯斯的未來則難以逆料。

針鋒相對

理論上來說，這次聯合訪談可能會因為舊恨新仇，致使場面變得難看。畢竟這兩人都逞強好鬥。

現在很多人或許都忘了比爾・蓋茲是個多難纏的角色。自從他在2000年辭去微軟執行長的職務之後，即搖身一變成為慈善家，努力促進全球衛生和教育的平等。現今，在公眾的眼裡，他不但是世界首富，更是令人尊敬的長者。在1991年，他依然關心全球問題，心地也很好，只是他一心在電腦產業這個領域競爭，而非致力於對抗瘧疾或愛滋病、設法給貧窮國家乾淨的飲用水，或是幫助農夫度過全球暖化的難關。

但是在當年，比爾・蓋茲的目標就是讓全世界每一部電腦都使用Windows，生怕自己苦心建立起來的軟體王國出現弱點，給對手入侵的機會。如果微軟部屬給他的營運分析低於他的標準，他就會發火，說道：「這真是我聽過最蠢的事。」他還會一邊搖頭，氣極敗壞地說：「這根本是胡說八道。」比爾・蓋茲總以為自己是最聰明的人。如果你問他為什麼做出某個決定，他願意解釋一遍給你聽。要是你需要他再說一次，他不但會覺得你很可悲，還會出言諷刺或是忍不住發怒。

過去，賈伯斯和比爾・蓋茲在公開場合經常攻擊對方，甚至以此為樂，當時是這樣，後來也將如此。賈伯斯認為比爾・蓋茲是個庸俗之人，沒有美學素養，也幾乎沒有創意。終其一生，他認為比爾・蓋茲就是這樣的人。他還不只一次對我說，比爾・蓋茲只會用一堆人、一堆錢去解決問題，這也就是為什麼微軟的軟體寫得那麼複雜又那麼普通（反之，賈伯斯則完全無視自己在NeXT的揮霍無度）。

比爾・蓋茲則直截了當地說，賈伯斯因為種種愚不可及的決定，已經淪為輸家。他一而再、再而三地說，NeXT一點搞頭都沒有了。一九九〇年代末期，賈伯斯支持司法部的判決，裁定微軟有壟斷的行為，已違反反托拉斯法。比爾・蓋茲得知此事，狂罵賈伯斯，說賈伯斯是他的手下敗將，因為嫉妒微軟的成功才這麼說。

高手過招

然而，那個七月的星期天，兩人倒是相敬如賓，幾乎沒有磨擦。兩人的財富和權力既已相差懸殊，因此沒必要提到這點。賈伯斯的傲氣使他不願向比爾・蓋茲恭賀，比爾・蓋茲也很識相，沒有在此時幸災樂禍，出言不遜。他們了解彼此的長處，只是聊一聊也沒有什麼損失，加上有全國首屈一指的財經雜誌為他們歌功頌德，兩人也就沒有不快。

不過，這個星期天，兩人面對面，因為冤家聚頭，難免會流露對彼此的輕蔑之意。比爾・蓋茲表示對史考利不滿，說他授權蘋果作業系統給其他電腦廠商，讓他們複製蘋果個人電腦。賈伯斯說：「我對PC一點都不感興趣。目前幾千萬人使用的電腦根本就是爛貨。」他這話是一刀雙刃，不但對史考利表示不屑，也批評比爾・蓋茲利用作業系統的標準化來統治電腦王國。幸好，賈伯斯的攻擊到此為止，比爾・蓋茲也不以為忤，只覺得他說的很好笑。接著，賈伯斯闡述何以微軟的霸業有礙電腦產業的創新。

賈伯斯說：「比方說，在MS-DOS的世界裡，有好幾百人在製造PC。」

「是的。」比爾・蓋茲說。

「除此之外，還有好幾百人在研發這些PC可以使用的應用程式。」

「沒錯。」

「但他們必須通過一個很小的孔洞才能相遇。這個小小的孔洞就是微軟。」

「這個洞很大好不好？」比爾・蓋茲邊笑道，身體邊往後傾，靠在椅背上。「我不是一再地跟你說，這個洞變大了……大到不能說它是個『孔洞』。我反對再用這個詞。」

「可是以前就有人這麼說喔！」賈伯斯像孩子一樣露出淘氣的笑容。

「什麼人說的？」比爾・蓋茲衝著賈伯斯笑著問

道。但他不想再討論這點，於是身體前傾，說道：「算了、算了……」

標準化與創新之爭

比爾・蓋茲是兩人中個性較沉穩的一個，也比較沒有自我矛盾的問題。他認為自己對電腦產業發展史的觀點正確，也知道這個產業發展的方向。「早在1975年我創立微軟的時候，我就寫下來了，」他解釋道：「電腦技術有兩個焦點，一個是晶片，另一個就是軟體。」以後見之明來看，可說顯而易見，但能在幾十年前就做出這樣的預測，是了不起的遠見。他接著說：「我進軍PC市場的策略始終如一。微軟的目標就是從一開始就建立一個標準。」他沒解說微軟的成功之道，也不承認他們對市場的壟斷，只是一再強調作業系統標準化和英特爾晶片物美價廉，對所有人都有好處。「晶片技術的發展日新月異，速度快，效能又好，」他說：「英特爾每次開發出一種新的微處理器晶片，幾個星期後，就有兩百家PC製造商推出新的機器。你只要開車到電腦賣場，就可以買一部回家。軟體也是一樣。現在的軟體要比五年前好上十倍，但價格差不多。再怎麼奇特的類別，都有許許多多的軟體可挑。」

此時，賈伯斯在電腦產業的地位仍難以論斷，他的表現也不像比爾・蓋茲那麼沉穩。他坦承自己犯了一些錯誤，甚至同意比爾・蓋茲說的，也就是對IBM推出PC

一事不該掉以輕心。他又說：「對蘋果而言，一九八〇年代最重大的事件並非推出麥金塔。麥金塔當然是蘋果的一大成果，但對蘋果的地位衝擊最大的則是蘋果三號。就我踏入這個產業以來，我第一次看到一個產品有了自己的生命，不幸發展失控，多了很多不必要的東西。蘋果三號的進度足足延宕了一年半，不但有過度設計的問題，價格也太高了。如果我們沒把蘋果三號搞砸，把這個二號升級版做好、補強，讓這部機器更適合企業界使用呢？命運或許大不同。但是，蘋果還是留下一個很大的漏洞。」之後，他又承認這是他的錯：「蘋果三號會有這麼多問題，一個原因是我把這個團隊最好的人抽調出來，要他們研究如何把我在全錄帕羅奧圖研究中心看到的圖形介面做出來。」

賈伯斯難得這麼坦白。他幾乎不曾回顧自己的錯誤，但在這次公開訪談，他真心反省自己的所作所為。後來，他甚至拿出從《新聞週刊》撕下來的一篇報導，上面說他與比爾・蓋茲交惡，說他不再是比爾・蓋茲的朋友。賈伯斯像法庭上的辯護律師對比爾・蓋茲說：「我撕下這篇，就是為了要告訴你，我們當然還是朋友。這是記者亂寫的。」

談到PC產業是否會出現像麥金塔這樣突破性的產品，賈伯斯的興致就來了，因為這正是他最感興趣的東西。不管在他生命的哪個階段，他最大的願望就是創造出可使電腦產業步入新紀元的產品。他解釋說：「基本上，PC產業是利用既有的東西、重新組合，以加快運算速度。我知道這很有價值。但我在想，要使這個產業健全，不但要持續不斷進步，還需要重大突破。我擔心的是，這樣的突破從何而來。」之後，他又說：「有時，我們也得狠狠踢一下產業領頭羊的屁股，對創新才有幫助。如果走對了路，不但能挖到金礦，對世界也能有重大貢獻。」

比爾・蓋茲不像賈伯斯那樣老是想要創新。他知道科技突破指日可期，科技行業必然會豎立一個又一個里程碑。然而在訪談的過程中，我們可從他的話語聽出，他擔心創新會為微軟的企業用戶帶來麻煩。他解釋說：「在這條產業演化的路上，我只想要一部能在目前的街道上跑得順的車子。美國企業為了營運，已在個人電腦和重要應用軟體投下巨資，因而產生非凡的動力。五年後，如果你走進像智士（Egghead）這樣的大型電腦軟體連鎖店，你會發現桌上型電腦的商用軟體不可能有多達六、七種選擇。以最暢銷的電腦機種來說，要是不只一種可用，我一定會吃驚。或許有兩種可選，超過三種的話，實在匪夷所思。」

企業市場與消費市場的區隔

賈伯斯在1985年離開蘋果，那時電腦硬體製造商競相設計效能最棒的機器，誰做得到，誰就能贏得消費者的心。但是，六年後，遊戲規則已經改了。賈伯斯由於打造NeXT電腦碰到重重困難，才慢慢了解業界生態的轉變。現在，誰能提供最好的服務給擁有數百萬部機器企業客戶，誰就是最大的贏家。這些企業客戶愈來愈倚重PC，利用為PC設計的應用軟體來處理複雜、數據密集的運算。每一部電腦都需要這樣的軟體。如果要他們使用NeXT電腦，卻和Windows作業系統不相容，那就麻煩了。要適應NeXT這個新系統，不知得花多少時間和金錢。先進的技術和漂亮的介面不一定會讓客戶興奮，有時反倒會令他們害怕。他們需要的是效能更強、速度更快的電腦，更重要的是穩定性高，不會常常當機。

主流媒體當中，負責追蹤這個新產業的人當中，很少有人了解，個人電腦已成為公司行號使用的機器。這是因為在一九九〇年代初期，大多數的記者都被教育軟體和其他應用程式吸引，樂於見到一般人可用電腦來學習、處理財務或為自己的「數位廚房」整理食譜。對建築有興趣的業餘人士甚至可利用軟體，在家用電腦上設計出時髦家居。眼看電腦即將成為個人生活的好幫手，讓這部「心靈腳踏車」變成自己大腦的延伸，應該每一個人都會為此興奮。這是電腦的故事最值得大書特書的地方，沒有人比賈伯斯更清楚這一點。

比爾・蓋茲對電腦就沒有這麼浪漫。他認為這種想法只是天真的遐想，忽視了PC能為企業人做更複雜的事。沒錯，消費者市場有巨大的利益，因為一般消費者的人數還是遠超過企業使用者，如果你能打造出消費者夢寐以求的產品，就能帶來洶湧的錢潮。然而，那個時代的個人電腦仍不是大多數消費者負擔得起的，對個人生活的改變也很有限。反之，企業市場則完全不同。不管大公司或是小商行，都需要桌上型電腦來處理業務，於是他們成了比爾・蓋茲瞄準的目標。這些公司行號需要很多部電腦，只要安裝Windows作業系統的PC穩定性高，不會常出狀況，它們不在乎多花一點錢。這些用戶當然願意看到作業系統愈來愈好，比爾・蓋茲也保證微軟會精益求精。賈伯斯雖然也努力迎合企業用戶，但他真正想要做出來的是有突破性、具備更多潛能的電腦。

儘管賈伯斯和比爾・蓋茲都稱得上是個人電腦之父，但從這樣的訪談可以看出兩人理念差異極大。比爾・蓋茲由於了解企業用戶，得以在接下來的幾年繼續稱霸電腦市場，反觀重視美學與消費者取向的賈伯斯，只能退到邊線。如今，事後來看，當時比爾・蓋茲已逐漸把個人電腦中的「個人」從中抽離。只是他沒想到，這麼做正好留了個空缺給賈伯斯填補。

微軟與NeXT的對比

一九九〇年代可說是微軟時代，整個電腦產業發展的方向大抵由微軟這家公司主宰。然而，微軟有個重要夥伴，也就是英特爾，幾乎每一部跑Windows作業系統的電腦都使用英特爾的晶片。微軟不但擁有Windows，加上辦公室生產力軟體Office，因此稱霸企業市場，這樣的勢力不是英特爾能夠相比的。儘管英特爾的晶片效能與速度不斷增強，這是電腦軟體技術持續進步的結果，企業電腦螢幕清一色是Windows和Office套裝軟體。比爾・蓋茲藉由滿足財星五百大企業和中小型公司的需求，逐漸成為電腦產業之王。至於英特爾的葛洛夫扮演的角色則差不多是「佐國大臣」。

比爾・蓋茲和葛洛夫針對賈伯斯留下的漏洞，迅速攻城掠地。他們預見PC的功力將愈來愈高強，幾乎足以勝任各種運算。過去，企業用的高級電腦都有專利設計，因此零件標準化對他們沒有好處。但比爾・蓋茲和葛洛夫預見，不久之後，工作站電腦裡面那昂貴的晶片和電路板，將會變得便宜，而能用在PC上頭。這樣的演化也將發生在企業使用的迷你電腦、大型主機、超級電腦，甚至包括那些用以建立天氣模型、控制核子裝備等稀有、極其昂貴的電腦上〔例如，2011年在益智節目「危險邊緣」（Jeopardy!）中，擊敗冠軍詹寧斯（Ken Jennings）的IBM電腦「華生」，這麼一部電腦的基本架構其實和個人電腦差不多〕。

因此，公司行號用以處理業務的每一部電腦只是效能強大的PC。但這樣的電腦要比大型主機便宜多了，而且更容易操作，因為裡頭使用的半導體零件和PC完全相同，而且同樣使用Windows作業系統軟體。結果，由於摩爾定律加上PC市場的成長，使得電腦產量大增，平均成本不斷降低，所有的電腦企業用戶都蒙受其利。

在九〇年代，微軟的電腦霸主地位無可挑戰。企業也樂見電腦的標準化。企業用戶在電腦這種辦公利器上投資的金額高達數萬億美元。在1991年，企業在資訊科技的開支為1,240億，只占國內生產毛額的2%。到了2000年，這個比率則升高為4.6%。最大的受益者自然是微軟。在這十年當中，微軟的營收從18億飆升為230億，利潤也從4.63億增為94億，股票價格則漲了3,000%。

在這段期間，賈伯斯為了NeXT工作站的研發焦頭爛額。他雖賣出一些電腦給企業用戶，直到網際網路誕生，NeXT推出用於產生動態網頁的網路程式架框WebObjects則頗受歡迎，但這些營收與微軟相比有如九牛之一毛。賈伯斯大抵只能站在一旁，看著他的宿敵成為全球首屈一指的企業領導人，在電腦市場呼風喚雨。

尾聲與餘韻

過了兩個半小時，這日的訪談差不多告一個段落。多年來，我不斷追蹤報導這兩位的動向，然而讓這兩位強悍的對手共聚一堂，感覺實在夢幻。他們的互動使我對他們有更深入的了解和欣賞。也許因為他們並未宣傳自己的產品，我因此能觀察到一些細微之處。兩人都好勝，而且機智過人，在訪談中充分展現敏銳犀利的見解，也表現出在其他場合看不見的情誼。

這個下午，蘭吉一直拿著攝影機繞著兩人打轉。現在，他想為雜誌封面拍張照片。比爾・蓋茲因為必須準時從舊金山機場搭機飛回西雅圖，所以我們沒有多少時間。蘭吉本來想在外面拍，後來覺得客廳中央的迴旋樓梯更適合取景，也解釋他想在這裡拍的原因。比爾・蓋茲沒意見，他只想早點結束，因為他得趕搭飛機。賈伯斯對照片可挑剔得很，我就曾為了他在《財星》的照片費盡脣舌跟他商量。他是個自學而成的美學家，對照片和版面的編排都有很多看法，甚至得由他來決定誰來攝影，以及照片要怎麼放。幸好，這次他從善如流。說要拍了，他就爬上紅磚砌的樓梯，一屁股坐下來。蘭吉看著他，跟他說：「你沒穿鞋子！你要這麼打赤腳登上《財星》封面嗎？」他聳聳肩，答道：「好，我去穿鞋子。」他跑上樓，穿了雙運動鞋下來，但鞋帶沒繫好。

拍完後，我跟比爾・蓋茲說，我可以開車送他去機場，但可否再給我幾分鐘，因為蘭吉要在後院幫我們三個人拍張合照，放在編後語那頁。匆匆拍好後，我就趕緊載比爾・蓋茲去搭機。我們在車上沒說什麼，我看得出來，他正在想下一件事。我說：「你們處得挺好的。」他答道：「我們沒什麼合不來啊！」他總是滿腹心事，但還是彬彬有禮。下車時，他對我說：「謝啦！很高興這事終於大功告成了。」

蘭吉拍的兩人合照，是我報導這兩人以來最滿意的一張。這兩位年輕電腦大亨肩並肩坐在迴旋鑄鐵樓梯上，賈伯斯坐的地方比比爾・蓋茲高一個台階。兩人表情都很自然：比爾・蓋茲那心滿意足的模樣，像吞下一隻金絲雀的貓；喜歡淘氣的賈伯斯則露出一絲狡猾的微笑，看起來就像是個絕頂聰明的推銷員，連金門大橋都賣得掉（只要銷售的對象不是比爾・蓋茲）。

儘管商場失意，賈伯斯還是笑得出來。他的事業根基雖然還沒穩固，但他的感情已有了歸依，因而得到很大的滿足。他的女兒麗莎剛搬進來這個家，使他可以彌補當年不認女兒的幼稚與冷酷，而他和蘿琳的長子里德再過幾個月就要出生，讓他十分興奮，畢竟里德是他和蘿琳的婚生子。十月，里德出生，賈伯斯就像很多新手爸爸，以為自己已做好萬全的準備，對寶寶的一切認真得不得了，然而過來人都不禁莞爾。史雷德說：「這對夫婦就是標準的新手父母，沒一件事是做對的。兩人都是嬉皮，不是嗎？因此，寶寶一天二十四小時都在他們的大床上，而且只喝母奶。寶寶乖嗎？他老是哇哇大哭，好像永遠餵不飽。嬰兒都是這樣的，不是嗎？不到一個星期，他們就像集中營倖存者。」

「然而賈伯斯自己不就是個孩子？」史雷德又說：「這個寶貝兒子讓他不能睡覺。所以，他就瘋了，就像被中情局折磨到發瘋的戰俘。我不是開玩笑的。里德出生還不到一個星期，他就喃喃自語：『我得請人來當董事長和營運長。非得找到人不可。噢，我實在受不了了。』」但這其實也反映出他身為人父的喜悅，他肯定會成為一個好爸爸。

賈伯斯的確應該高興，除了喜獲麟兒，還有一個原因。只是當時沒有人知道這個原因，甚至連賈伯斯自己也不知道。

微軟的缺口，賈伯斯的出口

比爾・蓋茲的宏圖大略，就是讓微軟帶領全世界的電腦產業走向標準化，以迎合企業的需求，這樣的策略主導了九〇年代的電腦發展。工作站電腦不過是效能較強的PC，而大型主機那一層又一層的電路板，也是以PC的架構為基礎。那個時代的PC製造大廠如戴爾、康柏、惠普和捷威，生產一部又一部單調、醜陋的機器，力拚速度、效能和出貨時間。全世界有幾十億個電腦使用者都依賴這樣的電腦，每天和這樣的機器互動，而每一部用的都是同樣的晶片，利用相同的作業系統來執行應用程式。

唯一曾為個人打造獨特機器的公司就是蘋果，但史考利和繼任執行長經營不力，在個人電腦市場根本打不過彪悍的PC製造商，不但節節敗退，甚至搖搖欲墜。九〇年代末，麥金塔「1984」廣告中的情境竟然在真實世界出現：大企業宰制了全世界的電腦，上班族像囚犯一樣，坐在電腦前，聽從上司的命令。個人電腦完全沒有個人色彩可言。年復一年，微軟的威權愈來愈大，只求統一，不求創新。Windows似乎將永遠統治下去。但在賈伯斯眼中，比爾・蓋茲只是個無趣的「老大哥」。

微軟力行的標準化仍出現了一個缺口：除了統一、單調、效能高超的企業機器，這個世界也需要讓個人快樂、可以活用的電腦。這個缺口正等待賈伯斯這樣的人來彌補。在我們進行訪談之時，賈伯斯仍對史考利及蘋果董事會懷恨在心，NeXT又諸事不順，讓他心煩意亂。電腦一哥的地位又被比爾・蓋茲搶去了，他因此不是滋味。在這樣的窘境之下，他實在不知如何開闢前路。還要再經過幾年的磨練，披荊斬棘，NeXT和皮克斯才看得到希望的曙光，他也才藉由比爾・蓋茲留下的缺口，為你、我和所有的消費者打造瘋狂般偉大的產品。

一旦賈伯斯發現那個缺口，施展他的天才與功力，就可攀上事業的巔峰，把比爾・蓋茲拋在後頭。

07

運氣

胡迪：噢，巴斯，你摔得真重，八成腦袋摔壞了。
巴斯：胡迪，沒啦，我腦袋可清楚得很。
（他看著自己。）
你說的沒錯。我不是太空騎警。
只是玩具，愚蠢、微不足道的玩具。
胡迪：噢，嘿——等等。
當玩具要比當太空騎警好太多了。
巴斯：嗯，是喔。
胡迪：真的啦！瞧，對面那棟房子有個小孩，
他認為你是最棒的。不是因為你是太空騎警，而是因為你是玩具！
你是屬於他的玩具。

——出自「玩具總動員」

1991年夏，我完成比爾・蓋茲和賈伯斯的聯合訪談，幾個月後就被《財星》派駐到東京分部，於是舉家遷居日本。在九〇年代初期，電腦產業在微軟與英特爾（即「Wintel大帝國」）的掌控下趨於單調。基本上，他們打贏了個人電腦之戰。PC市場群雄並起，如戴爾、捷威、康柏和惠普等，但沒有人想要創新，大家競相削減成本，增加PC效能。至於蘋果，則已不值一提。

久別重逢

三年後，我回到矽谷，發現國內情勢改變不少。老布希連任失利，柯林頓入主白宮。根據《富比世》的富豪排行榜，比爾・蓋茲的身價已超過一百億美元，擠下巴菲特，成為世界首富。蘋果雖然已把史考利趕走，公司營收依然沒有起色。然而，因為網路興起，電腦世界變得愈來愈有趣。網景通訊推出第一種商用網路瀏覽器領航者（Navigator）的測試版，「WWW」、「dot.com」和「URL」這樣的術語開始流行。網際網路的興起顯然已帶動另一波的電腦革命。對科技與商業記者來說，這的確是件好事。

1991年7月，我寫了封電郵給賈伯斯，跟他說《財星》把我從東京調回來了。我租了間工作室，正在整理房子，安頓好了之後希望能跟他敘敘舊。幾個星期後，一個星期六早晨，我正在翻新家裡的木質地板。這時，電話響起。

「喂，布蘭特！」是賈伯斯打來的。我又聽到那熟悉的加州腔。他的語調輕鬆快活，有如電話答錄機的錄音。接著，他就露出本性。「所以，你回美國了。怎麼回事？《財星》以史考利當封面人物，說他是蘋果的救世主，不到一個星期，他就被炒了。你說，這不是很尷尬嗎？」他咯咯發笑。我心想，他又來了，老是喜歡先聲奪人，問我一堆問題。

「過來坐坐嘛！」他說：「我們可以一起散步什麼

的。」我告訴他，我正在弄家裡的地板，已經快好了。大約一個小時後就可以去他家。他說：「好。」隨即掛了電話。

我到他家的時候，他正在廚房裡忙。他身穿褪色的NeXT長袖T恤，加上一條破舊的牛仔短褲。褲子前面有破洞，露出白色口袋裡布。他夏天幾乎都這麼穿，後來才愛上三宅一生的黑色高領衫。當然，他還是打赤腳。客廳中央有一張古樸的大工作桌，一隻巨大、華美的日本鬆獅犬靜靜趴在底下。那狗顯然已察覺家裡多了我這個陌生人，但牠不怎麼理我。

「牠不是看門狗吧？」我說，藉此讓賈伯斯知道我來了。賈伯斯轉過頭來，跟我閒聊一下，透露了幾件事：那隻狗已經很老了，蘿琳又懷孕了，她和里德都不在家。近十年來，我跟他見過數十次面，但他很少像這樣跟我說私事。

接著，言歸正傳。他說：「我想告訴你，我對皮克斯的第一部動畫長片很有信心。」他用腳勾了張凳子過去，然後坐在上面。他打個手勢，要我也坐下。「這部片叫『玩具總動員』，還要一年的時間才會製作完成。我可不是吹牛。我保證沒有人看過這樣的電影，這部片將讓所有的人耳目一新。迪士尼正考慮在明年找個假期推出這部大片。」

在皮克斯的成長

世人歷數賈伯斯的革命功業，當然少不了電影，因為皮克斯為大銀幕帶來嶄新的藝術形式。但我的看法不同。拉塞特和卡特慕爾才是把3D電影繪圖技術引進電影的人，是他們讓動畫敘事藝術登峰造極。

然而，賈伯斯的確是皮克斯成功的關鍵角色。儘管皮克斯的精神領袖是卡特慕爾與拉塞特，而不是影響力有限的賈伯斯，但這樣的限制反倒讓他得以突破能力的極限，發揮長處。

這段生涯軌跡對他來說非常重要。他看拉塞特、卡特慕爾及其他優秀的團隊成員同心協力施展他們的才華，學到很多東西。特別是在皮克斯正式踏上電影之路後，賈伯斯在此吸收了不少管理的竅門，對他在1997年回歸蘋果幫助極大。在這段期間，他的協商風格除了強悍，還多了細膩。這時，他才真正了解團隊合作要比他想的來得複雜，不是集結幾位精英就可以辦到，也知道如何領導和鼓舞部屬。他還是一樣善於激勵手下，但變得比較有耐心了。

皮克斯能成功，對賈伯斯而言，真的是運氣好。他萬萬想不到，自己一時興起買下的小公司，能使他的事業峰迴路轉。皮克斯為他帶來的財富，甚至勝過蘋果這個他投注全部心血的地方。卡特慕爾一直在思索，對於一家公司的發展，運氣所扮演的角色，以及企業領導人如何利用運氣。他說，首先你必須有所準備。如果沒有準備，運氣再怎麼好都沒用。其次，則是塑造臨機應變的企業文化。他說：「該來的總是會來。成敗就看你如何反應。」賈伯斯能應變得宜，主要是因為他運氣好，能遇見拉塞特和卡特慕爾這兩位貴人。他從這兩位身上學到的原則就是他日後成功的催化劑。

與迪士尼談判

拉塞特和迪士尼有一段愛恨情仇。他從小嚮往在迪士尼工作，高中曾在迪士尼樂園打工，自加州藝術學院畢業後，終於如願以償進入迪士尼當動畫師。儘管他很喜歡和自己崇拜的動畫大師一起工作，但公司僵化的管理制度使他飽受折磨。他說：「主管把我們壓得死死的。我後來甚至被炒魷魚。」

史奈德第三次來找拉塞特，要他回迪士尼的時候，拉塞特說了他的要求：只有迪士尼和皮克斯一起製作電影，他才可能與迪士尼合作。史奈德認真考慮這事，於是請卡特慕爾來他的辦公室談。他告訴卡特慕爾，皮克斯可為迪士尼製作電影。卡特慕爾說，皮克斯只能做出一齣半小時的電視特輯。史奈德說，如果皮克斯能做出三十分鐘的精采節目，七十五分鐘長的片子哪是問題？卡特慕爾聽了這話，倒抽一口氣，想了一下，覺得史奈德這麼說也沒錯，就同意了。

接著，輪到賈伯斯上場，和迪士尼的動畫部門主管卡森伯格談條件、簽約。賈伯斯的談判手腕和自律是否有進步，就看這次和迪士尼周旋得如何。卡森伯格和賈伯斯都知道，迪士尼在談判桌上占了上風。在這個時期，迪士尼的手繪動畫一樣風靡全世界。自1989年，卡森伯格連續五年帶領動畫團隊，推出一部又一部叫好又叫座的作品，包括「小美人魚」、「美女與野獸」、「阿拉丁」、「獅子王」和「聖誕夜驚魂」（改編自提姆・波頓1982年為迪士尼工作時寫的詩集。波頓年輕時也是迪士尼的動畫師）。儘管卡森伯格很欣賞拉塞特的才華，感嘆迪士尼當年竟然有眼不識泰山，把這位動畫大師趕出去，就此一去不回，但他也知道，就算不和皮克斯合作，迪士尼也能活得好好的。

然而，拉塞特、卡特慕爾和皮克斯的每一個人都心裡有數，如果失去這個與迪士尼合作的機會，公司可能撐不下去。因此，皮克斯只能背水一戰，與迪士尼談判，而皮克斯的命運就掌握在賈伯斯手中。卡特慕爾和拉塞特對賈伯斯深具信心。這些年來，賈伯斯一直是皮克斯的談判主帥。拉塞特說：「他彪悍得很。他走進人家公司，劈頭就問：『在這裡，能夠做決定買我們電腦的人是誰？』如果他們推說不知道，他就說：『我只想跟負責採購的人談。』然後就走了。我們常說，他恨不得先丟個手榴彈，再大搖大擺地走進去，這樣每個人就會立刻注意到他。」

讓卡森伯格和賈伯斯同處一室，可以想見場面會如何火爆。這兩人都狂妄自大，想要什麼，沒有達不到的。卡森伯格相信他即將成為迪士尼下一任總裁，有責任把迪士尼推向另一個高峰。這人聰明、傲慢、難纏，和賈伯斯一樣固執己見，卻不至於讓人討厭。他和皮克斯第一次交手是在迪士尼附近的一間會議室。他把一個裝滿迪士尼寶寶玩具的籃子遞到賈伯斯面前。不久前，蘿琳才生下里德，顯然這是新生兒賀禮。然而卡森伯格也是藉這個姿態擺明，製作電影的金庫鑰匙在他手上。

巴恩斯說，就她所見，賈伯斯每次談判都精準估算敵我情勢，知道自己要拿下什麼。和盧卡斯交涉購買電腦動畫部門時，他已看出盧卡斯需錢孔急。這次碰上卡森伯格，他知道這人有恃無恐，而皮克斯非得跟他們合作不可，但他還是大膽提出這樣的條件：迪士尼必須和皮克斯共享電影營收，包括票房收入、家庭錄影帶收入、電視媒體授權和周邊商品授權等。這對任何一家新的電影工作室都是妄想。卡森伯格當下就拒絕了。

至於皮克斯真正的價值為何，兩人也有歧見。賈伯斯相信皮克斯的技術可為動畫市場帶來革命，認為電腦可大幅降低製作動畫電影的成本。他表示，迪士尼的思考方式已經落伍了。他告訴我：「他們犯了一個大錯，就是不重視科技。真是死腦袋。」然而對動畫電影這門生意，卡森伯森當然比賈伯斯懂的多，他的看法和賈伯斯不同。幾年後，卡森伯格跟我說：「真正吸引我的是拉塞特的動畫敘事。儘管『頑皮跳跳燈』是一支不到五分鐘的短片，卻比大多數兩個小時片長的電影要來得動人、幽默。」至於利用電腦技術降低製作成本，他可沒那麼樂觀。「說什麼這種技術可以成為新的動畫電影商業模式，簡直是胡扯。我們就走著瞧。藝術家和說故事的人當然希望技術持續進步。因此，今年的技術十年後就落伍了。」卡森伯格說的沒錯。不管動畫電影技術再怎麼高超，好的作品總是需要燒錢。皮克斯製作「玩具總動員」，花了約兩千萬美元（還不包括迪士尼在宣傳和發行支付的費用）。皮克斯在2013年推出「怪獸大學」，據說成本（包括行銷）高達兩億美元。

幾年前，賈伯斯和IBM談作業系統NeXTSTEP授權案，談判就毀在他的怒氣和恨意下。幾年後，談起這件事，他還一肚子火。「那些IBM高層完全不懂電腦。他們懂個屁。」他在和IBM的人協商時，不知道掩飾自己的感覺，高估自己手中的牌，最後談判破局。與卡森伯格對決，他就小心多了。他步步為營，只有在必要時出手。卡森伯格要求讓迪士尼擁有皮克斯3D電腦繪圖的專利技術，賈伯斯拒絕了。然而，他也知道皮克斯的籌碼有限，他得收斂一點，因此對大多數的要求，他都讓步。最後，電影和角色的版權皆歸迪士尼，家庭錄影帶收入也沒有皮克斯的份，但那時賈伯斯還不了解家用錄影帶的市場有多大。但他的確和迪士尼達成協議：迪士尼將支應皮克斯製作「玩具總動員」需要的資金，迪士尼也擁有出資製作兩部續集的權益。皮克斯則可分得票房收入的12.5%，就此獲得新生。此時，皮克斯終於有機會製作自己的電影了。

對皮克斯難以割捨

賈伯斯很愛皮克斯。他用驕傲的眼光看著這個團隊製作「玩具總動員」。但他討厭賠錢。他後來曾坦白，要是他知道日後要付出這麼大的代價，就不會買下皮克斯了。在九〇年代初期，他和迪士尼達成合作協議前後，他都曾尋找潛在買家。只是那些買家只看中皮克斯的電腦繪圖技術，對皮克斯的電影興趣缺缺。他曾與賀曼、矽谷圖形公司和微軟接洽。儘管這些公司都知道皮克斯的繪圖軟體對擴展公司業務有利，沒有一家公司和賈伯斯談出結果。他給皮克斯標的售價高得令人咋舌。卡特慕爾都不禁懷疑他到底想不想賣。「我明白為什麼會這樣。買家提的條件有些還算合理。就算事情不能盡如人意，你終究會想辦法妥協。」可是，事情最後還是回到原點，什麼都沒談成。他說：「於是我在想，搞什麼？他是否只是在試風向，想證明自己做對了？」卡特慕爾覺得，或許賈伯斯在潛意識裡無法放手，不願意把皮克斯拱手讓給別人，才會任交易破局。「他很重視忠誠和承諾。我愈了解他，就知道這種心理很複雜。但他不會這樣分析自己。」

卡特慕爾不曾和賈伯斯談到這些心理層面。「我們不常談太多抽象的東西，但觸及到他個性上的問題，他總是說：『我就是這樣的人。』」因此，卡特慕爾無法進一步印證自己的理論，但他的確看出賈伯斯那時的感覺很複雜。他沒想到皮克斯會讓他大失血，特別是NeXT那邊的營運也不順。他當然不算窮：他有足夠的錢可以讓妻兒過好日子，也有錢做自己覺得重要的事。但他看著「玩具總動員」這部片從發想開始，到實際製作，他漸漸愛上皮克斯。皮克斯不會給他太大的壓力，讓他得以暫時忘卻NeXT的煩憂。

賈伯斯每個星期都會來皮克斯。即使通常無事可做，但他就愛來這裡晃晃。皮克斯與迪士尼談定了之後，卡特慕爾就趕緊補充人手。不久前，賈伯斯才為了精省人力，賣掉了硬體部門，此時又招兵買馬，皮克斯內部不會出現動亂嗎？卡特慕爾是個好當家，不會因為業務擴張而濫竽充數。

賈伯斯對「玩具總動員」故事情節的發展並沒參與意見。劇本是由拉塞特、史坦頓、達克特（Pete Docter）和藍夫特（Joe Ranft）共同創作的，最後還請其他作家跨刀，如後來以「魔法奇兵」（*Buffy the Vampire Slayer*）影集和電影「復仇者聯盟」（*The Avengers*）風靡全球的惠登（Joss Whedon）。「玩具總動員」的團隊成員密切合作，效率極佳。皮克斯的第二部電影「蟲蟲危機」就是史坦頓執導，之後的「海底總動員」和「瓦力」也是他導演的作品。達克特則導演「怪獸電力公司」和「天外奇蹟」。藍夫特編寫了多部電影劇本，也是電影故事的主要創作者，可惜在2005年出車禍，英年早逝。卡特慕爾稱前述包含劇作家、導演和動畫師的四人組合為皮克斯的智囊團，他們給每一部皮克斯電影的意見都有畫龍點睛之妙。這個智囊團並沒有所謂的權威，但每位導演都得聆聽他們的說法，認真考慮他們提供的建議。然而，這種做法使「超人特攻隊」和「瓦力」得以改頭換面。賈伯斯不在這個核心團隊之中。卡特慕爾不讓他參與討論，以免他的個性礙事。

賈伯斯看著拉塞特、史坦頓、達克特和藍夫特製作「玩具總動員」，見識到如何運用創造力思考突破重重難關，愈挫愈勇。他總是在一旁為大家打氣。卡特慕爾說：「我們碰到挫敗的時候，他不會說：『噢，你們搞砸了！』而是說：『那我們接下來要怎麼做？』我們就像在懸崖邊上，難免會出差錯。說一切順利，等於是自欺欺人。賈伯斯了解這點。」卡森伯格就不同了。他總是嚴聲提出批評，使這部片子朝諷刺路線走，團隊成員因而覺得不舒服。迪士尼變得愈來愈難纏，1993年底的一個星期五，迪士尼看了試片後，甚至下令停工，致使拍片資金中斷。接下來的三個月，拉塞特和他的夥伴不斷修改劇本，最後完成了一個新的版本。在這段期間，賈伯斯和卡特慕爾則盡力穩定人心，也如期付薪水給製作人員。因為劇本變動不少，賈伯斯又得拿出更多錢。他和卡森伯格常為了預算發生激烈衝突，最後他和卡特慕爾終於從迪士尼那裡多擠出一點錢來。

拉塞特說：「他看我們群策群力，精益求精，心中漸漸充滿能量。等他再回蘋果，他已經變了很多，比較懂得欣賞別人的才華，自己也受到啟發和挑戰。他有自知之明，了解有很多事他自己做不到，但他知道如何激勵別人完成偉大的任務。」

賈伯斯與卡特慕爾

賈伯斯與蘿琳結婚之後，開始養兒育女，享受家庭之樂，也慢慢有了幾個知心朋友。他不會提他個人的交友狀況，畢竟他向來公私嚴明，不輕易對記者透露他的私生活。偶爾，在我們這個媒體圈子會有人從他那兒聽到他的私事，但都必須得到他的允許才會寫出來。卡特慕爾和拉塞特就是他的至交，直到他步向人生的終點，他與這幾個朋友一直肝膽相照，情誼深厚。

有一次，賈伯斯和我提到卡特慕爾。「打從我見到他的第一眼，就喜歡他了。」他發現卡特慕爾能和自己靈犀互通。「卡特慕爾話不多，但你可別誤以為這是他的缺點，他是鴨子划水，不露聲色。他不但很會為人著想，而且真的、真的很聰明。他常常會在聰明人的身邊打轉，聽他們說話。」

賈伯斯也常聽卡特慕爾的話。儘管賈伯斯給人的印象好像無所不知，其實他還在努力學習。卡特慕爾比他大十歲，沈穩多聞，因此不只是與賈伯斯共事的夥伴，更可當他的導師。卡特慕爾讓他了解一部電影是如何完成的，解釋各個部分和步驟。他也願意和賈伯斯一起研究3D動畫技術。他向賈伯斯說明他在管理上的決定，不但誠摯、真切而且條理分明。這點讓賈伯斯很佩服。卡特慕爾唯才是用。他認為他雇用的每一個人都比他聰明。經年累月，成果自然可觀。賈伯斯曾對我說：「皮克斯人才濟濟，這是沒有其他公司比得上的。」儘管他從卡特慕爾那裡學到很多東西，卻從未承認。卡特慕爾說：「不過他說過，他很重視我做的事，知道我倆做的事有很大的不同。」

由於卡特慕爾成熟穩重，兩人不曾吵架，關係一直很好。卡特慕爾說：「我和他當然有意見不同的時候，但我們不會爭吵。有時我贏，就照我的方式來做，有時是他贏，那就聽他的。早先，在他還不善處理人際關係的時候，我總覺得他是就事論事，而不是論斷誰是誰非。有很多人把自我和自己的意見綁在一起，那就無法見賢思齊。你一定要把自我和自己的意見分開。」

這兩人相知相惜，合作了二十六年。儘管卡特慕爾說，這些年來賈伯斯變了很多，但賈伯斯一樣不承認。卡特慕爾說：「我看著他，發覺他一直在努力改變，但他不會明白表示，也不跟別人談論這點。他不喜歡內省，他真正想做的事就是改變世界。」

賈伯斯與拉塞特

相形之下，賈伯斯和拉塞特的相處可謂輕鬆愉快。打從開始製作「玩具總動員」，兩人的感情就愈來愈好。拉塞特的動畫部門對公司而言，不再只是公司的負擔，想當初對營收幾乎毫無幫助，如今可是公司的未來。拉塞特是賈伯斯的同輩。拉塞特說：「我們差不多在同時生兒育女。」

在兩人建立友誼之初，賈伯斯是老闆，而且比較有錢，因此以大哥自居。拉塞特住在索諾馬（Sonoma），1995年春天的一個週末，拉塞特邀請賈伯斯一家來他家玩。那時，賈伯斯正在計劃讓皮克斯上市，時間就選在「玩具總動員」的感恩節首映之後。第一天晚上，孩子都睡了，蘿琳也早早上床，賈伯斯和拉塞特夫婦徹夜長談，直到凌晨四點。「我是加州藝術學院出身的，我對商業根本一竅不通。那晚，他給我和我老婆上了一堂商業概論，介紹股票的運作、為什麼公司要出售股票，以及股票上市對員工有什麼好處。還有，一旦股票上市，公司就要對投資人負責，必須提交營收報告等。他提到首次公開發行的事，要我們做好準備，也解說什麼是員工認股選擇權等。」

翌日早晨，賈伯斯和拉塞特坐在房子前廊欣賞風景。此刻，賈伯斯覺得拉塞特那部八四年出廠的本田喜美很礙眼。那部老爺車已經跑了二十一萬英哩。拉塞特說：「車子的烤漆在日曬雨淋下變得傷痕累累。座椅也破破爛爛的，我用T恤套上去充當椅套。他是開越野車Jeep Cherokee過來的，因此知道我每天上下班會行經什麼樣的路面。」

「噢，別跟我說那是你的車子。」賈伯斯說。

「沒錯，是我的車。」拉塞特說。

「這裡的路這麼難走，你竟然開這種車上下班？」賈伯斯說。拉塞特尷尬地點點頭。

「噢，不行，不行，不能這樣，絕對不行。」

「老實說，」拉塞特說：「我沒錢買新車。我們剛買房子，現在真的負擔不起。」（拉塞特告訴我：「我知道他在想什麼。他一定在想：『噢，我的天啊，我在這傢伙身上投注了這麼多。他開這種破車……萬一被卡車撞到，轟！他就死翹翹了。』」）

「好，」賈伯斯說：「我來想辦法。」

後來，拉塞特領薪水的時候，發現公司給他一筆獎金。賈伯斯對他說：「你必須用這筆錢買部新車。你得挑一部安全可靠的，而且必須經過我的批准。」於是，拉塞特和他老婆挑了部 Volvo，賈伯斯也覺得這車不錯。

拉塞特是全世界最會說故事的人。賈伯斯也深深欣賞這點。拉塞特執導這部動畫長片，每個鏡頭都費盡苦心，務求盡善盡美，就像賈伯斯打造新電腦時一樣。兩人對一件作品的裡裡外外都非常講究。拉塞特和史坦頓告訴我，他們在製作「蟲蟲危機」時，曾研究「昆蟲眼中的世界」。他們把關節鏡的鏡頭裝在攝影機上，深入各種地形，趴在地上，從螞蟻的視角看世界。他們發現大多數的草都是透明的，光線透過葉片，投射出令人驚豔的色澤。於是，史坦頓及其工作團隊讓影片中的昆蟲世界散發出格外鮮明、豐富的色彩。

賈伯斯就是欣賞這種精雕細琢的工夫。他喜歡拉塞特說故事的方式，以及他如萬花筒般的視覺呈現。幾年下來，他發現這些動畫師在完成一部作品之後，功力又更上層樓，在下一部又有突破。賈伯斯發現，孩子般的好奇心結合對細節的專注，經過長時間的細心琢磨，就可以打造出永恆的藝術作品。

在皮克斯首次公開發行的幾個星期前，賈伯斯帶拉塞特去他最喜歡的一家日本餐廳吃晚飯，也就是舊金山皇宮酒店裡頭的「饗屋」。拉塞特說：「吃完飯後，我們站在人行道上至少聊了一個小時。我跟他說，對公司股票公開上市一事，我很緊張，問說能否等到第二部電影。他轉過頭來，看著我，對我說：『你知道嗎？以蘋果製造電腦為例，一部電腦的生命週期有多長？三年？頂多五年吧？但是，一部好的動畫作品可以長長久久。』」

為皮克斯的首次公開發行布局

1994年即將溜走之時，賈伯斯已不再為皮克斯尋找買家。那時，「玩具總動員」不到一年就要上映，看著皮克斯充滿創作的熱力與熱情，他實在不忍放手。不久，也就是在1995年2月1日，他應邀至紐約中央公園參加迪士尼動畫電影「風中奇緣」的記者招待會。就在這一刻，他才了解電影的商機有多大。這不是一般的記者會。迪士尼在中央公園架起巨大的帳篷，由紐約市長朱利安尼（Rudy Giuliani）和迪士尼執行長艾斯納（Michael Eisner）一起宣布，「風中奇緣」將於6月10日首映。首映的地點就在中央公園的大草坪上，讓十萬人免費觀看。這場免費首映會只是小意思，因為這部電影的行銷預算高達一億美元。

賈伯斯眼睛瞪得斗大。這樣的電影首映會真是大手筆，相形之下，他的產品發表會遜多了。於是，他認真考慮為皮克斯的首次公開發行擬定更大膽的計畫。他希望藉此籌措到足夠的錢，皮克斯拍電影的資金就有了，不必抱迪士尼的大腿。此外，皮克斯將成為與迪士尼平起平坐的事業夥伴，而非只是包商。

皮克斯上市的細節當然由賈伯斯負責，這不是卡特慕爾或拉塞特做得到的。他剛請一個名叫李維（Lawrence Levy）的矽谷律師來當皮克斯的財務長。李維精明幹練，見長於專利法。他和李維研究電影營收的各個層面，以了解電影公司如何賺大錢。他們要做的功課之一是飛到好萊塢，向其他電影公司主管請益，了解電影預算和發行事宜。

兩人很快就得到一個結論：皮克斯首次公開發行風險不小。畢竟，這家公司至今財務表現欠佳，虧損已達五千萬，營收又極其有限。它的財源稀少，大抵仰賴授權電腦動畫製作系統（CAPS）給迪士尼；至於電影製作方面，能從迪士尼那邊取得的回饋只有12.5%的票房收入。再者，皮克斯業務進展如蝸牛爬行一樣緩慢，已在一部電影上花了將近四年的時間，至今還沒完成。電影市場很難預測，巨額投資很可能血本無歸。最後，皮克斯這家公司只靠極少數的創意人才，如拉塞特和史坦頓。他們雖然聲譽不錯，卻還沒有重要作品。

賈伯斯聽了迪士尼行銷人員的報告之後，一度擔心「玩具總動員」的潛在商機。拉塞特說：「迪士尼的人說，這部影片將和西爾斯百貨合作，舉辦盛大的行銷活動。賈伯斯的目光掃過在場的每一個人，問道：『在座的各位，最近有誰去過西爾斯？有人去過嗎？』沒有人舉手。『既然如此，為什麼我們要跟西爾斯合作？為什麼我們不能找自己喜歡的產品？像是勞士力或是索尼高級音響？』迪士尼的人支支吾吾地說：『嗯，我們通常是這麼做的。』他的思考邏輯犀利而縝密。不管他們說什麼，他都可以找到漏洞。『為什麼我們要和自己無法容忍的廠商合作？』」（最後，漢堡王成為「玩具總動員」最主要的贊助商。）

只要還沒向證管會遞件申請股票上市，賈伯斯就可盡情為皮克斯猛敲邊鼓。五月某個星期六早上，我家電話響了，沒想到是賈伯斯打來的。他問我有沒有時間去他家坐坐，但他希望我帶我的兩個女兒，十歲的葛瑞塔和九歲的菲娜妲一起去。他說：「今天早上我得照顧里德。我有很酷的東西要讓這些小朋友看。」我們抵達的時候，三歲大的里德在廚房門口迎接我們。他披著藍、紅色絲巾，叫道：「我是巫師！」賈伯斯忙著為小朋友倒果汁、準備爆米花，里德則跑來跑去。接著，我們坐在電視機前，賈伯斯把一卷VHS錄影帶放進播放機。開頭是簡略的故事板，不一會兒，全彩的「玩具總動員」影片出現了，聲音也出來了。我只在皮克斯牆角邊看過一些故事板，還沒看過影片。這部電影實在太棒了，讓我眼界大開。三個小朋友坐在地上，目不轉睛地盯著螢幕。儘管影片只完成一半，後半仍未完成著色，或只是簡單的線條畫，大家還是看得津津有味。

播放完畢後，賈伯斯跟我說，就連皮克斯的董事會也沒看這麼多。這點我倒是不怎麼相信〔拉塞特後來跟我說，賈伯斯實在無可救藥，他把每一個人都抓來看片。賈伯斯的好友甲骨文創辦人艾利森（Larry Ellison）甚至說，他前後看了十一個版本。〕接著，他開始對小朋友進行市場調查。他問我的兩個女兒：「你們覺得如何？和『風中奇緣』一樣好看嗎？」葛瑞塔和菲娜妲猛點頭。他又問：「那跟『獅子王』一樣好嗎？」菲娜妲想了一下，說道：「我得把『玩具總動員』看個五、六遍，才能決定。」

賈伯斯對這樣的回答很滿意。

皮克斯成功上市

8月9日，運氣又來敲賈伯斯的大門。那天，一家名叫網景通訊的小公司首次公開發行。網景是第一家推出網路瀏覽器的公司。儘管他們的瀏覽器大受歡迎，仍不知其「錢景」如何。沒想到網路熱潮就此引爆。網景股價定在每股28美元，最後以58.25美元收盤，該公司市值在一夕之間飆漲為二十九億美元。

有了網景上市成功的前例，皮克斯似乎不是那麼沒勝算。皮克斯首次公開發行的承銷券商，是舊金山一家投資銀行羅勃森－史蒂芬斯（Robertson, Stephens）。賈伯斯決定加碼，將皮克斯上市日期定在1995年11月29日，也就是「玩具總動員」上映一週後。如果票房不佳，公開上市就會成為一場災難，賈伯斯不僅無法將皮克斯拉出財務的泥淖，他所有的努力也將化為烏有。最後，賈伯斯果然賭贏了。「玩具總動員」是部經典之作，既幽默風趣，又打動人心，美國電影學會因此將它列入美國百大佳片。皮克斯首次掛牌上市也一樣風光。賈伯斯、拉塞特、卡特慕爾和其他皮克斯的人聚集在一起，追蹤舊金山羅勃森－史蒂芬斯銀行的訊息。他們將皮克斯的承銷價定為每股22美元。股市開盤鈴聲響，不到半小時，股賈就衝到45美元。卡特慕爾看到賈伯斯跑到一邊拿起話筒。「喂，艾利森嗎？我做到了！」那日，皮克斯的收盤價是39美元，股票總市值達十四億美元。由於賈伯斯持有公司八成的股票，因而晉升為億萬富翁。

艾利森早就是全世界最有錢的人，儘管賈伯斯愛跟他互相較量，著眼點並不是錢。賈伯斯視皮克斯為寶貝，並不是因為他把這家公司變為搖錢樹，而是因為他可以和一群天才利用嶄新且潛能無限的技術，創造出無比美麗、精妙的作品。他又一次在全世界面前，建造了偉大的創意王國。賈伯斯感覺像是已沉寂了無數紀元，上次發光發熱已是十一年前推出麥金塔的時候。

對賈伯斯個人來說，「玩具總動員」和皮克斯的成功深具意義。他總是想打造自己喜愛的產品，更希望這樣的產品具有實用價值。他和比爾・蓋茲不同，他不喜歡只迎合某一個市場。儘管NeXT的電腦和軟體產品很棒，但瞄準的是公司行號，而不是人。這就是為何NeXT的表現差強人意。畢竟，這樣的產品與賈伯斯的心志並不完全相合。「玩具總動員」就大不相同，有生以來，他第一次創造出連他的妻兒都為之瘋狂的東西。此時，蘿琳正懷著老二艾琳。「玩具總動員」不但他自己的小孩愛看，等他當了爺爺，他的孫子女也會喜歡。

賈伯斯風光再起

回顧賈伯斯的人生，「玩具總動員」顯然是他生涯的轉捩點。這部動畫的情節也建構了皮克斯的電影公式：一個原本討人喜歡的主角因為自大而惹禍上身，最後主角終於透過善良、勇敢、機智、創意等特質獲得救贖，成為更好的玩具（或昆蟲、汽車、魚、公主、怪獸、機器人、老鼠、超級英雄等）。皮克斯動畫電影的主角也不一定是男性，後來的3D電腦動畫電影「勇敢傳說」，就以女性（公主）做為主角。主角落難通常會遭到放逐。例如在「玩具總動員」，胡迪「意外」把巴斯推出窗外，落到鄰居阿薛家的後院。阿薛是個有破壞狂的小屁孩，喜歡肢解玩具，胡迪不得不設法拯救巴斯，使他免於遭到毒手，於是開始驚心動魄的逃亡之旅。這樣的經歷簡直和賈伯斯在蘋果的遭遇有異曲同工之妙。

「玩具總動員」的成功讓賈伯斯重拾信心。在皮克斯股票上市後那幾個月，我跟他談過數次。我看得出來他開心得不得了。他提到公司裡發生的事，以及他自己在皮克斯成功上市扮演的角色，驕傲之情溢於言表。卡特慕爾和拉塞特都獲得了豐厚的股票報酬，那年十二月，皮克斯每個員工都拿到一個月薪的獎金。當然，有人抱怨說，為什麼他們沒分到股票。賈伯斯也不免居功自傲。然而，就連史密思都說，沒有賈伯斯，皮克斯就不可能成功。他先前因為和賈伯斯衝突、憤而從皮克斯出走。他告訴記者：「要不是賈伯斯，這家公司早就一敗塗地。我覺得賈伯斯似乎無法再承受另一次失敗的打擊。所以，他非成功不可。」

儘管賈伯斯沐浴在皮克斯的榮光之下，滿心歡喜，他很快就準備進行下一個計畫。在皮克斯公開上市之後那一陣子，他常找我其實是別有用心：他已經把腦筋動到他在庫珀蒂諾的舊愛身上。

08

蠢蛋、混蛋與掌門人

拜「玩具總動員」奇蹟般的成功之賜，賈伯斯重回鎂光燈下。所有光環幾乎都集中在賈伯斯身上，甚至超過他所應得的矚目，但卡特慕爾與拉塞特並不介意。此刻的皮克斯終於奠定穩固的財務基礎，再也不需要擔心公司的命運，不禁喜出望外，一心只想著籌備下一部電影「蟲蟲危機」。從外界的眼光看來，賈伯斯似乎像重新找回飛翔能力的彼得潘。「玩具總動員」的成功為賈伯斯神話增色不少。

如今問題在於，賈伯斯率領的皮克斯凱旋之役是否只是曇花一現。有朝一日，賈伯斯的名字終將再創巔峰，相形之下，1996年的賈伯斯以屬於自己的續集創下的成功，不過是小勝一場。蘋果二號之後的產品，蘋果三號與麗莎電腦都慘遭滑鐵盧。麥金塔則是因為史考利引進了更好的版本才得以成功。在所有續集中，企圖心最大的是NeXT，賈伯斯的理想是創立一家比蘋果更好的公司，最後證實是雷聲大雨點小。

皮克斯的高價讓賈伯斯得以彌補NeXT的失落。賈伯斯雖然過去也曾站上世界顛峰，但問題在於，這次他會處理得比上次好嗎？他會不會重蹈覆轍？或者，套用皮克斯的語言，他會像「玩具總動員」中的胡迪，將他遭受放逐之後的體悟放在心上嗎？他能不能降服自我，好好與別人合作，打敗所有敵人，蛻變為真正的英雄？

NeXT曲折的命運

隨著1992年與IBM的交易失敗，NeXT的最後四年簡直就是一齣悲喜劇。賈伯斯嘗試太多不同的策略，導致公司迷失方向。他創造了披薩盒形狀的電腦，價格更便宜，命名為「NeXTstation」，但銷售不佳。他和旗下團隊決定設計另一款原型，這次他們要使用名為「PowerPC晶片」的新型微處理器，這也是蘋果最新型的麥金塔所使用的微處理器，但最終他們判斷這種機型沒有市場，於是放棄生產。

當時的行銷主管史雷德偶爾會懷念起老東家微軟，「微軟就像洋基隊。」他回憶當時，「到NeXT工作，則像在1998年邁阿密馬林魚隊擔任先發投手，從世界冠軍一路戰到戰績跌落谷底。那段日子，史帝夫有點像是被遺忘的人。當時的他就像退出『海灘男孩』的威爾森（Brian Wilson），失去昔日光芒。他在科技業成了無足輕重的傢伙。此時的他進錯了產業。他誕生世間的使命就是要賣產品給消費者，而非管理IT公司。」

賈伯斯對市場的直覺很準，但這項天賦卻浪費在一間不曾推出具有競爭力產品的公司。有一天，他告訴史雷德，他想要跟昇陽「單挑」。於是，他讓史雷德吩咐兩位程式設計師寫出最基本的資料庫應用程式，其中一位使用配備公司軟體的NeXT電腦，另一位則用昇陽的工作站與昇陽研發的Unix作業系統Solaris。史雷德以攝影機拍下他們工作的實況。使用NeXT電腦的程式設計師，比使用昇陽工作站的同僚更早完成任務，甚至還有時間玩上好幾輪電腦遊戲。他們最後播放的影片顯示，代表昇陽的程式設計師在時間截止時還嘀咕著：「唉，我還有好幾件事沒做完。」

NeXT隨後在《華爾街日報》刊登八頁全開廣告，一口氣花光公司該年度的行銷預算。結果如何？「大眾不滿情緒高漲，批評聲浪不斷，一如史帝夫的預料。」史雷德回想起當年，一臉憋笑的表情。昇陽的麥尼利公開抱怨NeXT的行銷手法「很幼稚」。「大家不了解的是，」史雷德說，「當史帝夫縮小思考格局，從小處著眼時，同樣是天才。我想出一整套精心規劃的行銷策略，結果他說：『不。唯一的重點是單挑。』而他說對了。」

儘管賈伯斯常有才氣過人的時候，但經營公司的大小細節，仍讓他不知所措。在雇用嘮叨成性的英國人凱連伯格（Peter van Cuylenburg）負責公司的日常營運之後，他在管理策略上的一連串失誤至此達到高潮。

關於PVC（後來成了凱連伯格的暱稱）的故事，道盡了賈伯斯當時有多偏離正軌。賈伯斯在一時衝動下，決定找人來當董事長，他隨意瀏覽了一連串資歷有待確核的人選，凱連伯格的履歷讓他眼睛一亮。凱連伯格曾任職於全錄與德州儀器，是經驗豐富的老將，但他先前已經用傳真回絕了蘋果的工作邀約。賈伯斯公開宣稱對他的敬仰。「萬一我過馬路時被車碾過去，」他告訴《紐約時報》，「我會很放心讓凱連伯格接掌NeXT。」

結果，象徵上來說，被碾到的人卻是凱連伯格。他承諾要為NeXT帶來清晰的策略規畫，但事情完全不是這麼一回事。在凱連伯格集中心力了解公司大小細節之後，發現有些員工對他有所抵制，因為他們覺得，他對生產過程比對產品本身更感興趣。更糟的是，他和賈伯斯似乎常常意見不合。投資人（例如1989年投資了一億美元的佳能）抱怨他們不知道究竟是賈伯斯，還是凱連伯格在經營公司。員工也被各種訊息搞糊塗了。至少有幾位高階主管認定，凱連伯格打算不先知會賈伯斯，就把公司賣給昇陽電腦。凱連伯格予以否認，當時昇陽的執行長麥尼利也否認兩家公司曾經談過交易。但毫無疑問的是，這兩人都沒能打造成功的管理團隊。PVC在NeXT沒待多久就離開了。

他離開後沒多久，賈伯斯儘管骨子裡鍾情硬體，但還是忍痛決定結束NeXT的生產部門。他對電腦的外觀設計比對什麼都感興趣，而且他對於在自己監督下產生的機器之美與功能之強大，十分自豪。然而，造型優美的NeXT電腦卻賣不出去。賈伯斯心不甘情不願地關閉盧賓斯坦負責的硬體部門，解雇半數員工，把剩下的工廠設備與硬體轉賣給佳能。位於費蒙特的廠房完全清空，打算當倉庫出租或賣出。NeXT成立之初的夢想：創造世上最偉大的電腦，就此破碎。「我們迷失在科技中。」賈伯斯後來這麼告訴我。

NeXT的失敗無所遁形，而那顯然源自賈伯斯的所作所為。賈伯斯的事業至此跌落谷底，他因失敗而心煩意亂，而且一反常態地流露出沮喪之情。卡特慕爾說，他有天讀到一篇NeXT發布的新聞稿，內容是關於NeXT非常樂意銷售軟體給政府機關，用以控制電腦伺服器、數據中心。他看了之後心想：「真要命！史帝夫一定難過死了！」於是，他打電話給賈伯斯，約在帕羅奧圖一間日本餐廳碰面。他對賈伯斯說：「這不像你的作風，史帝夫。」賈伯斯說：「我知道！唉，實在討厭。我們資訊長不得已才走到這步田地。天啊，這真的很糟！」

對外，賈伯斯試圖將這次轉變粉飾為押在公司軟體上的大膽賭注，尤其是NeXTSTEP作業系統，在他口中成了「沒有競爭對手」的無敵軟體。但是這一次，不僅媒體識破了他的詭辯，就連那些競爭對手也意識到了，例如微軟。

賈伯斯並未收掉整間公司。就像他之前沒有放棄皮克斯，他也不會真的放棄NeXT。而正如他當時在皮克斯的做法，他決定以兩種結果截然不同的策略打完全局。他先投出假球，假意向昇陽（再一次）、惠普，甚至是艾利森的甲骨文公司推銷NeXT，但全都毫無進展。同時，他繼續鞭策部凡尼恩與其軟體團隊。賈伯斯真心相信，他擁有業界最頂尖的作業系統軟體工程師團隊，他仍希望NeXTSTEP作業系統能打入工作站的世界。因此，軟體工程師繼續修正NeXTSTEP作業系統的程式缺陷，把它接上其他微處理器架構，例如英特爾的Pentium系列微處理器，或來自IBM和摩托羅拉的PowerPC晶片。此時，賈伯斯內心深處的憂慮是，如何償還投資人當初投入的營運資金（金額將近三億五千萬美元）。若不能全額償還，對他身為創業家的信譽將是致命一擊，不利於他未來創辦另一間電腦公司。因此，賈伯斯耐心觀望，看NeXTSTEP以及郜凡尼恩旗下充滿爆發力的工程師團隊，會引領他往何處去。

到了1996年，情勢出現轉圜，他們的努力似乎至少獲得最低程度的回報。郜凡尼恩帶領的團隊開發出另一套軟體，備受讚譽。WebObjects是一套全新的工具，可以運用預製的程式模組，建立商業網站，開發其他線上應用程式。有了這套名為「物件」（objects）的程式模組，便可以加快程式開發速度，並重複使用標準化元素。這項功能對於建立線上商店特別有幫助，如今網際網路充滿了由獨立開發軟體的人，以及為企業效命的程式設計師所建立的互動式商務網頁。WebObjects的銷售成長迅速，如今獲利已超越NeXTSTEP。終於，NeXT可以理直氣壯地說自己小有營利。賈伯斯甚至安排美林證券協助他們重回準上市櫃公司之列。再一次，賈伯斯執掌的公司藉由往他始料未及的方向轉型，重新找回立足之地。

新任蘋果財務長勇接燙手山芋

大約那個時候，精確來說，是1996年的愚人節當天，前空軍上尉安德森（Fred Anderson）出現在位於庫珀蒂諾無限迴圈一號（1 Infinite Loop）的蘋果電腦總部，這是他接任財務長的第一天。日後他會發現，這是一場災難的開始。

「當時的蘋果就像一間失火的房子。」他回憶往事時這麼說。

當時五十二歲的安德森，在設立於紐澤西州羅斯蘭市（Roseland）的自動資料處理公司（ADP），曾擔任過類似職位。ADP的主要業務是為其他大企業提供資料庫管理服務，他們的營運順暢，只是一旦進了高科技產業，他們的服務變得乏善可陳。安德森在那裡待了四年，竭盡心力好好整頓那家公司。此時，他開始感到厭煩。然而，他和太太瑪麗蓮一家已經在紐澤西州埃塞克費爾斯鎮（Essex Falls）安頓下來，他們才剛花了幾年時間整修擴建這間傳統的都鐸式建築。他正開始適應這種企業大亨在東岸過的典型郊區生活。安德森原本不想找新工作，但後來有一間為蘋果電腦尋覓高階主管的人力公司來召募他。在1995年11月執行長史賓德勒（Michael Spindler）突然開除前一任財務長之後，這間位於庫珀蒂諾的公司隨即積極遊說他。

對安德森夫妻來說，蘋果電腦一直有種特殊意義。光從外表判斷，可能看不出安德森是如今大家口中的「果粉」。他看起來就像一位不太典型的企業財務長：身材高䠷、沉著冷靜、儀容整齊，偏好熨得筆挺的長褲、押花襯衫，或穿著低檔一點的話就是卡其色襯衫和Polo衫。然而，他和太太都是麥金塔的忠實使用者，而且自從蘋果創立以來，他們對蘋果始終抱持一種特殊的浪漫情懷。安德森來自南加州，而瑪麗蓮畢業於史丹佛大學，正好位於矽谷中心。他們一直都很嚮往搬回西岸。

因此，安德森聽進了蘋果的遊說。而正如蘋果一直以來的慣例，召募他這件事也有戲劇性發展。公司高層不願費事告訴安德森，就在他們延攬他的當下，公司正在密商，試圖敲定與昇陽電腦的合併案。之前安德森與史賓德勒通電話時，這位暱稱「柴油引擎」的粗獷德國人正因巨大壓力而住院療養中，或許他早就應該從此事察覺到事態不對。幾個星期後，史賓德勒便遭到解雇。隨後，安德森發現自己成為蘋果下一任執行長艾米利歐（Gil Amelio）首位重要的召募人選。此時接掌蘋果的艾米利歐，是國家半導體前任總裁，加入蘋果董事會不到一年的時間。

終究，左右他決定的，並非是史賓德勒或艾米利歐的遊說，反而比較像是安德森把自己賣給蘋果了。因為打動他的，正是賈伯斯用來遊說史考利加入蘋果時著名的激將法：「你願意賣一輩子的糖水，還是希望有機會改變這個世界？」安德森一想到自己或許有機會協助一個日漸沒落的偉大公司東山再起，就非常高興。「有一部分的我在說：『你知道的，我不想看到那家公司倒閉。』」他回憶過去，「那是第一個理由。我知道我太太和我多熱愛他們的產品，而我也相信世上還有其他同樣充滿熱情的忠實消費者不希望蘋果倒閉。我只希望，這股熱情也能夠轉化為員工的熱情，讓他們願意為了拯救這家公司而奮鬥。但是，老實說，我其實不大有把握。當我告訴太太我即將接下蘋果的工作時，她看著我，說：『你瘋了嗎？！你已經有這麼棒的工作了。』」

蘋果最大的問題

蘋果深陷困境，而且多年來情勢一直在惡化。史考利「行銷導向」的策略無法創造任何重大的科技突破。而當這位執行長渴望證明自己與賈伯斯同樣具備創新能力時，他帶領蘋果所做的一切努力都只是讓情況更糟。在所有誤入歧途的努力中，讓他付出最大代價的，是他試圖開發一系列嶄新的掌上型個人電腦，名為「牛頓」。但它的最大賣點「手寫辨識功能」經常鬧出同音不同義的笑話，淪為眾人笑柄。

這場失敗代價昂貴，更糟的是，史考利還決定開設許多間蘋果零售店，用以銷售這款注定失敗的產品。史考利花費心力讓麥金塔茁壯成長，確實對公司財務有一定的幫助。但當Windows穩定成長之際，蘋果在個人電腦的市占率卻下降了。

蘋果董事會對於史考利節節敗退日漸不滿，1993年斷然予以開除。他們找來史賓德勒取代他，這位德國出身的銷售業務為蘋果想到的策略是模仿比爾・蓋茲，將麥金塔的作業系統授權給其他製造商使用，避免讓Windows愈來愈普及，可惜為時已晚。這項策略失敗了，此舉導致廉價複製品到處流通，蘋果身為優質硬體製造商的神祕光環因此蒙塵。

史賓德勒在產品開發上，維持史考利原先的「行銷導向」策略，放任蘋果的產品線暴增，完全失去控制。當工程師認定潛在市場需要各種不同的全新麥金塔機型，為了瞄準潛在市場，他們於是實驗性地推出各種華而不實的設計。

然而，蘋果最大的問題是微軟。比爾・蓋茲的公司此時所向披靡，而隨著Windows 95問世，微軟正式從蘋果手中奪下「引領個人電腦創新」的美譽。甚至在誇張的行銷手法上，微軟也略勝蘋果一籌。為了介紹象徵產業標準作業系統里程碑的Windows 95，比爾・蓋茲精心安排全球首次產品發表會，不僅在微軟園區搭建大型的白色圓頂馬戲帳棚，還請來脫口秀主持人傑・雷諾（Jay Leno）擔任司儀，在全球四十三座城市同步衛星轉播。這場行銷盛會先聲奪人，等到8月24日午夜正式開賣，數百萬名個人電腦使用者排隊長達好幾小時甚至好幾天，只為了搶先成為首批購得Windows 95並成功安裝的人。當時的官方宣傳主題曲正是滾石的「從我開始」（*Start Me Up*）。

過去八年來，蘋果企圖推動旗下電腦作業系統架構的革新，結果卻一再失敗。代號「Pink」、「Gershwin」、「Copland」等產品計畫紛紛夭折。一些棘手的合資計畫也毫無進展，包括與IBM的合作，亦即命名奇特的「愛國志士」（Patriot Partners）。問題在於，Windows 95擁有諸多功能，蘋果早已過時的麥金塔System 7根本不是對手。這些功能包括聽起來像書呆子的特色，例如「先占式多工」（preemptive multitasking），可以讓電腦同步執行好幾個應用程式，彼此互不干擾；還有自動儲存文件的功能；最重要的是，不論在速度、穩定度或可靠性上，表現都更加優異。微軟甚至雇用最初設計麥金塔桌面圖示的平面設計師，為Windows的界面外觀與風格設計操刀。

此外，Windows 95採用「開始」按鈕，使用者更容易自行摸索如何開啟程式，管理個人電腦裡的檔案。一夕之間，蘋果銷售失利，滯銷的蘋果電腦和全新的零件在倉庫內囤積。更糟的是，不論過去是什麼魔咒讓蘋果以最酷的形象稱霸近二十年，轉瞬間，蘋果顯然失去了神奇的魅力。Windows 95問世之後，蘋果的業績再也無法年年成長，直到2002年才東山再起。

1996年春天，史賓德勒遭到開除，艾米利歐取而代之。從各方面來看，此時的蘋果都顯得一團混亂，毫無紀律可言，銷售萎縮到情勢告急的地步。蘋果再也不是一家成長中的公司，經濟困境開始讓蘋果資金大出血。蘋果此刻的產能、存貨，當然還有員工，已經遠超過蘋果所需，蘋果再也負擔不起。當時沒有任何新產品正在開發、準備量產，遑論未來。難怪史賓德勒壓力這麼大，甚至遭到開除。艾米利歐與長期擔任蘋果董事的馬庫拉，因而立刻加倍努力尋覓買主，例如昇陽電腦或老字號的AT&T，甚至是IBM。難怪他們必須考慮宣告破產，且迫切需要一位優秀的財務長。

安德森三月時通知ADP他決定離職，並花了一個月時間擔任蘋果顧問，然後才與妻子舉家遷至西岸。他雖然知道情勢愈來愈絕望，但直到實際抵達位於庫珀蒂諾的公司總部，他才真正意識到情況有多糟。他過去的工作經歷並不足以讓他應付這樣的情況。過去三十五年來，ADP每年都持續以二位數的營收成長。而更早之前，他效命的小型電腦製造商MAI公司（MAI Basic Four），雖然也曾遭逢難關，但跟蘋果陷入泥沼的處境比起來，完全是小巫見大巫。過去六個月，蘋果因1996年第一季僅達到最低限度的獲利，損失將近七億五千萬美元，而大受打擊，一蹶不振。嚴格來說，這家公司再過不久就會欠下上億美元的銀行貸款。上班第一天，安德森就震驚地得知艾米利歐已經準備進行破產協商。像這樣一位名列《財星》五百強企業的財務長，而且精神正常，怎麼會想蹚這渾水？

蘋果唯一救星

賈伯斯站在安全的距離之外，旁觀蘋果陷入困境，眼睜睜看著自己共同創辦而舉世聞名的公司可能自毀長城，他不禁暗自發愁，低聲咒罵，心情就像天底下所有與孩子疏遠而憤怒的父母一樣。經過十年的放逐，他對這間宛如長子的公司與旗下許多員工依然牽腸掛肚，「他愛蘋果。」拉塞特說，「我的意思是，他一直愛著蘋果。旁觀蘋果的遭遇，讓他十分痛苦。」確實，賈伯斯之所以保留一股蘋果股份長達十年，就是為了繼續拿到股東報告書，確保他想要的時候就可以參加年度股東大會。他並未完全剪斷臍帶。

1995年，他的朋友艾利森提議以惡意併購的方式，收購蘋果所有股權，這樣一來，他們就可以一口吞下蘋果，占為己有，從此按照他們的想法，以合適的方式經營。艾利森甚至提議由他籌集這筆龐大的資金，如此賈伯斯就不必冒險動用自己的資金（當時皮克斯尚未公開上市）。「史帝夫是蘋果唯一的救星。」他告訴我，「我們認真討論這件事好多次，一再一再地討論，我隨時準備好助他一臂之力，只等他開口。我一個星期內就可以籌到所有資金。」但賈伯斯回絕了這項提議。儘管面對蘋果的誘惑，他還是做出務實的決定。此時皮克斯剛發行「玩具總動員」，並公開上市，正是最關鍵的一年；他還在努力搶救NeXT；蘿琳剛懷了他們第二個孩子。眼下他必須承擔的責任似乎已經太多了。

回想當時，賈伯斯在重返蘋果這一路上，經過深思熟慮，做了一連串務實而慎重的決定，而改變艾利森的提議，正是其中第一個決定。在他重返至愛的公司時，他擅長的見機行事、敏銳直覺與權謀操縱都發揮了關鍵作用。然而，加上他展現了過去不曾具備的耐心與成熟，重返蘋果的賈伯斯已蛻變為更優秀的經營者。

重整公司與資本結構

安德森的第一份正式任務，就是宣布蘋果該季損失七億五千萬美元，即使這一季在他就職前一天便已結束。他確實一腳踏進了失火的房子。

由於損失慘重，根據之前簽訂的協議，銀行要求蘋果立刻償還部分債務。但如果蘋果照做，公司當下就會陷入危機。委婉的說法是「流動性危機」；以白話來說，蘋果手頭上或銀行帳戶裡將缺少足夠的現金，無法支付必要支出與其他帳單，連員工的薪水都付不出來。因此，安德森知道自己必須迅速展開行動，說服美國、日本與歐洲各地的銀行暫時放棄收回貸款。然後，他必須立即完成兩件事，或許可以暫時抵擋銀行的攻勢：研擬資本重整方案，好在公開發行的債券市場籌募更多資金；擬定公司重整計畫，大幅降低營運支出。當然，「重整」這個詞只是委婉的說法。若要迅速減少支出，最好的方法就是裁員，而且勢必是極大規模的裁員。

四月尚未結束，安德森已經登門造訪蘋果的主要貸款銀行，表達他重整公司與資本結構的決心，請他們高抬貴手，網開一面。此外，他也親赴蘋果的主要投資銀行（亦即高盛、摩根史坦利與德意志銀行），彙整所有投資計畫，以便發行商業本票，增資六億六千一百萬美元，屆時蘋果可以用部分資金來償還銀行貸款，並提供繼續營運所需資金。不過，此舉無異於再多增加一項貸款，只是，這次資金來自投資者，而且利率偏高。雖然如此，這筆錢為蘋果換來更多時間，好讓公司恢復井然秩序，縮減員工人數。公司重整的目標，是最終從一萬一千名正職員工中裁掉一半人數，這樣一來，即使銷售額僅達五十五億美元，或甚至只達1985年度銷售額的一半，公司依然可以損益兩平。換句話說，安德森相信在情勢跌到谷底之前，公司規模將縮減為原來的一半。這項裁員計畫將在接下來的兩年內分三波進行。

這項重整公司與資本結構的計畫，為執行長艾米利歐爭取更多時間與彈性，讓他可以想辦法解決蘋果另一個大問題：科技研發停滯不前。他必須從現有的先進作業系統中，找到與麥金塔相容的作業系統，加以收購，以便與微軟全新改良的Windows 95並駕齊驅。此舉無異於公開承認蘋果沒有能力獨自開創具有競爭力的科技，但是至少帶來一絲希望：除了合併或破產，蘋果還有其他選擇。

為了找到捷徑，以研發出更先進的麥金塔OS系統，艾米利歐四處尋覓的公司，必須已經建立使用類似微處理器的Unix作業系統。昇陽和其他幾家公司，包括IBM、阿波羅（如今已合併為迪吉多電腦）、NeXT，以及一家剛在矽谷成立而默默無聞的Be公司，全都從柏克萊Unix系統〔BSD Unix，此版本是昇陽共同創辦人比爾・喬伊（Bill Joy）就讀於柏克萊大學時所開創的〕研發衍生出自己的作業系統，而且可在自己的機器上使用，而這些電腦與蘋果的麗莎電腦、麥金塔採用同一系列的微處理器晶片。艾米利歐對單純研發軟體的公司最感興趣，因為這些公司夠便宜，蘋果可以把整間公司買下來，而且規模也夠小，容易合併。NeXT是選項之一，但由於經營人是賈伯斯，許多蘋果董事依然將他視為不受歡迎的人物，因此NeXT似乎不太合適。Be公司則是頗有吸引力的選項，因為Be公司由葛賽執掌，他曾在蘋果擔任產品開發部門主管，1990年末與史考利發生衝突之後離開了蘋果。

能言善道的惡魔

葛賽就是當年那個出賣賈伯斯的傢伙。1985年春天，賈伯斯計劃挑戰執行長史考利的權威，並將計畫透露給葛賽知道。葛賽得知消息，向史考利通風報信，慫恿史考利取消中國之行，先下手為強，發動公司改組，排擠賈伯斯。經過那件事之後，在賈伯斯眼中，葛賽的命運已經注定：他永遠都是那個卑鄙陰險的法國佬。他們結下梁子自是意料中事。葛賽與賈伯斯一樣生性伶俐，能言善道，魅力十足，此外他更是吹牛大師，靠一張嘴蒙混成科技專家，但其實他的軟體或硬體工程師背景根本比不上賈伯斯。他跟賈伯斯一樣，很會煽動人。「世上有一個暴躁的混蛋，如果有人想與這個暴躁混蛋匹敵，」一位曾與這兩個人共事過的資深業界人士說，「那麼，這傢伙必定要向大師拜師學藝。」

他們還有其他共通性。離開蘋果不久，葛賽一怒之下，就帶走幾位蘋果的重要員工，開創自己的電腦公司。他的商業策略令人不禁聯想起賈伯斯在NeXT的做法。Be公司著手設計全新的軟體與硬體架構，葛賽將這台電腦命名為「BeBox」，搭配BeOS作業系統，該作業系統有些關鍵屬性與Unix相同。然而，BeOS與BeBox之所以獨占鰲頭，是因為一開始設計時就考慮到未來要在現存的麥金塔OS上相容使用，因此操作起來就像Mac的翻版。

然而，Be公司的命運也與NeXT相仿，他們沒能為自己的硬體開拓太大市場，直到1996年結束硬體業務時，總共只賣出兩千台電腦，之後他們就專心投入軟體的銷售。他們將自己的軟體視為作業系統的另一選擇，可與蘋果的Mac及其他電腦製造商的相容機搭配使用。

葛賽覺得，一旦成為專攻軟體的公司，就能提升Be公司的地位，成為其他硬體製造商眼中有吸引力的收購目標。除了七家麥金塔相容機的製造商，似乎還有幾家可能的聯姻對象，包括摩托羅拉與PowerHouse系統——這家公司雇用了之前賈伯斯在NeXT的前任硬體部門主管盧賓斯坦。

當葛賽得知艾米利歐為了作業系統，決定收購其他公司時，他大為震驚。這幾乎就像上天把大好機會送上門，他注定要把公司賣給蘋果，即使他得跟一些新面孔打交道。葛賽回憶當時，「我正在尋找出口，艾米利歐就出現了。」但葛賽在策略上犯了一個嚴重的錯誤，他試圖大撈一筆，把眼下情勢可能帶來的利益搜刮一空。艾米利歐出價一億美元收購Be公司，以這家公司過去有限的業績來說，這是非常公道的價碼。但葛賽得寸進尺，回絕了艾米利歐的出價，還價一億兩千萬美元。

1996年10月快結束時，有一天晚上，我偶然在水牛燒烤餐廳遇見葛賽，那是間牛排館（後來結束營業），開設在聖馬刁市的購物中心裡，位於帕羅奧圖北方，距離他家有二十四公里，不太像他常出沒的地方。那裡位處偏遠，而且也不是那種你會去向矽谷名人獻媚的地方。這正是葛賽之所以選擇那間餐廳的原因。

當時我太太正與我在一起，所以我用手肘輕推她一下，示意她先入座，然後停步向葛賽打招呼；我跟他不僅在工作上認識，私下也有交情，因為我們的女兒在帕羅奧圖的學校是同班同學。他顯然在談正事，根本沒注意到我，於是我拍了他背後一下，問他：「你在這裡做什麼？難道你在帕羅奧圖沒有好餐廳可去嗎？」葛賽看到我就像見了鬼一樣，整個人往後彈。此時我才環顧整張桌子，認出其他人。坐在他旁邊的是韓考克（Ellen Hancock），曾經在IBM工作過，現在是蘋果研發部門的執行副總裁；然後是所羅門（Douglas Solomon），蘋果的資深副總裁，負責策略規畫與事業開發；最後則是創投家馬奎特（David Marquardt），他同時也是微軟的董事。我知道馬奎特是Be公司進行財務交易時主要徵詢的顧問，而他的公司也是Be公司最大的投資者。我瞬間恍然大悟，此刻這群人最不樂見的事，就是讓一名商業記者目擊他們的聚會。我從未見過向來口若懸河的葛賽如此瞠目結舌。

我回座與太太蘿娜用餐時，告訴她剛剛的不期而遇有多尷尬。我第一個反應是，這就像某種神祕的儀式，目的是讓葛賽重返蘋果的管理團隊。但若真是這樣，為什麼韓考克這個蘋果的新人會在這裡，而非艾米利歐？「嗯，你認為史帝夫會怎麼解讀這件事？」蘿娜問。於是我們一回到家，我就打電話到賈伯斯家裡找他。

我們的對話相當簡短。我一問賈伯斯他認為發生了什麼事，他立刻陷入暴躁模式裡。「葛賽是惡魔。」他厲聲說道，「我不會隨便這樣形容人，但他是惡魔。」然後，他評論說不論蘋果在打什麼主意，都應該避免跟葛賽及其科技有任何瓜葛。「我們在NeXT投入這項科技十年了，BeOS根本就是狗屎。就是這樣沒錯。作業系統會隨著時間改善，而BeOS問世的時間還不夠久，沒有經過足夠的測試，品質當然好不起來。」這番話沒有回答我的問題，但顯然我已經挑起他的怒氣。我對他說，要是聽到什麼風吹草動，請務必告訴我。不意外的是，他沒這麼做；後來我跟他再也沒說上話，直到十二月，我準備報導蘋果以總價值四億兩千九百萬美元的現金與股票收購NeXT時，才打電話給他，看能否從他那裡問出什麼看法。

力促蘋果收購NeXT的三副算盤

早在我那通電話之前，賈伯斯便已採取行動。那一年剛入秋時，郃凡尼恩就通知他蘋果正在尋找一套作業系統，賈伯斯立刻與投資他的銀行會談，討論將NeXT賣給蘋果是否為明智之舉。「我們覺得我們的技術比任何人都領先一個世代，而現在我們居然有機會把這套技術推行到廣大的市場上。」郃凡尼恩說。雖然眾所皆知，NeXTSTEP OS可以連上英特爾的電腦微處理器使用，但很少人知道郃凡尼恩和旗下團隊也在使用PowerPC晶片的電腦上執行這套作業系統。郃凡尼恩和旗下團隊熟知所有未申請專利的關鍵微處理器，專業能力遠勝Be公司的程式設計師。幾個月前，賈伯斯告訴郤凡尼恩不要再把心力花在PowerPC晶片上；如今郤凡尼恩和旗下團隊不僅重操舊業，而且還加倍努力，確保NeXTSTEP OS已做好萬全準備，可以前往蘋果展示。

賈伯斯接近蘋果之際，同時撥了三副算盤。首先，他真的很想摧毀葛賽。「我選擇站在史考利那一邊，讓史帝夫非常不滿。」葛賽回憶過去，「他說我從背後捅了他一刀之類的話。」有一天晚上，賈伯斯離開帕羅奧圖的烘焙家義大利餐廳（Il Fornaio）時，經過一桌滿坐軟體業主管的位子，葛賽也在其中。「葛賽，我聽說你打算去拯救蘋果。」他踏出大門之前回頭說。葛賽連蘋果曾經考慮過NeXT都不知道，他還以為這筆交易已經十拿九穩。

第二，賈伯斯想要保護和報答他的投資者。第三，他想要為和他一起在NeXT打拚的重要員工找到合適的出路。正如巴恩斯曾經告訴我：「如果你沒做好自己的工作，他就欠團隊裡其他人一個交代，這時他必須負責擺脫你。但如果你表現優異，他就欠你一個忠心。」所以，儘管價碼非常重要，但收購的公司如何處理NeXT的科技，以及他們會如何對待研發出這套科技的工程師，這一點也同樣重要。賈伯斯知道他必須說服艾米利歐，蘋果真正要收購的寶藏是NeXT的員工。

賈伯斯很清楚，艾米利歐是個容易上當的蠢蛋。在賈伯斯眼中，艾米利歐狂妄自大，坐享身為執行長的好處，但對銷售個人電腦所知有限。於是，賈伯斯極盡諂媚之能事，只為了說服艾米利歐。12月2日，在一場俐落簡潔的簡報中，他對執行長與韓考克說明，他願意盡一切力量促成這筆交易，而他非常有信心，他們良好的判斷力將引領他們選擇NeXT。12月10日，在帕羅奧圖花園飯店，NeXT與Be公司進行對決。他和郃凡尼恩針對NeXT的作業系統做了一場簡報，就艾米利歐的形容，那是一場「令人目眩神迷」的簡報。

短短十天之後，賈伯斯拿下了這筆交易。這樁在他家廚房拍板定案的交易協議，即將讓他在離開NeXT時，帶走超過他想像的利益。艾米利歐保證，郃凡尼恩會在蘋果的系統軟體策略發展上扮演重要角色，並承諾給他高階主管的職位。賈伯斯和他的投資者得到的現金與蘋果股份共計四億兩千九百萬美元，相較於艾米利歐給葛賽的出價，賈伯斯最後談定的價碼頗為豐厚，而這主要得歸功於WebObjects當時成功熱銷。承認當初開價太高的葛賽說：「這件事的重點不在錢，而是讓賈伯斯重返蘋果。他在要不要讓賈伯斯回鍋之間選擇，而他做出正確的決定。他們可以成就我們做不到的事情。」

大部分蘋果股份流向賈伯斯，他同意簽約受聘為艾米利歐的特別顧問。幾週後，年度麥金塔世界大會即將在舊金山舉行，因此他提議在艾米利歐的主場演說結束後，由他上台發表他招牌的舞台簡報，公開宣布他「重返」這間由他協助接生的公司。

十二月底的星期六，賈伯斯邀請我去他家。他已經在準備麥金塔世界大會的演講稿，他想看看這些台詞能不能引起共鳴。但他也想聊聊艾米利歐這個人。「你絕對無法相信艾米利歐有多蠢。」他發出鄙夷的噓聲。最讓他憤怒的是，在他看來，艾米利歐對於怎麼賣東西給活生生會走路的人，毫無概念。「他唯一了解的只有晶片市場，那裡的顧客根本屈指可數。」賈伯斯不滿地咕噥著，「而那些顧客根本不是人，它們是公司，晶片一買就是成千上萬個。」

我提醒賈伯斯，不過幾個月前，他才剛告訴我，他和艾利森一度認真考慮惡意收購蘋果的可能性。「如果他是這樣一個蠢蛋，你為什麼要留下來？難道你不能拿了屬於你的錢，遠走高飛嗎？」

「我不能就這樣拋下部凡尼恩和其他人不管，說聲『再會，很高興認識你！』然後就一走了之。」他繼續說下去，「而且，我看得出來蘋果還是有很多優秀的員工。我只是不認為艾米利歐是領導他們的合適人選。」

「那麼，換你來做怎麼樣？」我說出縈繞每個人心頭的問題。賈伯斯吞吞吐吐，不置可否。他對自己似乎沒有信心，看起來不像我以前認識的他。

賈伯斯重返蘋果

有些人認為賈伯斯為了回到蘋果成功奪權，必定處心積慮，一直以來都在進行一些重掌大權的計畫。艾米利歐這麼想；比爾・蓋茲也是其中之一。

真相其實更為曲折隱微。過去十年來，賈伯斯學到教訓，不再那麼衝動行事。以前的他一再逞強躁進，如今，他願意放慢腳步，如果直覺帶領他前往的地方，比他原先想的更好，他就會往那個方向前進。蘋果收購NeXT之後的幾個月內，賈伯斯就在研究艾米利歐這個人，在進一步了解蘋果的現況時，也展現出比以往更深思熟慮的作風。等到賈伯斯執掌蘋果，這就是他帶進公司的領導風格。

在蘋果收購NeXT之後那段期間，賈伯斯在蘋果最信任的兩個人，也認為賈伯斯並不打算成為蘋果的執行長。郤凡尼恩如今在艾米利歐旗下主掌軟體工程部門，同時，在賈伯斯的建議下，盧賓斯坦進了蘋果，負責硬體部門。「我們不認為我們進蘋果工作是為了史帝夫。」郤凡尼恩說，「他看起來沒那麼感興趣。」賈伯斯再三告訴他們，他連接下那份工作都很不情願，更別說在背後謀劃了。

不論是對郤凡尼恩或盧賓斯坦來說，進入蘋果工作彷彿美夢成真。蘋果收購NeXT的交易成交後不過幾個星期，他們倆就適應了自己的新角色。後來，蘋果公布1996年12月31日的季結算報表數字，蘋果損失了一億兩千萬美元。「我問史帝夫：『我們為什麼要來蹚這渾水？』」郤凡尼恩回憶當時，「因為顯然破產的是蘋果，不是NeXT。你可以把我們倆看成史帝夫想要安插的自家人馬，他也確實這麼做了，因為這是正確的事。他熟知蘋果的其他人。他們正是蘋果之所以搞砸的原因。」

「我不相信權謀政治那一套。」盧賓斯坦補了一句，他是土生土長的紐約客，有著長跑者常見的苗條身材。

「當我進了蘋果，我環顧四周，心想，喔，我的天哪！我到底讓自己陷入什麼麻煩？」

就在我們十二月碰面閒聊之後幾個星期，賈伯斯和我在他家廚房見了好幾次面，展開一連串不公開的訪談。賈伯斯敘述他在蘋果的發現，希望我能撰寫一篇文章，報導庫珀蒂諾令人難過的現況。他坦率直言，毫無保留，但堅持我不論引用任何話，都不能公開他的名字。他一度諷刺地自問：「為什麼我覺得自己好像非得目睹一篇關於自己公司的負面報導不可？」

難托厚望的執行長

答案就在，他愈了解艾米利歐這個人，就愈明白這位博士先生（及其團隊）永遠都不可能帶領蘋果東山再起。這間公司許多事在在讓他驚愕氣餒，除了艾米利歐難辭其咎，他也怪罪董事會。他不敢相信，竟然有董事會將嚴厲陰鬱的「柴油引擎」史賓德勒視為能夠鼓舞人心的領導者，而他對於董事會後來雇用艾米利歐這樣的人，也同樣錯愕。艾米利歐進董事會才短短一年，就爬到執行長的位置，賈伯斯相信艾米利歐必定用盡心機，為自己奠定扭轉情勢的專家地位，藉此成功上位。賈伯斯問我：「可是，當他獨自在專屬辦公室享用午餐，口裡吃的是用凡爾賽宮瓷盤上菜的佳餚，這樣的他，要如何扭轉情勢？」

艾米利歐其實自身難保。他似乎只是試圖讓這家公司接受他的性格，而不是想辦法去適應蘋果。他身邊的高階主管大部分都來自他熟悉的半導體業，而他在公開場合也從未發揮功用。有一次，在一場艾利森也受邀的晚宴上，艾米利歐當眾演講，他試圖用其他來賓聽得懂的語言來說明公司的問題。「蘋果就像一艘船。」他說，「現在船底破了一個洞，逐漸下沉。但船上滿載寶藏。問題是，船上的每個人都往不同方向划槳，於是這艘船便停滯不前。我的職責就是讓每個人都朝同一個方向划去。」艾米利歐離開後，艾利森轉頭問鄰座的人：「但那個洞怎麼辦？」這個故事賈伯斯百說不厭。

賈伯斯對艾米利歐有失公允。儘管他曾經告訴艾米利歐，增資六億六千一百萬美元是一著好棋，但除此之外，他鮮少讚揚艾米利歐，即使艾米利歐一手完成安德森規劃的關鍵重整計畫。當賈伯斯承認公司內部有些工作進展得不錯，他也把功勞歸給那些擁有真正「蘋果精神」的員工，也就是他和沃茲尼克多年前引進蘋果的員工，而艾米利歐一點貢獻也沒有。

但是賈伯斯也沒看錯艾米利歐，正如1997年初我對艾米利歐的見解。當時我終於撰寫了一篇關於蘋果的報導，發表在《財星》雜誌上。迫切需要強勢領導力的蘋果，卻由無能的執行長掌權。蘋果有二十幾個各司其職的行銷團隊，彼此之間卻毫無溝通。產品線過度擴張，一團混亂。麥金塔相容機的許可執照根本毫無意義。而艾米利歐正放任這些問題失控。

1997年1月7日，在舊金山舉辦的年度麥金塔世界大會，艾米利歐欠缺領導才能的事實在台上一覽無遺。他的主場演說簡直就是一場災難，漫無重點，喋喋不休。回顧當時，蘋果舉辦了四場年度麥金塔世界大會，之後在那一年，陸續在東京、巴黎與波士頓舉辦了好幾場。每一場大會上的主場演說，成為蘋果介紹新產品的主要展示秀，並讓開發軟體的程式設計師與消費者齊聚一堂，重振士氣。

「蠢蛋」艾米利歐

艾米利歐是一個胸部厚實、動作拘謹而內向的人，他竭盡所能讓自己看起來時髦一點，因此捨棄平常被他當成制服的細條紋西裝與雕花皮鞋，改穿褐色立領襯衫、運動夾克與樂福鞋。原本，他的演說重點應該是正式宣布收購NeXT，以及賈伯斯以顧問身分回歸蘋果。賈伯斯則是比平常更盛裝打扮，一襲量身訂做的打褶黑色休閒長褲、精心搭配的艾森豪夾克、緊緊扣上領口釦子的白襯衫。當艾米利歐嘮嘮叨叨說個沒完的時候，他就在舞台側邊等待。

台上的執行長霸占著講台不放，照著稿子喋喋不休超過一個小時，卻很少提及公司持續面臨的財務困境。即使有提詞機可仰賴，他依然不知所云。有一度，艾米利歐為了表現出他偽裝的輕鬆自在，隨手脫下夾克，你可以看到他襯衫的兩腋下已被汗水溼透，出現一塊深色印漬，就像演員艾伯特・布魯克斯（Albert Brooks）在電影「收播新聞」(*Broadcast News*)中知名的一幕場景。

等到艾米利歐終於介紹賈伯斯出場，現場觀眾立刻報以熱烈掌聲。此刻距離他上次公開發表公司策略簡報，已經時隔六年之久，而他把握當下時機。與艾米利歐成對比，他的發言簡短扼要，冷靜沉著，乾淨俐落。他承諾「將依照艾米利歐的要求，盡力協助」，並誓言協助蘋果再度開創令人興奮的產品。他完全不需要小抄，沉穩地在舞台前方演講，好讓大家都能清楚看見他。他的演講雖然振奮人心，說服力十足，但卻刻意有所保留。他不希望做出任何特定承諾；畢竟，他還不確定自己是否真的打算與蘋果牽扯上關係。

「一開始，」安德森回憶早期那段日子，「史帝夫完全不想參與太深。艾米利歐老是召開這些正式的社務會議，而史帝夫在麥金塔世界大會結束後不久曾參加過一次。那真的有點無聊，史帝夫不喜歡會議進行的方式。於是，會議開到一半，他就突然站起來，走了出去。我知道當時他心裡一定在想：這傢伙是個蠢蛋。」

麥金塔世界大會結束之後，過了幾個星期，賈伯斯再度告訴我同樣的話。「我知道我早就說過了，但是我要再說一次，艾米利歐根本就是個蠢蛋。」他說，「他絕對是最不適合領導蘋果的人選。我不知道誰才是最佳人選，但肯定不是他。」

與迪士尼談判

正如部凡尼恩與盧賓斯坦在NeXT的角色，拉塞特與卡特慕爾是「守門員」。因此，1997年初，就在賈伯斯深入了解不幸的犧牲品艾米利歐的幾個月期間裡，他決定為了保障皮克斯的未來，必須與迪士尼執行長艾斯納重新協商皮克斯的發行合約。除了葛賽之外，賈伯斯對我提過的「惡魔」就屬艾斯納了（當時是幾年後，迪士尼與皮克斯之間的關係陷入谷底時）。

毫無疑問，「玩具總動員」成了1995至1996年假日檔期的強檔鉅片，全球票房總收入高達三億六千一百萬美元。其中，四千五百萬美元進了皮克斯的口袋。對處女作來說，那是筆相當大的收入，但比起迪士尼投資與發行這部電影的獲利，這筆錢就顯得相對微薄了。更何況，影片的所有權不在皮克斯手上。對這樣一部適合闔家觀賞且大受歡迎的電影來說，影片的所有權才是最實在的。

隨著「蟲蟲危機」的拍片計畫順利進展，賈伯斯決定修正這項錯誤。此時的皮克斯手上擁有初次公開發行股票帶進來的一億三千萬美元現金，已經不必仰賴迪士尼的資金。既然皮克斯自己負擔得起製作費，何必還要賺那12.5%票房收入的蠅頭小利？賈伯斯決定終止這紙五年前成功拯救公司的合約。

「沒有人想在好萊塢冒險。」一年後，他這麼告訴我。他很自豪能夠和勞倫斯・李維（Lawrence Levy）一起就近研究好萊塢，足以了解在這樣一個產業裡，皮克斯如何在其中談成好交易，成功地讓門外漢的追星投資人掏出大把「笨錢」（dumb money）投資。「你不可能跑去圖書館，找出一本名為《動畫商業模式》的書。」賈伯斯解釋，「你做不到的原因是，世上只有一家公司（迪士尼）曾經成功過，而他們也沒興趣告訴全世界這門生意有多少利益可圖。」

賈伯斯致電艾斯納，然後前往好萊塢談判。「我們想要以新交易達到的目標，超越任何人過去的成就（迪士尼除外）。」他得意洋洋地說，「而且還更複雜，因為在好萊塢，鮮少有公司與公司之間建立關係。在那個圈子，有公司與個人之間的關係，就像主流片商與史蒂芬・史匹柏之間的關係，或者像安培林（Amblin）這樣的小型製片公司與片商之間的關係。但鮮少有兩家平等的公司建立關係。然而，我們想要以那樣的角度看待自己。就製作動畫電影來說，我們希望將自己視為迪士尼動畫產業的夥伴，平起平坐。」

表面上，他的請求看似傲慢，不切實際，忘恩負義。「玩具總動員」問世不過短短一年，若非這間全球最成功的動畫公司背書與支持，這部電影根本就拍不成。但正如賈伯斯談判時常常一語中的，當時他的大膽要求正符合他對未來遠景冷靜正確的評估。六年前，當卡森伯格正在經營動畫，迪士尼擁有全部的優勢，賈伯斯很快就接受了他們的條件。但如今，艾斯納正與卡森伯格開戰，因為卡森伯格成立「夢工場」，企圖凌駕迪士尼動畫。夢工場的成立引發人才之爭，除了其他事之外，還導致迪士尼與夢工場競相出價延攬拉塞特，兩家公司的價碼一次比一次高。

賈伯斯從中看見機會，沉著地充分利用這次機會。皮克斯公開上市與「玩具總動員」扭轉了他們的合作關係：如今，皮克斯擁有更強大的優勢，而艾斯納一點辦法都沒有。面對艾斯納，賈伯斯話裡隱含的要求很簡單：現在就給皮克斯新合約，否則等完成已簽約的三部電影，皮克斯就會走人。失去拉塞特與皮克斯，讓他們轉而投向卡森伯格或別家片商，對迪士尼來說都是大災難。然而，到頭來，整個談判過程沒有原先想像的緊張。「對我們來說，就是走進去，然後說我們要出一半資金來製作自己的電影，但他們可不常聽到這種話。」賈伯斯告訴我，「艾斯納很欣賞我們那番話，於是突然間我們不再只是一間製片公司，而是共同投資人。」

儘管賈伯斯的魯莽行事冒犯了艾斯納，但新合約的條件相當公平，載明雙方平分收益。1997年2月24日，他們簽署了一張新合約，包含五部電影的合作。就這樣一絲一縷，賈伯斯將其餘在他遠離權力核心之際鬆脫的念珠逐一繫緊。

再見，艾米利歐

1997年3月，我在《財星》發表的報導幾乎激怒了蘋果的每個人。以〈腐敗中的庫珀蒂諾〉為標題的報導，描繪出一家雜亂無章的公司。文中包含幾則拒絕奉承艾米利歐的趣聞，同時也批評了他前面兩位執行長史考利與史賓德勒，以及蘋果的董事會。後來，艾米利歐在回憶錄《站上火線：我在蘋果的500天》（*On the Firing Line: My 500 Days at Apple*）中，稱我為「以文筆殺人的劊子手」。

這篇報導與其他同時期的媒體評論，加上麥金塔世界大會結束後的輿論批評，讓艾米利歐飽受抨擊。對蘋果董事會的不滿投訴，向董事們施加了更多壓力。當時，董事會裏最具公信力與權威的是董事長伍拉德（Edgar S. Woolard Jr.），他同時也是杜邦（DuPont）公司執行長，知名的化工業巨擘。伍拉德愈了解蘋果的困境，就愈認清艾米利歐根本就沒有能力拯救公司。安德森回想當初的情況：「伍拉德開始問我，比方說：『安德森，公司的士氣如何？』然後我會說：『糟透了！伍拉德。』」安德森對伍拉德毫無隱瞞，直言公司策略思考不周；公司不可能達成目標；此外，如果艾米利歐繼續留下來，安德森就準備走人了。

同時，賈伯斯決定暗中對付艾米利歐。6月26日，他終於釐清思緒，下定決心。於是，就在艾米利歐堅持的六個月等待期屆滿之後，他大舉拋售之前賣掉NeXT得到的蘋果股份，只保留一股，而且他完全沒知會蘋果的任何人。再一次，他只保留一股股份，這樣一來，他就有資格參加蘋果的年度會議。他這麼做並非為了追求利益。在那六個月期間，那些總計一百五十五萬股的股票貶值了一千三百萬美元。但這次出售股票之舉，等於高調投下不信任票。艾米利歐感覺背後被捅了一刀，而事實上，他一直以來都遭受暗算。7月4日，當艾米利歐帶全家前往太浩湖度假時，伍拉德打電話給他，通知他即將遭到解任。另一方面，伍拉德又打電話給賈伯斯，探詢他是否願意回鍋擔任執行長。

賈伯斯一舉斷了艾米利歐的後路，艾米利歐毫無還擊之力。一旦賈伯斯認定這位博士先生是個蠢蛋，他就不會感到內疚（私底下，他就稱呼艾米利歐為「蠢蛋里歐」）。但這不代表他準備好親自接下經營蘋果的重責大任。據他太太蘿琳所言，他對於是否回鍋依然三心二意。他們倆為了這件事爭執不斷。她覺得他是唯一能夠拯救蘋果的人，而且她知道他依然熱愛蘋果。她也非常了解自己的丈夫，只有在處理令人興奮的大事時，他才會心滿意足。但賈伯斯還不確定。經歷過拯救NeXT的漫長磨練之後，他變得謹慎許多。皮克斯此時正在走上坡。在NeXT遭遇的挫折，如今已經是塵封往事。然而，當蘋果已經面目全非，完全不像他當初企圖建立的公司，他真的還打算挺身拯救蘋果嗎？甚至，他真的相信蘋果擁有的人才與資源能夠帶給公司競爭力嗎？此刻他才剛成家，他想要那麼辛苦地工作嗎？他想要拿自己剩餘的名聲冒險，攻擊假想敵嗎？這些問題都在他心頭縈繞不去。在他考慮接下這份重責大任之前，他必須說服自己，此時的蘋果還保有足夠的蘋果本色。

在那個時候，賈伯斯還不知道答案，但他的猶豫不決其實已經是種突破了。此時的賈伯斯在做決策時，比過去更仔細衡量得失。他變得更安於等待，但不是對每件事都這麼有耐心。他會先觀望情勢發展，而非貿然投入新歷險，只因為他認定此舉將再一次震撼世界。一旦有需要，他就會立即行動，就像之前他把握機會將NeXT賣給蘋果一樣。但從此刻開始，他同時展現兩種強烈極端的行事作風：迅速堅定的行動與深思熟慮。

他告訴伍拉德，他不想接這份工作，至少現在不想，他提議協助伍拉德尋覓其他合適人選。凌晨兩點，賈伯斯打電話給好友葛洛夫。他告訴葛洛夫，他對於是否回鍋擔任蘋果的執行長猶豫不決，這些日子以來的深思熟慮讓他飽受煎熬，左右為難。賈伯斯在電話這一頭說個沒完，那一頭很想回床上睡覺的葛洛夫突然打斷賈伯斯，大吼：「史帝夫，聽著，我他媽的根本不在乎蘋果。你快點決定就對了！」

大刀闊斧改革蘋果

就在賈伯斯回絕伍拉德的提議之後，董事會宣布由安德森負責掌管公司營運，此舉等於讓他成為代理執行長。安德森不想長期接下執行長的固定工作，但與賈伯斯不同的是，他非常確定蘋果依然值得一救。首先，他能讓蘋果脫離經濟危機。更重要的是，在他進入蘋果的十五個月裡，他結識了所有關鍵人物，包括少數幾位在他面前毫不避諱抱怨艾米利歐的人。其中一位是蘋果年輕的設計主管，名為強尼・艾夫（Jonathan “Jony” Ive）的英國人，他認為艾米利歐在浪費蘋果的人才。他邀請安德森前往公司的工業設計實驗室——而艾米利歐卻連去都沒去過。「那裡正在研發許多令人難以置信的產品。」安德森回憶，「而正是因為如此，我意識到艾米利歐欠缺領導力，開始擔心他是否適任。」

安德森非常清楚，答案不在他自己身上。「我不諱言我非常擅長商業，尤其是金融與營運方面，但我對產品一竅不通。我不是工程師。」他說。就像伍拉德，在這個了解賈伯斯的速成班上，安德森樂在其中，即使他們的關係一開始困難重重。「我們正準備拿下NeXT那段時間，我才開始跟他打交道。」安德森說，「談判期間，有一天晚上凌晨一點，他打電話到我家，怒氣沖沖，滿嘴咒罵，大言不慚，胡言亂語。當時我和我太太早就睡了，我心想，這真是瘋了！我看他根本平靜不下來，於是開口回說：『我很抱歉，史帝夫，現在是凌晨一點，所以我要掛電話了。』接著我就掛了電話。」這是常有的事，對於安德森把他擋了回去，賈伯斯表示尊重。他和安德森發展出一種互敬的關係，未來在重振蘋果的團隊中，這位財務長將是關鍵的成員。安德森回憶當時：「雖然史帝夫不是工程師，但他有絕佳的審美品味，也有遠見，而且他有很強的個人魅力，可以讓整個團隊重新振作起來。我思考後的結論是，只有史帝夫有能力帶領蘋果東山再起。他了解蘋果的精神。我們需要一位精神領袖，他必須有能力帶領蘋果，回到當初那個擁有優良產品與優秀行銷的公司。而當時沒有其他力所能及的優秀人物願意接受蘋果的挑戰。因此，我們必須要請到史帝夫加入。」

伍拉德宣布安德森的任命時，也提到賈伯斯會「以顧問身分領導公司團隊」。這說法十分弔詭，但事實證明這麼說非常精確。「這會兒他可得捲起袖子，埋頭苦幹了。」安德森說。包含安德森、郤凡尼恩、盧賓斯坦、賈伯斯與伍拉德在內的全新核心高層，開始感到強大的壓力。最大的原因是8月6日，麥金塔世界大會就要在波士頓揭開序幕，距離現在只剩下一個月時間。在那之前，蘋果必須就定位，對開發商提出明確的策略，否則蘋果將會永遠亂下去的觀感，會取代賈伯斯回鍋帶來的信心。

有鑑於賈伯斯過去的歷史，空洞的承諾和不切實際的遠見絕對不夠。過去幾年來，由於賈伯斯說了許多關於NeXT的大話，如今他的可信度大幅降低。這一次，他必須讓大家看到他有能力迅速採取明智而精確的行動；萬一他做不到，整個市場、媒體、開發商，還有蘋果的顧客可能都會認為這情景似曾相識，而回以譏笑。

這一點，賈伯斯非常清楚。他的第一步是堅持董事會將員工股票選擇權的價格調整為13.81美元，正好是7月7日艾米利歐被掃地出門當天的蘋果股價。而在管理階層宣布這項政策的公告上，署名人是賈伯斯，而非安德森。此舉相當引人注目，因為大部分員工的股票選擇權都跌到谷底，似乎再也不可能有什麼價值了。一夕之間，有朝一日終將致富的大好前程突然出現在眼前，而蘋果旗下八千名員工中，有許多人才剛從首兩波裁員裡倖存下來（這項改變對賈伯斯的財務並無好處，因為他沒有股票選擇權）。

賈伯斯大刀闊斧的第二步是說服伍拉德，同意他撤換整個董事會。這個董事會才剛攆走艾米利歐，引進賈伯斯，讓他扮演重要角色。但是賈伯斯對他們毫無感激之情。他深信讓蘋果陷入困境的罪魁禍首除了艾米利歐，還有董事會。他想要的董事會必須在他開始改革蘋果時，能夠提供他需要的支持。原本他希望所有董事都辭職，只留下伍拉德，但伍拉德說服他也留下休斯電子公司（Hughes Electronics）的執行長張鎮中（Gareth Chang）。至於其他董事，則由甲骨文創辦人艾利森、前IBM暨克萊斯勒財務長約克（Jerry York）、財捷公司（Intuit）執行長康貝爾與賈伯斯本人取代。然而，賈伯斯對這些人事變動保密到家。他想要等到波士頓麥金塔世界大會時，才在主場演說中公開，唯有如此，他才能讓專屬於他的獨特看法成為新聞焦點。

與微軟談判

當賈伯斯與新團隊一起努力規劃新產品，再經歷一輪公司重整的歷程時，賈伯斯同時從安德森手中接下一項不尋常的計畫：說服比爾・蓋茲繼續支持麥金塔使用微軟新版本的應用軟體，例如Excel和Word——微軟不久之後就會開始把這些應用軟體結合成一整套Office軟體。

1997年初，比爾・蓋茲表示，他不能保證微軟會為麥金塔量身打造新版本的Office。他不願意這麼做，是有道理的。Windows 95問世後，麥金塔的銷量開始失控，比爾・蓋茲因此更難認為支持Mac付出的代價是合理的。微軟從麥金塔軟體大賺一筆，但當Mac銷售下滑，比爾・蓋茲對蘋果的支持與熱情也隨之降溫。

「與微軟達成協議，絕對是關鍵的一步，能夠為拯救蘋果奠定基礎。」安德森回想當年，「但艾米利歐無能為力。如果比爾・蓋茲拒絕賈伯斯，蘋果就會步上1998年NeXT的後塵。當時微軟的應用軟體已經成為大部分公司的標準工具，少了這套軟體，蘋果很可能會像NeXT一樣，從此再也無足輕重。」

蘋果確實帶了根棍子來談判。他們與微軟長期打專利權官司，宣稱Windows大舉剽竊麥金塔的圖形使用者介面設計，侵犯蘋果的智慧財產權。許多觀察家認為蘋果贏面甚大，比爾・蓋茲其實很想要和解。但艾米利歐堅持加上各種附屬協議，因此一直談不攏。

當賈伯斯打電話給比爾・蓋茲時，他化繁為簡。他說明他願意撤銷專利訴訟，但有個條件。他不只希望微軟公開宣布承諾提供Office給麥金塔使用五年，還希望這位強勁的對手投資一億五千萬美元，成為蘋果「無表決權」的股東，以實際的投資表態，為蘋果全新的方向背書。換句話說，賈伯斯要的不是貸款，而是要求比爾・蓋茲把錢放進他嘴裡。

「這件事相當經典。」比爾・蓋茲回憶過去，「我一直在跟艾米利歐協商，他想要達成六件事，大部分都不是很重要。艾米利歐搞得太複雜了，我連假日都得打電話、傳真文件給他。接著換史帝夫上場，他看著協議，說：『這是我想要的兩件事，而這是你顯然想要從我們身上得到的。』然後我們很快就談妥協議。」

即將「不同凡想」的蘋果

他們正式簽署協議之後，再過十一個小時，賈伯斯就要在波士頓的城堡會議廳舉辦的麥金塔世界大會上發表演說。按照賈伯斯的標準，這場演講簡單扼要，計時僅三十分鐘。他沒有任何產品可以介紹或展示。相反的，他以相當於總統發表國情咨文的姿態呈現蘋果。賈伯斯就像一頭關在籠裡的老虎，在台上漫步，一臉緊張。他在黑色毛衣背心下，穿了一件白色長袖T-shirt，那件背心扣起來並不對稱，最下方的鈕釦並沒有相對應的鈕釦孔，於是背心的兩邊高低不一致。有兩、三次他在遙控器上遇到困難，沒辦法順利把一張張簡報投影到身後的大銀幕上。儘管如此，一旦正式開始，這場簡報不僅將成為他最簡潔的代表作，同時也象徵蘋果即將朝好的方向改變。

他的演說聽起來更像授課，而非簡報。他扼要地敘述自己的想法，告訴大家要怎麼做才能重振蘋果。他無視那些針對蘋果的大眾輿論，亦即蘋果的科技再也沒有影響力、蘋果沒有良好的執行能力、蘋果亂到沒辦法管理。「蘋果的執行能力好極了，只是用在錯誤的事情上。」他妙語諷刺。蘋果之所以看起來一團混亂，是因為多年來欠缺像樣的領導人。他補充說，眼下最大的問題是銷售業績縮水。為了解決這個問題，蘋果必須加強市場聚焦，重塑品牌形象，建立互相支持的合作關係。「而改變的第一步就從領導高層開始。」此時，他才介紹全新的董事會，說明每位新任董事的長處，而對於他也會加入董事會一事，他僅一語帶過。他說，目前還不會任命董事長，直到新的執行長正式上任。

演講進行大約二十分鐘後，他把話題轉向合作關係。其實，他真正想提的只有與微軟的合作關係。他剛開始提到比爾・蓋茲的公司時，只引來零星的掌聲與一些噓聲。但他立刻秀出一份涵蓋五點協議的合約，向大家證明「微軟將與我們一起加入這場遊戲」，稍後更補充說：「我們必須放棄過去的想法：如果蘋果贏，微軟就必須輸。」然而，一旦大家聽進賈伯斯的話，就開始對這個點子感到興奮，只有在他提及未來麥金塔將以IE做為預設瀏覽器時，才又噓聲大起。賈伯斯介紹比爾・蓋茲出場時，比爾・蓋茲透過來自西雅圖的現場連線，出現在大銀幕上，觀眾的掌聲讓這位微軟的執行長等了好一會兒，才發表他簡短的聲明。

結果，這一刻成為賈伯斯有史以來最糟的舞台經驗。比爾・蓋茲的臉出現在將近兩公尺高的巨幅銀幕上，帶著一抹近似竊笑的招牌微笑，俯瞰賈伯斯。他低頭看著賈伯斯，彷彿在說：「我很抱歉，小矮人，儘管我很樂意出席為你增光，但是我才不想特地飛去參加你那場小小的營火晚會。」這個場景不免讓人聯想到蘋果以前的「老大哥」廣告。

後續新聞報導忽略的是，在這場秀的尾聲，蘋果悄悄揭開新標語的序幕。賈伯斯回鍋的幾大主題之一就是，試著換個角度思考、測試你的假設是件非常重要的事。換句話說，他鼓勵世人要「不同凡想」（Think Different）。宣傳這句口號的廣告還要再幾個月才會播出，但正值外界呼求全新蘋果的此刻，賈伯斯已經開始推銷這個觀念了。事實上，他也已經回到蘋果，開始接下全職工作。

真正的藝術家

「我從小就看巴布・狄倫的表演長大，而我看他從來不會停滯不前。」大約一年後，賈伯斯會這麼告訴我，他其實拐彎抹角，試圖解釋為什麼他最終還是一頭栽進蘋果裡。「如果你觀察真正的藝術家，如果他們真的擅長某件事，那麼，他們終其一生都會做這件事，而且，他們對外會因此功成名就，但對他們自己來說不見得是真的成功。正是這樣的時刻決定了一位藝術家的本質。如果他們繼續甘冒失敗的風險，他們就仍然是藝術家。巴布・狄倫和畢卡索總是不怕失敗，願意冒險。

「蘋果對我來說，也是一樣的道理。我當然不想失敗。當初進蘋果時，我不知道實際狀況有多糟，但我仍有許多事得考慮。我必須考慮這麼做對皮克斯的連帶影響，還有我的家人、我的信譽，種種一切。我終於下定決心，我其實不在乎那些，這就是我想做的事。如果我盡力一搏，最後還是失敗了，那麼，至少我盡力了。」

賈伯斯等到九月才宣布他會正式接掌大權。即使如此，他只同意成為蘋果的「代」執行長，或簡稱為iCEO，正如他喜歡說的，因為他還不確定這輛馬車會帶他往何處去。「這事真的讓人拍案叫絕。」比爾・蓋茲回憶當時，「NeXT的硬體部門早就消失了，軟體部門則毫無進展。可是，緊接著，蘋果的董事會面對賈伯斯，卻把鑰匙雙手奉上，即使他們心裡全都在想：『那些拯救公司的正規做法都沒奏效，真是太糟了。天哪！我們在這裡做什麼？這是我們唯一的機會，但是，等等！好，開始吧！』」

09

瘋狂的必要

賈伯斯宣布即將接任iCEO三週後，1997年10月6日，在一場電腦貿易展上，有人問戴爾〔Michael Dell，以「接單後生產」（build- to- order）的IBM相容機種事業聞名的億萬富翁〕，如果是他接管蘋果電腦，他會怎麼做。「我會怎麼做？」這個比賈伯斯年輕十歲的執行長大聲說：「我會關門大吉，把錢還給股東。」賈伯斯以email吼回去：「執行長應該要有格調。」但不過一年半前，我才剛聽到類似的話出自他口中：「蘋果根本配不上它的股價。」

戴爾輕率無禮的建議不只反映出普遍看法，聽起來也像是在說，與其把公司交給賈伯斯管理，不如照他的建議做還比較安全。沒有證據顯示像賈伯斯這樣紀錄不良的人，有能力扭轉蘋果這種令人望而卻步的困境。過去他對外展現出來的樣子，就是乖張偏執，飄忽不定，而且無視紀律，任性妄為，脾氣暴躁。他只成功帶領過小型團隊；而蘋果有上千名員工，分散在庫珀蒂諾、愛爾蘭與新加坡。過去的他目中無人，揮霍無度，但這職位需要一位冷血的執行長，這個人必須了解耐心、紀律與迅速刪減成本的重要性。或許賈伯斯是天才（皮克斯的成功似乎再度說明了這一點），或許他善於掌握機會（把NeXT賣給蘋果似乎是最好的證明），但他是優秀的執行長嗎？是合適的領導者嗎？世人的疑慮是有道理的。

然而，此時正值1991年秋天，眼下公司陷入的困境，即使請來世上最優秀的經理人，都是艱難的挑戰，賈伯斯開始漸漸展現過去十一年離開蘋果期間學到的能力。在他拯救NeXT、協商交易與帶領皮克斯公開上市期間，他培養出一定的紀律。他明白了耐心的價值，從卡特慕爾那裡吸收一些經過驗證的管理原則，學會帶領充滿創意人才的公司。他見識了漫長而曲折的產品開發過程，當時拉塞特帶領員工遵循直覺判斷好壞，一步步前進，直到他們將拍一部玩具電影的小點子，轉變成「玩具總動員」這部曠世巨作。他把這一切都牢記在心，當時沒人預料得到他的成長，而他也不多做解釋。如今，經過審慎的決定，他開始將這番全新的理解，與他旗下的舊人才加以結合，緩慢而謹慎地帶領蘋果捲土重來。

蘋果漫長的災難

「史帝夫把NeXT賣給蘋果之後，我打了幾次電話給他。」李・克洛回想當時，「每次他都會說他不確定要不要回去、那個地方一團亂、艾米利歐是個蠢蛋。後來到了夏天，有一天我接到一通電話，是史帝夫打來的。他說：『嗨！克洛，艾米利歐辭職了！』聽起來彷彿這件事讓他大感意外。『你可以上來一趟嗎？我們有事要做。』」

含蓄地說，蘋果漫長的災難似乎永無止盡。

蘋果幾乎事事不順。1997年9月26日，蘋果的會計年度結束，結算下來，公司虧損高達八億一千六百萬美元，年度盈餘縮減為七十一億美元，從1995會計年度正值顛峰時期的一百一十億美元陡降。蘋果的事業日漸受到侵蝕，大大打擊投資人的信心，而且從1995年至今，股價貶值將近三分之二：1995年末以三千美元買進的蘋果股票，如今只價值大約一千美元。

那些甚至不是最可怕的數據。這些年是個人電腦的黃金時期；1997年賣出八千萬台個人電腦，比起前一年，銷售量提高14%。然而，Mac卻只賣出兩百九十萬台，銷售量下降27%，導致那一年蘋果的市占率微乎其微，僅有3.6%。這種慘痛下場大半是咎由自取：少數沒有選擇個人電腦的人，往往會轉向麥金塔相容機，而市面上出現愈來愈多這樣的製造商。

但深入探究需求減少的原因，問題還是在於蘋果的產品本身了無新意、價格昂貴，而且漸漸失去原先的重要地位。失去先進作業系統的科技優勢，史賓德勒和艾米利歐允許蘋果的行銷團隊接下各種不同機型的麥金塔訂單，希望特色分明的電腦可以帶來特定的市場利基。結果，這番努力一敗塗地，導致市面上充斥供過於求的Mac，而且差異極小，混淆不清。每一台Mac都需要特殊零件與組裝方式；每一台都主打自己的行銷訴求，各說各話，互相衝突。

除此之外，還有其他形形色色的敗績。為了開發並行銷史考利的「牛頓」，蘋果花了將近五億美元。結果「牛頓」打從1993年問世以來，銷量只有二十萬台。但艾米利歐並未因此卻步，他著手規劃「牛頓」的姊妹作，只不過這回配有鍵盤，並且為小學生量身打造。這項命名為「eMate」的新產品，規劃相當奇特，看起來就像一台低階筆記型電腦，外觀設計為半透明的水藍色，包著又圓又胖的套子，其中一側是弧形把手。結果同樣銷售失利。接著還有印表機。蘋果相信自己必須為解決辦公問題提供全方位的服務，於是銷售蘋果生產的印表機。但蘋果對這項產品唯一明顯的貢獻是設計塑膠外殼，包住購自佳能的機身。蘋果經常賠本銷售。名為「Pippin」的產品，簡直是為大學生設計的大雜燴，兼具Mac與電視功能，同時也是針對消費者設計的便宜多媒體電腦與遊戲機，這項產品為蘋果以行銷導向而孤注一擲、定義模糊的產品陣線再添一筆。整體來看，如此龐雜的產品線呈現出一家失去靈魂與原創性的公司。1997年入冬前，成千上萬滯銷的產品堆在倉庫裡蒙塵。

不同凡想

那通打給克洛的電話，是賈伯斯以iCEO身分踏出的第一步。賈伯斯認為蘋果需要一場廣告活動，重申蘋果原先的核心價值：創造力與個人力量。這場廣告活動必須一鳴驚人，有別於蘋果這些年來提供給消費者的產品廣告：措辭溫和，訴求模糊不清。相反的，這支廣告要讚頌蘋果公司，但並非1997年夏天的蘋果，而是賈伯斯理想中的蘋果。表面上，以公司目前的虧損與裁員狀況來說，這個目標看似異想天開，揮霍無度。但賈伯斯堅持己見。因此，克洛從位於洛杉磯威尼斯區的賽特＼戴公司出發，北上來到庫珀蒂諾的蘋果總部。

嚴格來說，賈伯斯其實是讓克洛與其他兩家廣告公司競標蘋果的廣告案。「但他告訴我，只要我能表達出他想要的訴求，基本上就是我們了。」克洛回憶當時的對話。他還有幾項優勢，足以勝過其他競爭對手。首先，當然是他曾經打造蘋果史上最難忘的廣告（同時也是廣告史上最具爭議的廣告）：為第一代Mac製作的「1984」超級盃廣告。第二，他和賈伯斯是莫逆之交。他們都是中產階級出身，接受的正規教育有限，而且他們都厭惡因循苟且的企業行為。當時賈伯斯已經放棄涼鞋，改穿牛仔褲與T-shirt，從此他的穿著再也沒改變過；克洛則穿著夏威夷衫，踩著滑板，在辦公室Z字滑行。此外，克洛欣賞賈伯斯的才華，不怕他的壞脾氣。「我自年輕時就一直為賽特（Jay Chiat）工作。」他回憶過去，「而賽特會大發脾氣。他就跟賈伯斯一樣殘忍。但他們的目標一致：不計代價，追求卓越。賽特跟賈伯斯一樣，當你試圖達到他們的目標時，賽特不會礙手礙腳。他們都明白你即將面臨多次挫敗。」

輪到克洛呈獻他們的成果時，他和旗下團隊已經準備好「不同凡想」的提案。當秀出第一張提案內容時，放眼望去全都是以獨具創意、敢於與眾不同聞名的人，他們的照片與名言並列在紙板上。賈伯斯稍微猶豫了一下。他擔心什麼？任何頌揚單一天才的廣告，都會因為牴觸賈伯斯只想要稱頌自己創意天賦的出發點，而遭遇困難。但不論如何，他還是選擇了賽特＼戴廣告公司。「他非常果斷，與其他在場的員工截然不同。」克洛回想當時情景，「不需要把提案送呈某位行銷高層核准，不需要找一些委員會來審查。在傳統體制下，你永遠不知道誰才是做決定的人。但換了史帝夫，局面便大大不同，就只是我跟他而已。你不可能在任何公司遇到這種情況，沒有一位執行長像他參與這麼深。」在苦心焦慮的幾週內，這支廣告經過反覆修改，直到最後一夜，賈伯斯依然在為一些細節發愁。這支廣告的文案採用一段格式不受限制的自由詩，清楚表達出廣告的精神，相當激勵人心。於是，克洛強力推薦蘋果選用賈伯斯錄製的旁白。當時他們共錄了兩種版本，除了賈伯斯之外，另外還找了演員李察・德雷福斯（Richard Dreyfuss），最後他把兩個版本都寄給電視台備用，等版本敲定，就準備在「玩具總動員」電視首映期間播放。一早，賈伯斯打電話給克洛，告訴他必須播放德雷福斯的版本。「如果我們選用我的版本，」賈伯斯說，「這支廣告的重點就會變成我。但重點不是我，而是蘋果。」一個自尊自大、凡事只想到自己的人，是不可能做出這種決定的。克洛回想當時：「這也是為什麼他是真正的天才，而我只是個做廣告的傢伙。」

於是，廣告播出那一天，隨著一張張名人肖像輪番出現，包括愛因斯坦、約翰・藍儂、畢卡索、瑪莎・葛蘭姆、邁爾士・戴維斯、萊特（Frank Lloyd Wright，建築師）、埃爾哈特（Amelia Earhart，女飛行員）、卓別林與愛迪生等，背景旁白在德雷福斯的聲音中流洩而出：

向那些瘋狂人士致敬。特立獨行的人，桀驁不馴的人，惹是生非的人，格格不入的人。

以獨特眼光看待事物的人。他們討厭墨守成規。他們不滿現況。你可以引述他們的話，反對他們，頌揚或詆毀他們。

你唯獨無法漠視他們。因為他們帶來改變。他們發明。他們想像。他們療癒。他們探索。他們創造。他們啟發人心。他們推動人類進步。

或許，他們有瘋狂的必要。

否則怎麼可能盯著空白畫布，眼裡卻看到一幅藝術畫作？或靜靜坐著，卻聽到尚未創作出來的歌曲？或凝望火星，卻預見火星探測器？

我們為這樣的人製造工具。

儘管別人視他們為瘋子，我們眼裡卻只看到天才。因為唯有那些瘋狂到以為自己能改變世界的人，才會真的改變世界。

這次廣告活動以海報、廣告看板、電視廣告與平面廣告等形式展開，獲得一致好評。「不同凡想」之所以出色，就在於它頌揚反主流文化的方式，幾乎讓每個人都感覺自己也參與了這場讚頌的慶典。其中傳遞的訊息是，這支廣告就等於理想中的蘋果產品：大膽無畏，夢寐以求，同時一目了然。它打動人心。賈伯斯與克洛、賽特＼戴公司的團隊一起擬定的廣告文案，把焦點放在外在形象，描繪出購買蘋果產品的消費者素質，而非強調某一台特定電腦。事實上，廣告裡根本沒有提到電腦，只提到「工具」，為了創意份子而打造的工具。這次廣告的訴求明確、簡單，從其他電腦廣告中脫穎而出，提醒人們想起蘋果令人耳目一新的創意精神，這才是過去他們熱愛的蘋果。這場耗資一億美元的廣告活動開始改善蘋果的形象，而這項必要的任務會持續好幾年。

廣告立刻在兩方面奏效。首先，「不同凡想」讓蘋果的員工重拾自尊。廣告看板與海報在庫珀蒂諾園區隨處可見。賈伯斯版本的旁白則用在內部行銷的影片上。此外，蘋果贏得1998年度的艾美獎最佳電視廣告之後，公司發給全體員工一本五十五頁的紀念冊。「就跟其他人一樣，員工也是我們的重要觀眾。」克洛說。激勵他們是很大的挑戰，尤其是此時賈伯斯正關閉一些部門，資遣上千名員工。然而，「不同凡想」帶給倖免於難的員工一種好日子將近的感覺，多年來他們首次有這種感覺。

正當蘋果沒什麼有形的價值可以炫耀之際，「不同凡想」為蘋果帶來一段珍貴的時光。當然，賈伯斯非常清楚，他終究必須開發出符合廣告承諾的產品。但，1997年秋天，他手上還沒有這樣的產品。此時的賈伯斯與旗下團隊正開始踏上艱難的旅程，而這次廣告活動提供了絕佳的掩護。

即使廣告沒用賈伯斯錄製的旁白，但在一些媒體眼中，「不同凡想」不過是再一次把握時機對賈伯斯歌功頌德，在這樣的背景下，自然貶多於褒。但事後回顧起來，這顯然與歌功頌德完全相反：這意味著一位領導者踏出的第一步，而且如今他只會按部就班前進，而非一味地往前飛奔。「他是如此專心致志。」安德森回憶當時的賈伯斯，「他熱烈地全力以赴，同時展現耐心與不耐煩。」賈伯斯的參與度日漸加深。

大整頓

「不同凡想」的廣告活動引起大眾關注之際，賈伯斯正忙著根除舊蘋果的一切。這次重整的影響範圍遍及整間公司。舉凡跟「牛頓」、「eMate」有關的產品線、零售店、工程師團隊與行銷團隊通通出局（此事還有個奇妙轉折，1998年末，前執行長艾米利歐回蘋果總部拜訪賈伯斯，他打算收購被蘋果棄置的牛頓作業系統產權與智慧財產權。經過幾天的會議討論，賈伯斯告訴我他大吃一驚，沒想到艾米利歐居然試圖讓牛頓起死回生。但把牛頓賣給他，簡直就是個「殘酷的笑話」，他這麼告訴我，「我是很殘忍，但不至於那麼殘忍。我絕對不可能讓他進一步羞辱自己，或蘋果。」因此，「牛頓」之死成為定局。然而，許多參與開發的重要工程師都留了下來）。

發給其他相容機製造商OS作業系統許可執照的合約，也全數出局。賈伯斯討厭把他的作業系統交付到別人手中，而且，除非公司承諾讓他終結相容機，否則他拒絕擔任iCEO。在讓公司站穩腳步的過程中，這是賈伯斯做過最昂貴的決定。為了避免廢除合約必然衍生的訴訟，公司必須花一筆錢，讓相容機製造商悄悄消失。其中最成功的案例是動力計算（Power Computing），這家公司的Mac

OS相容機市占率達10%，蘋果以價值一億一千萬美元的現金與股票收購這家公司，並雇用旗下一些工程師。

高庫存量成為過去。1998年3月，庫克（Tim Cook）從康柏電腦跳槽至蘋果，出任營運長，成為核心團隊的新成員（他在康柏電腦一直有「追殺庫存的匈奴王」之稱）。庫克是南方人，身材精瘦結實，儘管一臉書卷氣，卻熱愛運動，定時騎單車與長跑。雖然庫克說話輕聲細語，帶著阿拉巴馬州慢吞吞拉長語調的柔和口音，但他可能是蘋果有史以來最嚴厲的主管。庫克的工作並未引起大眾矚目，但對整頓公司卻至關重要。他進入蘋果九個月後，滯銷的Mac庫存量從價值四億美元的存貨，降到七千八百萬美元。在賈伯斯急於擺脫蘋果過去的包袱中，庫克承擔的責任或許是最戲劇性的例子：在1998年初，把成千上萬台滯銷的Mac倒進垃圾掩埋場。

最後出局的是經歷另一波裁員的一千九百名員工。這是安德森重整公司規模的最後一步。整體來說，安德森將原本的一萬零八百九十六名全職員工縮減成六千六百五十八名。賈伯斯告訴我，自從他成了父親之後，開除別人變得比以前困難許多。「我還是會做，」他說，「因為那是我的工作。但當我開除別人的時候，看著他們，我腦子裡也會浮現他們五歲的模樣，有點像是我正看著自己的孩子。然後，我就會想，必須回家告訴妻兒我剛遭到解雇的這種遭遇，也可能會發生在我身上，或是二十年後發生在我其中一個孩子身上。以前我從來不曾有過這種切身感受。」

然而，如果說他變得更感性，那麼他也同樣變得更聚焦。當賈伯斯全力推動人力縮編時，安德森發現這位iCEO與其他前任執行長截然不同：賈伯斯將公司的最大需求視為優先，不計任何代價。有時候，他這項能力看起來幾近殘忍，例如1998年，他決定資遣三千六百名員工還不夠，於是叫另外四百名員工捲鋪蓋走路。但他下定決心要帶領一家由精英組成的公司。他希望蘋果的員工腦子裡想的都是追求卓越，就像在皮克斯目睹的情況。「我回到蘋果時，非常訝異地發現三分之一的員工都是A或A⁺級的人才，就是那種你會想要不顧一切錄用的人才。」他告訴我，「他們無視蘋果的困境留了下來，這簡直是奇蹟。這就是蘋果的善緣。因為那些人決定在蘋果待到最後，才成就了善緣。另外三分之一是非常優秀的員工，就是每家公司都會需要的中流砥柱。最後三分之一則是不適任的。我不知道他們是否曾經表現優異，但當時他們離開的時候到了。遺憾的是，其中許多人位居管理階層。他們不僅沒有做好自己的工作，同時也誤導每個人做錯事。」賈伯斯縮減人事的決心十分關鍵：以賈伯斯為中心的核心團隊，都知道他為了扭轉公司命運會不顧一切代價。他全心全意投入，努力的程度不亞於任何人。「頭六個月情勢相當嚴峻，」他後來告訴我，「當時我累到有氣無力。」

即使賈伯斯盡職守紀地將公司縮減到恰當的規模，依然沒有人敢確定他就是帶領蘋果前進的最佳人選。儘管賈伯斯高調地謝絕支薪，對蘋果來說，讓他回鍋依然是高額賭注，而且沒有前例可循。蘋果1997年的八億一千六百萬美元虧損當中，有四億五千萬美元來自收購NeXT，以及將動力計算停業清算。若要了解這個數字蘊含的意義，就要先了解蘋果花了超過五億美元，取得兩家公司完整的資產價值，成交之後短短幾個月，資產價值只剩下當初收購金額的五分之一。攤開來看，蘋果等於花了超過五億美元重新雇用賈伯斯。

四大象限

在賈伯斯重返蘋果幾個月前，我曾問過他，他認為蘋果最優先的要務是什麼。應該是全新的作業系統嗎？所以郤凡尼恩此刻正在蘋果研發？「完全不是。」他回答，語氣出乎意料地堅定，「蘋果此刻最迫切的是，要有優良的新產品可以出貨，倒不一定非新科技不可。問題在於，我不認為他們知道如何製造優良產品。」他停頓了一下，彷彿意識到這番話聽起來很像詛咒，於是突兀地補上一句：「但那不代表他們沒有能力。」

這一次，賈伯斯並未以某種石破天驚的創新電腦立即解決所有問題。這是非常大的轉變，與他之前在NeXT與草創蘋果時試圖做的事截然不同。相反的，他針對公司產品線提出大略的規畫。賈伯斯希望在他要求旗下工程師研發出獨特的新產品之前，先確保他們了解這項產品是否符合蘋果的整體計畫。他希望每個人都按照同樣的劇本工作，而且他希望策略清楚明瞭。他承擔不起策略模糊的後果，過去NeXT的發展就曾因此受挫。

關鍵是簡化蘋果過多的企圖心，這樣一來，公司才能將重要的工程開發能力與品牌價值，聚焦在少數關鍵產品與廣大市場上。若想了解賈伯斯為何在1997年削減蘋果的供貨量，得先明白當時個人電腦被視為多工機器，在設計上同時涵蓋許多功能：文字處理機、超級計算機、數位畫架、可搜尋研究資料的圖書館、庫存管理系統、一位私人教師……舉凡你想得到的，應有盡有。這台個人電腦不需要針對每種服務更換外觀設計，只要內建可以因應需求調整的強大軟體就能辦到。一九九〇年代中期，軟體的功能以前所未有的速度擴展，而這都要歸功於區域網路的問世與蓬勃發展的網際網路。當軟體可以讓你與其他人連結，並且連結到遠方其他電腦上的資料庫，軟體的影響力就變得更加強大，不再僅僅是儲存在你個人電腦上的應用程式。

賈伯斯開始對外展現蘋果如何轉型為獲利公司，而且僅提供四種基本產品：兩種不同的桌上型電腦，分別針對一般消費者與專業人士設計；兩種不同的可攜式電腦，同樣針對兩種顧客設計。就這樣，四大象限，四條產品線，再也不需要把多餘的心力花在工程開發上，既沒有委外製造的問題，也不必竭力推銷，試圖矇騙消費者購買不需要的產品。既然只有四種基本產品要設計，蘋果的工程師與工業設計師就可以投注所有時間與精力，創造出與眾不同的硬體與軟體。

就跟賈伯斯這段時間所做的每件事一樣，這項關鍵決定引發相當大的爭議。員工眼見他們心愛的計畫夭折，包括蘋果研發多年的珍貴科技，不禁憤恨不平。有些科技提供消費者具體的好處，但只要不符合賈伯斯劃定的象限就得出局。他決定公司只能專注做這麼多事。

核心管理團隊都了解這個象限架構有其必要，即使這意味著必須剷除他們敬重的員工所鍾愛的計畫。最終，公司裡的其他人也改變了立場。當Windows的個人電腦製造商忙著大量生產平庸的機器（即使速度更快，效能更強大），他們清楚見到這四大象限帶領蘋果邁向相反方向。這四大象限讓蘋果回到他們的歷史使命：針對高端的消費者市場及專業市場，提供尖端科技產品。

釐清哪些事不屬於「象限策略」，也同樣重要。象限策略不是以一台「瘋狂般偉大」的電腦努力解決所有問題。過去，賈伯斯曾兩度毀在那個策略下。如今他具備的沉穩智慧，足以認清此刻創新產品並非解決之道。賈伯斯必須讓蘋果的消費者（不論是過去、現在或未來可能的消費者）第一個知道，這家公司有能力存活下來：它知道如何始終如一地製造、運送與眾不同的產品，而且絕對會轉虧為盈。唯有達成這些目標（而賈伯斯首次承認，這可能需要好幾年的時間），他才能開始思考如何研發新科技，再度開闢新天地。

賈伯斯的核心團隊

「拯救蘋果是一種使命。」盧賓斯坦回憶往日，「我們進蘋果的時候，這家公司已經瀕臨死亡。於是，我們拯救蘋果，而它值得一救。事情就是這麼簡單。」

賈伯斯透過一個相當強勢與目標明確的核心團隊來經營全新的蘋果，其中成員包括安德森、庫克、盧賓斯坦與郃凡尼恩，以及來自NeXT的業務主管曼迪區（Mitch Mandich）；行銷主管席勒（Phil Schiller），他是蘋果草創時期的老班底，後來賈伯斯把他從Adobe挖回來；還有坦默頓（Sina Tamaddon）這個設計軟體的傢伙，他原本在NeXT工作，也曾策劃過幾次重要交易。這個團隊（扣掉曼迪區不算，他後來在2000年離職，最後新增的人是首席設計師艾夫）將會主導公司營運，讓蘋果安然度過二〇〇〇年代中期。有鑑於賈伯斯動輒發怒的名聲，以及他過去身為管理者的紀錄，他們這個團隊居然可以持續這麼多年，實在很了不起。

一般領導人通常會做一些事來凝聚團隊感情，但賈伯斯不做那種事。他從未帶大家共進晚餐。「我們資深管理團隊的關係很好，」郃凡尼恩回憶過去，「但我們是自己建立良好關係的，從來都不是透過史帝夫。我在蘋果的八年裡，我們共進晚餐的次數屈指可數，而且大部分都是去附近的義大利餐廳。」

賈伯斯很少給他的團隊正式回饋意見。「美國政府與微軟打反托拉斯官司時，」郃凡尼恩說，「微軟傳喚我在蘋果的所有人資紀錄做為證據。於是我與我們的律師瑞里（George Riley）坐下討論，他說：『我已經從人資那裡拿到你的檔案了。』他把資料拿出來，結果裡面只有一張紙，內容毫無意義。他說：『郤凡尼恩，你的檔案呢？你的年度績效考核和所有資料呢？』我告訴他我從來沒做過年度績效考核。」

「史帝夫不相信考核。」盧賓斯坦憶當年，「他討厭所有正式規章。他的感覺是：『我隨時都在告訴你我的意見，所以你幹嘛還需要考核？』我一度聘請了一位企業主管教練，這樣我才能做完旗下團隊的360度考核報告。他人真的很好，於是我試著讓史帝夫跟他談談，但史帝夫不肯。事實上，他問我：『你幹嘛要那麼做？真是浪費時間。』」

賈伯斯不會把讚美浪費在任何人身上，或者讓他們有機會接觸記者（當時記者很好奇什麼出色產品會讓蘋果捲土重來，都想要採訪幕後花絮）。這倒不是因為賈伯斯渴望個人的媒體曝光。他不是，再也不是。二十來歲的他渴望鎂光燈，當時他初嚐名人滋味：與小野洋子、米克・傑格建立「交情」；擁有讓他陶醉的事物，例如曼哈頓聖雷莫大廈的頂層樓中樓豪宅；而來自《時代》、《滾石》與《花花公子》雜誌的關注，證實他已經遠離了在北加州郊區長大的平凡中產階級出身。他創立NeXT時，曾試圖博得媒體好感，好讓他們助他一臂之力，不過為時不久。到了九〇年代中期，對賈伯斯來說，炫耀名聲已經失去吸引力。當時他追求的不是名氣本身，而是世人對他工作品質的認可。他指示蘋果的公關主任卡頓（Katie Cotton）執行一項政策，而在這項政策裡，賈伯斯只接受幾家平面媒體採訪，包括《財星》、《華爾街日報》、《時代》、《新聞周刊》、《商業週刊》與《紐約時報》。只要他有產品要推銷，他和卡頓就會決定在這幾家少數值得信賴的媒體中，由哪一家雀屏中選。賈伯斯會親自接受採訪，但只有他一個人。

自從我多次要求訪談賈伯斯旗下團隊，卻老是鎩羽而歸之後，我和賈伯斯曾就他不情願與旗下團隊分享鎂光燈一事，聊過好幾次。有時候，他堅稱他不希望別人知道誰在蘋果表現優異，是因為他不想引來其他公司挖角。他說這話根本就是敷衍，因為矽谷本來就是一個圈子很小的地方，科技人才四處跳槽，大家對人才的關切程度就跟注意股市漲跌一樣。真正的實情是，賈伯斯不認為別人有能力代言他的產品或他的公司，世上沒有人能表達得跟他一樣好。賈伯斯在任何情境下都是最優秀的表演者，而他認為大部分採訪都只是一場表演。他是了不起的即興演說家與思考家，總是自信滿滿，認為他可以充分利用機會宣傳公司。只要是他參與過的報導，他都非常在乎那篇報導看起來如何，因為他認為照片、字型與漂亮的版型，有助於傳達他想讓別人了解的訊息。

在賈伯斯的指導下，蘋果發展出世上識別度最清楚的品牌之一。因此，儘管賈伯斯的政策激怒了核心團隊中一些人，但他的成功卻是不爭的事實。為賈伯斯效命，意味著全盤接受他個性鮮明的行為。看似自私的政策，結果通常對公司有益。起初乍看過於理想而不切實際的政策，可能事後證明是高明遠見。賈伯斯的核心團隊成員學會為他的難以預測提早做好準備，容忍他的善變。他們知道自己正為一位獨特的人物效命。

散步管理

賈伯斯以自己的方式確保他們都明白，在他心中，他們非常傑出。有時候，他會邀請其中一個人和他一起來場漫長的散步，地點可能是在蘋果園區或他位於帕羅奧圖的家附近。「那些散步時光非常重要。」盧賓斯坦回想那段日子，「你會想：『史帝夫是搖滾巨星般的人物。』因此，某種程度來說，和他一起度過安靜的時光，感覺就像一種榮耀。」賈伯斯也會以財富回報他看重的員工，他為每位核心團隊的成員安排利益豐厚的長期合約，提供股票選擇權。「他很擅長吸引真正優秀的人才到他身邊，同時以偉大的哲學與豐厚的利益激勵他們。你必須拿捏得宜。你必須提供足夠的金錢誘因，這樣一來，員工才不會說：『去你的，我受夠了。』」

賈伯斯也知道，對於和他一樣才華洋溢的團隊來說，創造瘋狂般偉大產品帶來的滿足感，是最好的激勵。「你必須相信這會需要一點時間；你不可能明早醒來就看到一切都解決了。」郃凡尼恩以前告訴過我，「然後經過兩年、三年，有一天你回顧過去，會說：『哇！我們真的走過來了！』如果你沒有這種信心，你就會陷入絕望中。因為一路上有太多痛苦，有太多人說這一定會失敗，這不會成功，這裡不對、那裡不對，一個勁兒地吹毛求疵。但，你唯一需要知道的是，只要你繼續埋頭苦幹，繼續努力，繼續試著做對的事，到頭來一定會搞定的。」對於核心團隊的每個人來說，拯救蘋果將會是他們終生引以為傲的成就。

「他真心在乎，」盧賓斯坦說，「而那使他成為優秀的管理者，儘管此時情勢發展不順利。在蘋果的這段時間裡，一開始樂趣無窮，因為我們一起投入其中。」

「當情勢艱難時，」郃凡尼恩補充說道，「他會謹慎思考每一個決定。他會審慎思考每件事的後果。」儘管賈伯斯總是毫不遲疑地堅持己見，但有時候當他永無止盡地過度講究小細節，例如要不要修改滑鼠與鍵盤的插頭設計，因而延誤重要的產品計畫時，他的煩躁就會搞瘋核心團隊。1998年，曾在NeXT短暫擔任行銷主管的史雷德回到蘋果，成為賈伯斯的顧問。「你知道嗎？大家想要把他描繪成米開朗基羅般的人物。」史雷德說，「但他其實是一個神經質的娘砲，就像經營小本生意的矮個子商人，既年邁又老派，說：『我應該再砍價五分錢嗎？』像極了收破爛的人。」

他非常專注投入手上的工作，而且他設定好時間表，確保能平均顧及每一項重要的代理職務。每週一早上九點，他召集管理團隊到蘋果園區一號大樓裡的會議室開會（後來這個管理團隊以「ET」之名廣為人知）。這場會議必須全員出席。他親自寫下開會議程，分發給大家，並繞著會議桌走動，針對正在研發中的計畫，詢問一些特定問題，從團隊那裡得知最新進展。每個人都必須就自己責任範圍內他可能發問的問題，做好萬全準備。對一些人來說，例如安德森或法律總顧問南希・海寧（Nancy Heinen），這可能是他們一週來與賈伯斯碰面的主要時間。然而，其他人都有心理準備即將面對嚴厲的追蹤質詢，自然會感受到強大的壓力。過去的成就讓他們在這間會議室裡贏得一席之地，但賈伯斯不在乎過去。對於賈伯斯，卡特慕爾說：「你可以從過去學到教訓，但過去畢竟已經過去了。他的問題總是：『我們要做些什麼才能往前邁進？』」

直言不諱的必要

這也是為什麼賈伯斯在指出問題或深入討論時，常把這種回應掛在嘴邊：「那是狗屎！」他只想得到對方聰明的回答。當坦率直言會讓事情更簡單，他就不想浪費時間顧及禮貌。「你之所以美化事物，原因就在於你不希望別人認為你是混蛋。所以，那是一種虛與委蛇。」艾夫進一步說明。艾夫是談吐明快的英國人，練就一身拳擊手的肌肉，當他坐著跟你說話時，習慣傾身向前，弓著背。身為首席設計師，艾夫從賈伯斯那裡收到的直率批評，不亞於任何人。每當他感覺遭受辱罵，他都會告訴自己，那些美化自己真實意見的人「不見得真的關心對方的感受。他只是不想惹人厭而已。但如果他真心在乎，就不會虛與委蛇，而是直接說出自己的想法。史帝夫就是這樣的人。這就是他說『那是狗屎』的原因。但是，之後隔天或後天，他也會回來說：『艾夫，我已經好好思考過你之前給我看的東西，最後我覺得很有意思。我們再多聊一聊。』」

賈伯斯的說法則是：「你要雇用比你擅長某些事的人，然後確保他們都知道，一旦你出錯，他們必須告訴你真相。蘋果與皮克斯的管理團隊經常互相爭辯。在皮克斯，每個人都坦白說出自己的想法。每個人都直言不諱，如今同樣的事也開始在蘋果發生。」他的核心團隊都了解，賈伯斯的尖銳批評並非針對個人。套句巴恩斯的話，他們都學習如何「安然度過挨罵的過程，練就了解挨罵原因的境界。」賈伯斯期望他們達到這種境界，而且他也期許他們能在他犯錯時頂回來。「我跟他吵架吵了十六年。」盧賓斯坦回憶那段歷程，「我的意思是，我們的吵架幾乎像喜劇橋段。我還記得，有一年聖誕節，我們一大早就在電話上對彼此大吼，而電話那頭的背景聲音則是我們心愛的家人在說：『快點，我們得出發了，掛掉那通該死的電話。』他老是為了某件事大吼。有一次，我們吵得很厲害。當時我人就站在庫珀蒂諾Target連鎖賣場的樓下，正推著購物車採購衛生紙之類的，然後我跟史帝夫在電話上互相吼叫，這就是我們相處的方式。我從小在紐約長大，我的家人活脫脫就像從伍迪・艾倫的電影走出來的角色。你知道電影『安妮霍爾』（*Annie Hall*）中，有一幕他們在雲霄飛車底下的場景嗎？我的家人就像那樣鬧哄哄的，講話呼來喝去。所以，一直吵架不會讓我感到困擾。或許我們之所以能夠成功合作，這正是原因之一。」

從太平洋海岸線往北將近一千四百公里，比爾・蓋茲正在那裡饒富興味地旁觀這家跛足公司的發展。之前他資助蘋果一億五千萬美元，並承諾為掙扎求生的Mac開發軟體。「這是個相對成熟的團隊。」他觀察發現，「史帝夫擁有這支來自Mac、甚至NeXT的人馬組成的團隊，一旦他有什麼缺失，每個人就會立刻補位支援。但蘋果這支管理團隊不僅會頂撞史帝夫，而且還連成一氣。當史帝夫把其中任何一個人揪出來罵：『你做的東西是狗屎，你是白痴。』團隊就必須決定，好，我們要讓這個人離開，還是我們真心喜歡這傢伙。事後他們會去找史帝夫，說：『嘿！拜託！我們可找不到那麼多像那傢伙一樣優秀的人才，你快回去道歉吧！』然後他會照做，即使他還在氣頭上。」

「那真是一支一流的團隊，經歷過地獄而存活下來，團結一心，不屈不撓。」比爾・蓋茲繼續說，話題轉向現在，「我的意思是，那個團隊裡的每個人都是佼佼者，勞苦功高，對得起他們領的那一份薪水。那個團隊裡沒有弱點，也沒有備用計畫或替代團隊。這是一支獨一無二的團隊。」

賈伯斯組成的團隊不僅陣容堅強，足以與他這樣的人互動，而且獨立自主，足以彌補他的弱點。他們發展出自己的一套策略，用來管好賈伯斯。「那感覺就好像我們有一個共同的敵人。」盧賓斯坦說。團隊成員彼此之間定時聚會，商量如何讓賈伯斯批准一些他們覺得最好的決定；思考如何在賈伯斯專橫或思慮不周的決定或偏見中闖關或遊走邊緣；試著推測賈伯斯下一步會帶大家往哪裡走，預作準備。他們都心知肚明，賈伯斯對於他們在背後進行的一切一清二楚。「他知道他可以信賴我們把事情做好。」郃凡尼恩說，「即使是當我們有摩擦或出現問題的時候。你知道的，我們面臨的問題確實艱難，而他知道他可以信任我們做正確的事。」

我一直密切觀察賈伯斯，這一路上他沉穩而有耐心地構思策略，並用甜言蜜語哄這群人組成令人欽佩的穩定團隊，負責執行這些策略。由於他過去擔任管理者曾經失敗，我一開始抱持懷疑態度，但還是很好奇。有一天，我問他，他這麼做是否為了享受建立公司的過程，因為這已經是他第三次嘗試了。「喔，不！」他一開始這麼說，彷彿我是個蠢蛋。但如果他不享受建立公司的過程，他肯定有經過深思熟慮的論點，富有說服力，足以解釋他為什麼一直這麼做。「對我來說，建立公司唯一的目的是，這樣一來，就可以製造產品。這件事是實現另一件事的工具。經歷過一段時間，你領悟到如果想要開發優良產品，勢必得建立一間強健的公司，並在公司裡打造強大的人才與文化根基。」

「公司是人類最了不起的發明之一，這個深奧的概念具備驚人的力量。即使如此，對我來說，重點還是產品。重點在於，和真正聰明有趣且創意十足的人一起努力，創造不同凡響的東西。錢從來不是重點。所謂『公司』就是一群人做出不只一件大事。它是人才，它是才能，它是文化，它是觀點，它是一種方式，可以匯聚眾人的努力，一起成就下一件事、再下一件事，然後再下一件事。」人才、才能、文化、觀點——他正重新改造的蘋果全都具備了，而蘋果即將創造的產品也一樣。

蘋果首席設計師

賈伯斯知道，他必須在1998年發表蘋果的首項新產品。他肯定不希望蘋果數百萬名投資者年復一年地等待，就像裴若與佳能在NeXT的遭遇一樣。但蘋果還沒有任何優秀的應用軟體準備好公開亮相，而賈伯斯一點都不想推出任何艾米利歐主導開發的硬體。他需要某種新產品，而這項產品必須具備他特有的基因，足以彰顯出蘋果正認真進行改革。長久以來，個人電腦產業已經失去創意，無法讓人為之興奮，如今淪為大眾眼中的「鐵盒子產業」（"box" business）。而賈伯斯需要的不只是另一個鐵盒子。

他發現答案就在特殊任務小組中，這些小組位於距離總公司幾條街的大樓裡，而讓安德森留下深刻印象的設計師艾夫，就在那裡埋頭苦幹。

蘋果的首席設計師艾夫，此時尚未加入賈伯斯的核心團隊。

1997年，當賈伯斯蒞臨時，個性低調但主動進取的艾夫剛滿三十歲。1992年，他與蘋果簽約成為設計師，當時他還住在倫敦，為橘子（Tangerine）設計公司工作。艾夫是銀匠之子，父親曾任教於倫敦郊區清福鎮（Chingford）的社區大學。他年輕時就受到工業設計吸引，遂前往新堡市，進入如今的諾桑比亞大學（Northumbria University）就讀。在那裡，他成了設計界的傳奇拉姆斯（Dieter Rams）的仰慕者。拉姆斯曾擔任德國小型家電製造商百靈牌的設計總監，在一九七〇年代，更是如今稱為「永續設計」的先驅之一，他曾經大肆批評工業設計慣常使用的「計劃性汰舊」（planned obsolescence）手法，刻意降低產品耐用度，迫使消費者必須經常汰舊換新，藉此增加銷量。如今仍為丹麥威特索（Vitsœ）公司設計家具的拉姆斯，以「好設計的十項原則」而聞名。根據拉姆斯所言：

1. 好設計是創新的。
2. 好設計使產品具有實用性。
3. 好設計具備藝術美感。
4. 好設計使產品一目了然。
5. 好設計是低調的。
6. 好設計是真誠的。
7. 好設計是耐用的。
8. 好設計是注重每一個細節。
9. 好設計是對環境友善。
10. 好設計是盡可能減少設計。

在艾米利歐短暫的任期內，我曾經走訪艾夫的工作地點，那是一個名為「設計實驗室」的地方。將來等賈伯斯重返蘋果之後，實驗室會遷移至位於無限迴圈的集團總部，比照「曼哈頓計畫時期」（Manhattan Project）的洛斯阿拉莫斯（Los Alamos）國家實驗室，門禁森嚴。但在艾米利歐時代，我在週五傍晚輕輕鬆鬆就能進去。那天，艾夫是唯一還留在公司的員工。整個空間堆滿灰色塑膠或聚苯乙烯模型，那都是他和旗下團隊過去設計的一般Mac模型。回顧當時，他的目標是以取巧而簡易的方式重新組裝電腦，而非創造劃時代的新設計。其中只有兩項產品例外，以其獨特的方式熠熠生輝。

他秀給我看的第一項產品是eMate，他的設計跟為小學生設計的牛頓掌上型電腦正好相反。這個蛤殼形狀的裝置看起來真的有點像貽貝。細緻的弧線設計賦予這台電腦充滿趣味的外型，但真正吸引目光的是半透明的水藍色塑膠外殼，那色彩令人悸動，彷彿從內向外綻放光芒。

另一項艾夫秀給我看的精采設計，是蘋果為了二十週年紀念而延後發表的限量版原型機。當時，麥金塔二十週年紀念機是他的驕傲與喜悅。這是一鳴驚人的作品，以打破框架的工業設計概念打造。艾夫和旗下團隊將最高階筆記型電腦的零件，放進線條弧度柔和的直立式平版裡，外觀上半部是彩色液晶螢幕，下半部是直立式光碟機，外框則飾以特別設計的Bose喇叭。這台電腦配備當時最尖端的科技，包括有線電視、FM調頻器，以及讓這台電腦兼具電視機與收音機功能而必備的電路系統。最後，艾夫和旗下團隊設計了半圓形的底座做為電源供應器，還有超低音喇叭、性能強大的立體聲擴大機，這樣一來，這台電腦就能以高性能的音響系統提供足夠的聲音豐滿度，卻不會過熱或看起來很笨重。整體配套設計看起來彷彿是紐約當代藝術館雕塑區的展品（事實上，最後確實有一台典藏在當代藝術館的工業設計展區）。所有科技迷無不爭相追逐這台電腦。

賈伯斯第一次從總部遠道拜訪設計實驗室時，艾夫相當緊張不安。「我們才第一次見面，他就已經提到打算請設計第一代Mac的艾斯林格再次出馬。」艾夫說，「我心想，他過來工作室基本上是為了開除我。而且他真該那麼做，因為當時我們推出的產品一點都不好。」工作室裏的產品和原型機並未讓賈伯斯眼睛一亮，倒是艾夫讓他留下深刻印象。

艾夫安靜而真摯，當他操著一口特有的英國腔調，描述自己試圖以設計達到的目標時，那投入的模樣魅力十足。就像賈伯斯一樣，艾夫有種天賦，可以清楚說明複雜的概念。賈伯斯對他印象深刻。「你知道艾夫那個人，他有點像小天使。」1997年末，賈伯斯告訴我，「我立刻就喜歡上他。而且第一次遇見他，我就知道艾米利歐浪費了這個人才。」

同樣重要的是，艾夫也對賈伯斯印象深刻。當上千名蘋果員工試著逃離艾米利歐那艘破了一個大洞的船，在矽谷灑履歷表時，艾夫卻把目光放在此時的蘋果。他很快就看出賈伯斯與艾米利歐截然不同。「艾米利歐自詡為扭轉局勢之王，」艾夫回憶，「所以他一心一意只想著扭轉局勢，而重點就是不要虧損。避免虧損的方式就是乾脆不要花錢。但史帝夫的重點完全不同，而且從未改變過。打從我們初次相遇，他就一直聚焦在產品上，一路走來始終如一。我們相信，只要我們做得好，產品也好，大家就會喜歡。而我們相信，只要他們喜歡，就會買單。只要我們營運得宜，就會賺錢。」一切就是這麼簡單。於是，艾夫決定不要離開蘋果，這項決定將為賈伯斯帶來工作生涯中關係最密切且成果最輝煌的創意合作，他們倆同舟共濟的程度，甚至遠勝早期他和沃茲尼克的合夥關係。

儘管如此，賈伯斯還是砍掉了艾夫心愛的兩項計畫。eMate隨著牛頓其他相關計畫一起消失了（只留下幾項專利），而二十週年紀念機只賣了一萬兩千台就陣亡了。這些產品不符合他劃定的象限。此外，有一天他告訴我：「我就是不喜歡電視。蘋果絕對不再製造電視機了。」這是艾夫第一次見識到賈伯斯冷血的決策過程。就像郃凡尼恩、盧賓斯坦、安德森和庫克，他也了解到有賈伯斯加入，蘋果才有最好的機會可以繼續前進，而一旦加入賈伯斯的行列，就得一路走到底，即使路途崎嶇。

iMac的誕生

在設計實驗室中，賈伯斯對一樣東西特別感興趣：eMate塑膠外殼的特殊材質與奇異的半透明度。這個細節為日後的iMac埋下種子，造就出全新賈伯斯時代的第一項產品。

從技術上來說，iMac並未徹底偏離蘋果過去的產品。但與賈伯斯密切合作的艾夫，設計出令人驚豔的外觀，賦予個人電腦些許個性，這是多年來首次創舉。iMac引人注目的圓弧外殼，採用的材質與eMate類似。透過「邦迪藍」（Bondi blue，取這個名字，是因為這種藍色讓人聯想到澳洲雪梨邦迪海灘的熱帶海水）的半透明塑膠外殼，消費者可以看到電腦的內部運作，那些排列嚴謹的電線與布滿晶片的電路板，看起來彷彿城市的3D立體地圖。電腦與螢幕安置在一個獨立的圓弧形底座上，後面開了兩個弧形洞口，不僅可以從這裡進行維修，而且合在一起就成了把手。儘管這個把手不切實際，但賈伯斯愛極了，因為這個設計回歸到原始的Mac概念。這台電腦約十七公斤重，因此不太可能真的會有人把它當成筆電拎來拎去。但把手、外型與半透明等特色結合在一起，讓iMac看起來就像一瓶湛藍的飲料，充滿樂趣。為了再一次讓蘋果從那群製造「鐵盒子」的廠商（戴爾、康柏電腦、惠普與IBM）中脫穎而出，這正是他需要的全新熱門產品。

iMac能夠從一堆方方正正、灰色調的笨重電腦中脫穎而出，另外兩項決策同樣厥功至偉，其中之一是科技上的決策，另一則是行銷決策。賈伯斯和盧賓斯坦選用光碟機，取代標準的軟式磁碟機，即使當時大多數人仍將資料儲存在軟碟裡。你可以另外購買外接式軟碟機，接在iMac上。但賈伯斯推測，大部分軟體很快就會轉移到光碟上（這項科技已經迅速取代黑膠唱片與卡式磁帶，成為錄製音樂的主要媒介）。同時他也十分肯定，在一、兩年內，具備燒錄功能的光碟機將使軟式磁碟機成為多餘的技術。一如他過去的做法，他打賭使用者在邁入未來的過程中，會接受稍微的不便，即使那代表他們必須被迫將資料轉檔成新格式。這一回，他下對賭注了。

賈伯斯另一項值得注意的決策是，在Mac前面加上i這個字母。iMac一開始的設計，就是透過電話線（真是夠幸運，居然有接頭可以連接iMac）或發展成熟的乙太網路來連接網路。iMac內建電話數據機，視為標準配備，當時大部分電腦製造商都當做額外加購的配件銷售。賈伯斯預見消費者會把這款能上網的Mac視為有遠見的電腦，對未來有先見之明，知道每個人將使用電腦在網路上流連不去。但這個i的作用不僅止於此。i代表個人，也就是說，這是「我的」電腦，甚至還可能是表現「自我」的方式。而這大膽的表達方式，令人耳目一新，一目了然，而且與眾不同。這看起來就像是「不同凡想」的人會使用的電腦。

在迅速發展的電腦媒體中，許多評論譏諷，跟其他競爭對手比起來，iMac既沒有比較快，性能也沒有更強大。畢竟，這十年來，個人電腦就靠速度與性能脫穎而出。那些評論也不喜歡這個胖嘟嘟的藍色玩意，認為iMac不像電腦，反而更像玩具。但他們完全搞錯重點了。iMac創新的設計，正傳達了賈伯斯想要傳遞的訊息：令人安心，親切友善，與眾不同。單憑這項產品，蘋果更加鞏固了「個人」電腦公司的地位。iMac就像一種鮮明的提醒，告訴大家個人電腦是給人使用的工具，應該反映出每個人獨特的個性，甚至加以凸顯。正因為如此，iMac甫推出即造成轟動，前十二個月的銷售量就高達兩百萬台，成為蘋果多年來首次真正暢銷的產品。

這次成功對賈伯斯東山再起的計畫非常重要。賈伯斯重返蘋果時，深信設計將在蘋果起死回生的路上扮演重要角色，而iMac證實了他的理論。「當我們製作第一款iMac時，」他後來告訴我，「在硬體工程部門引起很大的抗拒。很多人認為這不是Mac，一定會失敗。但等到每個人目睹iMac熱賣，許多人又開始回頭說：『好吧，我猜設計這玩意是真的很重要。』他們再度感受到成功帶來的興奮。」賈伯斯和艾夫的iMac讓蘋果朝東山再起，邁出大膽的第一步，為蘋果換來一些寶貴的時間，當時大多數觀察家原本都認定蘋果已經一腳踏進墳墓裡了。

其他產品的布局與起落

賈伯斯當年首度執掌蘋果時，最大的失敗就是他沒能接續Mac或甚至蘋果二號，衍生出強勁的產品。但到了iMac就全然不同了。iMac問世才一年，蘋果就開始銷售五種軟糖顏色的新版本。這些電腦甚至比「邦迪藍」機型更酷，因為這回改配備簡單的吸入式光碟機，取代第一代iMac採納的托盤式光碟機。這些電腦的明亮豔麗色彩完全符合蘋果的行銷路線，也就是一直努力將蘋果的品牌重新定位為充滿遠見、活力與創意。但賈伯斯並未只把注意力放在表現亮眼的iMac上（他過去就曾犯過這種錯）。此時的他確保他的團隊在填滿偉大計畫上的其他三個象限時，同樣表現出色。

在所謂的「塔」產品市場，也就是專業人士使用的桌上型電腦，因為這是他們的生財利器，所以要配備速度更快的晶片、更多記憶體、更好的影像效果，以及可以外接硬碟、CD燒錄器與其他配件的插槽。也由於這些電腦是為了具備專業能力的使用者量身打造，因此命名為Power Mac。這些龐大的機器放在你桌下，桌面上則是與它連接的螢幕。這台電腦的運算速度之快，使蘋果以第一部「個人的超級電腦」做為行銷訴求。這些電腦相當笨重，但艾夫的設計卻賦予它們造型優雅、操作簡單的印象；它們甚至比照iMac，擁有雙重手把，其中一側可以打開，讓內部維修容易一點。Power Mac基本款機型的成本至少比iMac高出一千美元，但也帶來更高的利潤。

在這裡，賈伯斯同樣避免重蹈覆轍。他並未宣稱Power Mac適用所有產業，倘若他這麼做，等於一腳將英特爾晶片搭配微軟作業系統的「微特爾」個人電腦踢出市場。相反的，他瞄準新興的創業人士，他們隨著網路經濟的崛起開創小型企業，這些人包括工程師、建築師、出版商、廣告公司、網頁設計師等等。這是一個願意容忍甚至宣揚「不同凡想」的世界，當時其他大公司的管理階層充滿恐懼地看待網路即將帶來的劇烈改變，害怕受到波及。

這些適用於iMac與專業電腦的設計才華與工程能力，同樣也適用於筆記型電腦。這台命名為iBook的電腦，比照iMac活潑有趣的外型，以迷人的亮橘色蚌殼設計，仿效舊式eMate的形狀。更高階的PowerBook為專業人士打造，外觀也是圓弧形，但改成有橡膠觸感的黑色外殼，採用PowerPC微處理器，蘋果因此得以宣稱這是「世上速度最快的筆記型電腦」，儘管這頭銜有點靠不住。這些東山再起的iMac持續累積的效應儘管簡單，卻影響深遠：三年前，蘋果才剛脫離瀕臨死亡的險境，如今藉此重新將自己打造成電腦產業中最有創意的公司（如果不是唯一有創意的公司，至少是最有創意的公司）。「我們回到蘋果的時候，」約莫那時，賈伯斯告訴我，「我們的產業處於停滯狀態，沒有太多創新。我們在蘋果認真工作，只為了重啟創新之路。目前個人電腦產業裡的其他廠商，讓人聯想起七〇年代的底特律。他們製造的車子就是裝了輪子的船。後來，克萊斯勒的創新之舉包括推出迷你廂型車、讓吉普車普及化，福特則以『金牛座』（Taurus）汽車為自己重新贏回一席之地。有時候，瀕臨死亡的經驗，能幫助人看清全局。」

然而，扭轉情勢的背後，往往伴隨著代價昂貴的失敗。蘋果盡可能讓連上網路的過程簡單明瞭，就像iMac其他功能一樣容易操作，由此來看，蘋果已經成功擁抱網路。但是，蘋果的eWorld卻徹底失敗了。當時與新款iMac一起綁約銷售的eWorld，提供線上訂閱服務，讓消費者上網訂閱經過專利授權的內容。儘管eWorld介面友善，讓人見識到原來上網就跟在住家附近散步一樣容易，卻依然一敗塗地。eWorld真正提供的只有電子信箱的服務，以及下載軟體的管道，實際上，跟地球連線（EarthLink）和美國線上等大型網路服務公司相較之下，eWorld使用起來沒有比較容易。此外，這些公司的網路服務，是與微特爾個人電腦一起綁約銷售。

還有一次代價慘重的失敗，則是盧賓斯坦與賈伯斯一起合作的得意計畫，過程中他們吵個沒完，最後於2000年推出這項名為Power Mac Cube的產品。蘋果的G4 Cube與NeXTcube的設計相似，但只有NeXTcube的八分之一大小，設計簡潔，令人驚豔，日後同樣典藏於紐約當代藝術館。不幸的是，這台電腦最後並未在許多家庭或辦公室風行起來。

賈伯斯熱愛Cube。這個每邊長七英吋的半透明立方體，具備強大的功能——雖然做為真正專業人士的電腦，功能依然不太足夠。Cube可以外接蘋果首次為桌上型電腦設計的薄型平板液晶螢幕。我的螢幕對角線量起來是二十五英吋，當Cube和它並排放在我的辦公桌上時，看起來就像極簡藝術裡的雕塑品。但在這個例子裡，賈伯斯犯下跟NeXT時期同樣的錯。他忽略了他情有獨鍾的簡潔設計需要一些特有的工程技術。更糟的是，Cube被許多製造上的問題吞噬了。Cube的塑膠外殼設計簡潔，卻在許多台機器上發現裂縫，一個小缺陷就毀了原本的設計傑作。我的Cube倒是沒有裂縫，但螢幕卻出現不可思議的美學問題：螞蟻和其他昆蟲不知怎地受到螢幕簡潔的塑膠外框吸引，老是擠在接縫中一路爬行，偏偏牠們一旦掉進縫裡就出不來了。隨著時間過去，螢幕兩邊的半透明「腳架」塞滿了昆蟲屍體，但那看起來完全不像困在琥珀中的史前時代蒼蠅一樣討人喜歡。有一陣子，我老愛拿這個對昆蟲友善的螢幕來取笑賈伯斯，但他從來都不覺得好笑。他提早結束Cube的銷售，而且最後的累計銷量跟他原先的預估差遠了。

OSX問世

賈伯斯讓自己置身於成熟穩重、經驗豐富、紀律嚴謹的團隊中，由一群膽敢直接頂撞他的人組成。而且，僅此一次，他允許他們掌握大權。原因很簡單，蘋果大到他無法獨自做所有決策。他在公司裡簡化許多流程，漸漸地，這個組織發展到他不必事必躬親就能得知他需要的細節。他主要透過核心團隊管理公司（雖然他也會不時召開精英員工會議），管理團隊的週一晨會成了一週的重頭戲。他在大部分事情上充分授權。例如，以財務來說，「我需要他的時候，就會讓他參與。」安德森回想當時情況。賈伯斯試著把這家成長中的公司置於股掌之上，但又不至於讓它窒息。

他也喜歡擁有知己——有個人可以讓他說笑逗樂，遠離他平日的工作常軌。他剛回到蘋果的那幾年，史雷德就扮演這樣的角色。史雷德自承他不是什麼有創意的「天才」，不像克洛或沃茲尼克。但他擁有很多真實世界的經驗，有話直說，而且隨和好相處，同時又夠獨立，能夠與賈伯斯機智對答，靈活應變，不會感到不安。他也表明他不想在蘋果擔任任何管理職位，這使他更容易與賈伯斯建立良好的私交。他們有時清晨會一起去慢跑，他甚至和賈伯斯、蘿琳去溜直排輪。

史雷德從西雅圖搭機飛到庫珀蒂諾，他通常週一和週二會在公司露面。他沒有屬下，而且賈伯斯告訴核心團隊，史雷德沒有特定的實權。但只要他人在蘋果，他跟賈伯斯總是焦不離孟，孟不離焦。他們每週一都會以管理團隊會議展開一天，開完會之後，兩人通常會去咖啡館吃東西，接著前往設計實驗室探險。史雷德試著加入他們的談話。「艾夫會說這種話：『史帝夫，我對這個設計語言不太確定，但加入這個就對了。你覺得呢？』」史雷德笑道，「然後我會說：『沒錯，看起來很酷。我可以喝杯可樂嗎？』他們會問我：『你覺得我們現在設計的不透光程度恰到好處嗎？』而我滿腦子都在想：『我在這裡幹嘛？』」當然，史雷德知道得可多了，只是他不會承認。但他的幽默感和務實對賈伯斯很有吸引力。賈伯斯不允許自己和核心團隊的人輕鬆相處，就像他和史雷德一樣。「史雷德是宮廷弄臣。」盧賓斯坦這麼說，他後來也和史雷德成為多年好友。

通常，每週一賈伯斯和史雷德拜訪艾夫之後，接著就會去找部凡尼恩和他的團隊，他們正在研發蘋果最新的作業系統，也就是日後的OSX。全新的作業系統，將讓蘋果所有的非凡成就進入起飛階段，引領往後十年的進展，從蘋果的應用軟體套裝產品iLife到iOS（這個經過瘦身的作業系統，將賦予iPhone與iPad生命）。全新的軟體產業也應運而生，製造出上百萬個手機應用程式。

儘管賈伯斯那些小玩意與電腦吸引大部分的目光，但驅動這些機器的軟體同樣重要。賈伯斯總是說，蘋果的主要競爭優勢，在於開發出整套「桌面小工具」：硬體與軟體得以協調合作，創造出優異的使用者經驗。在個人電腦的世界，硬體與軟體科技來自不同公司，而這些公司不見得總是關係良好，包括IBM和一些IBM相容機種製造商、微軟和英特爾。

一旦少了足以媲美Windows的作業系統，麥金塔就不可能重振旗鼓。現有的作業系統採納的是十五年前為原始Mac研發的科技，在螢幕上呈現的樣子與設計感似乎都過時了。

回顧NeXT時期，郜凡尼恩研發出Unix版本的作業系統，為沒有技術背景的使用者提供更友善的介面，同時也因造就出嚴謹的世界級電腦運算環境，而保住良好信譽。研發整套「桌面小工具」的目標也一樣，因此在他的設計下，「桌面小工具」與NeXTcube完全相容。但當公司被迫把主力改放在軟體上，郜凡尼恩與旗下團隊知道，若想要成功銷售NeXT OS，唯一的方法就是吸引其他廠商的工作站使用者，例如昇陽、IBM或索尼，甚至連標準版個人電腦的使用者都要一網打盡。因此，他們才研發出一些作業系統，在不同的電腦上試行，包括採用SPARC微處理器的昇陽工作站、採用英特爾效能最佳的Pentium微處理器的個人電腦與工程專用工作站，甚至都在PowerPC晶片上測試過。如今PowerPC晶片可是蘋果最新版麥金塔的核心。

當初他們替NeXT OS在其他電腦「建立連接埠」的經驗，後來到了蘋果，在兩方面派上用場。首先，郃凡尼恩和他的夥伴帶著所有基礎程式碼與技術，進了庫珀蒂諾的大門，不論未來麥金塔將採用哪一種微處理器，他們都有能力支援這家陷入困境的公司。之前蘋果已經更換過一次麥金塔的微處理器，而賈伯斯希望能保留再度更換的彈性。既然跟他在NeXT一起設計程式的老班底，都熟知幾種電腦運算平台各自的技術特性，一旦再度更換的時候到了，他們就可以協助他做出更客觀的決策。在技術中立的情況下，他們可以充分利用他們的作業系統，努力研發出一種架構。換句話說，這種架構將有助於他們建立最好的「桌上小工具」。這就是賈伯斯藏在手中的最後王牌，未來好幾年，他都會善加利用這張王牌。

第二方面有更立即的重要性：在NeXT的辛苦工作，讓郃凡尼恩帶領的人馬蛻變成一流團隊。他們面對的主要任務是，將NeXT的作業系統轉變成依然健全耐用、但介面與設計感更加現代化的系統，接近蘋果原始作業系統的設計，好讓Mac的使用者盡可能無痛轉移作業系統。另一項優先任務則是，設法保留新作業系統與舊Mac OS 9應用軟體之間的相容性，至少短時間內兩者必須相容。最後，他們必須為軟體開發商建立工具，協助他們從舊有的應用軟體過渡到OSX，甚至為了讓OSX充分發揮效能，而重新改寫整個應用軟體。

研發任何新的作業系統，都會面臨各種挑戰，即使OSX基本上只是修改已經測試過的作業系統而已，但「蘋果化」依然是工作量龐大的過程。賈伯斯完全明白，因此他並未替他的程式設計師定下不合理的完成時間。相反的，他監督他們時，混雜了耐心與不耐煩的情緒，如此一來，他才可以讓自己在壓迫他們的同時帶著尊敬。最終完成的作業系統，不僅符合賈伯斯直覺領悟到的一般人需求，同時還有世上最優秀的程式設計師撰寫的程式，既有深度，健全耐用，而且有調整的彈性空間。這套作業系統保留了迷人的桌面個性，讓蘋果的顧客從此不論甘苦，始終忠貞不二。

賈伯斯對作業系統的介面與設計感特別執迷。史雷德會和賈伯斯一起參加下午的OSX會議，郃凡尼恩的每一個屬下也都獲准進入密閉的會議室，展示最新的進展，不論他們手上正在進行OSX的哪一部分工作。「我們一次又一次地檢視OSX，」史雷德回憶那段日子，「逐一檢視每個像素、每個特色、每個畫面。這個可隨意放大或縮小的精靈特效，看起來應該像這樣嗎？工具列的圖示應該放多大？這是什麼字型？為什麼這個撥號圖示看起來會這樣？每個星期都會排定議程，讓史帝夫核准每一個項目的介面與設計感。」

「這套作業系統裡的每個細節都經過他核准。」史雷德繼續說，「這跟微軟的做事方式完全相反，在那裡，他們仰賴五百頁的工程設計書，由軟體設計師在文件中鉅細靡遺呈現每個細節，來決定一切。我們也有工程設計書，但史帝夫從來不看。他只看產品。」

賈伯斯一看到他討厭的東西，就會叫使用者介面設計師巴斯・歐丁（Bas Ording）照他的期望調整。「巴斯是個鬼才。」史雷德說，「他花個九十秒這裡改一改、那裡修一修，然後按個鈕，一切搞定，眼前就出現史帝夫要求的畫面。這傢伙簡直就是神。史帝夫曾經拿這件事開玩笑，他會宣布：『巴斯化正在進行中。』」

新舊軟體相容大不易

為了讓新的作業系統不會導致使用者原先使用的舊軟體立即失效，使得OSX的研發更加困難。對電腦公司來說，讓新軟體與之前的舊軟體相容，是最艱巨的挑戰之一。回顧一九八〇年代早期，這是蘋果面臨的實際問題，當時蘋果二號的顧客發現他們的軟體無法在蘋果三號執行。

賈伯斯相信，蘋果的顧客比大家想像的還更容易適應，因為他們對Mac的熱愛，遠超過微軟顧客對個人電腦的喜好。他相信他們會非常樂意往前邁出一大步，投入新作業系統的懷抱，即使他們終究還是必須購買整套新的硬體與軟體。結果，他是對的。往後十年，為了持續讓OS作業系統保持「苗條」與現代化，蘋果慢慢停止支援許多前幾代硬體與軟體遺留下來的特色，畢竟那些特色只有偶爾出聲的少數人熱愛。大部分Mac的顧客認為，只要能換來穩定改善的電腦平台，這種取捨很值得。

儘管如此，賈伯斯和郤凡尼恩依然盡一切所能，讓顧客順利過渡到OSX作業系統。其中，他們開發了新的軟體更新方式。隨著愈來愈多電腦長時間連接網路，蘋果可以直接透過網路傳送經過改善、修改、除錯的程式碼，經常替使用者更新軟體。這不只適用於作業系統，也適用於所有應用程式。而且，不論是對顧客或對軟體開發者來說，這麼做都很有道理，因為軟體開發者生性喜歡在「寫完」程式之後，繼續微調他們的成果。郤凡尼恩及其團隊正是首批充分利用這項優勢的主流作業系統開發商之一，而他們的方法將改變上百萬人的期待。從企業內部的IT管理員，一直到智慧型手機的使用者（他們希望自己最愛的遊戲可以時時維持最新版本），都將受到影響。

果然，2000年9月，蘋果公開發表OSX作業系統時，將這個版本稱為「大眾測試版」，言下之意是這套作業系統仍在進展中。定價是29.95美元（以往作業系統進行重大更新時，通常收費是這個價錢的五倍左右）。這是精明的行銷手法，因為它暗示早期的使用者其實是在試用OSX，於是出現一些程式缺陷和小故障是意料中事。這麼做也為蘋果帶來一段測試期，在這段時間裡，蘋果可以練習如何管理線上軟體更新。同時，郤凡尼恩的團隊可以運用網路提供許多次更新服務，藉此改善軟體。這種維修軟體的方式，很快就成為產業標準。這種方式也改變了消費者期待：他們再也不願意等上幾個月，才等到軟體供應商修正問題。

有鑑於iMac的成功為他們帶來喘息的空間，還有他們以Unix作業系統為基礎，建立了自己的操作系統，以及他們本身的程式設計專業，一直以來，郃凡尼恩和他的程式設計師都朝著遠大目標前進。因此，當OSX終於準備好正式出動，它將讓Mac達成個人電腦一直以來都無法做到的事。明顯的改善讓使用者陶醉其中，比方說，即使你使用滑鼠在螢幕上移動視窗，影片依然可以繼續播放。而且，OSX之美確實顯而易見，它的螢幕效果讓人有種3D立體錯覺：當視窗開啟時，看起來視窗的影子似乎投射在「後面的」物體上。在OSX系統中，大部分執行的程式依然是Mac的舊程式，特別是這些程式的設計師做了一點細微的調整，好讓顧客容易下載安裝。但其實OSX系統的骨子裡完全是Unix作業系統，這是電腦高手最愛微調的核心作業系統。

OSX問世之後，蘋果終於有了真正優質的電腦運算架構。Mac當機的次數比微特爾個人電腦少很多。單單一個雜亂無章的程式，無法戰勝整個系統。Mac幾乎對軟體病毒免疫。Mac基本的檔案系統非常容易操作，讓使用者在一個標準格式中，可以選擇三種不同的方式，檢視並搜尋檔案。真相是，OSX為賈伯斯往後數年想要開發的所有產品，奠定了先進的軟體基礎。

衰退王國的陰鬱王子

正如盧賓斯坦所言，他們的任務一直是拯救蘋果。2000年初，不論從哪個標準來判斷，賈伯斯和核心團隊都達到目標了。他們重新打造公司的電腦，成功東山再起。他們開始提供使用者穩健且現代化的軟體系統。公司的士氣高昂，員工重拾使命感。更重要的是，賈伯斯明顯蛻變為更優秀的領導者與管理者。重返蘋果三年半以來，他意識到在研發電腦的過程中，採取循序漸進的方式，會讓他的內心保持平和，這樣一來，他就可以建立永續經營的事業。

或者看似如此。2000年9月，蘋果公布令人沮喪的盈利報告。儘管有這些新產品與令人耳目一新的科技，銷量依然持續萎縮。股價下跌，從九月初的六十三美元跌到年底的十五美元。顯然最讓人失望的是，Cube銷量低迷，欲振乏力。從這裡開始，看起來好像賈伯斯已經把個人電腦運算科技推到了極限。他已經整頓了這艘船，修補了艾米利歐的破洞，讓每個人都往同樣的方向划槳，蘋果再度變得可口。但是，為了扭轉情勢，他必須回到正事上，研發新產品，而且必須是撼動產業平衡的產品。此外，他還得創造新商機。然而此刻，2000年會計年度尾聲，蘋果當季的銷量低於他回來以前的銷量。而股東從他回來之後享有的大部分收益都消失了。正如我為《財星》某篇報導下的標題，他是衰退王國的陰鬱王子。有些事勢必要改變。

一位CEO的蛻變

1979年的賈伯斯與沃茲尼克。兩人在四年前創辦了蘋果。儘管公司業務瘋狂成長，這對原本合作無間的好兄弟已漸行漸遠。（照片提供：Ted Thai/Polaris）

1979年，塞瓦基金會成員合照。賈伯斯捐了五千美元。他的摯友布里恩特就是正中抱著小男嬰的那位，他的夫人姬莉雅就是右邊雙臂在胸前交叉、稍稍往後那位。坐在第一排中央、戴著螺旋槳帽子的就是嬉皮哲學家葛萊維，而站在他左側的則是印度亞拉文眼科醫院創辦人文卡塔斯瓦米醫師。暢銷書《活在當下》印度瑜伽行者拉姆．達斯則坐在前面最左邊。（照片提供：Seva Foundation）

賽特＼戴廣告公司創意總監李・克洛與賈伯斯為麥金塔「1984」超級盃廣告獲獎一起出席頒獎典禮。兩人是關係密切的工作夥伴。賈伯斯認為李・克洛是真正的天才。（照片提供：Lee Clow）

公關教父麥肯納，賈伯斯事業早期最重要的導師。（© Roger Ressmeyer/Corbis）

跟賈伯斯一起出走，建立NeXT電腦公司的幾位大將：（後排）佩吉、賈伯斯、克羅、（前排）魯文、崔博爾、巴恩斯。魯文說：「我當然也想過從蘋果叛逃、投靠他的風險。但我又擔心，如果我不去NeXT，以後會後悔自己錯過了這個大好機會。」（© Ed Kashi/VII/Corbis）

郃凡尼恩，賈伯斯自微軟挖來的程式設計高手，來自卡內基美隆大學，在賈伯斯底下工作了十六年，先是在NexT，後來也跟他到蘋果。他在2003年晉升為軟體技術長，同事為他開趴慶賀，並把他設計的程式CD裱框起來送給他當紀念品。他在三年後離開蘋果。（照片提供：Wen-Yu Chang）

盧賓斯坦，暱稱「盧比」，是NeXT和蘋果負責硬體設計與製造的大將。盧比幫助蘋果以更快的速度推出新產品。照片攝於2001年，盧比的婚禮上。十天後蘋果就推出iPod。（照片提供：Jon Rubinstein）

庫依在蘋果總部舉行的iPhone 4S產品發表會上。一個星期後，賈伯斯就過世了。庫依說：「我們很愛為賈伯斯這樣的老闆工作，因為你可以學到如何一次又一次達成不可能的任務。」（照片提供：Kevork Djansezian/Getty Images）

蘋果公關主任卡頓，負責協調賈伯斯的採訪邀約。只有少數媒體和知名作者得以獲准採訪賈伯斯。（照片提供：Brent Schlender）

2007年，英特爾前執行長葛洛夫在史丹佛大學授課，賈伯斯來到他的課堂上。葛洛夫不時傳授經營管理的心法給賈伯斯。1997年賈伯斯曾打電話給他，問他是否願意來蘋果當代理執行長，他咆哮道：「史帝夫，得了吧！我才不想蹚蘋果的渾水！」（照片提供：Denise Amantea）

賈伯斯一週總有三、四天中午會跟艾夫一起吃飯。艾夫是蘋果設計長，也是賈伯斯最重要的合作夥伴，與賈伯斯聲氣相投。賈伯斯第一眼看到他，就知道此人足以承擔大任。（© Art Streiber/AUGUST）

2005年，皮克斯的「超人特攻隊」獲得奧斯卡最佳動畫長片等獎項提名。皮克斯團隊在紅毯上留影：站在中央的是拉塞特，右側是他太太南西，左側是蘿琳。導演布萊得•博德（Brad Bird）站在最右邊，旁邊是他太太伊莉莎白•坎尼（Elizabeth Canney）。賈伯斯則在後排傻笑。

賈伯斯從皮克斯創辦人卡特慕爾那裡學習如何管理一家創意公司。回歸蘋果之後，他就自制多了。（© Michael Macor/San Francisco Chronicle/Corbis）

2004年，賈伯斯發誓，他絕不會把皮克斯賣給迪士尼。不久，艾斯納下台，迪士尼換伊格當家。2005年，伊格與賈伯斯共同宣布迪士尼旗下的ABC黃金時段影集可在iTunes商店上購買、下載，並在新款iPod上收看。迪士尼與皮克斯多年來的敵意就此慢慢消融。伊格和賈伯斯也成了好友。2006年，迪士尼終於買下皮克斯。（照片提供：Walt Disney Company）

1998年庫克加入蘋果，並在賈伯斯過世後接下蘋果執行長的重擔。他來自美國南方，沈默寡言，感情強烈。每次賈伯斯碰到棘手的情況，總會找他幫忙，兩人漸漸成為至交。賈伯斯甚至曾打電話給庫克的母親，要她勸兒子早點成家。（© Kimberly White/Corbis）

賈伯斯主持的產品發表會總是像一場精心策劃的大秀，特別是2010年的iPad發表會。台上擺設了沙發椅和小茶几，營造溫馨的居家氣氛，彰顯這項新產品的簡約和貼近個人的特質，沙發也能讓病重的賈伯斯坐得舒適一點。（© Kimberly White/Corbis）

居家與幕後

1991年，史蘭德為《財星》促成賈伯斯與蓋茲首次對談專訪，地點就在賈伯斯的家。這場具有歷史意義的對談結束後，我和他們倆在後院合照。由於電腦產業競爭激烈，這兩人有時不免公開針鋒相對，但最後還是表現出互相尊重的寬宏大度。（© George Lange）

賈伯斯為NeXT員工舉辦年度家庭餐野餐日。史蘭德也在1987年帶女兒葛瑞塔參加。（© Ed Kashi/VII）

九〇年代末至二十一世紀之初，郃凡尼恩一直是賈伯斯最倚重的軟體開發人才。儘管蘋果的硬體設計贏得不少讚揚，軟體也是蘋果得以重振聲威的關鍵，尤其是郃凡尼恩負責的OSX。（照片提供：Brent Schlender）

2001年，OSX測試版推出前夕，賈伯斯在電腦前端詳OSX細部。使用者介面設計師在一旁看他的反應。賈伯斯嘆道：「實在太美了！讓人想舔一下。」接著，他真的傾身向前，舔了一下螢幕。（照片提供：Brent Schlender）

皮克斯在愛莫利維爾的新總部。員工以「史帝夫的電影」來形容這個新總部。畢竟，為了皮克斯這個新家，賈伯斯不知投入多少時間和心血。2000年，這個新總部落成不久，他帶史蘭德參觀。讓他特別引以為傲的是大樓的外牆磚。那一塊塊濃淡互異的磚塊看似隨機組合，其實每一塊都經過精挑細選。（照片提供：Brent Schlender）

蘋果上下在產品展覽會前夕總是繃緊神經。2001年2月，賈伯斯和行銷副總席勒在東京準備麥金塔世界博覽會（MacWorld），賈伯斯為了一個技術上的問題遲遲未能解決而悶悶不樂。（照片提供：Brent Schlender）

2001年東京麥金塔世界博覽會前夕，賈伯斯獨自準備講稿。（照片提供：Brent Schlender）

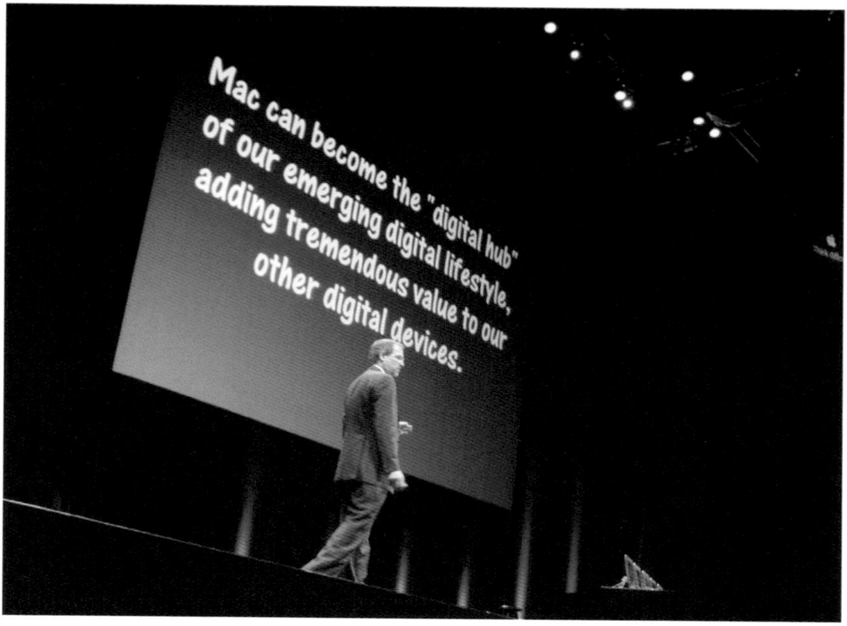

2001年2月，賈伯斯在東京麥金塔世界博覽會做專題演講，重申幾天前在加州提出的「數位生活中樞」策略。這樣的策略從此豐富了蘋果產品的使用經驗，也使蘋果成為全球最有價值的一家公司。（照片提供：Brent Schlender）

2001年10月23日，iPod產品發表會。賈伯斯在蘋果庫珀蒂諾總部員工大會廳，向媒體和蘋果員工展示這個新產品。這個發表會的規模有點小，可見蘋果一開始對這個產品的期待沒有很高。（照片提供：Brent Schlender）

賈伯斯盡力彌補與麗莎的關係。麗莎是他前女友克莉絲安為他生下的女兒。照片攝於 1994 年，他吹口琴給女兒聽，蘿琳在旁觀看。

攝於2001年，賈伯斯和蘿琳一起去參加史雷德的婚禮。史雷德先後曾在微軟和蘋果工作，他認為自己或許是唯一曾受邀參加賈伯斯和蓋茲婚禮的人。（照片提供：Mike Slade）

2003年，賈伯斯攝於自宅工作室。

賈伯斯每年至少舉家度假兩次，通常去夏威夷或歐洲。照片攝於2005年的墨西哥之旅。他們一家剛從蒸療棚屋走出來。最前面的是伊芙，艾琳在她後面，接著是里德、蘿琳，賈伯斯在最後。

看似賈伯斯與蘿琳的自拍照，攝於2003年巴黎之旅。

2011年3月2日，賈伯斯抱病參加iPad2產品發表會。他向觀眾揮手致意。這是他最後一次為蘋果產品現身。七個月後，他就與世長辭。（© Paul Chinn/San Francisco Chronicle/Corbis）

10

跟著直覺走

第一位描繪出蘋果未來的人是比爾・蓋茲。當時是2000年1月5日，他人在內華達州拉斯維加斯的消費電子展（Consumer Electronics Show）。當然，他原本是打算發表微軟的策略，而非預言蘋果的策略。但世事往往難以逆料。

當年，消費電子展是日益重要的貿易展。多年來，各種產品製造商在此聚集，參展商品從汽車揚聲器到音響、電視，從足球電玩遊戲（一按鈕就會發出嗶嗶聲）到攝影機、居家保全系統，涵蓋甚廣。後來，電腦公司的參展，改變了這場活動，而且在短短幾年內，這個展覽就成了最大的電子科技博覽會，每年一月吸引多達十五萬人次入場參觀，整整一個星期，讓拉斯維加斯這座罪惡之城陷入癱瘓。但蘋果從未參展，賈伯斯偏好在他掌控下的環境發表新產品。

微軟並未掌控消費電子展，但肯定讓所有人相形失色。2000年將執行長一職交棒給鮑默（Steve Ballmer）之後，改任董事長的比爾・蓋茲，包辦主場演講長達八年。這場展覽若要找名人來擔任半永久性質的演講者，比爾・蓋茲自然是最適合的人選，而他也將這個上台機會視為「最佳講壇」，借這個眾所矚目的發言機會，針砭時弊，發揮影響力。2000年，電腦產業可說是微軟的天下。全世界百分之九十的個人電腦都使用Windows作業系統。微軟的軟體不僅操控桌上型與筆記型的個人電腦，還有伺服器 —— 全球各大企業資料庫井然有序地儲存在其上，而公家機關的資訊科技也得以加強鞏固。在提款機、收銀機、機場報到櫃臺、航空母艦的甲板上，都可見到微軟的軟體讓全世界最複雜的科技得以運作。如果消費電子王國即將陷入混亂，還有誰比這個身為始作俑者的產業龍頭更適合提供建議呢？

那天晚上，比爾・蓋茲在拉斯維加斯希爾頓劇院發表演說，披露微軟如何「引領『消費電子Plus』時代」，現場座無虛席，擠進超過三千名觀眾。採用Windows作業系統的個人電腦成為「家用多媒體中心」的核心要素，不僅駕馭網路，連帶影響消費電子產品，甚至家電，而這些商品下載的都是微軟的軟體。他表示，消費者將因此受益，因為他們如今獲得「個人化的便利管道，不論是最愛的音樂、新聞、娛樂、家族照片或電子郵件，全都隨手可得，而這一切只要透過一系列的消費電子產品就可做到，包括電視、智慧型手機、家用音響與汽車音響和掌上型電腦。」

邁向數位科技的未來

這場演講是預言、是警告，也是藍圖。比爾・蓋茲提出遠見，預告當一連串的趨勢在現實中相繼發生，我們的家未來將會變成什麼樣子。不同裝置之間的連結將會加強，透過網路可以取得全新領域的數位內容與程式，在家裡可以玩全新的互動式電玩，感應式螢幕與軟體智能等小玩意兒將取代以按鍵操作的電子產品。這就是我們會對你們做的事——比爾・蓋茲這麼告訴消費電子產品的製造商。不論你喜不喜歡，這都會發生，因為這是數位科技對產業的影響。所以，你們這些過時而事倍功半的微波爐、汽車音響、電視與耳機，快加入新科技的行列吧！唯有這麼做，才能適應未來發展，而未來是屬於我們的！

這就是微軟的力量。當時，微軟無疑是電腦王國的霸主。這家公司全面滲透、進而掌控全球重要數位科技的所有面向，對每個參觀消費電子展的人來說，如果這是微軟想要的未來，顯然未來就會是這個樣子。雖然比爾・蓋茲沒說出口，但言下之意相當明顯：微軟將是最大贏家。各種硬體製造商都必須遵從微軟建立的規格明細，微軟便可藉此在下一個全新的世界，鞏固自己的主導地位。

稱霸全新的電子消費市場，或許可以解決比爾・蓋茲最大的問題：微軟並未符合投資者對科技公司的期待，不再以增值25%的速度飛快成長。回顧當年比爾・蓋茲與賈伯斯踏進這一行時，電腦產業依舊是IBM與迪吉多電腦的天下，他們生產的大型昂貴電腦賣給幾百家公司、政府機關與大學院校。當價格一如摩爾定律日漸降低，個人電腦製造商開始將商品賣給其他行業，而且大小通吃，因為如今小公司也負擔得起性能強大的電腦，以此提高工作效率。但是，從數據上來看，人數最多的消費者市場尚未充分開發。一旦你可以把電腦直接賣給消費者，一旦你讓日常生活中所有產品都具備電腦運算功能，銷售量將徹底改變。想想看：根據高德納集團（Gartner Group）的研究，2011年，三億五千五百萬台個人電腦，包含伺服器、桌上型電腦與筆記型電腦，銷售至全世界。同一年，手機的銷量大約是十八億台。而這個數據還不包括其他所有具備電腦運算功能或上網功能的裝置，這些裝置如今已經成為消費者日常生活的一部分，例如遊戲機、音樂播放器、收音機、自動調溫器、汽車導航系統等，所有透過電腦的運算與連線而走向智能化的產品。

比爾・蓋茲或許是世上最精明的商業策略家，他預見這樣的未來即將來臨。而他期待微軟一如過去在電腦產業的成就，也能在這個嶄新的領域分一杯羹。畢竟，還有誰能為數位互動裝置定下標準呢？這一直是比爾・蓋茲擅長的把戲：預見未來，並加以實現。他關注的範圍與企圖心之大，使賈伯斯相形見絀。他希望微軟的軟體出現在無數裝置上；賈伯斯一心只想著怎麼做可以讓他每個月多賣出幾千台Mac。比爾・蓋茲是唯一適合人選，有資格考慮主導他口中的「消費電子Plus」時代，雖然此命名很遜，但卻顯然勢不可免。他擁有影響力，而且非常、非常聰明；儘管他老是廢話連篇，卻精確描繪出電腦運算的未來，而就在十五年後，如今我們正邁入當時他口中的未來。他和鮑默的任務，就是執行這項策略。如果他們做得到，就可以帶領公司成功轉型，迎接他口中的未來，而如此一來，微軟就能再度成為投資人追捧的寵兒，持續成長。

當時還沒有人知道，比爾・蓋茲一月早晨在拉斯維加斯的這場演講，正意味著微軟霸權已到達頂點。1999年12月31日，這家公司市值六千一百九十三億美元，股價是58.38美元。自此之後，微軟股價一路下跌，再也不曾超越當時的價值。

相反的，有一家依然在電腦產業邊緣掙扎求生的公司，將會實現比爾・蓋茲的遠見。這家公司藉由漸進式的行動，憑直覺嗅出科技的走向，掌握時機，逐步實現比爾・蓋茲口中的未來。幾年後，賈伯斯將帶領蘋果改變經營的節奏。當時沒有人料想得到，未來竟是蘋果的天下，而非微軟。

醞釀消費電子市場新霸主

當比爾・蓋茲在消費電子展那番野心勃勃的言論傳回庫珀蒂諾，邰凡尼恩與盧賓斯坦說服賈伯斯召開緊急會議，帶領高階主管離開公司，前往帕羅奧圖市區的花園飯店開會，重新思考蘋果的方向。「比爾・蓋茲已經開始談我們的『數位中心策略』下場會如何，」史雷德回想當時情景，「因此，開會的時候，我就只是把他講的話原封不動拿來遊說賈伯斯。我說：『我們現在難道不該這麼做嗎？我們不能就這麼放任微軟蠻幹，他們只會把事情搞砸。』」

蘋果的員工對微軟的研發能力本來就沒多大敬意，認為他們只會為消費者研發出笨拙、令人困惑且不成熟的科技。這種敵意要回溯至幾十年前。儘管Mac早期能成功，微軟的Word、Excel和PowerPoint發揮了很大作用，但從庫珀蒂諾自視甚高的角度來看，微軟罪無可恕，因為他們推出Windows。1997年，賈伯斯重返蘋果之後，提議撤銷蘋果與微軟長期的官司訴訟，以此做為權宜之計，與比爾・蓋茲達成交易。但蘋果的人馬依然認為微軟抄襲蘋果的點子，Windows純屬剽竊。更糟的是，他們眼中的笨拙小偷卻騙了所有人，橫行全世界，蘋果不禁既鄙視又嫉妒。

賈伯斯的團隊真心相信，微軟描繪的「消費電子Plus」願景，會跟這個天殺的鬼名字一樣醜。如果需要任何證據證明微軟有多笨拙，最好的例子就是2000年，微軟決定一反過去只在乎企業顧客的做法，試圖親近真實的人類，而他們做的事，就是打開個人電腦上的Word、Excel或PowerPoint，讓一個栩栩如生的數位「門房」跳出來打招呼，他們將它命名為「迴紋針小幫手」（Clippit）。這個會說話的擬人化迴紋針，最初是為了生產力應用軟體Office的使用者而設計的資訊協助中心，在許多使用者心中，迴紋針小幫手令人厭惡，不僅毫無用處，還一副自以為了不起的樣子，偏偏要讓它從螢幕上消失又困難到令人沮喪。《時代》雜誌最後將迴紋針小幫手列入史上五十大最糟發明。

不論未來會出現什麼樣的消費電子、通信與數位媒體新世界，蘋果的團隊一想到要由迴紋針小幫手的創造者建立未來新世界的外觀設計與氛圍，就完全無法忍受。他們希望新的消費電子科技能夠具備高度的優雅、美感與簡約。蘋果推出的產品總是設計感十足，風格獨具，在電腦業界無人可望其項背。你只要比較iMac與一般的個人電腦就知道了。

比爾・蓋茲心知肚明，他的美感永遠比不過賈伯斯。「不論是對自己的工作或對他們研發出來的產品，他都懷抱最高度的期許。」他說，「史帝夫天生就習慣設計。當我踏進一間旅館房間，我不會說：『喔，這張床頭櫃的設計很差勁，看看這個，這樣設計就會好多了。』當我看著一輛車，我不會說：『喔，如果這輛車由我來設計，我會這樣做、那樣做。』像艾夫、史帝夫那樣的人，永遠是以這樣的眼光看待一切。你知道的，我會看著程式碼，說：『好，這個架構很好。』但那是以全然不同的角度理解世界。與生俱來的感受力讓他擁有世界級的直覺，能夠判斷這件或那件東西是否合乎特定標準。對於什麼是狗屎、什麼不是，他有極高的標準。」從那些標準來看，賈伯斯的管理團隊說得對：微軟和蘋果連對可接受的設計應該具備什麼要素，都有截然不同的看法，更別提優秀的設計了。如果這些應用程式和裝置像比爾・蓋茲宣稱的無所不在，現在便是少見的好時機，可以針對功能性與風格美感奠定標準，一舉決定往後一般人如何與數位科技打交道。

蘋果已經推出設計優良但缺乏選擇性的應用軟體iMovie，在這個新興市場試水溫。iMovie問世的時間點恰巧遇上索尼、JVC、Panasonic等日本廠商推出平價的數位攝影機。賈伯斯認為購買那些攝影機的消費者，正需要一種精緻簡單的影片剪輯軟體。iMovie是設計精密的軟體，大幅簡化冗長乏味的剪輯流程，可以將無聊的業餘影片剪輯成接近專業水準的家庭影片。然而，如果說iMovie證明了蘋果有能力研發酷炫的消費者軟體，那麼它也同時證明了消費者市場有多難預測。即使iMovie再好，但它試圖解決的問題，對消費者來說並不迫切。

1999年10月，賈伯斯在新一代的彩色iMac發表會上，一併介紹iMovie。但銷量停滯不前。賈伯斯怪罪自己沒有好好說明這項產品。因此，在1999年12月的管理團隊會議上，賈伯斯給他那六位高階主管一人一台索尼全新數位攝錄放影機的早期原型機，要他們拍攝並剪輯四分鐘的家庭影片，限期一週內完成。他會選出最精采的片段，2000年1月帶去麥金塔世界大會展示，證明任何人都可以在一週內學會掌握iMovie。

「安德森、盧賓斯坦、郃凡尼恩、庫克、坦默頓、史帝夫和我都製作了四分鐘的影片。我得老實說，整個過程相當費力、困難，連我們這樣的電腦高手也吃不消。」史雷德回憶當時，「你必須拍攝影片，把影片輸入到iMac裡面，剪輯、配樂，加上感謝所有參與者的字幕，然後再把影片傳回攝錄放影機，因為硬碟不夠大，沒辦法同時保留原始影片剪下來的片段與完成的影片，而當時我們還沒有可燒錄的DVD光碟機。我們大部分人都覺得這是毫無價值的策略。」

「但這些影片真的很有趣。」他承認，「那時候我的孩子還小，所以我拍攝他們秋天在落葉上玩耍的樣子，背景音樂用的是范・莫里森（Van Morrison）的『特派羅的蜜糖』（*Tupelo Honey*）。賈伯斯也是拍攝他的孩子。而安德森，嗯，他的生活顯然很無趣，所以只能拍他那隻該死的貓。庫克拍的是他在帕羅奧圖看房子，以凸顯房價過高的問題。不過，我想最棒的是盧賓斯坦的影片。他生日那週到達拉斯出差，於是他扮冷面笑匠，記錄一整天的重要行程集錦，他的場景包括獨自坐在旅館房間裡、會議室裡，還有其他一些無趣的地方，不論去哪裡，他都對著鏡頭說：『生日快樂！嗚呼！』坦默頓則拍了一支美麗的影片，記錄他的孩子和寵物一起玩耍，邊聽龐克樂團『年輕歲月』（*Green Day*）的歌，邊在床上跳來跳去。」（賈伯斯後來選了最後這支影片。）

這些短片或許看起來很有趣，但製作時間得花上好幾個小時。即使經過iMovie簡化，影片剪輯依然是需要投入時間、心力與技術的工作。這種事父母多半只會偶一為之，儘管如此，還是很少父母有這麼多空閒時間，能夠花上一個星期製作影片。一直到郃凡尼恩和盧賓斯坦召開花園飯店的會議，賈伯斯才承認蘋果必須研發出比iMovie更簡單的消費者軟體，讓使用者每天都可以輕鬆使用。在這場會議中，他們一致同意數位音樂管理軟體看起來很有機會。賈伯斯並未堅持己見，非得繼續努力讓iMovie暢銷不可，而是選擇聽從團隊的建議，投入數位音樂的市場。如今最大的問題是，姍姍來遲的蘋果能不能加快腳步，趕上這場盛會。

工作狂人性的一面

賈伯斯對iMovie感興趣，並不意外，因為這個軟體主要是為家長設計的。此時他和蘿琳已經育有三子，最小的孩子伊芙出生於1998年，而在世紀之交的時候，他們終於安頓下來，開始過穩定的家庭生活。

賈伯斯區隔與聚焦的能力，以及讓他扭轉蘋果情勢的特質，同樣也讓他在工作與家庭生活之間取得平衡。回顧當年，賈伯斯帶領Mac團隊或經營NeXT的時候，他和人數不多的團隊常常一起加班至深夜，努力推出下一項傑出的產品。但如今，他在蘋果的角色不同了：他要帶領一家擁有上千名員工的公司，透過高階主管組成的小型團隊管理一切。他不必親自站在傑出工程師與程式設計師的背後，緊盯著他們工作，而是能透過電子郵件完成大部分工作。因此，他幾乎每晚都能回家吃晚餐，花時間陪伴蘿琳與孩子，之後再回到電腦前工作至深夜。那陣子，我和他是iChat上的聊天夥伴，我會固定在凌晨時分檢查螢幕，看看他名字旁邊是否亮起綠燈，那代表他登入了他的Mac（iChat是蘋果的視訊軟體，有陣子我們會用iChat討論公事，當時他的兒子里德剛邁入青春期，我們聊天時，他有時候會躡手躡腳地靠近賈伯斯，對我扮鬼臉）。

若以圖表呈現父母花多少時間陪伴孩子，以及花多少時間專注在工作上，賈伯斯花在工作上的時間，必定高得不成比例。賈伯斯和蘿琳都知道，他老是非常、非常、非常認真工作，早在他們當初結婚時，這已經是彼此基本的認知。「我們倆都沒有太多社交生活。」蘿琳說，「對我們來說，社交沒那麼重要。」蘿琳晚上經常在他旁邊工作，一開始她忙著經營泰拉薇拉（Terravera）食品公司，後來她賣掉這間小型的健康食品公司，接著創辦非營利組織「大學之路」（College Track），主要幫助弱勢高中生取得大學學位，這是她首次投入慈善事業。他們並肩進行研究；她會丟些點子，徵詢他的意見，而他常常會花一、兩個小時跟她聊蘋果的事業。他們睡前通常會看電視，自從1999年「史都華每日秀」（*The Daily Show with Jon Stewart*）開播之後，他們多半會看這個節目。雖然教養孩子的擔子落在蘿琳肩上，但他們會安排生活的時間表，確保賈伯斯也能參與。每年聖誕假期，他們通常會去夏威夷度過，大部分是住在大島柯納村莊度假村的小木屋裡。

除了配合賈伯斯沉重的工作量安排時間表之外，這對夫妻盡一切所能，讓孩子過賈伯斯定義的「正常」生活。他和蘿琳堅持為孩子打造的環境，生活水準頂多稱得上中上階層。多年來，愈來愈多富有的名人住進他們的社區〔Google創辦人佩吉（Larry Page）就住在附近，還有舊金山49人隊知名的四分衛史提夫・楊（Steve Young）是他們的鄰居〕，但賈伯斯和蘿琳盡一切所能，讓自己的房子感覺就像尋常的家一樣溫暖自在。他們的房子沒有重重圍牆，前門直接對著街道敞開，孩子在社區裡漫步玩耍，全家一起在這一帶騎腳踏車。

賈伯斯和蘿琳甚至還添購了家具，雖然過程非常緩慢。「那些傳聞都是真的。」蘿琳咯咯地笑出來，但還是不禁嘆了口氣，「他選這些東西真的可以選到天荒地老，不過後來我也跟他一樣。」儘管你到處都可以看到家有小孩的跡象，但他家遠比我家乾淨整齊多了，因為他們雇用一個人手來幫忙家務。他們的庭院就跟室內一樣可愛，我每次都覺得這個地方的中心是廚房門外那個種滿蔬菜、花朵的庭園。這片房地產獨一無二的特色就在這裡，完全不像這一區其他美輪美奐的房子庭院景觀。有時候我拜訪他們家時，會看到賈伯斯剛在庭院做完園藝工作，或看到蘿琳和其中一個孩子拎著一籃剛採下的蔬菜與鮮花走進來。

這裡是他的避風港。雖然同事偶爾會來拜訪他，但他試著讓媒體遠離他的家和家庭生活。當他與十分了解他的記者在一起時，大家都有默契，任何有關他家人的談話內容都不能公開。有一次，我在《財星》發表的文章中提到，我的孩子們去他家和他的兒子里德看「玩具總動員」，我還事先徵求他的同意才寫出來。

但賈伯斯和蘿琳並沒有刻意避開鄰居。他們常去帕羅奧圖市中心。《財星》的矽谷分社設在愛默生街，賈伯斯也在這條街上買了一間房子，當做離家比較近的辦公室。他其實不太常使用這間辦公室，但只要他在這裡，就可以常看到他和一位同事出門散步，或他自己出來跑腿〔後來《財星》因為一系列刪減成本的措施，關閉了這間分社，我告訴蘿琳這件事，她就把那地方租下來，做為她創立的非營利組織「愛默生基金會」（Emerson Collective）總部〕。有一次我巧遇賈伯斯，結果我們跑去買一輛新腳踏車，當時蘿琳的生日快到了，賈伯斯要送她當生日禮物。賈伯斯事先已經做好功課，所以沒花多少時間。我們從踏進大學街上的帕羅奧圖腳踏車店到出來，只花了十分鐘。他說：「我不會叫安德列去做這種事。」他指的是跟了他很久的行政助理，「我喜歡自己買禮物送家人。」

套句卡特慕爾那句簡潔有力的話，這些日常的交流「扭轉了脾氣暴躁的印象」，在許多人心中留下難忘的回憶，因此在賈伯斯過世後，他們紛紛在風行矽谷的問答網站Quora上留言，回憶這些相遇的片刻。有位設計師提姆・史密斯（Tim Smith）描述當時他那台老舊的Sunbeam Alpine跑車在賈伯斯家車道正前方拋錨了，他正在想辦法的時候，蘿琳走出來，遞給他一瓶啤酒，然後提議打電話叫他們的朋友來幫忙，她說對方非常熟悉這種車。那位朋友抵達時一身晚禮服，顯然正準備外出，這時賈伯斯和里德從房子裡走出來。賈伯斯坐進車子裡試著發動，而他的朋友則鑽進車蓋裡，想辦法修好車子，但徒勞無功。正如史密斯在網路上的留言：「我要在此停格，這就是柯達廣告裡說的珍貴時刻，是你想一輩子珍藏的回憶。那是一個美麗的秋天夜晚，而你的車在帕羅奧圖故障了。賈伯斯盛裝打扮的好友鑽進車蓋，修理你的引擎。你正在跟賈伯斯平易近人的美麗妻子說話。而賈伯斯和他的孩子坐在你的車子裡，試著發動車子。能夠這麼接近像賈伯斯這樣的人，這種機會並不常見，更何況還是在這種荒謬的情況下，你頓時了解他們真的就是好人。他們是平凡而真實的人，有趣而和善。完全不是媒體描述的那種人。賈伯斯不是媒體所描繪那個狂妄的生意人與設計的暴君 —— 呃，他是，但並非時時刻刻都是。」

一般人很少見到賈伯斯生活的這一面，而他也無意公開。大家普遍對賈伯斯的迷思都停留在他才華洋溢、自我中心、給人壓迫感，會為了事業犧牲一切，或推開阻擋他的所有人事物。而且，大家往往最後就會得出偏頗的結論，認為他一定不夠朋友，是個不稱職的父親，沒有能力去關心人、愛人。這些刻板印象完全不符合我與他相處的經驗。

好到讓人想舔一下

賈伯斯本人其實與那些諷刺漫畫描繪的形象相反，也不像我為《財星》或《華爾街日報》採訪的大部分執行長，他總是很有人性，而且直言不諱，雖然聽起來刺耳，卻是當頭棒喝。確實，這些特質也有負面的一面：當他不認同《財星》登出的報導時，他會毫不留情地反擊，我不只一次聽到他以高高在上的姿態嘲笑我的同事，毫不保留地流露出他的傲慢。但他也傻里傻氣的：有一次，他告訴我有個新的軟體介面「好到讓人想舔一下」，他真的當著一屋子工程師的面，靠過去舔了那台

27吋的平面顯示器一下。而且他的幽默感是消除敵意的最好方法：有一次我去採訪他，身上穿了一件亮色系的絲質襯衫，這件海軍藍的條紋衫有垂直的波浪花紋，條紋之間還點綴了許多飛濺的血紅色圖形，每個圖形寬約八公分。這些襯衫上的圖形簡直呼之欲出。我一走進會議室，賈伯斯就把我從頭到腳打量了一遍，嘲笑我：「你來見我之前，是不是碰到行刑大隊了？」他為了製造效果還停頓了一會，緊接著就咯咯地笑了起來。當他真的被逗樂時，就會捧腹大笑；根據蘿琳所言，他和孩子在家裡說笑的時候，她最常聽到這種笑聲。

並不是說我看著賈伯斯，眼裡就看到一個模範父親。我知道他工作多認真，也知道他的努力不懈讓他個人付出代價。但這麼多年來，我深入他的家庭，旁觀他們的生活，這些點點滴滴就跟我朋友與同事的生活一樣真實。這些Quora網站上的故事，還有我與他在帕羅奧圖附近或他家一起度過的時光，都如此平凡。但隨著時間過去，我漸漸領悟到重點就在這裡：他渴望正常生活，而他待在家裡最能如願以償。當和他的家人在一起，他從他們身上獲得療癒的出口、人性的感受。而他在蘋果則完全相反，他得隨時準備好率先投入充滿未知的未來。

全副武裝，成功涉足數位音樂產業

如果說iMovie是進入消費者數位軟體世界的探路先鋒，那麼iTunes就是遠征隊了。此刻賈伯斯的裝備齊全，不僅有他愈來愈信任的管理團隊，還有他敏銳的美感、他抱持的信念：相信科技與藝術結合將帶來了不起的產品。此外，他也漸漸了解偉大的創意並非一蹴可幾。在這樣的裝備下，他已經準備好看看蘋果能帶給音樂界什麼樣的改變。當然，從後見之明來看，這似乎是明顯的行動策略。但正如所有充滿挑戰的旅程一樣，儘管最終證明不虛此行，但一開始出發的時候，對於最後會抵達什麼樣的終點，他們其實沒有把握。賈伯斯只得跟著他的直覺走。

他本來就熱愛音樂，但就像許多四十幾歲的人一樣，他聽的歌單已經相當固定。賈伯斯和我曾經聊過披頭四和巴布・狄倫，有時候，我們其中一個人會針對我們不太喜歡的新歌吹毛求疵。一講到音樂，賈伯斯就變身成一個老頑固，滔滔不絕起來，從這一點來看，他和別人沒什麼兩樣。

這或許可以解釋一九九〇年代晚期，當大家開始流行在個人電腦上儲存和播放數位音樂時，賈伯斯為什麼沒有及早出手。那段期間，幾家新興公司開始涉獵管理MP3檔案的音樂播放軟體。MP3是數位檔案的簡稱，包含讀取CD上的音樂，經過壓縮後轉存（換句話說，就是複製）到個人電腦硬碟中的音樂檔案。也有公司自行研發加密壓縮演算法，希望說服唱片業採用他們的科技，建立新的音樂商業模式，直接在網路上把音樂賣給消費者。事實上，其中兩家公司是由微軟的「畢業生」創立或資助的：真實網路公司（RealNetworks）與液態音訊

（Liquid Audio）公司。

然後是Napster出現了。這個獨創的點子出自麻薩諸塞州的青少年尚恩・范寧（Shawn Fanning）。Napster這個應用軟體讓所有檔案公諸於世。1999年夏天，范寧開創了「點對點」的檔案分享服務，讓全世界的人都可以上傳與下載MP3檔案（只要有一台電腦，可以連線上網，任何人都做得到），這番創舉讓每個人得以與別人分享自己珍藏的音樂。自從檔案變成數位格式，免費的複製檔就跟原始檔沒兩樣。這是最早在網路上瘋狂流傳的軟體之一，可說是名副其實的殺手級應用程式，在幾個月內吸引了數百萬名使用者。此外，這也是非法的。Napster助長盜版音樂的散播，導致大規模的音樂消費行為改變，整個唱片市場的傳統商業模式最終也會受到波及。法院會在2001年強制關閉Napster，但在那之前，Napster已經在音樂文化上引起相當大的轟動，讓范寧一舉成名，登上《時代》雜誌封面。

當這一切風起雲湧之際，賈伯斯正忙著穩定蘋果。他全神貫注解決眼前的問題：讓庫存量合理化，穩定現金流量，縮編人力，組成全新的管理團隊，重振廣告與行銷，更別提還要監督新產品的設計。賈伯斯所有的注意力都放在蘋果內部的需求與議題上。以他當時有限的注意力，根本無暇顧及音樂。但是，如今，他意識到蘋果必須跨入音樂產業，而且動作要快。

蘋果涉足數位音樂的故事，敘述的正是一個人及其團隊，學習如何在飛快的變動中一次又一次地應變。

賈伯斯藉由縮減產品線，凝聚整個公司的力量，如此一來，蘋果就可以再度生產出獨特的電腦。他利用高明的行銷手法與可觀的財務成果，不僅對員工，也對顧客重申公司的使命。但蘋果的產品目錄依然停留在電腦上。此時的賈伯斯開始意識到，消費電子與電腦的合併成為日漸重要的新興市場，不論是蘋果的汰舊換新或賈伯斯的老習慣，都必須改變。以iTunes做為起步的蘋果，行動力遠比過去更加敏捷。賈伯斯展現出全新的開明態度，同意公司必須迅速跳過iMovie，跨入數位音樂產業。現在他必須保持同樣的彈性，並且跟隨他的直覺，不論直覺指向哪裡。

從歷史角度來看，賈伯斯總是傾向於讓蘋果從無到有自行研發軟體，因為除了自己人，他誰都不信任。但既然蘋果太晚進入數位音樂產業，就沒有足夠的時間自行研發音樂管理程式。因此，賈伯斯決定收購市面上現有的音樂播放軟體，再由蘋果改造成自己的風格。

當時有三個獨立開發商已經為麥金塔研發出音樂播放軟體。其中最好的軟體名為SoundJam，定價四十美元，正好是由兩位蘋果前任軟體工程師研發出來的。而賈伯斯也對SoundJam感興趣，因為這個軟體的核心是複雜的資料庫程式，能夠將音樂按照數十種屬性分類，是所謂「超級用戶」的最愛，能協助他們管理涵蓋上千首歌曲的大型資料庫。這個軟體操作簡單，可以直接從CD擷取音樂，以各種格式壓縮成較小的數位資料檔案，輸入到電腦中。

2000年3月，蘋果買下SoundJam，這次收購附加了一些不尋常的條件：SoundJam的創始人會來蘋果工作，但他們的軟體批發商會繼續銷售市面上現有的SoundJam產品，直到蘋果改造成iTunes為止。另一個條件是，這筆交易必須保密兩年。對外不會有任何跡象顯示SoundJam將有任何改變，批發商與SoundJam的程式設計師會繼續賺錢。這樣一來，蘋果就可以對外隱瞞他們正在進行音樂播放軟體的設計。保密是一切的關鍵，因為從錄音室、消費電子廠商、科技公司到廣播電台等各方人馬，都在尋找路徑，企圖引領數位音樂的發展。早年的蘋果，還有史考利、史賓德勒與艾米利歐時期的蘋果，一直是艘破洞的船，什麼機密都留不住。但賈伯斯徹底根除這個問題，他清楚表明，只要逮到任何人洩漏公司資訊或計畫，就立刻開除。因此，這筆交易一如他所希望的保密到家。

坦默頓帶領的軟體部門，因為從iMovie的研發過程中得到許多經驗，這次行動迅速明快。SoundJam的團隊與蘋果合作無間。這群程式設計師直接與郜凡尼恩、坦默頓一起工作，努力改善舊程式的一些屬性，包括賈伯斯的最愛：一種迷幻效果的「視覺」特色，根據播放的音樂不同，會產生各種抽象模糊、色彩繽紛的全螢幕影像。更重要的是，他們簡化了這個軟體，盡可能刪減選項，降低複雜度。結果，這個軟體也成了特色鮮明的產品，凸顯出賈伯斯創造的全新蘋果——只要是無關緊要或讓人分心的一切，都直接拒絕，包括軟體功能、新的計畫、錄取新人、無聊的會議、所有媒體採訪，甚至是華爾街想要針對未來收益提供更好的指引。最重要的是，拒絕成了關鍵的方式，可以讓每個人，包括他自己，都專注在真正重要的事情上。這個簡單純粹的象限策略為這個組織奠定基礎，讓他們可以一而再、再而三地拒絕，但只要他們點頭同意的事，就會帶著堅定而強烈的決心，著手展開新計畫。

數位生活中樞

iTunes團隊的行動力快得驚人。2001年1月9日，距離收購SoundJam之後短短九個月；而比爾・蓋茲公開為連結電腦、消費電子裝置與應用程式的新世界命名也不過一年，此時賈伯斯卻已經準備好在舊金山麥金塔世界大會上揭開iTunes的神祕面紗。除了iTunes，他還有陣容堅強的產品可以炫耀，包括Titanium PowerBook，日後將成為蘋果第一款大受歡迎的筆電，外殼首度採用金屬材質，而非塑膠材質；還有OSX，終於要在三月上市。

結果，iTunes成了整場秀的主角，因為幾乎在場的每個人都知道，他們想要的就是這種軟體。賈伯斯現場示範如何使用這個軟體，把整片CD上的音樂庫擷取到Mac硬碟上的數位資料庫裡；以及iTunes的資料庫如何協助你輕鬆找到特定歌曲，播放出來。你還可以收錄許多歌曲，編寫成個人的播放清單，儲存在軟體裡面，或燒錄成方便攜帶的CD。

而且，跟OSX不同的是，大家不用等到三月底，iTunes立刻就開放下載，完全免費。賈伯斯接著秀出一台電視，螢幕上的舞台滿是大家一眼就認出來的流行音樂明星，最後以一句口號總結，這句話很快就會出現在全國各地的廣告看板上：「選擇、編輯、燒錄」（Rip. Mix. Burn.）。他或許已經是四十幾歲的中年人，但這場廣告活動實在酷斃了！

而且，這也是第一次在公開場合，賈伯斯踏出第一步，從此一路邁向比爾·蓋茲許下的未來。他開始以典型的蘋果風格改寫比爾·蓋茲的願景，將「消費電子Plus」換成更加貼切的「數位生活中樞」。他精力充沛地踏上舞台，帶領觀眾瀏覽巨大銀幕上的畫面：Mac出現在輪輻正中央，往外延伸出六種產品，包括數位相機、PDA、DVD播放器、CD隨身聽、數位攝錄影機，還有一種稱為「數位音樂播放器」的東西。這個畫面一舉更新了他原先將電腦視為「心靈腳踏車」的主張。賈伯斯表示，Mac將會是理想的工具，不僅可以管理、編輯與整理這些裝置上的檔案，還可以做為中央資料庫，儲存所有軟體更新、聯絡人資料、音樂與影片檔，以及任何行動裝置上需要的一切。

比起比爾·蓋茲口中令人生畏的未來，有電腦界的馬戲團團長巴納姆之稱的賈伯斯，讓一切看起來可親多了。在他口中，這一切似乎隨手可得，簡單但充滿人性。蘋果承諾提供給消費者的軟體與硬體，不僅容易操作，而且可以隨心所欲使用。那就是iTunes蘊含的自我力量（i）。主宰未來的是你，不是微軟，甚至不是蘋果。賈伯斯的演講藝術就是擁有這樣的力量。

兩天前在消費電子展上，比爾．蓋茲再度暢談他的願景，這次他改口稱為「數位客廳」。微軟攤位的裝潢模擬典型家庭裡的一系列房間，一點也不實際。一談到消費者的未來，比爾．蓋茲對於突飛猛進的未來，只會提出空洞的願景，而賈伯斯卻以實際的產品逐步前進。感覺就像是十年前我在賈伯斯家裡進行採訪時，兩人當時的角色如今對調了。

在iTunes公開發表，並在網路上免費提供下載之後，第一週的下載次數就高達二十七萬五千次。雖然這意味著全世界兩千萬台Mac中，僅有一小部分安裝這個軟體，但這個數量已經超過iMovie的實際使用者，而iMovie已經開放下載長達十五個月了。現在只有一個問題：賈伯斯在麥金塔世界大會上，以宛如章魚觸角向外延伸的圖形，呈現數位生活中樞的概念，其中除了iMac位居中央之外，蘋果尚未製造出其他相關產品。而這一點必須改變。

「具體而微」的挑戰

2001年初，日後將在賈伯斯管理團隊中扮演重要角色的庫依（Eddy Cue），當時還只是一位很有生意頭腦的年輕軟體工程師，他與賈伯斯快開完會時，發起牢騷：「我們不可能做出比現在更好的產品了。」他說，「但是我們此刻的處境跟1997年一樣。」確實，儘管2000年的年度銷售額達到七十九億美元，但2001年估計將衰退到六億美元以下。「你就是得撐下去。」賈伯斯告訴他，「人們會回心轉意的。」他的耐心值得讚許，但後來的發展讓賈伯斯再一次相信，自從一九八〇年代以來，全世界終究會認同蘋果的優質產品。此刻，他正邁入全新的千禧年，依然在為人類服務。他的公司發展穩定，但還不夠強大。他需要某樣東西讓公司繼續成長。他需要一種全新的產品。

蘋果之所以想要開發隨身攜帶的音樂播放器，起因在於研發iTunes的過程中，愈來愈多蘋果的主管與工程師開始在自己的電腦上聽MP3，他們遲早會想要擁有一個可攜式的數位音樂播放器，就像索尼那台過時的隨身聽，讓他們隨身攜帶自己的音樂。市面上少數的口袋型MP3播放器設計都很差勁，使用起來也很不方便。與其說是音質太差，不如說是將音樂轉拷進來之後，搜尋你想要聽的歌曲時，整個過程都讓人難以理解到絕望的程度。賈伯斯以iTunes為豪，特別是iTunes讓大家輕輕鬆鬆就能整理與管理收錄音樂的大型資料庫。市面上沒有任何裝置能夠善用他的可愛軟體。

蘋果的團隊決定，唯一的解決之道就是蘋果自行研發更好的產品。這一著險棋，將促使這家公司進一步跨出舒適圈：蘋果過去唯一大賣的消費電子產品，是史考利在位期間製造的數位相機，但早就為世人遺忘了。自一九七〇年代，賈伯斯和沃茲尼克開發並銷售用來非法撥打長途電話的「藍盒子」之後，他就再也沒做過這種東西了。電腦是蘋果的重心，也是蘋果存在的理由。但此時這個團隊的功力已經高到樂意迎接研發新產品的挑戰。而且，他們都不覺得一個可攜式音樂播放器會有很大的改造空間，因此這著棋看起來風險不高。此語正顯示他們對這項產品的企圖心有限：大多數人都將音樂播放器視為「電腦周邊商品」，就像印表機或Wi-Fi路由器。

身為硬體工程部門的主管，盧賓斯坦總是以開放的眼光關注新的電子零件（包括處理器、硬碟、記憶體晶片、顯示卡技術），看哪些零件可以激起賈伯斯的興趣，或帶給蘋果競爭優勢。2000年末，盧賓斯坦前往日本出差時造訪東芝，這間電子業巨擘的商品中，包含為個人電腦製造的硬碟。東芝的工程師告訴盧賓斯坦，他們想要讓他看一樣東西，這在筆記型電腦的硬碟中將會成為下一個「偉大」的產品：一個容量5GB的迷你硬碟原型機，直徑甚至不到兩吋。不僅放得進菸盒裡，還剩下很多空間；而且容量大到可以容納上千個數位檔案，不論這些檔案是照片、文件，或者是歌曲等。

盧賓斯坦簡直不敢相信自己的眼睛。他第一次看到這種容量夠大、體積卻很小的硬碟，足以做為蘋果音樂播放器的關鍵元素。這個硬碟不像你在索尼隨身聽或CD隨身聽播放的卡帶或CD，它有足夠的記憶體，可以容納一千首歌曲，而不是只有十二首歌。而且它的「隨機存取」功能，更讓它遠遠超越CD隨身聽之類的產品，因為它賦予了新的可能性，讓你從大量珍藏的音樂庫中幾乎立即搜尋到特定歌曲。

2001年1月，盧賓斯坦要求一些以前負責開發牛頓的工程師，以東芝的微型硬碟為核心，認真研發某種可攜式音訊設備。三月，他任命來自飛利浦電子公司的工程師東尼・費德爾（Tony Fadell）為團隊負責人。費德爾是一位活力充沛的創業家，擁有大學摔角選手的體格與高中足球教練的熱情，一九九〇年代早期曾任職於通用神奇公司（General Magic），在那裡結識亞特金森、何茲菲德，以及凱爾（Susan Kare）等第一代麥金塔的元老團隊，他們告訴他賈伯斯早年那些可怕的故事。「我原本以為會看到一個傲慢的暴君，」他說，「但他根本不是那樣。他一點都不像他們故事裡那個人。他雖然對自己在意的事情會有強烈的意見，但一般來說，他通常態度更溫和、體貼。他不是瘋狂的掌控狂。他信任他的人。」

沒有人知道最後產品會長什麼樣子；或使用者如何操作；或它必須具備多少功能，就像一台小型電腦一樣；或它究竟要如何與iMac上的iTunes音樂庫互相作用；或甚至何時可以出貨。他們唯一知道的是這項產品的基本需求：他們必須想辦法把微型硬碟塞進去；必須有足夠強大的音頻擴大器才能驅動耳機；必須有個小螢幕，用來顯示裡面容納的音樂，方便操作；必須有微處理器或微控制器賦予它足夠的智能；必須有軟體讓它可以用程式操作，並且讓它直接與iTunes連結作用；必須有高速的FireWire埠，讓它可以透過傳輸線與麥金塔配對使用；而且產品的大小必須讓你輕鬆放進Levi's牛仔褲的前口袋。當然，它還得看起來很酷；而且，當然，賈伯斯希望研發速度愈快愈好。

這樣看來，賈伯斯一點都沒有改變：他依然給予他的團隊過度嚴苛的目標，要求他們完成看似不可能的任務。但是，有兩件事改變了，這兩件事讓他的團隊極有可能實踐他遠大的目標。當研發過程顯示遇到瓶頸或新機會時，賈伯斯比以前更樂意修正他的目標。而他組成的這支團隊，是他合作過最有才華的一群人，他們天生就有雄心壯志，知道賈伯斯會鼓舞他們永遠保持好奇心，挑戰極限。「我之所以喜歡跟史帝夫一起工作，」庫依說，「是因為他會讓你一次又一次知道，你可以完成不可能的任務。」

賈伯斯之所以這麼有信心，相信蘋果可以創造出優質的消費者產品，還有一個原因是，唯有整合優秀的硬體與軟體，才能打造出成功的音樂播放器。按照賈伯斯的形容，iPod正是「具體而微」的挑戰。為了突破現有進度，雖然是由費德爾帶領iPod研發團隊，但是公司核心管理團隊中的每個人、其他部門的工程師也都貢獻一己之力。把盧賓斯坦發現的東芝微型硬碟，塞進一個可運作的口袋型硬體裏，絕非最大的挑戰。困難的是開發出一個可用的裝置，只要按一下或轉動兩下，就可以讀取上千首歌曲；而且必須以簡易的方式與Mac直接配對，這樣一來，使用者就可以把他的iTunes數位音樂檔案與個人音樂清單複製到Mac裡。如果可以顯示每首歌的資料，善用iTunes的功能，按照歌手、專輯名稱、甚至屬性加以分類，這也很吸引人。為了讓這一切實現，這個音樂播放器必須具備足夠的智能，才能執行基本的電腦資料庫程式。換句話說，iPod其實是一台特殊用途的小型電腦。

人與電腦間的互動

但那只是開端。在所有形形色色的電腦運算功能中，賈伯斯總是對人與電腦之間的接觸點最為著迷。當年，正是使用者介面，使麥金塔成為個人電腦的最佳典範。賈伯斯有充分的理由，認為這個互動點（point of interaction）非常重要。如果人與機器互動的介面非常複雜，人就永遠都解不開機器的祕密。大多數人並不在乎電腦裡面的零件。他們只關心螢幕上呈現的畫面，以及他們可以透過螢幕獲得什麼。賈伯斯剛創業的時候，就了解這一點的重要性。正因為如此，才使他獨樹一格，與許多電腦廠商完全不同，他們大部分都是工程師，相信理性的消費者肯定會非常在乎自己電腦裡面的零件。這種偏執在Mac問世將近二十年後依然存在。因此，如果蘋果能夠讓它的可攜式音樂裝置輕輕鬆鬆就與電腦連結使用，使用者會以他們從來不曾想像過的方式，愛上這種可用程式操作並隨身攜帶的音樂裝置。如果蘋果做不到這一點，它的機器就會像其他所有產品一樣，一文不值。

設計出正確的介面，意味著必須讓正確的軟體搭配正確的硬體。當然，有些軟體工作已經完成：Mac上的iTunes就是最完美的工具，可以建立音樂資料庫，上傳到iPod。但這個可攜式裝置本身也需要自己的小型作業系統，提供讓軟體運作的基礎，如此才能在螢幕上呈現使用者介面，就像Mac OS建立圖形使用者介面，讓Mac的使用者可以透過滑鼠和鍵盤操作電腦。為了達到這個目標，軟體團隊從舊牛頓電腦、早期尚未完成的檔案管理系統（蘋果悄悄從一家小型創業公司PortalPlayer取得許可）與Mac OSX的部分元素中，擷取程式碼，混搭成全新用途的作業系統。

至於做出正確的硬體，就困難多了。這就是艾夫和旗下團隊發揮所長的地方。他們研發出聞名遐邇的「拇指轉盤」，功能有點像許多電腦滑鼠上的「滾輪」。iPod的拇指轉盤基本上就是扁平的圓盤，你可以用拇指順時鐘或逆時鐘轉動，而螢幕上長長的音樂清單就會跟著迅速往上或往下搜尋。但艾夫和旗下團隊為iPod量身打造，設計出一系列的小功能，讓使用者可以憑直覺使用。你轉動得愈快，清單往上或往下移動的速度就會跟著加快。在轉盤中間有一個按鈕，只要你轉到想要選的歌，就可以按一下，就像Mac滑鼠上的按鈕。其他按鈕則位於轉盤邊緣，就像圓框一樣圍繞著轉盤，你可以利用這些按鈕跳到下一首歌、重頭開始聽第一首歌，或跳回之前聽的歌，不需要在螢幕上重新搜尋。

最終，iPod在使用者介面上的突破，讓這項產品看起來充滿魔力，獨一無二。當時也有許多其他重要的軟體革新，比方說，使用者在iTunes上珍藏的音樂與iPod輕鬆同步。但要是蘋果團隊沒有針對這個可以收錄上千首歌曲的口袋資料庫，解決搜尋的問題，iPod就不可能取得進展。此外，這個解決之道還帶來附加價值。iPod的介面設計如此出色，以至於當iPod的其他技術獲得改善，變得更便宜的時候，介面設計也可以跟著成長，變得更實用。而且，由於拇指轉盤一半屬於硬體技術，一半屬於軟體技術，對蘋果來說，更容易運用專利權與著作權牢牢守住這項設計優勢，沒有競爭對手膽敢剽竊。倘若這主要是軟體技術，就很容易仿造。再一次，蘋果發現一個憑直覺操作的完美方法，可以掌控一個具備電腦智能的複雜裝置，而且，這樣的裝置就隱藏在亮眼的極簡設計下。在這裡，艾夫第一次展現他的功力，證明他的能力不僅止於設計產品外型，他也可以設計使用者經驗。對賈伯斯來說，這一點比任何事都重要。

處處留心，就有好點子

為了慎重其事地推出新產品，2001年10月23日，蘋果在蘋果總部的員工大會廳舉辦iPod產品發表會。然而，當天受邀的記者反應十分熱烈，iPod博得滿堂彩。在科技的帶領下，賈伯斯得以創造這個混搭出來的產品，而iPod在使用過程中如此符合直觀的操作方式，以至於這個產品一舉改變消費者的行為模式。iPod一鳴驚人，而且完全出乎意料之外。

只要用過iPod，就會立刻愛上它。蘋果送給出席十月發表會的記者一人一台iPod，這種做法史無前例。這些科技界的記者、評論家和其他鑑賞家，紛紛發表文章，吹捧蘋果甚至並未提及的功能。對許多人來說，最精采的莫過於iPod隨機播放的功能，一開始賈伯斯還認為這個功能沒什麼價值。這種隨機播放模式，讓iPod化身為個人電台，以完全無法預測的順序，播放屬於你的音樂。如果你擁有大型的資料庫，而你的iPod可以隨機播放音樂，這豈不是最好的方式，讓你可以偶然發現那些你根本忘了自己擁有的音樂。這樣一來，iPod就可以幫助人們重新發現音樂本身的樂趣。

iPod賦予蘋果全新的酷炫形象，蘋果的產品因此吸引到更廣大的消費者，尤其是年輕人。iPod原被視為隨身聽，一直到二十一世紀初，才發現它不僅止於此。它也是第一波將硬體連結起來的全新趨勢，一旦蘋果開始認真將麥金塔打造為名副其實的數位生活中樞，一連串成功創新與自我加強的軟體、硬體與網路產品便紛紛出現。漸漸地，事實證明是iPod讓蘋果開始轉虧為盈。「我們跟隨自己的渴望，」賈伯斯這麼解釋，回想起當初他的團隊有多麼討厭市面上的音樂播放器，「結果我們反而超越並領先。」

然而，即使是iPod，一開始也考驗賈伯斯對消費者的信心。他們花了一點時間才熱烈愛上iPod。畢竟大家對iPod採用的音樂互動方式並不熟悉，而且三百九十九美元的定價也是一大阻礙，尤其是當時不到一百美元就買得到索尼的CD隨身聽。剛開始，銷售量成長緩慢：iPod開賣第一季，只賣出十五萬台。一年後，賈伯斯決定讓第一代iPod降價一百美元，同時發表第二代iPod，容量加倍，配備全新的「觸控式轉盤」，這次的轉盤設計簡化成一種圓形的觸控平面，比起之前機械式的拇指轉盤，使用者可以更流暢地瀏覽他們的音樂檔案，毫無窒礙。第二代iPod的問世等於告訴全世界，iPod不只改變了聽音樂的體驗，同時也重振了蘋果的製造能力。iPod讓蘋果創造力的新陳代謝速度加快了，注入新的組織紀律，承諾將頻繁而漸進的草率改良方式（正如十年前在一次聯合採訪中，比爾・蓋茲教導賈伯斯的那種改善方式），轉化為一種全新的快速科技變革，每一次變革均震撼人心。

在iPod的引領下，蘋果發掘潛力，持續超越自我，幾乎就像時鐘般精確而規律地運作。而這需要高度的執行力。iPod的低價策略（至少跟蘋果電腦相比之下確實如此），迫使蘋果學習如何在提高出貨量的情況下，確保高品質的生產力（過去蘋果不曾達到這麼大的出貨量）。因應消費電子市場的競爭白熱化，對生產力的新要求更加嚴苛，消費者期望蘋果更常推出新的iPod系列產品，推陳出新的速度要快過蘋果電腦。為了大量生產iPod，蘋果必須建立紀律，此舉基本上讓這家公司轉變為實力更加堅強的企業。庫克必須建立大規模的國際供應鏈，而他和盧賓斯坦必須與有能力在創紀錄的時間內、生產大量高品質機器的亞洲廠商建立關係，iPod加速了這家公司新陳代謝的能力，未來幾年將為蘋果帶來成功。

但蘋果如果想要超越自我，最高層的主管（包括賈伯斯自己）就必須以全新的角度思考未來，並且願意跟隨科技的腳步，不論科技將帶領他們邁向何方。「對我和蘋果的每個人來說，學習新科技與了解新市場，讓這一切變得很有趣。」賈伯斯有一次這麼告訴我，當時iPod問世已有幾年了。「從定義上來看，這只是我們做的事，但有很多方法可以完成。五、六年前，我們對影片剪輯一竅不通，因此我們收購一間公司，學習如何做這件事。再來，我們對MP3播放器一無所知，但我們的人很聰明。他們去外面以挑剔的眼光檢視市面上的產品，藉此搞懂MP3播放器，然後他們將學到的成果，結合我們已經知道的設計、使用者介面、材質與數位電子。老實說，如果不這麼做，我們會覺得很無聊。」在另一次採訪中，賈伯斯說：「誰在乎好點子打哪兒來？只要你處處留心，就會注意到好點子。」當賈伯斯一心一意只想著解決蘋果自己的問題時，他差點錯過數位音樂革命。如今，蘋果的腳步更穩健了，他可以再度把注意力放在外面的世界，仔細留意。「我回來的時候，蘋果就像一個病人，不能出門，不能做任何事，也不能學習。」賈伯斯解釋道，「但我們讓蘋果恢復健康，並且變得更強壯。如今，尋找新的嘗試成為我們不斷前進的動力。」

11

盡力做到最好

世界漸漸向蘋果敞開大門，反之亦然。iPod是蘋果首項鎖定大眾市場的消費電子產品，但賈伯斯及其團隊是順著邏輯一步一步創造出iPod：首先是iMovie，接著轉向iTunes，然後才到iPod。賈伯斯的耐心、紀律和遠見帶領蘋果航向新方向，未來的路將更加複雜。過去他們只要定期讓個人電腦推陳出新就好，如今蘋果展開探索，朝著他們合乎邏輯的結論邁進，即使這麼做將引領他們跨入其他產業核心。如果蘋果能進擊音樂產業，呼風喚雨，或許在賈伯斯的帶領下，蘋果也能智取其他產業。大藍圖不變，他們依然為那些以創意改變生活與工作的人提供電腦運算工具，但蘋果的眼界拓展了，他們前方的地平線無限延伸。

既然iPod是鎖定大眾市場的消費電子產品，自然會在一般店面銷售，包括百思買（Best Buy）、電路城市（Circuit City）、大型百貨零售店，甚至是CompUSA等電子零售店。但這些店賈伯斯全都看不上眼。賈伯斯有種執著，希望他的商品出了蘋果大門之後，仍能呈現優良品質。他的產品設計力行極簡美學，他的行銷策略乾淨俐落，充滿活力，而這些薄利多銷、俗不可耐的連鎖商店完全悖離他的理念。在這世界上只有一個地方，他樂於見到他的產品在那裡對大眾銷售：在iPod問世四個月前，蘋果專賣店首次登台亮相。

自己的產品自己賣

回溯至Mac剛問世之時，賈伯斯老是抱怨那些零售店以不當的方式銷售蘋果電腦。當事情沒有照他的方式進行時就會出錯，而蘋果電腦在零售店的陳列與銷售方式就是最糟的例子。滿腦子只想著快速成交的店員，似乎並未花心思了解Mac的獨到之處，而當IBM及其相容機成為市場主流之後，他們更缺少這麼做的誘因了。甚至早在NeXT時期，賈伯斯就已經跟巴恩斯提到，他想設立與眾不同的電腦專賣店，向獨具慧眼的顧客展示他的高階產品。

1998年初，就在他重返蘋果幾個月後，他要求資訊長尼爾・歐康納（Niall O'Connor）規劃線上商店，讓蘋果可以把電腦直接賣給消費者，此舉很像戴爾電腦的做法，當時戴爾電腦在這方面成果輝煌。那個時候，庫依在人力資源部門擔任電腦技術員，歐康納要求他從程式設計師的角度，草繪線上商店的雛形。「我不認為我是歐康納心目中的最佳人選，」庫依說，「但不知怎地，他覺得我能應付史帝夫。」當時庫依還沒正式見過賈伯斯，對電子商務或零售業也所知有限，於是他徵詢許多人的意見，包括業務主管曼迪區。「給他你最棒的點子，」曼迪區告訴他，「不過其實無所謂，反正我們也不會真的這麼做。那會惹毛所有通路（包括歷來負責銷售蘋果電腦的商店和批發商）。」過了一週，庫依、歐康納、曼迪區與其他人一同開會檢視初步規劃。庫依把他的提案交給賈伯斯，還特別把提案視覺化，因為每個人都告訴他賈伯斯偏好圖像式提案；而且他還列印出來，因為每個人都告訴他賈伯斯討厭坐著看投影片一張張播放，尤其是在開小型會議的時候。但是，所有的功課都白做了。賈伯斯看著手上那疊紙，直接遞回去給他，說：「這些爛透了！」

儘管一開始板著臉孔，賈伯斯還是詢問了在場其他人對庫依的提案有什麼看法，以及他們對於直接透過網路銷售商品給顧客的這個概念有什麼想法。圍繞著會議桌的高階主管，開始暢談他們預見線上商店會出現的所有問題：目前的生產系統都是製造出標準配備的電腦，卻要試圖引入客製化的採購模式；沒有任何研究顯示，消費者真的想要以這種方式購買電腦；最糟的是，這麼做可能會讓蘋果與現有的零售夥伴漸行漸遠，例如百思買和CompUSA。曼迪區保持沉默，因為他經驗老到，意識到一場有趣的討論即將展開。最後，其中一名持反對意見的資深同事大聲了起來。「史帝夫，」他問道，「這一切根本沒有意義，不是嗎？反正你又不會這麼做，這會引起通路反感。」當時還在狀況外的庫依立刻轉向他，大聲說道：「通路？我們去年虧損了二十億美元！他媽的誰還甩通路啊？」賈伯斯精神為之一振，他指著那位資深主管，說：「你錯了！而你，」他轉頭看著庫依，繼續說：「說對了！」會議結束時，他指派庫依和歐康納建立線上商店，讓消費者可以依照個人需求購買電腦，而且限期兩個月內完成。

線上商店成立於1998年4月28日。那天晚上，庫依準備開車回家時，經過賈伯斯辦公室。庫依告訴賈伯斯，他們在短短六小時內的銷售業績超過一百萬美元。「那很好啊。」賈伯斯說，「想像一下，如果有實體商店，我們能做什麼事。」庫依頓時領悟，這一切是永無止境的。而他喜歡挑戰。

精品店的啟示

賈伯斯很喜歡逛精品店。前往義大利或法國度假時，他會堅持要蘿琳和他一起造訪范倫鐵諾、Gucci、聖羅蘭、愛馬仕、Prada等商店。賈伯斯穿著破洞牛仔褲和勃肯鞋，一副隨興的美國遊客模樣，整天到處觀光，他會陪著蘿琳去高檔商店區逛街。每次一走進其中一家時尚堡壘，他和有著一頭耀眼金髮的太太會往截然不同的方向直衝。蘿琳眼花撩亂地瀏覽商品時，賈伯斯則抓著店員不放，連珠砲似地提問：為什麼他們選擇在這麼小的空間陳列商品？顧客的動線如何進行？他看著店面的室內設計，好奇木頭、拱門、樓梯、自然採光與人工照明如何互相作用，營造氣氛，吸引消費者一擲千金。對賈伯斯而言，這些商店成功完成他做不到的事：他們銷售的產品是一種生活風格，藉由提供充足的資訊、優美的陳列方式，獲得驚人的高利潤。這種呈現方式本身就有助於合理化消費者必須支付的較高價格。而在電路城市與CompUSA的店面，單調的走道與遲鈍的店員，讓蘋果的產品缺少這種說服力。

1998年，賈伯斯說服Gap的執行長戴克斯勒（Mickey

Drexler）加入蘋果董事會。接著，2000年，賈伯斯雇用大型連鎖賣場Target的商品部副總裁強森（Ron Johnson），讓他加入核心管理團隊，並指派給他一項簡單卻大膽的任務：設立實體商店。「Mac是獨一無二的商品。」幾年後，賈伯斯告訴我，「而訣竅就是把它擺到人們眼前，讓大家見識一下它的獨特，還有店員在現場說明。當時我們認為，要是不這麼做，公司就會破產。」

強森來自傳統的零售業，但在賈伯斯心中，他是最佳人選。強森在史丹佛大學獲得MBA學位後，第一份工作選擇到莫文百貨公司（Mervyn's）為卡車卸貨。接著，他進入Target，委託建築師葛瑞夫（Michael Graves）設計茶壺，供Target獨家販售，藉此闖出一番成績，開始步步高陞。1984年，葛瑞夫為知名的義大利精品Alessi設計茶壺，歷經十年，依然是熱銷全球的商品。當時強森十分納悶：「為什麼普通人買不到精美的東西，唯獨有錢人買得到？」這個問題也時常從賈伯斯腦子裡冒出來。

等到葛瑞夫的茶壺即將問世，強森發起一項活動，而這也是賈伯斯夢想要做的事：租下紐約惠特尼博物館（Whitney Museum），「讓媒體看看，設計可以為普通人做些什麼事。」葛瑞夫為Target獨家設計的茶壺及其他一系列商品，使這家連鎖賣場步入正軌，最終與沃爾瑪並駕齊驅。賈伯斯致電遊說強森，當時強森無意競逐Target執行長，於是賈伯斯向強森描繪一個機會無限的美好遠景，一如當年在史考利身上奏效的策略。「你得把握這個機會。」賈伯斯告訴他。

「我把這當做一次機會，讓我可以藉機和史上最偉大的創意人之一共事。」在2014年的面談中，強森這麼告訴一群史丹佛大學MBA候選人，「但我在矽谷的朋友全都認為我瘋了。你居然要離開Target這麼好的公司，放著龍頭標竿企業的工作不做，然後去那家失敗的電腦公司？」當時是2000年，蘋果看起來還在個人電腦市場的邊緣掙扎求生。

在整個面談過程，以及強森剛進蘋果那段時間裡，賈伯斯跟他聊自己私事的時間多過零售業務。「第一次見面，」強森說，「我們天南地北聊了兩、三個小時。史帝夫是一個非常、非常孤僻的傢伙。他很早熟，真正要好的朋友屈指可數。他告訴我：『我想要和你成為好朋友，因為一旦你了解我的思考模式，我們一週就只需要碰面討論一、兩次。然後，當你想做某件事時，你就可以放手去做，不需要覺得你必須徵求我的同意才能進行。』」

打造蘋果專賣店

有一陣子，在蘋果雇用的人當中，強森是唯一具備零售業經驗的人。他進蘋果幾週後，就開始加入核心管理團隊的會議，仔細推敲怎麼做才能打造理想的商店。關鍵是顧客經驗，而當強森深思這件事，浮現腦海中的每個點子都違反直觀。顧客每隔幾年才上門一次的商店，往往會選擇在房價便宜的偏遠地區開店；但對顧客和希望凸顯品牌形象的公司來說，理想的商店必須位於市中心。電話服務應該足以應付這種偶爾消費的顧客需求，但人們真心想要的是面對面的互動，特別是購買電腦時，畢竟比起一般商品，就拿雨衣來說好了，搞懂電腦可是困難多了。銷售人員的動力來自賺取佣金，但顧客不想要有壓力，好像得勉強購買他們不想要的商品。強森想出幾乎一打這類點子，每一個都悖離傳統零售實務的核心。根據強森所言，賈伯斯支持他所有深思熟慮的想法。「史帝夫會說：『如果你夠認真思考一件事，自然而然就會得到答案。』」強森回憶過去。

在戴克斯勒的建議下，賈伯斯要強森打造一個空間，做為蘋果專賣店的原型。強森在距離蘋果園區幾公里遠的倉庫，祕密打造他的原型專賣店。就像蘋果研發電腦的過程一樣，這家原型專賣店也經過一再檢視重來。這就是一個設計專案，而賈伯斯力求風格極簡、設計簡潔，此外，他要求在陳列主打商品筆記型電腦與桌上型電腦的桌子周邊，必須保持流暢的動線。

2000年末，賈伯斯和強森終於完成了他們滿意的原型專賣店。但十月的某個週二早晨，強森醒來時腦中忽然靈光一閃：目前店面的規劃是以銷售特定產品線為中心，但這麼做大錯特錯。每次週一晨會，賈伯斯和管理團隊一直不斷討論一個主題：數位生活中樞。強森領悟到這些專賣店的規劃應要符合這個概念，比方說，有個區域是以音樂為中心，另一個區域則是以電影為中心，依此類推。再一次，這個念頭還是違反直觀。而且，再一次，這個服務顧客的想法，勝過蘋果過去這段時間採納的普遍做法。那天早上，強森跟賈伯斯早就約好一起去檢視原型店。前往設置原型店的倉庫途中，強森在車上告訴賈伯斯，他認為他們從頭到尾都做錯了。「你知道這是多大的改變嗎？」賈伯斯大吼，「我沒有時間這麼做。我希望你對任何人連提都不要提這件事。我不知道我要怎麼想這件事。」接下來這段很短的車程裡，他們兩人都默不作聲。

當他們抵達倉庫時，賈伯斯對齊聚一堂的團隊說：「呃，」他說，「強森認為我們的專賣店規劃全都錯了。」強森等著聽這段開場白會怎麼發展下去。「而他說對了。」賈伯斯說，「所以我現在要走了，你們應該照他說的話做。」然後賈伯斯就轉身離開。

那天稍後，強森回到蘋果園區之後，便去見賈伯斯。「你知道嗎？」賈伯斯告訴他，「你提醒了我之前在皮克斯學到的教訓。幾乎他們製作的每部電影，最後總有個地方不對勁。但令人吃驚的是，他們心甘情願全盤推翻，重來一遍，直到做對為止，他們永遠都不願意受制於發行日期。重點不在於做得多快，而是要盡力做到最好。」

2001年5月1日，第一批專賣店在維吉尼亞州泰森角（Tysons Corner）與加州格倫代爾（Glendale）開幕。這些店陳列的主打商品是蘋果的iMac、Power Mac、iBook與PowerBook，還有一排軟體、幾本指南書籍，以及一些來自其他廠商的周邊設備，例如印表機和硬碟，各式各樣的傳輸線與其他配件。外界的反應頗為一致，都認為賈伯斯犯下愚蠢的大錯。《商業週刊》批評這些專賣店不過是再度證明賈伯斯揮霍無度。一個接一個評論家指出，PC大廠捷威電腦最近才因為業績慘澹，關閉了超過一百家的連鎖專賣店。但就像賈伯斯在研擬產品策略時從不採用典型市場調查，這次他同樣無視捷威的不幸下場，認為那無關緊要。「我們剛開始成立專賣店時，每個人都覺得我們瘋了。」他告訴我，「但那是因為銷售現場失去與顧客溝通的能力。每個人都把電腦當做同樣的東西賣。一旦拿掉外框和公司商標，這些就只是台灣製造的相同盒子。因為差別不大，店員什麼都不必介紹，只需要說明售價就好，不需要豐富的經驗，而那些店靠著他們的銷售力，也締造了很好的營業額。」

蘋果專賣店一開始就進展順利，但主要吸引的對象仍是原本就熱愛蘋果及其高價電腦的粉絲，對他們來說，蘋果專賣店彷彿天堂。早期的交易模式顯示，這家公司非常需要研發出革新產品。基本上，蘋果有個人口統計問題：青少年和年輕的成人不像他們的父母，認為蘋果或蘋果產品很酷。部分原因是，雖然iMac與iBook令人驚豔，但對孩子來說，價格還是太高了，他們買不起：只有身為戰後嬰兒潮世代的父母才負擔得起，他們開張支票或刷卡就可以帶一台回家。在專賣店，蘋果沒有產品可以直接吸引X世代和Y世代購買。

接著iTunes與iPod進場了。隨著這兩項產品的問世，蘋果專賣店迅速成為完美的傳播媒介，向世人展示蘋果全新的數位生活中樞概念。訓練精良的店員（他們領的是薪水，而非佣金）對顧客示範如何使用iMac和

iTunes進行「選擇、編輯、燒錄」，完成屬於自己的客製化音樂CD。也有人教導Mac使用者如何以iMovie剪輯數位電影。蘋果專賣店還提供團體課程，教授如何輕輕鬆鬆就把播放清單和專輯轉到iPod裡面。「在我們專賣店裡工作的員工是關鍵。」賈伯斯說，「以零售業來說，我們的流動率非常低。員工就是我們的優勢。」

當專賣店開始吸引更多人潮，蘋果便將商品品項延伸到其他廠商製造的數位相機、攝錄影機、喇叭、音頻擴大器、耳機、印表機、硬碟、光碟燒錄機之類的商品。在接下來幾年間，蘋果專賣店的成長緩慢但穩定，最終將會成為世上最成功的零售店（根據坪效評比）。賈伯斯督促強森大膽放手規劃專賣店的室內設計，最終創造出蘋果具指標意義的特色，例如在曼哈頓市中心的通用汽車大廈前方廣場上的玻璃立方體。「賈伯斯是我見過最懂得授權的人，」強森在史丹佛大學說，「他非常清楚自己想要什麼，而這一點賦予你極大的自由。」

線上銷售音樂

音樂讓這家公司東山再起。由於iTunes、「選擇、編輯、燒錄」的廣告活動，以及iPod本身的影響，蘋果終於在年輕的消費者之間掀起熱潮。但這股廣告的氣勢與傳遞出來的那種隨意自在的感覺，引起一些音樂與電影產業的耆老憂心忡忡。2002年，這場引起紛爭的廣告活動停止之後很久，迪士尼執行長艾斯納在一場參議院商業委員會的聽證會上，抱怨蘋果公開鼓勵非法行為已經觸法。「蘋果以廣告鼓吹他們銷售的電腦可以『選擇、編輯、燒錄』。」他說，「換句話說，只要他們買了這款電腦，就可以剽竊音樂，把檔案散播給所有朋友。」賈伯斯讀到這份會議紀錄時勃然大怒，但後來艾斯納因為這番幼稚的言論而受到大家譏笑時，賈伯斯多少感到一雪冤屈。蘋果的廣告活動論調相當謹慎，但賈伯斯其實很同情艾斯納和那些唱片公司。他了解盜版的危險，不僅因為他身為電腦產業的管理高層，更因為他也是一家電影製作公司的老闆。他曾經因為認定微軟剽竊Mac桌面的圖形使用者介面而控告微軟，而且，就像矽谷的每個人一樣，他對智慧財產權的剽竊深惡痛絕。

事實上，賈伯斯相當熟悉盜版的議題，因此他十分清楚，這個議題可能有助於他推動下一個偉大的音樂點子：iTunes線上音樂商店。賈伯斯有正當理由相信，在市面上所有數位音樂管理軟體中，就屬iTunes最為優美精緻。而且，他也知道，若能好好設計，iTunes線上音樂商店將讓消費者以簡單流暢的方式購買音樂，那麼，他們就會停止透過Napster之類的軟體盜拷音樂，畢竟這些下載速度緩慢的軟體會導致他們的電腦門戶大開，面臨各種可能的安全問題。

在賈伯斯率領的改革中，這個獨特線上「商店」的成立，可說是關鍵的轉捩點，代表賈伯斯懷抱雄心壯志，首度帶領蘋果將觸角延伸到庫珀蒂諾以外的世界。在這個轉捩點之前，賈伯斯的一切作為都還局限在蘋果公司的營運上。他讓公司穩定下來，專注投入任務中，重新召募人才，打造由一級主管組成的核心領導團隊，研發出令人驚豔的嶄新iMac與現代化的全新作業系統。他走的每一步都是自然而然地接續前一步，確保這家公司專注於核心業務，即使邁入充滿未知的未來，也能一路走在穩固一致的基礎上。如今他即將下賭注，賭蘋果的根基穩固到足以跨越自己的高牆，開始向外尋求契機，改造其他產業。

為了實現這個目標，賈伯斯必須從公司內部與外部兩個方向著手。對內，他必須促使旗下的工程師打造蘋果專有的數位檔案壓縮技術與檔案傳播技術，藉此解決傳統音樂產業無能為力的問題。至於其他權宜之策，例如收購市面上既存的線上零售音樂網站，將之「蘋果化」後重新起步（但此舉行不通，因為這種網站並不存在）。或者，乾脆准許唱片公司直接對iTunes使用者宣傳、銷售與傳送音樂檔案，但這麼做也行不通，因為從這些公司再三嘗試在網路上銷售音樂卻徒勞無功來看，他們本身欠缺技術能力。舉例來說，索尼音樂公司早期試圖銷售數位音樂時一敗塗地，當時他們的音樂只能在母公司索尼電子製造的播放器上使用。他們提供的音樂鮮少來自其他唱片公司，而且索尼販售的音樂檔案也不能在個人電腦上播放，但當時大多數顧客都習慣在電腦上播放數位音樂。

如果蘋果打算自行銷售音樂，那麼賈伯斯就必須說服五大唱片業龍頭：由蘋果獨立運作的線上商店是他們最好的選擇，或許還是他們唯一的選擇，畢竟他們面臨的數位衝擊如此複雜。當時，五大唱片業者個個都不好對付，賈伯斯不得不竭盡全力提供一個管道，讓他們安心嘗試。

最大的挑戰：線上付款方式

線上銷售音樂是一項複雜的挑戰。蘋果的工程師必須改寫iTunes，這樣一來，使用者就可以透過iTunes購買音樂，並輕鬆整理檔案；每一筆收費都會有紀錄，並以合適的方式付款；每一首顧客買下的音樂檔案都經過加密，防止複製與任意散播。關於如何防範唱片遭到盜版，其實是最容易的。軟體公司已經花了超過十年的時間，試圖解決安全問題，也研發出形形色色的數位鎖與線上認證方法，用來保護自己的軟體。不論這些唱片業龍頭最終選擇他們想要什麼，賈伯斯輕而易舉就可以根據客戶需求，提供經過加密或添加浮水印的MP3檔案。比起唱片業者，蘋果更擅長駕馭這種科技，創造出簡單卻安全的數位鎖。

在開發線上商店的過程中，更重要的挑戰來自付款方式。這個看似簡單的問題其實影響深遠：現有的收費系統可能會導致音樂供應者入不敷出，每一筆交易付出的成本高過收益。之所以會如此，有很大程度是因為線上的消費者偏好購買單曲，勝過價格更高的專輯。這個問題後來在業者眼中就跟盜版一樣頭痛。

Napster本身的流量證明了這個新的消費行為趨勢。

當音樂粉絲可以隨心所欲下載音樂，他們自然會偏好專挑自己最愛的音樂，而非下載整張專輯。這種現象一舉翻轉了一九六〇年代晚期至一九七〇年代早期的音樂產業現況，當時唱片業全都摒棄單曲，轉而投入單價更高的專輯。許多藝人張開雙手擁抱這種改變，紛紛錄製「概念」專輯，例如披頭四的「比伯軍曹寂寞芳心俱樂部」（*Sgt. Pepper's Lonely Hearts Club Band*）、何許人合唱團（The Who）的「湯米」（*Tommy*），以及平克・佛洛伊德（Pink Floyd）的「牆」（*The Wall*）。但唱片公司濫用這個概念，經常發行只有一、兩首強打曲的專輯，他們算準了忠誠的粉絲會為了一、兩首好聽的歌，花十至十五美元買下整張專輯。

賈伯斯知道經歷過「Napster效應」之後，這條路就再也回不去了。既然聽音樂的人握有選擇權，他們幾乎總是選擇單曲，而非塞滿乏味歌曲的專輯。賈伯斯認為單曲應該定價0.99美元，這個價格多少反映一張專輯裡一首歌的價值，因為在一九九〇年代，一般傳統CD通常至少收錄十二首歌曲，要價十五美元左右。這個價格也引起賈伯斯的懷舊心情，想當年一九六〇年代，他和我們這個年紀的人就是付同樣的價錢，購買每分鐘四十五轉的單曲黑膠唱片。

不過，賈伯斯的點子面臨一個問題。威士卡與萬事達卡都會收手續費，每筆消費是0.15美元外加交易金額的1.5%；美國運通卡則收取0.20美元外加交易金額的3.5%。當售價高達上千美元時，這其實沒什麼大不了；

然而，一旦一首歌定價只有0.99美元，那麼，0.17至0.24美元的交易手續費就相當於天價了。

如果蘋果要成為舉足輕重的音樂網路零售商，就必須想辦法處理小額消費的手續費問題，而無須迫使信用卡公司大幅改變他們的佣金結構（蘋果不是第一家面臨這個難題的公司，他們一直在尋找一個負擔得起的方式，解決低於一美元的非現金「微型交易」手續費問題。幾乎所有人都一籌莫展，只有電信公司例外，他們整合內部會計系統，按月寄發帳單，讓顧客一次付清一個月內所有通次的電話費）。

為了克服這個問題，庫依想了幾個辦法。首先，他建議iTunes線上音樂商店定期彙整好幾筆消費，視為一次交易，再傳送給信用卡公司，而非個別傳送每一筆消費。這麼做雖然不是一勞永逸，但隨著商店交易量增加，就可以將信用卡消費固定彙整成少數幾筆個別交易。此外，庫依建議iTunes線上音樂商店為父母提供簡單的方式，讓他們設立「音樂零用錢」帳號，為孩子預付一筆錢，這種提前付款的金額夠高，足以支付孩子後續零星消費的交易手續費成本。

這些精打細算的解決之道，讓賈伯斯喜出望外。當蘋果進行重要專案時，他不只關心設計與行銷。他想要掌握每個細節，而且他也期許員工思考可能遇到哪些問題，發揮創意動手解決（從設計、工程到看似尋常的任務，例如包裝與付款）。賈伯斯告訴我，微型交易的解決辦法讓他自豪的程度，不亞於重新設計iPod原型（他將在線上商店開幕時，同步發表全新的iPod）。

iTunes內建「店面」

庫依的團隊做了另一項關鍵的決策：蘋果將在iTunes的應用程式中，內建iTunes的數位「店面」，而非另外設置一個公開的音樂零售網站。如果你在網路上搜尋「www.iTunes.com」，就會連結到蘋果官方網站的iTunes行銷頁面，網頁有許多訊息，但就是不讓你購買音樂。只有透過iTunes的應用程式，才能進入商店，而當時iTunes的應用程式只供麥金塔電腦使用。這一點之所以吸引賈伯斯，有幾大理由。一是蘋果電腦因此得以掌控線上商店背後的所有科技，二是蘋果與顧客之間的商務關係更為直接、穩固。購買一首歌，並且為了消費而將信用卡號碼交給蘋果，這種簡單的交易方式，成為賈伯斯口中「蘋果經驗」的一部分。身為傑出的經營者，賈伯斯非常清楚顧客與蘋果之間的每一次互動，都會加強或削弱顧客對蘋果的敬意。正如他所言，顧客評價可以讓一家公司「累積信譽或敗壞信譽」，因此他才會費盡千辛萬苦，確保蘋果與顧客之間的每一次互動都非常良好，包括使用Mac、顧客服務電話，以及在iTunes線上音樂商店購買單曲，然後支付帳單。回溯至1998年，賈伯斯曾告訴我，公司存在的唯一理由是製造產品；如今，他利用公司製造的已經不只是產品。此時蘋果正在打造整體的消費者體驗。這家公司做的每件事，從科技研發到店面設計，不論是離線或上線，都是為了消費者體驗而服務。為了打造消費者體驗，蘋果投入的心力之強、涉獵的範圍之廣，遠遠領先時代，蘊含廣大的文化意義。當消費者見識到蘋果產品與服務一致的卓越品質，並親身體驗過，自然就會逐漸對其他公司有同樣的要求。蘋果重新定義了「品質」，迫使其他公司必須努力滿足顧客更高的期待。

在iTunes應用程式內建iTunes商店，從短期來看，還有另一項重要的好處：一旦進入iTunes商店的管道有限，那些緊張不安的音樂產業高層就能消除心中的疑慮，這對必須討好他們的賈伯斯十分有利。此刻，iPod的銷售量已經達到五十萬台，足以創造有份量的利基，但尚不足以影響經濟規模更大的音樂產業。畢竟，在所有個人電腦的使用者中，Mac的使用者只占4%。僅只一次，這微不足道的市占率竟成了競爭優勢。既然數位音樂的線上銷售，對唱片業龍頭來說是可怕的改變，賈伯斯遂帶著看似安全的簡單提案去找他們：蘋果公司就像一個「高牆內的花園」，規模不大，相對安全，你何不在我這裡實驗看看，讓消費者付費下載音樂，藉此估計需求量，學習掌握顧客與市場的動態？

與唱片業協商

賈伯斯面臨的協商挑戰相當大。他需要五大唱片業龍頭的領導人全都簽約加入，包括環球唱片、EMI、索尼音樂、BMG與華納音樂集團。他原先的推論很可能正確：任何無法透過各大唱片公司取得大量歌曲授權的線上商店，最終都注定失敗。而且他針對這個點對點的解決辦法，收取昂貴的回饋金：在iTunes線上音樂商店，每一次交易都收取消費金額的30%。

賈伯斯很幸運，他迅速找到盟友：華納音樂的老闆安姆斯（Roger Ames），替他搭線的人是美國線上的執行長舒勒（Barry Schuler）。在這個產業依然沉浮於利益豐厚的往日榮光之際，安姆斯是實事求是的人，他很清楚，華納音樂若是靠自己的技術，根本無法達到目標。「什麼都做不到。」他說，「在華納，我們沒有任何真正在行的技術專家。這是唱片公司，不是科技公司！」安姆斯相信，賈伯斯對這個產業的未來走向，有唯一合理的解決之道，於是他將賈伯斯引薦給其他四大唱片業龍頭，先從那些最容易接受新想法的人開始。他們一路走來還算平順，但略有崎嶇。唱片公司高層明擺著不願合作的態度，這一點是可以理解的。有些公司依然拒絕承認音樂透過數位散播已是不可避免的趨勢，同時也害怕更實際的問題：一旦把音樂交給其他公司銷售，他們害怕會失去產品的定價權（pricing power）；而且，他們對音樂產業以外的公司並不了解，更不信任。賈伯斯傾聽他們的想法，依照他們的喜好，調整商店規劃，修改單曲的數位保護措施。他知道他不可能強迫這個產業接受他的解決辦法。

賈伯斯也知道如何得償所願。他協商時威脅利誘，軟硬兼施。他一方面與唱片業高層合作，讓他們看到他確實找來一批最優秀的技術專家，為他們量身打造安全且完整的解決方案；另一方面，他也明確提醒他們，他們試圖忽略的數位衝擊勢不可免，也難以抑制。如果擔心失去掌控力，他請他們不妨等著看，Napster的後繼者將會更聰明，更加防不勝防，他們可以看看屆時會變成什麼樣的局勢。

在所有唱片業高層中，索尼的萊克（Andy Lack）對賈伯斯的說法最感懷疑。索尼擁有自己的消費電子部門，也有自己的管道銷售可攜式數位音樂播放器，他們使用完全不同的方式壓縮與加密檔案。此外，萊克曾在國家廣播公司（NBC）等媒體擔任高層，以他數十年的經驗看來，一旦蘋果提供全方位服務的音樂商店，iPod的銷量將會大幅提升，最終蘋果甚至可能賣出上百萬台Mac。若是如此，為什麼不是唱片公司從賈伯斯的生意中分一杯羹，而是倒過來呢？其他唱片公司的高層也意識到這一點，於是他們提出認股的合作方案，比起只是分享音樂銷售收益，這樣可以建立更深的夥伴關係。但是這件事最終也是不了了之。賈伯斯相信只要他堅持得愈久，這些唱片公司就愈能認清事實，明白他們需要他的解決辦法。

最後，萊克屈服了。2003年4月23日，iTunes線上音樂商店開始營業，架上共有二十萬首歌曲。開幕才第一週，消費者就下載了一百萬首歌曲，年終結算下來，蘋果賣出超過兩千五百萬首歌曲。

全世界的蘋果體驗

正如萊克的預測，iPod銷量大幅提升。而iPod大賣的程度，讓賈伯斯的幾名大將相信，現有麥金塔使用者的iPod市場已經接近飽和。他們主張若要拓展iPod銷量，合理的下一步自然是替Windows電腦打造一套iTunes軟體。當然，此舉也意味著必須對世上所有電腦使用者開放iTunes線上音樂商店，而之前賈伯斯才向唱片公司承諾過，他絕對不會這麼做。

賈伯斯一開始堅持己見，不僅是出於策略上的考量，還有情感上的因素。賈伯斯一直希望Mac具備與眾不同的特色，是消費者從Windows電腦得不到的東西。而且，他也希望見到iPod本身就能帶動Mac的銷量——萊克對這件事的預言尚未成真。但郘凡尼恩、坦默頓、盧賓斯坦、費德爾和其他人都主張，配備Windows版iTunes的iPod，將讓成千上萬的PC使用者，親自體驗蘋果更友善的電腦操作方式。按照他們的想法，iPod會是迷你的特洛伊木馬，幫助蘋果搶回消費者，提高麥金塔個人電腦的市占率，這個想法引起了賈伯斯的興趣。畢竟，核心團隊提醒了他，不就是他老說只要公司能重拾一些個人電腦的市占率，營收就可以大幅提升嗎？此外，就算這麼做意味著使用者可以在Windows電腦上使用iTunes軟體，但蘋果依然可藉由iTunes軟體、線上音樂商店與iPod，掌控他們整體的數位音樂體驗。就跟之前的iMovie一樣，這次核心團隊也制伏了賈伯斯（只是這次速度更快），說服他轉換方向。就跟之前一樣，此刻讓他改變心意，將帶來好結果。

不過幾個月前，賈伯斯才剛告訴這些唱片業龍頭，iTunes線上音樂商店專供Mac測試，規模「很小」，引誘他們簽字許可。如今，他又來了，想要把這場實驗擴大到全世界的PC使用者。他必須徵得他們的同意，因為他們先前同意的條件僅適用於範圍更小的Mac使用者。不過，在這幾個月裡，他們親眼見到賈伯斯的預言成真：一旦有簡單的方式，可以用看似公道的價格取得數位音樂檔案，消費者真的會摒棄盜版。這一次，他們只稍微抵抗了一下；不論他們喜歡與否，他們的產業確實朝賈伯斯預測的方向前進。iTunes線上音樂商店為他們提供更好的方式，讓他們因此喜歡上這股趨勢。

再一次，索尼的萊克別無選擇，只能跟隨其他人的腳步，即使賈伯斯擴展iTunes線上音樂市場的速度，讓他感到受騙了。儘管索尼擁有豐富的產品內容與製造優質消費電子裝置的悠久歷史，但旗下的事業單位各自頑固地獨立運作，無法好好整合，創造出任何「具體而微」的替代方案。幾年後，一想到唱片公司在跟賈伯斯協商時表現出來的軟弱，萊克依然感到惋惜。「少了音樂，iPod就是個空殼子。」萊克說，「我強烈感覺到，一旦少了雙重的收益流（蘋果也必須將iPod的部分收益回饋給唱片公司），唱片業在未來只能掙扎求生。要是唱片業者當初能夠團結起來與蘋果談判，極有可能有一番作為。這是我最大的遺憾。」

2003年10月16日，賈伯斯宣布蘋果將為Windows電腦提供免費下載的iTunes軟體。對一些Mac的忠實粉絲來說，此舉帶給他們的震驚程度，不亞於1997年微軟投資蘋果。然而，大部分人都把這件事當作平反的機會，證明他們沒看錯蘋果：他們一直相信，蘋果的軟體與完善的個人電腦操作方式，遠遠勝過Windows霸權提供的一切。賈伯斯也知道這一點；他欣然在發表會上播放投影片，上面寫著：「破天荒！」

三天內，一百萬名Windows電腦使用者下載了iTunes，並透過iTunes線上音樂商店購買了一百萬首歌。年底前，更多消費者透過Windows電腦從蘋果下載音樂，而非Mac。核心團隊首創的「蘋果體驗」說法，開始滲透到Windows的世界。

蘋果接二連三成功出擊，產品隨處可見，蘋果最終在我們的文化扮演主導的角色，種種一切都使我們很難記起當初他們的崛起完全出乎意料之外，甚至就連策劃這一切的蘋果員工都十分意外。一件小事引發另一件事。一次成功，一個特定的挑戰，都可以激發靈感，讓他們開發出另一項新產品，或重新改造現有的產品，或發掘全新的獲利管道。正如賈伯斯常掛在嘴邊的話：「只有在回過頭時，才會看到事情的點滴如何串連起來。」庫依還記得，在2003年底，有一天他等候搭機時，環顧機場大廳，看到那些跟他一起等待的乘客，其中約有十來個正戴著耳塞式耳機，用iPod聽音樂；少數人用PowerBook工作，電腦上蓋獨特的白色蘋果剪影發着光；

只有一個人在其他牌子的筆記型電腦上打字。「當時我心想，我的媽啊！」庫依回憶過去，「我們還真的搞出了一點名堂。你知道嗎？我們實在沒有時間抬起頭來看看周遭。但一切就在我眼前。太酷了！」

還有一件事

2003年，「還有一件事」—— 正如同每次在精心安排的演說快結束時，賈伯斯總愛說的一句話。在夏天尾聲，他排出了一顆腎結石，於是他去看醫生，進行超音波追蹤檢查，確保沒有更多腎結石。四十九年來，賈伯斯不曾生過重病，當泌尿科醫生在超音波檢查報告中看到一塊陰影，打電話催促他到醫院回診，他充耳不聞。這位醫師費盡唇舌，對他曉以大義；到了十月，他終於回診，當時他原以為那只是例行性的檢查。結果令人震驚：他的胰臟長了一顆惡性腫瘤，這種病的預後令人驚慌失措，通常意味著病患只剩下幾個月可活。隔天傳來消息，賈伯斯罹患的癌症屬於一種生長緩慢的腫瘤，較容易治癒，稱為「胰臟神經內分泌腫瘤」。他和蘿琳都鬆了一口氣。但兩天來的情緒起伏讓他們精疲力竭。而這只是開端，他們即將走上一條與病魔搏鬥的漫漫長路，最終證明這一切將超出賈伯斯的掌控。而就在此同時，他費盡千辛萬苦將蘋果推向成功之路，如今終於以難以想像的方式得償所願。

12

兩個決定

賈伯斯掌管的事業不斷延伸擴展，每天都愈來愈耗費心力。舉例來說，光是在2003及2004年，蘋果公司就升級了整個產品線。四個象限的產品架構策略同樣適用於個人電腦。想買桌上型電腦的顧客，可從異想天開的「向日葵」iMac G4（時尚的平板螢幕由一根可旋轉的棒子接在泡泡狀主機盒），升級到更大的iMac G5（所有的電腦主機零件都在平面螢幕後面，由時尚的白色塑膠外殼所包覆）。就蘋果針對商業及高階使用者推出的直立式主機來說，Power Mac G5是一次傑出的升級，大受好評。想購買筆記型電腦的顧客可以選擇白色或霧黑色的塑膠iBook G4，或是鋁製的PowerBook G4，有三種不同的螢幕尺寸。

但是除了網際網路、家庭網路、音樂、軟體應用程式之外，蘋果正在絞盡腦汁要推出超越個人電腦範疇的產品。新版的iMovie及FinalCut Pro隨著新的酷炫應用程式GarageBand同時推出，讓你能利用Mac，進行音樂創作的錄製、編輯，以及混音。蘋果同時推出了新版本的OSX作業系統，稱之為Panther，搭載了蘋果專屬的瀏覽器Safari。有兩種新的鍵盤，其中一個是無線的。蘋果亮眼的Cinema Display平板螢幕尺寸愈來愈大、色彩愈來愈鮮明。

蘋果比起任何同業都更加努力地推廣將Wi-Fi做為通訊協定，並且推出了專供家庭用戶使用的大功率Wi-Fi伺服器Airport Extreme，以及可以將Wi-Fi網路分享到整棟建築物的Airport Express無線基地台。對於那些想進行線上視訊對話的用戶，蘋果開始販售iSight——裝設在電腦螢幕頂端的網路攝影機。瞄準企業客戶的網路伺服器Xserve也升級了。最後也最重要的是，iPod使用者在2004年獲得兩樣特別的禮物：時髦又纖細的iPod mini，以及擁有彩色螢幕、可以顯示相片的iPod classic。

蘋果不斷地成功。iPod看來還可以享有好幾年的成長。它的產品線集中，外型漂亮，又很受歡迎，然而，賈伯斯並不會因此感到滿足。他認為這些不過是他下一個「在宇宙留下一道刻痕」的墊腳石。

深沉的不安

柯林斯（Jim Collins），暢銷管理名著《基業長青》（*Built to Last*）及《從A到A+》（*Good to Great*）的作者，用一個很奧妙的詞彙來形容偉大的領導者必須具備的人格特質：「深沉的不安」（deep restlessness）。柯林斯將這句話套用在賈伯斯身上。他同時也認為，賈伯斯是兩位啟發他最多的偉大領導者之一（另一位是邱吉爾）。柯林斯相信，這樣的不安，比起單純的野心或天生的智慧要來得重要且強大多了。它是毅力和自我激勵的基礎。它的動力來自於好奇心、渴望創造出意義重大的事物，以及把人生過得淋漓盡致的使命感。

柯林斯和賈伯斯初識時，柯林斯還是名年輕的教員，於1988年至1995年在史丹佛大學商學院任教。柯林斯要開始上企業課程的第一年，他請賈伯斯為他的學生上一堂課，這是他們第一次見面。即使NeXT並不算是令人驚艷的成功，皮克斯也還在摸索方向，但賈伯斯充滿個人魅力，機智又親切。柯林斯在往後的人生中都定期和賈伯斯保持聯繫，他相信那幾年是他和賈伯斯認識的最好時機。「你會希望在1935年見到邱吉爾，當時他不受歡迎，沒有人會去注意他，」他說。「有些人會去誹謗邱吉爾，這對一個偉人來說並不稀奇。但是到最後你會以事情的全貌及宏觀的角度來評斷他們。」邱吉爾和賈伯斯一樣，在事業早期遭受屈辱挫折，接著堅持不懈地經過長期攀爬陡峭路途，獲得更偉大的聲望。

賈伯斯的不安並非總是優點。當他更年輕的時候，他的注意力會從一個計畫突然跳到另一個，例如他在全錄的帕羅奧圖研究中心看到繪圖運算的潛力之後，蘋果三號的開發突然間顯得很平庸。在1985年黯然離開蘋果之後沒多久便創立了NeXT，是一項突兀的舉動。他買下後來成為皮克斯的電腦繪圖工程團隊也是。現在看來，他的不安有時似乎像是衝動。但他永不放棄，他甚至沒有放棄皮克斯或NeXT。正是堅持不懈給予他獨特的不安真正的深度。「那些他嘗試要做的事情，」柯林斯說，「全都是一些困難的事，有時他會被打敗，但努力撐過之後所獲得的回報，會是個人莫大的成長。」

到了2003及2004年，賈伯斯的不安再度推著他前進，將他推向不明確的未來，推向一個測試，看看他到底成長了多少。賈伯斯一直自問這個問題：「接下來是什麼？」但這次答案特別複雜。蘋果可能打造出由個人運算的傳統基礎進化而來的東西，也許是再一次改變使用者介面的產品。也許他們必須推出一種新型態的電腦，比如平板電腦。也許可以根據iPod所獲得的成功，推出另一種消費電子產品，甚至是手機。

iPod改變了蘋果的一切。iTunes音樂商店現在的客戶包含了數百萬名個人電腦用戶，已成為一種全新的銷售系統，比起在工廠壓製CD後再運送到零售商的過程，產銷流程更順暢，而且成本更低。2004會計年度結束時（iTunes推出後僅僅過了三年），iTunes及iPod相關產品營收占蘋果總銷售額的19%，蘋果這一年賣出了四千四百萬台iPod，然而麥金塔電腦的銷售量卻下滑了28%，從2000年的四百六十萬台，降至2004年的三百三十萬台。iTunes及iPod所帶來的衝擊，最大的證據就是公司財務：2004年蘋果淨利為2.76億美元，高於2003年的六千九百萬美元。

但是iPod不僅為蘋果開啟第二個豐厚的收入來源，它還穩固了蘋果的基礎，同時擴展了蘋果的潛力。庫克現在組織了一個精密的供應鏈，可以支應全球製造網絡，每個月生產數千萬台iPod。有了這種速度快、規模龐大的生產線，艾夫開始實驗新的金屬、合金、耐用塑膠，還有可切割成小至iPod mini、大至32吋電腦螢幕等裝置的超硬玻璃。主管團隊開始認為，不管他們做什麼都會成功。「我向來覺得，」賈伯斯告訴我，「創新就像躍向空中一樣，你一定要十分確定當你落下來時，腳下會有土地。」賈伯斯腳下的土地從未如此堅實過。現在正是跳進一個全新、可以完全改變遊戲規則的產品的好時機。賈伯斯只是不知道該往哪個方向跳。如何解決這樣的困境，即將成為他職業生涯中最重要的決定。

手機與iPod合而為一

蘋果基本上沒有正式的研發單位。賈伯斯不喜歡把所有前瞻性工作都劃分到一個單獨的區域，獨立於主導最重要產品開發的人員。研究計畫在蘋果公司裡處處綻放，不過大多數都不會得到賈伯斯的讚賞，甚至不會被他注意到。只有在賈伯斯的大將覺得計畫或技術具有真正的潛力時，它們才會被賈伯斯注意到。此時，賈伯斯會加以審視，他蒐集到的資訊將進入他大腦的學習機器。有時這些資訊就在他的大腦裡沉沒，什麼事也不會發生。但有時，他會想出方法，將這些資訊與先前看過的東西結合起來，或者加以修改、運用在另一個全然不同的計畫。這是他的一項傑出才能，將不同的研發計畫與技術結合，成為之前無法想像的東西。他依賴這項才能決定接下來的產品。

為了探索開發一款新型手機的可能性，他們展開了兩項計畫。賈伯斯本人要求開發蘋果Airport Wi-Fi連線產品的人員，針對蜂巢式電話技術進行初步研究。這項決定讓他的一些團隊成員搖頭反對，因為Wi-Fi數據連線技術和無線電話網絡所使用的蜂巢式無線電技術根本毫無關聯。可是，還有一個更加迫切的計畫正在進行中。

2003年秋初，賈伯斯的一些主管團隊成員，包括iTunes音樂商店的策劃者庫依，開始專注尋找在手機裡建立和iTunes相容的音樂播放器，以及從手機進入iTunes音樂商店的方法。

「大家都隨身攜帶兩種電子產品：手機和iPod，」庫依回想著，輕拍著他牛仔褲前面兩個口袋。「我們都知道你可以把iTunes放進手機裡，手機就會變得和iPod差不多。這主要是軟體的問題，我們往這個產業放眼望去，在2004年初決定和摩托羅拉合作，當時摩托羅拉以RAZR折疊手機完全主宰了手機市場，人人都有一支。」數十年來，摩托羅拉一直是蘋果的主要供應商。直到一九九〇年代中期，蘋果所有的電腦全部搭載摩托羅拉的微處理器，之後蘋果與IBM結盟，設計出PowerPC晶片，成為麥金塔電腦的中央處理器，直到2006年。摩托羅拉向蘋果保證，他們將開發一個專門做為iTunes裝置的新系列電話，名稱是ROKR。

ROKR計畫一開始便充滿爭議，原因很簡單：蘋果大多數員工不喜歡和其他公司合作。尤其是費德爾所帶領的iPod硬體團隊，無法忍受把他們開始稱為「音樂手機」的開發工作拱手讓給傳統手機產業。摩托羅拉愈是向他們展示ROKR的計畫，他們愈是確信他們把珍貴的iPod及iTunes軟體授權出去是一項錯誤。摩托羅拉以前確實曾做出許多時髦漂亮的手機，卻似乎無法設計出像iPod那樣簡單樸素的軟體。在蘋果的這些神童看來，摩托羅拉的手法極為拙劣。這家位於伊利諾州的公司分別指派不同的程式設計師團隊設計不同的軟體，例如通訊錄、簡訊，以及簡易網路瀏覽器，這些功能都不如iPod的螢幕介面那麼直觀，而嘗試要將毫無關聯的不同團隊所做出的成果結合起來，就會變得一場糊塗。費德爾對摩托羅拉感到非常生氣，他決定自行開發一款蘋果手機的原型，首要特色是音樂，再來是影片和照片。

諷刺的是，另外兩項出發點與手機毫無關係的計畫，後來竟然對賈伯斯關於蘋果接下來發展的決定，產生最重大的影響。其中一項稱為「紫色計畫」（Project Purple）。這個由特別任務小組擔任的祕密研發計畫，應賈伯斯要求想出一種新方法，發展一種外型和尺寸獨特的個人運算科技產品：超輕的攜帶式裝置，外觀類似一個拍紙簿或筆記板，附有互動式觸控螢幕。這個概念讓微軟最優秀的研究人員和工程師困擾多年，可是賈伯斯相信他的人員可以在別人失敗的地方有所突破。除了鍵盤及滑鼠之外，一定會有更直接、更直觀的方法供使用者與電腦互動。最好是使用者隨處都可以使用的東西，甚至是坐在馬桶上的時候。

多點式觸控螢幕

另一項計畫所開發的東西遠超過賈伯斯的視界。2002年，蘋果的研究人員克里斯帝（Greg Christie）及歐丁開始研究一項陷入瓶頸多年的使用者介面技術。克里斯帝和歐丁決定重新考慮觸控式螢幕的可能性，人們只需用指尖，便可點開螢幕上顯示的圖示或按鈕。觸控式螢幕最早由IBM在一九六〇年代開發，之後的發展算不上革命性。1972年，控制資料公司銷售一款觸控式螢幕的主機終端機，名為「柏拉圖四號」（Plato IV）。1977年，歐洲核子研究組織CERN為了控制粒子加速器也製造了一部。一九八〇年代，惠普公司成為首家推出觸控式螢幕的大型製造商，做為一些早期桌上型電腦的配件，可是當時大多數的軟體都無法使用這種螢幕。初期的觸控式螢幕成為自動櫃員機、航空公司自動報到機和收銀機的介面選項，但應用在個人運算的希望似乎不大。

一九九〇年代初期，一群新創企業的企業家，以及數家電腦製造商研發實驗室的研究人員想到一個點子，他們或許可以將觸控式螢幕重新修改成他們稱為「手寫運算」的東西。他們的構想是，使用者可以模仿滑鼠的動作，利用觸控筆直接在行動電腦的螢幕上工作。他們認為，直接在螢幕上繪圖或寫字是如此自然且熟悉，這將成為人們與電腦互動的最佳方式。1993年推出時，史考利便是指望這項初期技術能使蘋果牛頓MessagePad成為個人運算的下一波大浪潮。結果失敗了，部分原因是它的手寫辨識錯誤到令人難堪。微軟花了二十年嘗試做出平板形式個人電腦的手寫運算產品，但一無所獲。這個領域唯一有點成功的嘗試，要屬Palm公司的Pilot個人數位助理器（PDA）。可是，這個小型裝置從未打算成為全功能的電腦，它的成功也是稍縱即逝。

學術界和一些前衛的數位藝術家將觸控式螢幕的概

念帶領到不同的方向。一九八〇年代，他們開始實驗可以使用不只一根手指頭在螢幕上操控電腦圖像的技術。這些所謂的「多點式觸控」介面極為不同。結合手指或手部、手勢和協調動作，可以比滑鼠更為靈巧地控制螢幕。你可以在螢幕上四處移動圖示和檔案，放大或者縮小圖像。你會產生一種真的與螢幕上圖像互動的觸覺錯覺。看到這種潛力之後，IBM、微軟和貝爾實驗室等地的研究人員，紛紛實驗他們自己的多點式觸控計畫。

克里斯帝是銷售欠佳的牛頓電腦主要設計者與軟體工程師之一。他早已放棄對手寫運算的迷戀，可是仍持續追蹤學術界及科技業對於多點觸控的研究。他希望與歐丁合作能夠成功，使多點觸控成為一種嶄新電腦的差別科技。歐丁於1998年進入蘋果，負責iPod的滾輪使用者介面和OSX。他們相信，這種技術或許可成為一種全新使用者介面的基礎。

開發新介面是電腦科學最艱難的技術挑戰。這不光是單純設計某種新方法在電腦上呈現資訊的圖像而已，還要考慮到舊習慣。例如，QWERTY鍵盤多年來一直是世界各地通用的打字與輸入資訊到電腦裡的方法。QWERTY指的是字母區第一行的前六個字母。這種鍵盤其實是一種古老的產物，字母鍵盤的布局源於手動打字機的時代，設計的宗旨是要讓使用者在快速打字時，字母鎚不致絆在一起。

克里斯帝和歐丁決定不要改變這種通用但有些死板的習慣。相反的，他們實驗在你需要打字時，螢幕上會出現一個虛擬的QWERTY鍵盤。在開始實驗多點觸控的時候，他們發現可以做各種既有效率又有趣的事。這種新方法適合用來編輯及修飾相片圖像、繪圖，甚至製作試算表和文字處理文件。他們愈是研究多點觸控，便愈相信他們即將有大發現。

在此同時，蘋果有五項不同的計畫在研究類似的科技可能性，因此它並不算特別。並不是賈伯斯某一天下達了「要做出iPad」的指令，然後翌日整家公司便全員投入，全力實現他個人的願望。相反的，公司裡隨時都充滿可能性。他最重要的工作便是加以分類，以及想像它們如何指向一個全新的產品。

治療胰臟癌

賈伯斯在這個時期還必須做出另一項關鍵決策：如何治療他的胰臟癌。胰島細胞神經內分泌腫瘤生長緩慢，可能可以治療，給了蘿琳和他一些希望。但是，關鍵字在於「可能」。賈伯斯向來注重養生，會採用別人或許覺得古怪、但他認為有道理的方法。他年輕時一度曾是水果素食者。後來他成為素食者，主要吃蔬菜，蘿琳也是。他並沒有什麼嚴重的健康問題。如今他有了大毛病，他想要確定他的癌症能夠用最好的方法治療。按照典型的賈伯斯風格，這表示要探索各種可能療法。

他開始向一些好朋友諮詢，像是布里恩特、葛洛夫、基因科技執行長兼蘋果董事列文森（Arthur

Levinson），以及醫師兼作家歐寧胥（Dean Ornish）。他的史丹佛醫師建議立即開刀切除腫瘤。事實上，醫師團隊裡有位外科醫生創新開發一種專為治療這種胰臟癌的新手術方法，可是賈伯斯沒有馬上相信這是最好的方法，因此他跟醫師說，他想先嘗試侵入性較低的方法，亦即飲食療法。

他決定暫時不開刀，當然有其心理因素。數年後，根據他的官方授權傳記，賈伯斯跟艾薩克森說：「我真的不想被人家開腸剖肚，所以我嘗試一些其他方法，看是否可行。」害怕侵入性手術是很自然的，可是對賈伯斯這種強烈信仰掌控一切的人來說，心情必然格外複雜。

可是，他也是基於知識的理由，想要研究及了解他的癌症。賈伯斯罹患的是一種罕見的腫瘤。根據國家癌症研究所（NCI），美國一年只發現一千個病例。因此，胰島細胞神經內分泌癌的研究，並不像研究乳癌或肺癌的醫師有現成的大量資料庫，可以提供較為常見的腫瘤的例證，甚或是其他形式的胰臟癌。他的腫瘤科醫師及外科醫師私下向我透露，當時還沒有充分的統計資料可以做根據，以決定最佳治療方法，看是要手術、化療、放療，或者結合數種療法，難怪賈伯斯無法決定該怎麼辦。「我無法理解，」布里恩特表示，「那些作家怎麼能夠一方面把他描寫成強悍的生意人，十分唯物主義，毫不提及精神層面。但是一談到他的癌症，他們便宣稱他有一種瘋狂的心靈信仰，認為他處在一種自以為可以自我治癒的救世主狀態。」

賈伯斯用他了解什麼是偉大新產品的相同好奇心來進行他的研究。他在全球搜尋其他選項，祕密前往西雅圖、巴爾的摩和阿姆斯特丹去看醫生。他主要是想找尋可能有效的飲食療法，以及更能配合他追求有機生活風格的另類療法。可是，他同時也向主流醫學的專科醫師諮詢。有一度他甚至召開一項視訊會議，與六名全美頂尖的腫瘤科醫師討論他的癌症。

但是，他找不到比手術更有希望的治療方法。少數清楚賈伯斯癌症的人愈來愈惱怒，因為他的「研究」又把病情拖延了好幾個月，他的醫師開始覺得，以手術成功清除腫瘤的窗口已經關上了。在2004年夏天，賈伯斯終於同意接受手術，住進史丹佛大學醫學中心。7月31日，星期六，他一整天都躺在手術檯上。外科醫師切開他的身體，切除了腫瘤。

這是一項極具侵入性的手術。數月後，賈伯斯給我看他的傷疤：將近六十公分長、有點方方的半圓形，由胸腔一邊的底部，往下畫到肚臍，再往上折返到另一邊。「胰臟在腸胃器官的後方，所以外科醫師必須有足夠空間把上方的器官提上來一點，才能摸到胰臟，」他跟我說，還用兩隻手比劃著，彷彿他自己在動刀。「他們實際上只切除一小部分的胰臟，」賈伯斯接著說，「其實切除不難，難的是如何摸到這個器官。」

8月1日，他的馬拉松手術的翌日，是一個星期天。雖然他還在加護病房，因為麻醉劑和止痛劑仍昏昏欲睡，他還是叫人把他的PowerBook拿來，好讓他寫完一封給蘋果員工的信，向他們告知病情和手術情況。從某些方面來看，這封信是一項行銷考驗：你如何正面宣傳你接受手術以治療胰臟癌這個事實，而這種病在大多數案例無異宣判死刑？以下是這封信的內容：

親愛的團隊，

我有些私事想告訴各位，我希望你們直接從我這裡聽到這個消息。這個週末我接受胰臟腫瘤切除手術，手術很成功。這是一種十分罕見的胰臟癌，稱為胰島細胞神經內分泌癌，約占每年確診的胰臟癌總病例的1%，如果及時確診，可以利用手術切除治癒（我的病例就是）。我不需要接受化療或放射性治療。

比較常見的胰臟癌屬於腺癌，目前是無法治癒的，通常確診後存活期大約是一年。我提到這點是因為當大家聽到「胰臟癌」（或者用Google搜尋時），馬上聯想到的是這種較為常見而致命的胰臟癌，但感謝老天，我得的不是這種。

我將利用整個八月份休養，預計九月時銷假上班。我不在的時候，已請庫克負責蘋果的日常營運，所以一切都會在正常軌道上。我確信我在八月時會非常密集地打電話給你們某些人。期待九月時見到各位。

史帝夫

註：我就在醫院的病床上使用我17吋的PowerBook和我們蘋果的無線網路分享器Airport Express寄出這封信。

明白這封信或許到最後會被公開，他甚至還故意置入性行銷一些蘋果產品。他沒有透露的是（很有可能他本人也還不知情），當外科醫師開刀時，他們看到賈伯斯的肝臟上有一些初期癌症轉移。

當然，我們無從得知，如果賈伯斯不把手術拖延了十個月，他會是怎樣的狀況。根據國家癌症研究所的報告顯示，罹患賈伯斯這種癌症的病患，如果在早期確診後立即完全切除腫瘤，五年存活期的機率為55%。

賈伯斯後來存活了七年，那是他一生中最驚人、最具生產力的幾年。

復原期間

腹部動了大手術之後的復原就像身處地獄般痛苦。像賈伯斯那樣的大型傷口通常需要漫長的恢復期，而且很辛苦。主要是因為，該部位有太多軟組織和肌肉必須在沒有太多壓力或拉扯之下才能痊癒，但是每當坐下或站起時，這個部位便會彎曲及伸縮。賈伯斯簡明扼要地跟我說：「復原過程簡直糟透了。」起初，他只要動一下，從內臟迸發出的劇烈疼痛，就會傳到他的手指尖和腳趾尖。等他住院兩星期終於回家後，只能直挺挺地坐在搖椅上。他不喜歡吃止痛劑，因為腦袋會昏沉沉的。然而，他決心在九月底之前重回辦公室。

我們如果得到賈伯斯這種病，許多人的反應會是選擇延遲回去上班的時間，或者在死前做一些一直想要做的事，即所謂的「遺願清單」。賈伯斯反而更加專心工作。「他做的是他喜愛的事，」蘿琳回想。「而且，他還加倍投入。」所以，在七週復原期的大多時候，他都在思索蘋果、電腦業務和數位科技的發展。他列出一份極具抱負的待辦事項清單，都是他銷假上班後要完成的事。「他手術回來後，他的時鐘變得更快了，」庫克回想。「我們公司向來就像是永不停止的快速跑步機。可是當他回來以後，他有一股急迫感，我馬上就感受到了。」

賈伯斯做的第一件事，便是跟主管團隊的每個成員談話，掌握業務的進度，並且向每個人說明他打算如何完成未來的工作。他告訴他們，他現在將更加重視產品開發、行銷和零售門市等方面，同時減少對於製造、營運、財務和人力資源等方面的關注。他明白自己的體力不如以往，雖然這點並不容易看出來。況且，他向所有主管透露，他的醫師對他嚴加看管，堅持他必須定期檢查以確保復原良好，同時監測任何其他的癌症跡象。他並沒有向高階主管透露，他的癌症可能已經擴散，也未提及他將必須接受好幾次化療的事實。可是，他已經能夠接受他的職業生涯將永遠無法再像從前，他希望他們知道這點可能對蘋果造成何種改變。等他了解公司的最新狀況之後，他又回過頭來思索一個比以往更加迫切的重要決策：蘋果接下來要推出什麼產品？

超大螢幕的新裝置

在五項手機與平板相關計畫當中，只有一項在2004年秋天之前便已胎死腹中。想當然，Wi-Fi團隊無法做出任何值得注意的東西。

摩托羅拉的內建iTunes音樂手機ROKR略有進展，可是這款手機醜不拉嘰，就像一群烏合之眾設計出來的東西。舉例來說，摩托羅拉選擇打造一款笨重的手機，所謂的糖果棒造型，完全不像它時髦的前身，RAZR摺疊機和iPod。iTunes的MP3歌曲檔案將儲存在可以卸除的MicroSD快閃記憶卡（這款晶片類似逐漸應用在大多數口袋型數位相機的晶片，惟尺寸較小，也比較脆弱）。不知何故，摩托羅拉決定這些記憶卡不能容納超過一百首歌曲，即使它們可以輕易儲存許多倍的歌曲。而且，儘管這支手機可以上網，卻不能用來在iTunes音樂商店購買及下載音樂。相反的，倒楣的ROKR買家必須利用電腦到iTunes購買音樂，然後再用傳輸線把音樂檔傳到ROKR手機。與既有的iPod相比之下，這絲毫沒有改進，而且不像ROKR手機，iPod並沒有上網的功能。他們愈是知道ROKR的細節，費德爾和蘋果其他的明星工程師愈是擔心。摩托羅拉最後花了十八個月才完成手機（在這段相同的時間，蘋果可以把整個iPod產品線翻新兩遍），所以當賈伯斯終於在2005年9月的麥金塔世界博覽會讓ROKR

亮相時，各界的反應可想而知。蘋果自家的新款精巧型iPod，名為Nano，成為該次活動的明星。

費德爾整個2004年都在開發的音樂手機原型，就顯得有趣多了。他的第一版使用iPod獨特的撥輪介面做為撥號器。賈伯斯欣賞費德爾的活力，但有個顯而易見的問題。在iPod運作得如此優雅的撥輪，到了音樂手機卻變成嚴重的障礙。雖然在音樂或通訊錄清單上捲動沒有問題，但當你真的要撥打一個新的電話號碼時，「姆指撥號」真的很難操作。它變成一個機關。這款原型的技術與使用者介面設計所設定的目標太低。費德爾的第二支原型拿掉了撥輪，加強影片播放器的功能，展現出無比的想像力，也證明了費德爾無可壓抑的企圖心。但它無法克服一個外部問題：當時的蜂巢式網絡不夠快速，也不夠穩定，無法提供持續的影片串流。即便費德爾的影片手機若搭配合適的電信商，可以在一年內製造出來，賈伯斯仍決定不要推行。這支原型設定的目標太高了，因為它依賴當時尚未備妥的蜂巢式基礎建設。

紫色計畫團隊則是遭遇不同的問題。為了在再利用的同時，保持與傳統麥金塔硬體和軟體的相容性，紫色計畫的工程師遭遇到微軟及其他人在其平板電腦碰到的相同問題：體積、重量、電池續航力，以及成本。即使是相對小型的10吋螢幕也耗費電力，無限制使用時，很快便用光平板電腦的充電式電池。Wi-Fi技術雖然是讓行動電腦連上網路或其他電腦網路的最佳方法，但同樣消耗電力，還有傳統的個人電腦微處理器也是，即便它是專為筆記型電腦量身打造的。平板電腦的電力需求似乎是個棘手的問題，因為現有的電池既大且重。

因此，儘管利用麥金塔科技來打造iPad的一些零散技術已逐漸整合，實際所能製造出來的裝置笨重又不實用，而且價格和傳統的MacBook一樣，實在很難賣出去。不過，賈伯斯並沒有取消這項計畫。除非他有備用計畫，否則不會終止紫色計畫。

克里斯帝和歐丁則在2004年花了數月的時間，組裝及研究一款相當新潮、但實用的多點觸控螢幕原型。他們兩人把電腦螢幕的即時影片圖像投射到觸控敏感表面，尺寸大如一張會議桌。你可以用兩隻手「移動」檔案，點開圖示，縮小及放大文件，以直觀式的靈巧，水平及垂直「捲動」螢幕。他們設計用來操控的多點觸控手勢，如今看來很基本，可是設計長艾夫取名為「超大螢幕」（Jumbotron）的這個原型極具吸引力，讓人想像用手指操控觸控螢幕式電腦會是多麼迷人。艾夫主動擔任偵察員，在蘋果自家實驗室尋找可以改變遊戲規則的使用者介面技術。他一直在注意克里斯帝和歐丁的研究，看到「超大螢幕」的示範後完全著迷。他要賈伯斯來看看。他相信蘋果可以把多點觸控做為一款新裝置的基礎，並且認為那應該是一款平板電腦。

人人都愛的手機

賈伯斯也有考慮到，蘋果的下一步可能要對傳統個人電腦進行全盤改造。他一直以來都想要做平板電腦。所以他一開始才會放行紫色計畫。但是當他完成手術後回來不久，某一次和艾夫在蘋果園區內進行定期的腦力激盪散步時，他告訴艾夫說他的想法改變了。「史帝夫想擱置這項計畫，」艾夫回想，「我非常驚訝，因為我原本很期待的。可是，他提出一項觀察心得（這是典型的聰明史帝夫），他說：『我不知道我是否能讓大家相信平板電腦是一個真正有價值的商品類別。但我可以說服大眾，他們需要一支更好的手機。』」他說出這個提議時，並沒有忽略做手機所需要的工程技術。他完全理解做一支手機比平板電腦要難多了，因為它必須要體積小，並且是一支好手機、一台好電腦，以及一個好的音樂播放器。他真正想要的，就是試著推出一個全新種類的裝置。對他來說，這是值得冒險的。」

當賈伯斯終於看了克里斯帝和歐丁的超大螢幕多點觸控展示原型，「他完全不感興趣，」艾夫說，「他完全看不出這個創意有任何價值。我覺得自己真是太愚蠢了，因為在我看來這是個非常了不起的東西。我說：『嗯，舉例來說，你想想看數位相機的背面。為什麼需要一個小小的螢幕和其他所有的按鈕？為什麼不能全部都顯示在螢幕？』那是我當下所能想到的第一項應用，這是這種技術仍在非常初期的一個絕佳範例。他仍舊非常、非常地不以為然。這又是另一個例子，說明很多時候他所說的及表達的方式並不是針對個人。你可能會這麼認為，但其實不是。」

可是，在反覆思考多點觸控數日後，賈伯斯改變了心意。也許多點觸控真的就是他所尋找的使用者介面的大躍進。他開始向他所尊敬的人士尋求意見。他打電話給艾夫，進行更深入的討論。他找薩克曼（Steve Sakoman）商量，薩克曼曾是牛頓電腦和Palm的工程師，現在是在郃凡尼恩底下做軟體技術的副總裁，也是他促使蘋果開始研發手機的。賈伯斯還想聽聽做iPod的工程師對於多點觸控的看法，因為他們已經做出兩個音樂手機的原型。他請費德爾來看看超大螢幕，因為費德爾有硬體工程的專業知識，可以評估要如何才能將這樣的技術運用在較小的裝置上，還能夠大量生產。當費德爾看了之後，他認同這項技術真的很有意思，但也承認要將展示的乒乓球桌大小的螢幕縮小到口袋型裝置，並維持原本的功能是很不簡單的事情。所以賈伯斯就把這道難題交給了他。「你先前想出了將音樂和手機融合的方法，」他對費德爾說，「現在你去想想如何把這個多點觸控介面加進手機螢幕裡，一支非常酷、非常小、非常薄的手機裡。」

事後來看，很顯然看到克里斯帝和歐丁的多點觸控示範，讓賈伯斯得到了靈感，就像二十五年前他初次造訪全錄帕羅奧圖研究中心一樣。以智慧型裝置幫助人們能更直接、更直覺地互動，是製造新型態智慧型手機的核心因素。麥金塔電腦的使用者介面是一種全新的概念，而iPod的撥輪也是使用者介面的一大突破。多點觸控和麥金塔電腦的圖像使用介面具有同樣的潛力，但他必須加快腳步。

拜iPod之賜，賈伯斯知道他的團隊可以快速出擊。同樣也是基於iPod的經驗，他知道蘋果不論創造何種裝置，都可以締造出驚人的銷量。所以他決定蘋果要來創造手機，蘋果要將一台有如iPod一般時髦又精巧的裝置送到你手掌中，可以直接經由無線網路下載或播放音樂、甚至是串流影片，是一支具有很棒的語音郵件功能及電話簿的手機，也是一台如同他在NeXT建立的工程工作站一般強大的電腦。他總是說，大多數人都討厭他們的手機。蘋果要做出一支人人都愛的手機。

iPhone的醞釀

這項決策全都發生在2005年1月。這不是蘋果當時唯一的重要計畫 —— 畢竟，賈伯斯在麥金塔世界博覽會發表了Mac mini、iPod shuffle，以及新的一套稱為iWork的個人作業軟體，賈伯斯希望它能直接與微軟Office競爭。但是，開發手機的計畫很快地成為他和艾夫見面時主要的討論題目，這個時期他們幾乎每天都見面，每週會有三、四天一起吃午餐，之後散步許久，討論該如何解決一些聽起來很乏味的問題，例如，講電話的時候，怎麼避免觸控螢幕因為碰觸到耳朵而起反應，或是螢幕該用哪種材質，才不會在口袋裡被鑰匙和零錢刮傷。賈伯斯有時會一起回到艾夫的設計實驗室，在那裡坐上幾個小時，看著設計師修改原型，或是兩個人一起站在白板前畫圖、修整對方的設計想法。他們是兩個志趣相投的人，現在賈伯斯和艾夫的合作，比起先前和沃茲尼克、郜凡尼恩、盧賓斯坦，甚至是卡特慕爾或拉塞特，要來得更緊密許多。

在他和艾夫腦力激盪，以及費德爾的團隊開始著手實際設計後，賈伯斯感到愈來愈有信心。創造一種全新的手機絕對不簡單，事實上，這比最早的麥金塔計畫還更讓人卻步。但賈伯斯很有把握能和電信業者談成一筆好交易，他已經在ROKR的時候學到一點經驗了。他很確定他的團隊能夠掌握軟體及工程設計的挑戰。他開始覺得如果一切都完成了，這台新裝置會成為史上最暢銷的電子產品。它不只是一支手機，也不只是一支可以播放影音媒體的手機。它會是完整的電腦，也代表它會是一支智慧型手機，可以不斷連接網際網路。當然，最簡單的部分就是替它想一個名字：iPhone。

13

史丹佛的畢業演說

2005年6月16日早晨，賈伯斯緊張地醒來。事實上，根據蘿琳所說的，「我幾乎從沒看過他這麼緊張」。

大師難得緊張

賈伯斯是天生的表演者，他將商業簡報提升至一種接近高級藝術的程度，但他如此緊張的原因是這一天要對史丹佛大學2005年的畢業生演講。史丹佛大學校長約翰・亨尼斯（John Hennessy）數個月前向他提出邀請，賈伯斯沒考慮多久就答應了。他不斷收到演講邀約，也總是拒絕。事實上，他因為太常受邀做畢業演講，蘿琳和其他擁有大學或研究所學位的朋友之間甚至流傳著一個老笑話：賈伯斯要是答應一場畢業演講，一定是為了終結其他邀請，還可以一天就拿到博士學位，不用花上好幾年。

但是說穿了，拒絕邀請純粹是投資報酬問題：比起其他事情，如精采的麥金塔世界博覽會、高品質產品或是陪伴家人，會議和公開演講的報酬實在少得可憐。「如果你仔細觀察他如何運用時間，」庫克說，「你會發現他幾乎不出門旅行，也不像其他執行長那麼常出席會議或聚會。他想要的是回家吃晚飯。」

史丹佛大學卻不同，雖然在史丹佛大學演說並不會讓賈伯斯成為賈伯斯博士（史丹佛不頒發榮譽學位）。首先，他不必出遠門，也不會錯過在家晚餐，因為他從自家開車到史丹佛大學只要七分鐘。更重要的是，他理解史丹佛大學和矽谷科技圈之間的緊密連結。史丹佛的教育是一流的，而他幾年來所遇到的教授都是頂尖水準，比如柯林斯。即使他自己是中輟生，卻向來樂意在聰明的大學生身上花時間。「他只打算做一場畢業演講，」蘿琳說，「如果他要演講，一定是去史丹佛」。

事實證明，撰寫演講稿是個燙手山芋。賈伯斯和幾個朋友討論過該說什麼，他甚至還跟編劇艾倫・索金（Aaron Sorkin）請教，但都沒什麼結果，所以最後他決定自己寫。他花了一個晚上寫草稿，接著開始拋出想法，與蘿琳、庫克以及其他一、兩個人討論。「他真的很想把這件事做好，」蘿琳說，「他想在演講中表達他認為真正重要的事。」即使用字遣詞稍有改變，但演說結構是一樣的，他會用三個小故事總結他的核心價值觀。

在演講的前幾天，他一邊背誦演講稿，一邊繞著整個家走來走去，從樓上的臥房到樓下的廚房。孩子們看著爸爸經過他們身邊，進入一種他在麥金塔世界博覽會或蘋果全球開發者大會前幾天也會出現的出神狀態。有幾次，他在晚餐時唸講稿給全家人聽。

那個星期天的早晨，一家人都準備好要前往史丹佛大學體育館了，賈伯斯花了點時間找他的休旅車鑰匙，卻怎麼找都找不到，然後他決定不開車了，他要利用這短短的路程再練習一遍。等到全家人都塞進休旅車時，他們已經遲到了。蘿琳開車，賈伯斯再一次調整講稿。他坐在副駕駛座，艾琳、依芙及里德則擠在後座。車子開往校園的路上，賈伯斯和蘿琳拚命翻找各自的口袋及蘿琳的手提包，尋找之前寄給他們的貴賓停車證，但怎麼找也找不到。

當他們駛近史丹佛大學，才發現應該要提早出門的。那個早晨有兩萬三千人湧進史丹佛大學體育館。平時要去體育館非常容易，因為它就位在國王大道上，不過畢業典禮當天，為了配合畢業生和他們的家人形成的繁忙人潮，許多道路都封鎖了。當他們終於進入校園外圍的尤加利樹林，也就是體育館的備用停車場時，蘿琳必須通過一個又一個路障。賈伯斯愈來愈緊張，他擔心會錯過自己唯一答應的畢業演講。

這一家人終於抵達看來像是通往體育館前的最後一個路障，一名女警站在鋸馬旁，對蘿琳揮手示意，要她停下來。她慢慢走向駕駛座那一側。

「女士，你不能往這邊走，」她說：「這邊沒有停車位。妳必須繞回帕羅奧圖高中，在國王大道對面。臨時停車場在那裡。」

「不，不，不，」蘿琳說：「我們有停車證，只是弄丟了。」

那位女警盯著她看。

「你不知道，」蘿琳解釋道：「這裡有畢業演說的演講人，他就在這部車上。真的！」

女警探下身來，由蘿琳的車窗看進車內。她看見後座的三個孩子，優雅的金髮駕駛，以及副駕駛座上穿著破洞牛仔褲、勃肯鞋和一件破舊黑色T恤的男人。那男人正擺弄著大腿上的幾張紙片，並抬頭透過他的無框眼鏡望著女警。女警向後退一步，雙手交叉在胸前。

「真的嗎？」她抬起眉毛說。「是哪一個？」

車上每個人都爆出笑聲。

「真的，」賈伯斯舉起手說：「是我。」

求知若渴，虛心若愚

他們終於到達體育館，戴著方帽、披著長袍的賈伯斯與亨尼斯校長走上講台，蘿琳和孩子隨同校長女兒到足球場上方的高級包廂。典禮現場帶著典型的史丹佛風格，混合著莊嚴與輕佻。有些學生戴著假髮、穿著泳褲行進，參加所謂的「瘋狂遊行」（wacky walk），其他則是單純地穿著普通的學士服，有幾個人打扮成iPod。

亨尼斯校長用幾分鐘的時間介紹賈伯斯。他形容賈伯斯雖然是個大學中輟生，但足以做為典範，彰顯讓世界變得更美好的必要思維。亨尼斯校長選擇這樣的人來做畢業演講，學生感到非常興奮。賈伯斯比那些畢業演講常客、愛擺架子的人更容易親近。賈伯斯將水瓶塞進講台下的架子，開始發表演講。這場演講只有短短十五分鐘，日後卻是史上最廣為流傳的畢業演說：

> 今天，我很榮幸能參加全球頂尖學府的畢業典禮，和你們共聚一堂。我大學沒畢業。說實話，現在是我離大學畢業最近的一刻。今天，我要跟各位分享我人生中的三個故事。我不談大道理，只說三

個故事就好。

第一個故事，是關於人生中的點點滴滴怎麼串連在一起。

我在里德學院待六個月就辦休學，但之後又旁聽大約十八個月的課程才真正離開學校。那麼，我為什麼要休學？

這得從我出生前講起。我的親生母親當時是年輕未婚的研究生，她決定讓別人收養我。她強烈覺得應該讓大學畢業的人收養我，所以她安排我一出生就讓一對律師夫婦收養。但是，當我出生後，這對夫妻在最後一刻反悔了，他們想收養女孩。所以，排在候補名單上的我的養父母，半夜裡接到一通電話問他們：「有一個意外出生的男孩，你們要領養他嗎？」他們回答：「當然要」。後來，我的生母發現，我的養母沒有大學畢業，我的養父甚至連高中都沒畢業，於是拒絕在最後的收養文件上簽字。幾個月後，我的養父母承諾將來一定讓我上大學，這時她才同意簽字。

十七年後，我真的上了大學。但是，當時我無知地選了一所學費幾乎跟史丹佛一樣貴的大學，我的藍領階層父母把所有積蓄都花在我的學費上。六個月後，我看不出唸大學有何價值，我不知道這輩子要做什麼，也不知道唸大學能對我有什麼幫助。何況，我為了唸大學，花光了我父母這輩子的所有積蓄。所以，我決定休學，相信船到橋頭自然直。

當時這個決定看來相當可怕，可是回過頭來看，那是我這輩子做過最好的決定之一。我休學之後，再也不用上我沒興趣的必修課，還可以去旁聽那些我有興趣的課。

那一點也不浪漫。我沒有宿舍，所以我睡在友人房間的地板上，靠著回收可樂空瓶的五美分退瓶費張羅三餐。每個星期天晚上，我走七哩的路穿越鎮上，到奎師那（Hare Krishna）神廟好好吃一頓。我很喜歡吃。憑著我的好奇與直覺，我偶遇的大部分事物，日後都成了無價之寶。

舉例來說：當時里德學院有著大概是全國最好的書法課。整個校園內的每一張海報上，每個抽屜的標籤上，都是美麗的手寫字。因為我休學了，可以不用上一般課程，於是我決定上書法課。我學到襯線與無襯線字體，了解如何在不同字母組合間變化字的間距，也見識到活版印刷的偉大。書法的美感、歷史感與藝術感是科學無法捕捉的，我覺得那很迷人。

我沒想過這些東西能實際應用在我的生活。不過十年後，我們在設計第一台麥金塔電腦時，我回想起當時所學，把它加入麥金塔的設計裡。這是第一台有著美麗字型的電腦。如果我沒在大學旁聽那一門課，麥金塔可能不會有各種字體和比例間距字型。又因為微軟視窗系統抄襲了麥金塔，如果我沒這樣做，大概個人電腦都不會有這些東西。如果我沒有休學，就不會去旁聽書法課，個人電腦或許也就不會有這些漂亮字型。當然，當我還在大學時，不可能把這些事件預先串成有意義的圖像。但是在十年後回顧，就能看到非常清楚的軌跡。

再強調一次，人生的事件無法預先拼出有意義的圖像；唯有在回顧之時，才能串連出有意義的軌跡。所以你們一定要相信，現在的點點滴滴將來都會連接起來。你們得相信某些東西，直覺也好，命定也好，人生也好，或者因果。這個信念從來沒讓我失望，也徹底翻轉我的人生。

我的第二個故事是關於愛與失去。

我很幸運，在年輕時就發現自己的志趣。我二十歲時，跟沃茲尼克在我爸媽的車庫裡成立了蘋果電腦。我們拚命工作，蘋果電腦在十年間從一間車庫、兩個小夥子，擴展成員工超過四千人、營收二十億美元的公司。當時，我們推出我們的代表作麥金塔才一年，我也才剛滿三十歲。然後，我被開除了。一個人怎麼可能被自己創辦的公司開除？這麼說吧，當蘋果電腦成長後，我請了一個我以為很有才幹的人來和我一起經營公司。第一年，情況很順利，可是我們對未來的願景開始出現分歧，最後決裂。那時候，董事會站在他那邊。於是，我在三十歲時被趕出公司，而且是敲鑼打鼓，弄得人盡皆知。蘋果曾是我成年後生活的全部重心，現在說不見就不見了，我不知所措。

有幾個月，我實在不知道要做什麼好。我覺得我令企業界的前輩們失望，因為我弄丟了他們交給我的接力棒。我去見惠普創辦人普克跟英特爾創辦人諾宜斯，跟他們說我很抱歉把事情完全搞砸了。我是人盡皆知的失敗者，我甚至想要逃離矽谷。但是，我漸漸明白，我還是喜愛我做的事。蘋果事件絲毫沒有改變我的志趣。我遭到否定，但我還是喜愛做那些事情。所以我決定從頭來過。

當時我沒發現，但是現在看來，被蘋果電腦開除，是我所經歷過最好的事。成功的沉重被從頭來過的輕鬆所取代，每件事情都不再那麼確定。我得到釋放，進入這輩子最具創意的階段之一。

接下來的五年間，我創辦了NeXT，還有皮克斯，也跟後來成為我老婆的美麗女子談戀愛。皮克斯製作了世界上第一部電腦動畫電影「玩具總動員」，現在是世界上最成功的動畫製作公司。然後，一個奇妙的轉折，蘋果電腦買下NeXT，我又回到蘋果。我們在NeXT發展的技術，成為蘋果電腦後來復興的核心。至於蘿琳和我，我們共組了一個美好的家庭。

我很確定，如果當年蘋果電腦沒有開除我，這些事情就不會發生。這是一帖難以吞嚥的苦藥，但我想這正是病人需要的。有時候，人生會用磚塊砸你的頭。不要喪失信心。我確信，支持我不斷前進的唯一力量就是我愛我所做的事情。你們得找出你們所愛的，工作如此，愛情也是如此。工作是人生的一大部分，唯一獲得真正滿足的方法就是做你相信是偉大的工作。而唯一做偉大工作的方法就是愛你所做的事。如果你還沒找到，繼續追尋，不要將就。如同所有的內心情感，當你找到了，你就會知道。而且，如同所有美好的關係，事情只會隨著時間愈來愈好。所以，在你找到之前，繼續追尋，不要將就。

我的第三個故事是關於死亡。

我十七歲時讀到一則格言，好像是這麼說的：「如果你把每一天當作是生命的最後一天，總有一天你會發現，你的人生幾乎可以說是了無遺憾。」這句話對我影響深遠，過去三十三年來，我每天早上都看著鏡子問自己：「如果今天是我人生的最後一天，我會想去做我今天要做的事嗎？」當連續太多天的答案都是「不想」時，我就知道我必須有所改變了。

提醒自己死亡將至，是我面臨人生重大抉擇時所用過最重要的工具。因為幾乎每件事，不管是所有外界期望、所有自尊、所有對困窘或失敗的恐懼，在死亡面前都會消失，只留下真正重要的東西。要避免掉入患得患失的陷阱，提醒自己死亡將至是我所知最好的方法。你既然一無所有，沒道理不順從心裡的聲音。

大約一年前，我被診斷得了癌症。我在早上

七點半做斷層掃描，胰臟清楚出現一個腫瘤。而我連胰臟是什麼都不知道。醫生告訴我，這幾乎可以確定是種不治的癌症，我大概只剩三到六個月可活了。醫生建議我回家，把後事準備一下。這是醫生對臨終病人的標準說辭。這表示，你得在幾個月內把未來十年要跟小孩講的話講完；這表示，你得把每件事情料理好，讓家人盡量輕鬆；這表示，你要說再見了。

診斷結果時時刻刻在我腦海裡揮之不去。當天晚上，我做了一次切片。他們從我喉嚨伸入一個內視鏡，通過胃進到腸子，將一根針刺進我的胰臟，取出一些腫瘤細胞。我打了鎮靜劑，我太太當時在現場，她告訴我，當醫生們用顯微鏡看過那些細胞後，他們都哭了，因為那是一種非常罕見的胰臟癌，可以用手術治癒。所以我接受了手術，現在康復了。

這是我最接近死亡的時候，我希望那會是未來幾十年內最接近的一次。經歷這些之後，死亡對我不再只是個用來檢驗人生很實用、但純屬智識的概念，我現在可以更加肯定地告訴各位：

沒有人想死。即使是想上天堂的人，也不想為了上天堂而死亡。但是，死亡是所有人的目的地。沒有人逃得過，而且再自然不過，因為死亡恐怕是生命的最佳發明。死亡是推動生命更迭的那隻手。送走老者，讓路給新生代。你們現在是新生代，但是不久的將來，你們也會逐漸變老，被送走。抱歉講得這麼聳動，但這是千真萬確的。

你們的時間有限，所以不要浪費時間活在別人的人生裡。不要被教條困住，不要活在別人思考的結論裡。不要讓旁人七嘴八舌的雜音淹沒了你內在的聲音。最重要的，要有聽從內心與直覺的勇氣。你的內心與直覺早已知道你真正想要成為什麼樣的人。任何其他事物都是次要的。

我年輕時，有本很精采的刊物叫做《全球目錄》（*Whole Earth Catalog*），被我們那一代奉為圭臬。它的創辦人是史都華・布蘭德（Stewart Brand），雜誌社就在離這不遠的門羅公園。他辦的這本雜誌充滿詩意。那是六〇年代後期，個人電腦跟桌上排版系統還沒發明，雜誌是用打字機、剪刀跟拍立得相機做出來的。在谷歌出現之前的三十五年，它有點像平裝版的谷歌：理想化，充滿簡練的工具與出色的概念。

史都華跟他的團隊出版了好幾期《全球目錄》，最後辦不下去，出了停刊號。當時是七〇年代中期，我正是你們現在的年齡。在停刊號的封底有張照片，照片裡是一條清晨鄉間小路，正是那種愛冒險的人會在路旁搭便車的小路。照片下方有行字：求知若渴，虛心若愚。那是他們親筆寫下的離別訊息。求知若渴，虛心若愚。我總是以此自許。現在你們就要畢業、展開新生活，我也用這句話期許你們。

求知若渴，虛心若愚。

非常謝謝大家。

一個關於成長的故事

從年輕時，賈伯斯就擅長說故事，但他過去所說的從來沒有引起如此熱烈的迴響。這段演說在YouTube上被點閱了至少三千五百萬次。十年前，社群網站不像現在如此先進和普遍，因此這段演說沒有辦法像在2015年的今天，在網路上延燒爆紅。但它逐漸受到肯定，被認為是真正卓越的演講，對於史丹佛體育館之外的全世界人類來說，也有深刻的意義。這場演講的普及程度讓賈伯斯感到非常驚訝。「我們沒有人預想到這場演講會這樣大受歡迎。」當時在蘋果公司擔任公關主管的卡頓說。

如果是早幾年前，這場演講也不會引發同等的迴響或注目，但在2005年夏天，蘋果公司已東山再起，賈伯斯的聲望也是。收入和獲利雙雙上升，股價也開始步入正軌。所有關於黑暗時期的看法，所有關於史賓德勒、史考利及艾米利歐的記憶都已煙消雲散，至少在一般大眾的記憶裡是如此。但賈伯斯則一直把那段時間藏在腦海深處，提醒自己，如果蘋果公司不保持警覺，下場會變得如何。

許多人深深覺得，賈伯斯的成就非常值得欽佩。他不再是個年少得志的毛小子，他也撕下了江郎才盡的標籤，現在他以捲土重來的英雄之姿，推翻了費茲傑羅（F. Scott Fitzgerald）的名言：「美國的人生沒有第二幕。」大家不再問蘋果公司能不能存活，而是在問：蘋果公司的下一步是什麼？沒錯，在賈伯斯演講的前幾週，我替《財星》雜誌寫的封面故事，標題就是：蘋果能長多大？

柯林斯認為，蘋果公司的東山再起，顯示賈伯斯天生是個厲害的企業家。「我們都曾被粉碎、踩扁、擊倒。每個人都有過這種經歷。有時候你只是沒有親眼看到，但它確實發生在每個人身上。」過去十年來寫出數部暢銷書、同時也成為世界級攀岩家的柯林斯說：「每當我覺得疲累，每當我在考慮是否要投入另一項創作計畫時，我都會想到賈伯斯那段艱困的時期。我總是從那之中得到精神糧食。這是我的試金石。」

柯林斯專門研究成功企業的營運祕訣，以及那些企業領導者的特質。他從賈伯斯的非正統商業教育背景中看見了獨特之處。「我以前叫他商業界的貝多芬。」他說：「但這用來形容他年輕的時候比較貼切。二十二歲的賈伯斯，你會認為他是個受到無數人幫助的天才。但是他的成長早已超越於此。他不是一個成功故事，而是一個成長故事。他從精采的藝術家變成精采的企業創建者，這是非常了不起的。」

在蘋果公司的前十年，他在公司政治及個人情緒上經常出現暴衝，在NeXT時，他也無法兌現他的承諾，我們因此很難想像他後來會成為偉大的商業領袖。但在2005年夏天，他看來就是做到了。很明顯的，如果沒有他，蘋果公司就會消失不見。賈伯斯回到蘋果，運氣扮演了關鍵角色，然而，如同卡特慕爾曾經說過，柯林斯也說：「人的差異取決於運氣報酬率，也就是運氣來時你要如何好好運用。重要的是你要怎麼打你拿到的一手牌。」他繼續說：「除非別無選擇，絕不輕言蓋牌走人。賈伯斯很幸運地在一個產業誕生時入行，接著倒楣地被開除。但賈伯斯不論拿到什麼牌，都會盡其所能地運用自身的才能。有時候你要創造手中的牌，讓自己去面對能讓你茁壯的挑戰，即使你根本不知道接下來會有什麼。那就是故事的美麗之處。賈伯斯幾乎就像是電影「浩劫餘生」（*Castaway*）裡湯姆・漢克斯的角色，他只有一個信念，那就是活下去，因為你永遠不知道明天的浪潮會帶給你什麼。」

「帶著傳奇色彩的賈伯斯1.0版故事，在大眾心裡留下先入為主的強烈印象，」柯林斯說：「部分原因在於，一個人如何慢慢成長，蛻變為一個成熟的領導者，這種故事比較平淡無趣，大家不喜歡聽。學習如何累積可支配的現金流量、如何挑選對的人才、如何成長、如何從有稜有角變得圓融，而不是只有特立獨行，這種故事也一樣乏味。但人格特質都只是表象、位居次要。你的抱負所追求的真理是什麼？你是否能謙沖自牧，不斷成長？你是否能記取失敗的教訓，重新站起來？對於理想，你是否堅持到底、勇往直前？你是否能發揮你的熱情、智慧、精力、才能、天賦、創意，將它們形於外，轉換成更偉大、更有影響力的事物？優秀的領導能力指的就是這些。」

賈伯斯在史丹佛的那場演講之所以那麼具有影響力，部分是因為他在領導蘋果後期，從跌跌撞撞中摸索而來的個人價值觀。這三個故事都包含了一些指引，而那是賈伯斯成熟之後才能夠理解的。他總是能言善道，而他年輕時可能都已經說過這些話了，但他當時並不真正了解那些故事的意義。

透視演講背後的成長

「你們一定要相信，現在的點點滴滴將來都會連接起來。」年輕的賈伯斯是無法從他自里德學院輟學的經歷中想出這些話來的。創立蘋果公司之後的十年，賈伯斯不顧一切地要將未來塑造成他理想中的樣貌。他相信只要往前進，就能將那些點點滴滴連接在一起。他的工程師為了配合他那些有時高明、有時卻是錯誤的要求，一再飽受折磨。在蘋果公司的第一段時期，以及之後在NeXT時，賈伯斯都深信，任何事他都能做得比他身邊的人更好，但是當他重回蘋果，他真的必須相信，「那些點點滴滴會連接起來」。

他東山再起後，一次又一次的，蘋果公司新的重大產品特質都來自難以置信的源頭。iMac的設計來自eMate，一項被賈伯斯扼殺的產品。iPod和iTunes則是直接來自賈伯斯對影片編輯軟體節外生枝的興趣。接著蘋果公司開始研發手機，因為五個團隊都知道，賈伯斯支持他們天馬行空地探索。他們的工作成果讓賈伯斯決定不去追求他原本真正想創造的平板電腦。賈伯斯已逐漸習慣在事後去觀看事件之間的關係。他的成熟，以及他創立的團隊所擁有的非凡才能，讓這一切得以成真。

「有時候，人生會用磚塊砸你的頭。不要喪失信心。……而唯一做偉大工作的方法就是愛你所做的事。如果你還沒找到，繼續追尋，……如同所有的內心情感，當你找到了，你就會知道。而且，如同所有美好的關係，事情只會隨著時間愈來愈好。」賈伯斯在他人生很早的時候就發現自己喜歡做的事，但是在2005年，在他演說裡的第二個故事，這些話語之所以具有如此強大的力量，是因為他對自己工作的熱愛在歷經莫大的磨難後，依然不變，並且得到豐收。賈伯斯歷經了漫長的時間，從在NeXT苦撐、重整皮克斯，到讓蘋果重新站穩，事情才「愈來愈好」。現在他有信心和他想要建立關係的人講話：蘿琳、蘋果公司的主管團隊，甚至他的長女麗莎。賈伯斯的奮鬥，以及所有他學習到的課題，正是蘋果公司之所以能夠一次次創造出明星產品的關鍵。也許除了迪士尼之外，沒有任何其他大公司能創造出如此引發情感共鳴的產品，甚至收服抱持質疑的記者。在一次產品發表後，《紐約時報》刊登了一篇總結文章，標題是「蘋果產品的魔法？是真心」這是賈伯斯過世三年後的事。蘋果公司，一如它的老闆，犯過很多錯，但是這家公司工作時懷抱著使命感，和同業不一樣。

「要有聽從內心與直覺的勇氣。你的內心與直覺早已知道你真正想要成為什麼樣的人。」如果沒有蘋果公司的成功做為明證，賈伯斯演講的最後一段會被誤解為精神喊話的空言，像是乳臭未乾的高中畢業生代表致詞。他的演講之所以充滿力量，是因為這些話出自一個在企業環境裡證明自己價值的人。就像賈伯斯的不按牌理出牌，蘋果公司也是產業界的異數，在很多方面跳脫美國所有企業的常規。賈伯斯學會了如何轉化「聽從你的內心」裡的唯我心態。在他早期的職業生涯，「直覺」意味著對他自己發明事物的封閉式信心。他頑固地拒絕參考別人的想法。等到2005年，直覺已經變成渴望提供世界各種可能而產生的使命感。現在他有足夠的自信，讓他可以聽從團隊的意見和他自己的想法，並且在採取行動時，理解並接受周遭世界的本質，一如他在皮克斯學習電影產業，或者是在重回蘋果時評估公司可能的出路。蘋果公司決定推出iPhone，並不是參考焦點團體或者市場調查的結果。蘋果這麼做是出於直覺，但比起那個年輕的蘋果創辦人的自私偏好，這項直覺已然更加深入及豐富。

理想主義者的靈魂

當我首次在網路上讀他的演講，我想起1998年與他的採訪。我們談論著他事業的軌道，在一條彷若《全球目錄》停刊號封底照片裡那條路的步道。那時，賈伯斯告訴我，這本刊物對他造成怎樣的衝擊。「當我想要提醒自己該怎麼做，什麼才是該做的事，我就會想起它。」那篇採訪刊登在《財星》的數週後，我收到一個大紙袋，是布蘭德寄來的，裡面有一本罕見的停刊號。布蘭德說：「下次你見到賈伯斯時，請將這個交給他。」一兩個星期過後，我把它轉交給賈伯斯，他很興奮。他這些年來一直都記得這份停刊號，但從來沒空自己找一本。

史丹佛畢業演講的結尾強調《全球目錄》封底所寫的格言：「求知若渴，虛心若愚」；但賈伯斯的演講中提到這本刊物的部分，我最喜歡這一句：「理想化，充滿簡練的工具與出色的概念。」事實上，用這句話形容賈伯斯的公司最貼切。他是個有同理心的人，希望這些畢業生展開求知若渴、虛心若愚的追尋，並希望在他們開啟蜿蜒的旅途前，自己可以賦予他們新奇的工具和卓越的觀念。就像柯林斯一樣，我貼身近觀賈伯斯，足以穿透他嚴肅、時而魯莽的外表，直視他內心的理想主義者。礙於強烈的性格與難測的蠻橫，賈伯斯有時難以將理想主義傳達給他人。在史丹佛的這場畢業演講，讓世界得以一窺賈伯斯真正的理想主義。

14

皮克斯的避風港

2005年3月12日，星期六，當時的華特迪士尼公司總裁伊格在他位於加州貝萊爾（Bel Air）的家中，拿起話筒撥了幾通電話，分別打給他的父母、女兒，以及柏克（Daniel Burke）和墨菲（Thomas Murphy），兩位他最重要的專業導師。接著他打給一位只見過一、兩次面的人：史帝夫・賈伯斯。

伊格有個大消息要分享：隔天3月13日，迪士尼公司會宣布伊格將成為下一任執行長，取代艾斯納。艾斯納從1984年起擔任執行長，起初的十年非常傑出，但接下來的十年只能用平庸和混亂來形容。到最後，他讓股東失望了，也疏遠了幾乎每一個與公司息息相關的利害關係人。其中一人是皮克斯的執行長，他非常討厭艾斯納，甚至公開表示，只要2006年皮克斯與迪士尼的原有合約一到期，皮克斯就要找新的發行商。

「史帝夫，」伊格說，「在你明天從報上得知消息之前，我想先跟你說，我被任命為迪士尼的下一任執行長。我並不大確定這對迪士尼及皮克斯來說到底會是什麼意義，但我打電話來是想告訴你，我希望找出維持這段關係的方法。」

電話的另一端沉默了好一陣子。關於這通電話，伊格思考了好幾天。他知道收拾艾斯納留給迪士尼動畫的爛攤子，是他上任之後最重要的工作，而且他也已經想好，挽留皮克斯將是所有解決方案的關鍵。他聽說，賈伯斯認為他只不過是艾斯納的延續。現在，電話的另一端沉默了好一陣子，伊格開始希望或許賈伯斯的內心正在掙扎。「嗯，」他終於從電話的另一端聽見回應，「我想我欠你一個你能證明自己並不一樣的權利，如果你想出來聊聊，那我們就約一下見個面吧！」

心血的結晶

在我負責報導賈伯斯的這些年來，最愉快的採訪之一就發生在1999年夏初。那時他邀請我去參觀皮克斯位於愛莫利維爾的新總部及製片廠，就在海灣大橋靠奧克蘭那一側。在最初的兩部作品「玩具總動員」及「蟲蟲危機」之後，這家動畫公司一直急速成長，並且在市中心買下一大片土地，該地段因曾是多家不同製造商的總部而經歷過輝煌歲月。皮克斯就在一家杜爾罐頭工廠（Dole cannery）的舊址興建大樓。

史帝夫和我在停車場見面。建築工人幾個小時前離開了，只剩下兩名警衛還留在停車場。賈伯斯帶領我從側門進去，那扇大門嵌在大片玻璃帷幕的牆上，也就是現在訪客與員工進出的。「看上面，」在我開門前他說，「看上面那些磚塊，你曾看過一片磚牆有那麼多種顏色嗎？看看那些磚塊！」他說得沒錯，那些磚頭當時非常好看，到現在也還是。每一塊磚塊都是二十四種不同大地色系當中的一個顏色，從土黃色、鐵鏽色、栗子色到巧克力色，中間還夾雜更多顏色。從遠處看的整體效果，就像是精緻的方格摩爾紋（moiré），加上表面散布的褪色簡直就是隨興的時尚。只不過它一點也不隨興。

這些磚塊是由華盛頓州一座蜂巢式磚窯所製造，而這座窯是賈伯斯的供應商特地為了製造他所要求的特別顏色磚塊而重新啟用的。有一、兩次，賈伯斯造訪建築工地時，看到牆砌起來的方式雜亂無章，感到相當不悅，便要求工人把牆拆掉。最後，建築團隊想出某種演算法，確保磚塊呈現「完美」的隨機圖案。

我們在這棟建築物四處參觀時，賈伯斯開心地一次又一次為我指出細節，並解說花了多少功夫才把它做好。在大樓內部，巨大的鋼梁營造出綠色的色調，這些鋼梁來自阿肯色州一座特別的鋼廠，並且經過粉刷以營造那種相當自然的外觀。鋼廠工人受到囑咐，要格外細心處理這些鋼梁；儘管他們所製造的鋼梁大部分隱藏在購物商場或摩天大樓的牆內，但這批鋼梁絕對不會被遮蓋住。固定這些鋼梁的螺絲則是略為不同的互補色；賈伯斯叫我爬上一只大梯子，好讓我仔細看清楚。在中庭大廳下面，餐廳用來烤披薩的柴燒火爐的磚造圓頂，就是用與外牆相同的磚塊打造，呈現出完美圓形，是磚瓦匠的傑作。在外頭，通往前門又長又寬的步道兩側種植小梧桐樹，跟巴黎香榭麗舍大道兩旁的梧桐樹同一種，那是他和蘿琳喜愛的城市。

他像個小孩似的指給我看，只不過他想說服我的，是《財星》雜誌應該用數頁的篇幅來刊登他的創作。主編們不同意，部分原因是這棟建物並不是什麼驚天動地的建築宣言。她最美的地方，在於她完美地符合其功用。「倒不是他熱中打造一棟美麗的建物，」卡特慕爾說，「而是更崇高的目標。他熱中打造一個工作的地點。這是一個重要的差別。」

賈伯斯對這棟大樓的原始設計是極簡主義風格，主要依據他獨特的美學品味，和他自己對於一棟好的大樓可以塑造好的辦公室文化的想法。「他的理論很簡單，」拉塞特表示。「他推崇沒有規畫的會議，相信不期而遇。他知道每個人在皮克斯的工作方式，就是跟電腦一對一工作。他對於大型中庭有一套理論，要大到可以容納整個公司召開會議，要有各種東西能讓你想要走出辦公室，踏進那個中央區域。它會吸引你走到中庭，或者讓你穿越中庭，一天好幾回。」賈伯斯相當堅持這個概念，以至於他原先提議大樓的兩座側樓不要設置洗手間，而只在中庭大廳設置一間男廁及一間女廁。賈伯斯偶爾主張採取不切實際的手段以達成值得稱讚的目的。在許多想方設法來應付賈伯斯特殊過分要求的人當中，卡特慕爾是最高明的，他會耐心地導引賈伯斯放棄這個荒腔走板的構想（賈伯斯最後妥協了，同意在樓上及中庭都設置洗手間）。

拉塞特及卡特慕爾亦抗拒把公司總部蓋成極簡風格、玻璃及鋼鐵的創意。它既不融入鄰近的工業社區，也跟皮克斯員工創作的豐富、多彩及奇幻作品格格不入。「皮克斯比蘋果或NeXT來得更加溫暖，」拉塞特說。「我們不談科技，談的是故事、角色和人性的溫度。」他們向賈伯斯聘任的建築師湯姆・卡萊爾（Tom Carlisle）及克雷格・潘恩（Craig Paine）反映他們的憂慮。卡萊爾和潘恩雇用了一名攝影師去拍攝附近社區樓房及舊金山的磚牆。然後，有一天賈伯斯在皮克斯的里奇蒙點（Point Richmond）總部快要下班時，他們把數十張照片攤開在會議室的桌子上。「他走了進來，我還記得他看著這些好看的照片，注意各種細節，同時走來走去，」拉塞特回憶說。「然後他看著我說：『我懂了，我懂了，你們是對的。約翰，你是對的。』他懂了，最後他大力支持那種風格。」

　　最後的成果是一棟精緻、直覺式的大樓。中庭大廳是一個巨大的交流空間，有一流的餐廳，一間郵局，每個員工都有個木製郵筒可收發傳單、便箋和個人通知，還有許多空間可進行非正式對談。二樓並排著八間會議室，分別標示著西一到西四和東一到東四。「就像曼哈頓一樣，」拉塞特說。「我很討厭會議室取一些花俏的名稱，因為我不知道它們究竟在哪裡。」當皮克斯在進行電影時（通常有四或五部劇情片和數支短片同時進行中），與每部影片有關的事業團隊就以團體方式在大樓內移動；當電影接近商業發行時，他們便會搬到靠近前門的地方。另一方面，動畫師則不移動。他們都會裝飾自己的辦公室，以迎合他們繽紛多樣的品味：有的像是沙漠探險家的前哨；有的像是撲克專家的房間；一位女士從好市多買來一座塑膠遊樂屋，還在她的「辦公室」掛著塑膠植物；另外一個人蓋了一棟兩層樓日式木屋，二樓附設茶藝館。如果你趴在其中一間辦公室，按下一個小紅按鈕，你就可以爬進「愛的交誼廳」，這裡原先是寬約五呎的通風井，現在則貼著豹紋壁紙，播放貝瑞・懷特（Barry White）的音樂，還有一個紅色熔岩燈。賈伯斯在壁紙上寫著：「這是我們為何建造這棟大樓的原因，史帝夫・賈伯斯。」

「我們稱之為史帝夫的電影，」卡特慕爾說。「這是心血的結晶。」拉塞特則說：「它所花費的經費和時間跟我們的電影一樣，而他是導演。我們愛極了。」

一把外部的鑰子

賈伯斯試著每個星期到皮克斯一趟。他在那裡會晤卡特慕爾及拉塞特，觀看拍攝中的電影膠卷，和財務長李維或總經理摩里斯（Jim Morris）等人閒聊。當然，賈伯斯不是電影導演，他也不想試著當導演。卡特慕爾早在數年前便已預防了這種可能性，那時候他設法讓賈伯斯承諾，永遠不會試圖成為皮克斯的智囊團成員。這是一個由導演、劇作家和動畫師組成的顧問委員會，在每部電影的發展過程中提供意見。可是，卡特慕爾及拉塞特確實讓賈伯斯充當影評。

「賈伯斯過世後，我們失去的其中一樣東西，是一把外部的鑰子，」卡特慕爾說。「之前每部電影到了某個時候，導演便迷失在森林裡，所以，有一、兩回我會打電話給史帝夫說：『史帝夫，我想我們有了問題。』我就說這些而已。你絕對不要試著告訴賈伯斯該去思考些什麼。我不會給他預習功課。」賈伯斯會開車過來愛莫利維爾，進到一間小放映室，觀看電影已有的內容。然後他會提出自己的評論，通常會跟導演和整個智囊團講話。「史帝夫從來不會說出智囊團成員未曾說過的東西，因為他們都很擅長說故事，」卡特慕爾說。「可是，他的在場有一股力量，而且他非常能言善道，可以把別人說過的相同事情直接切中要害。」他很謹慎地進行這種事。史帝夫會在開場白的時候說：『我不是製片家，你們可以不理會我所說的每件事。』他每次都會這麼說。然後他會接著說出他認為問題的所在。只不過他所清楚表達的事實，就是在肚子上狠擊一拳。他沒有叫他們去做任何事，他只是把他的想法告訴他們。」

「有時候，」卡特慕爾說，「如果問題大到必須在肚子上狠擊一拳，他會跟導演去散步。史帝夫是這麼不可思議的聰明，而且意志堅強，會成就任何事物。但同時他也賦予其他人權力。他總是喜歡和人散步，所以，他會帶著導演出去散步。當你放慢講話速度，你會把事情想清楚……就只是散步，友好地一來一回的講話。他的目的只是想幫助他們拍出更棒的電影。導演總是因此更能有所進展。從來不會是『喔，你搞砸了。』而是『我們要怎麼做才能有進展？』過去可做為教訓，但過去就讓它過去。他是這麼認為的。」

這種一對一的指導，是賈伯斯時間久了之後自然學會的。「早期的時候，如果有人達不到要求，史帝夫根本不會隱藏，」卡特慕爾說。「我在他的最後十年不曾看過那種行為。相反的，他會帶你去私下談，把原本會是令人難堪的事，變成極具生產力及建立互信關係。他學會了；他記取曾經犯過的錯，在內心加以處理，然後做出一些改變。」

賈伯斯在皮克斯時，比在蘋果更加輕鬆。「他從不曾試圖把我們變得像蘋果一樣，」卡特慕爾說，「或者用相同方式來經營這家公司。」先前曾在蘋果與CKS集團工作過的皮克斯設計師德萊福斯（Andy Dreyfus）表示，每當他和主管湯姆・蘇特（Tom Suiter）想要向賈伯斯簡報，他們會試著跟他在皮克斯碰面。「我們跟史帝夫在星期五開會時，總是很開心，」德萊福斯回憶說，「因為星期五是他在皮克斯的日子，他在那裡時總是心情很好。」

週復一週，年復一年，皮克斯為賈伯斯帶來一系列單純的美好時光。他定期參加奧斯卡金像獎典禮，皮克斯則拿到愈來愈多獎項。他喜歡播放尚未完成的電影的預告影片給朋友看。「史帝夫是我們的頭號粉絲，每回我們做了一份內部影片，他就會要一份拷貝，」拉塞特回憶說。「我從認識的人那兒聽說，他在家裡播放給所有鄰居看。嘿，大家都來看喔！他愛極了。他就像個孩子似的。」

皮克斯唯一的問題

賈伯斯認為，皮克斯只有一個問題：艾斯納。

自從1997年簽署合約同意兩家公司均分費用與獲利之後，這兩個位高權重的霸主便關係惡化。這兩家公司之間一直存在問題：賈伯斯從來不滿意迪士尼的行銷人員對皮克斯電影的關注程度，等到他們終於擬定計畫之後，他也不滿意。不過，事情一直很順利。合約簽署的三部電影，「蟲蟲危機」、「玩具總動員2」和「怪獸電力公司」，全部獲得影評的喝采。票房成績更是難以爭論；每一部首映時都是票房冠軍，而且票房收入都遠超過五億美元。

「怪獸電力公司」於2002年發片後，皮克斯可以重新與任何電影公司談判新的發行合約。卡特慕爾及拉塞特想要繼續和迪士尼合作，因為該公司擁有他們所創作的所有皮克斯角色的權利，而且皮克斯的影片在迪士尼擔任發行商之下票房極為理想。賈伯斯希望艾斯納會打電話來重啟談判，可是艾斯納卻選擇讓他枯等。艾斯納相信等到「海底總動員」發行之後，他就能夠談成更有利的交易。他在皮克斯看過兩部預告片之後，寫了一份備忘錄給迪士尼董事會說，「還可以啦，但完全比不上之前的電影，」這份備忘錄還被外洩給《洛杉磯時報》。當然，艾斯納錯到離譜。「海底總動員」成為皮克斯最賣座影片之一，全球票房達八億六千八百萬美元。

因此現在，賈伯斯提出一套很猖狂的條件：皮克斯想要發行自己的電影，迪士尼只能得到7.5%的票房收入，就這樣。迪士尼不再擁有新角色的所有權，不再擁有影片，沒有DVD的相關權利。同時，賈伯斯公開表露他對迪士尼的不滿，大談皮克斯傑出的創作才華，當場把迪士尼動畫所發行、讓人想遺忘的那些「災難」電影給比了下去，如「星銀島」、「熊的傳說」，以及「放牛吃草」。

這場談判為卡特慕爾及拉塞特招來無止境的苦惱。「他跟迪士尼待在談判桌上，主要是為了我，」拉塞特表示，「因為我對於我們所創作的角色極為重視。」拖了數個月後，事態似乎每況愈下。賈伯斯認為艾斯納把他的要求洩漏給了媒體，企圖讓他看起來很貪婪。2004年1月初，事情似乎走到了終點：賈伯斯告訴卡特慕爾及拉塞特，皮克斯將不再與迪士尼協商。他不要跟艾斯納合作，現在不要，以後也不要，永遠都不要。「那是我一生中最糟的一天，」拉塞特說，除了面臨可能失去他以前所有的角色之外，如今又面臨他甫完成的「汽車總動員」（*Cars*）也將歸屬於迪士尼，而且屬於一個自從最初合約簽署以來只到訪過皮克斯兩次的執行長。當拉塞特、卡特慕爾及賈伯斯向皮克斯員工宣布這個僵局時，拉塞特都哭了，他發誓說皮克斯再也不會製作一部無法擁有片中角色的電影。

新聞曝光後，其他製片公司開始來電。賈伯斯裝得很冷靜。不論有沒有新簽合約，迪士尼都將發行「汽車總動員」，皮克斯在票房成功之後擁有大筆現金，因此絲毫不著急。賈伯斯在和其他製片公司打交道的時候，艾斯納逐漸失去自家公司的支持。2003年秋天，由於艾斯納的逼宮，華特的姪子洛伊・迪士尼（Roy Disney）辭去董事職務，但在辭職前寫了一份公開信嚴厲批評這名執行長。投資人看著迪士尼股價多年來一直低迷，已經厭煩艾斯納的專橫。2004年的股東大會上，43%的股東投票反對艾斯納續任董事，董事會於是革除他的董事長職務。艾斯納表示他將履行完他的合約，效期直到2006年，可是他無法如願的機率突然變得很高。

賈伯斯開心地看著這一切的發展，尤其他揚言要讓皮克斯與別家公司簽約，打垮了艾斯納。畢竟，他對迪士尼公司從來沒有任何意見，唯有艾斯納讓他無法忍受。

等待艾斯納垮台

2004年秋天，賈伯斯已經恢復得差不多了，於是重返公司，他告訴卡特慕爾及拉塞特，即便他不在了，他也要設法確保皮克斯能順利發展。倒不是說他害怕不久於人世，而是當他考慮到未來可能必須進一步減少工作，他知道皮克斯沒有他也會好好的，不像蘋果公司。但這並不容易。賈伯斯向來認為，他、卡特慕爾及拉塞特的合作就像是三人版的「披頭四」，彼此相輔相成。未來沒有賈伯斯經營公司，令卡特慕爾緊張。「他不是電影導演，也不是那一類的人。倒不是創作方面會受到影響，」卡特慕爾表示。「而是我真的不是上市公司執行長那類的人。我就不是那種人。所以，萬一他走了，那麼我們真的失去一個關鍵元件。」

皮克斯似乎有三個選項：一是找新的發行商，邁入一項未知的關係；二是建立自己的發行部門，這需要巨額的投資和人員，設立一項卡特慕爾及拉塞特都不想管理的服務；三是繼續與迪士尼合作。但只要艾斯納仍擔任執行長，第三個選項就不可能列入考慮。但是放棄第三個選擇似乎也很糟糕，因為拉塞特及其團隊在舊合約時期所創作的所有電影角色都將歸迪士尼所有。

迪士尼有主題樂園，讓皮克斯的角色用新的方法活了起來。它的行銷網絡已證實成功地推出每一部皮克斯的電影。而且它的名字對卡特慕爾及拉塞特依然具有魔力，他們成長時便夢想加入迪士尼傳奇歷史上的偉大動畫家行列。「我打從一開始便知道，史帝夫的長期作戰計畫是要賣給迪士尼，」卡特慕爾說，即使史帝夫從不明白告訴他。「我對這點從來沒有疑問。他故作姿態，玩這些計謀，但我知道那是長期作戰計畫。」

整整三年，史帝夫展現出無比的耐心，等待艾斯納垮台。他的公開態度對艾斯納造成壓力，因為他的導演們看不出有任何方法可以留住皮克斯，只要艾斯納還繼續留在這個職位的話。但在幕後，賈伯斯確保他的公開不滿不會損及兩家公司的合作關係。「我們很努力與迪士尼維持良好關係，」卡特慕爾回想。「當艾斯納在跟洛伊・迪士尼對抗時，有人寫了一本書：《迪士尼戰爭》（*Disney War*），作者為詹姆士・史都華（James B. Stewart）。史帝夫說：『不論做什麼，我們都不能說。我們不知道會發生什麼事，所以他們從我們身上得不到任何素材。』因此，那本書沒有任何內容來自於我們，因為史帝夫不希望迪士尼對我們產生反感。」

「在這種情況下，」卡特慕爾說，「你把幾個點連起來，你便會明白，好吧，我懂這個意思了。然後，戰爭突然結束，他們讓伊格接任。」

瘋狂的主意

伊格上台的新聞於三月份發布，但他直到9月1日才就任執行長。在知會艾斯納他將修補與賈伯斯的關係後，伊格便著手進行。在第一次通電話一個月後，他又致電給賈伯斯，提出一個想法。如果有方法讓消費者在麥金塔或個人電腦或其他裝置觀看各種電視節目（包括現在及以前的），會怎麼樣呢？蘋果能不能對電視產業做出改革，如同他對音樂產業所做的，而成為電視的零售通路？伊格知道這個想法充滿複雜性，可是他希望有機會與賈伯斯討論。

「你在開玩笑吧？」賈伯斯回答，伊格說他是認真的。「你可以保守祕密嗎？」賈伯斯問說，顯然他對任何迪士尼高階主管都還存有戒心。在獲知伊格願意保密之後，賈伯斯便表示自己頗感興趣，且一、兩個月後會有個東西給他看。

伊格這通電話其實很具戰略性——他認為如果賈伯斯知道他不同於前任執行長，有決心分享迪士尼的技術，便可以提高他的勝算。賈伯斯確實很感動，在伊格等著看賈伯斯要帶給他什麼大驚奇之際，他們兩人開始討論新的影片發行合約的可能架構。他們無法搞定金額。有一度，他們考慮讓迪士尼把製作續集的權利賣回給皮克斯，以換取皮克斯10%的股權。但是，伊格把它取消這個提案。「這是片面的合約，」他回想說。「我得到的是一項雙方繼續關係的聲明，但是實際的關係對迪士尼的財務並不有利。我們無法擁有智慧財產，我們基本上擁有對皮克斯的沉默所有權，對於修補迪士尼動畫毫無幫助。」

數週之後，賈伯斯前往位於柏本克（Burbank）的迪士尼總部去拜會伊格。「我有東西要給你看，」他跟伊格說，然後從口袋裡掏出第一代可觀看影片的iPod。「你真的會考慮把你的電視節目放到這上面來嗎？」他問說。「我決定這麼做。」伊格毫不遲疑地說。他敲定這項交易的速度，甚至比賈伯斯在1997年時爭取到比爾・蓋茲投資蘋果還要快速。伊格於9月1日上任執行長，等到9月5日，蘋果便已簽約在iTunes線上商店銷售「慾望師奶」（*Desperate Housewives*）和「實習醫生」（*Grey's Anatomy*）影集，以供下載到iPod觀看。他們兩人在10月5日的麥金塔世界博覽會舞台上宣布這件事。「他很震驚，一是因為我同意執行，」伊格說。「二是因為我們可以在五天內敲定合約，沒讓迪士尼的律師把事情搞砸。三是因為我肯跟賈伯斯一同站上舞台，即便迪士尼在某些方面是他們的死對頭。」

九月初，伊格已徵詢過董事會，同意他研究收購皮克斯的可能性。他回想說：「那是我第一次以執行長身分召開的會議，而且我並不是會議室裡每個人的絕對選擇。我看了看大家，他們都有點嚇一跳。三分之一的人不知道該說些什麼，另外三分之一的人真的感興趣，最後三分之一則認為這實在太荒謬了，不過既然它絕不可能實現，就讓他去做吧！」在結束麥金塔世界博覽會活動的兩天後，伊格打電話給賈伯斯。「我說：『我有個瘋狂的主意，或許迪士尼應該直接把皮克斯買下來。』史帝夫停頓了一下，然後說：『那或許不是世上最瘋狂的主意。反正，我喜歡瘋狂的主意。讓我想一下！』幾天後，他回了我電話。」

認識伊格

伊格和賈伯斯現在幾乎每天通話，他們的關係已演變為互相尊敬。伊格對於賈伯斯的誠實感到愉快又意外，因為之前他對這位蘋果執行長的印象，主要來自艾斯納，而後者描繪出令人不敢恭維的形象。同時，根據卡特慕爾表示，賈伯斯開始了解到伊格既聰明又率直，這是他欣賞的組合。換掉艾斯納以後，伊格是個受到歡迎的改變。賈伯斯認為艾斯納很聰明，卻城府太深，又難以捉摸。打從一開始磋商，伊格便把他手上的牌都攤在桌上。「我老婆跟我說，執行長的平均任期是三年半，」他跟賈伯斯說。「我的任期可能更短，除非我把迪士尼動畫救起來，而要拯救它就得靠你幫忙。我遇到一個難題，而你有解決方案。我們把這件事搞定吧！」

賈伯斯請拉塞特及卡特慕爾到他位於帕羅奧圖的住家會面。他們來了以後，他開門見山地說了。「我考慮要把皮克斯賣給迪士尼，」他說著，接著解釋他考慮這個做法的理由。他說明，在交易當中，他們兩人除了皮克斯，也將管理迪士尼動畫公司。「如果你們拒絕，我們就不做了。但是，我唯一要求你們的，是去認識伊格。」

卡特慕爾飛去柏本克與伊格兩人吃了頓晚餐。可是，拉塞特格外憂慮，他要求伊格飛過來，請伊格到家裡用晚餐。於是，伊格搭飛機到聖塔羅沙的查爾斯舒茲索諾馬郡機場，拉塞特親自接機，開車載他到酒鄉葛蘭艾倫（Glen Ellen）附近的自宅。「我們坐著一直聊到凌晨，」拉塞特回憶。「我們談論迪士尼動畫以及讓它起死回生的重要性。我告訴他，我只看到分割我的時間的風險，他說：『嗯，我倒是有不同的看法。我把它看成給了你一張更大的畫布，因為我認為你做得來。』」

「接著他說：『頭一件事，我不要改變皮克斯，』」拉塞特回想。「他說：『我在美國廣播公司（ABC）經歷了兩次收購。第一次收購我們的是資本城市（Capital Cities），那次很愉快。我從資本城市執行長墨菲身上學到了許多。然後，迪士尼買下資本城市和美國廣播公司，那次則是糟糕透頂。迪士尼介入後，美國廣播公司由收視第一的電視網掉到收視第四的電視網。那是首度有三大電視網輸給了福斯。他們來了以後，自以為比我們還懂，其實根本沒有。』」

正如同賈伯斯，拉塞特和卡特慕爾逐漸習慣與伊格相處，他們和賈伯斯討論這項交易之後，慢慢看出其他好處。隸屬於迪士尼意味著，皮克斯所能得到的保障，不同於它做為一家獨立的公開上市公司所享有的保障。「我們的董事會，」拉塞特說，「進行了徹底的盡職調查。他們表示，我們公司的價值早已反映，未來十年每年推出一部暢銷電影的前景。既然董事會所代表的股東總是希望看到成長，到頭來每年一部電影的模式是無法讓董事會滿意的。我們勢必要開始製作電視節目，或者一年推出更多部電影。」他決定，皮克斯想要永久維持她所喜愛的生活方式的最好方法，似乎是把它自己賣給長期對抗的死對頭。

伊格當然也進行自己的盡職調查。有一天他飛來皮克斯，與接下來幾部電影的導演進行一連串一對一的會議。「我們只剩下一部電影：『汽車總動員』可以發片，」他回想，「迪士尼的人員有數月的時間都在嘲弄下一部電影的概念，劇情是講巴黎一家餐廳的一隻老鼠。所以我去到了愛莫利維爾，導演們花了六、七個小時跟我推銷每一部即將推出的電影。我看到兩部最後沒有完成製作的電影〔一部是「紐特」（*Newt*），另一部是未取名的李・昂利奇（*Lee Unkrich*）企畫，講的是一棟紐約市公寓大樓裡的狗兒〕。我還看到「料理鼠王」、「天外奇蹟」和「瓦力」進行中的製作。迪士尼從未看過這些，我回去找我公司的人，包括總顧問亞蘭・布拉維曼（Alan Braverman），跟他們說我們公司連比都沒得比。創意的豐富性，人員的素質，實在太明顯了。我們一定要簽下這筆交易。」

拉塞特和卡特慕爾覺得比較安心之後，賈伯斯開始敲定交易的最後細節。他沒有過分地要求比皮克斯的市值高出許多的價格。投資人相信皮克斯總有一天會被收購，所以早就高估皮克斯的價值，其市值高達五十九億美元。賈伯斯和伊格最後敲定七十四億美元的價格。他們同意皮克斯和迪士尼將平分每部電影的成本，甚至還有卡特慕爾和拉塞特提議的一項附約。為確保迪士尼不會改變皮克斯的文化，伊格同意他的公司將永遠不會改變，或是取消由拉塞特起草的皮克斯文化試金石清單上的五十七個項目。這份清單保障了餐廳裡的穀片吧、每年的紙飛機比賽、員工汽車展，以及動畫師有權利在他們的辦公室空間做任何他們喜歡的事等等。

伊格知道，他支付的價錢無法用任何傳統理由來佐證。「世上沒有什麼分析可以讓這項交易實現，」他說。可是他向迪士尼董事會說明，這項交易所擁有的潛力遠超過數字所能表達：如果卡特慕爾和拉塞特可以讓迪士尼動畫起死回生，而且如果兩家製片公司都創作出不朽的角色，而不是單只有皮克斯，那麼主題樂園、周邊商品和其他部門的附屬營收將告大增。「我們將重返華特的時代，」伊格說。「當年動畫賣座時，迪士尼曾是最成功的，不論是財務或聲譽。」

伊格也明白，許多所謂的專家都認為他是瘋子，才會邀請賈伯斯加入董事會，成為迪士尼的最大個人股東。「許多深度介入這個過程的人士告訴我，讓史帝夫成為最大股東，是我所做過最愚蠢的事，」伊格回想。「我不想指名道姓，可是有一名投資銀行家這麼跟我說過。

他說：『你是個新上任的執行長，努力要經營迪士尼。賈伯斯將介入你的人生，到達把你逼瘋的程度。你沒有勢力去對抗他。如果你想無拘無束地經營這家公司，就不要這麼做。』」伊格相信自己的直覺。「史帝夫和我曾討論過，他將長期持有全部的股票。我知道讓他加入陣營是有些風險。另一方面，我跟他的關係很好，我覺得讓史帝夫・賈伯斯在我身邊，對我是有幫助的。如果基於某些理由，我沒有成功，迪士尼仍將擁有史帝夫・賈伯斯，而這將是一件好事。」

如同其他人一樣，比爾・蓋茲對於賈伯斯談成的交易也大吃一驚。「當他占上風時，就很擅長利用時間，」比爾・蓋茲說。「你知道的，他會等人家垮台。看看迪士尼最後有多少股份落入被這家規模很小、卻很高科技很聰明的動畫公司手中。他們最後持有整個迪士尼－美國廣播公司－ESPN集團相當高的股權。而且這是一家很小的動畫公司！他們只經過三個回合的談判，等到談成收購時，迪士尼幾乎是躺平了說：『帶我走吧！』因為以當時迪士尼的政治態勢，他們必須贏得這項交易，史帝夫也知道他們需要。」

把皮克斯賣給迪士尼是一項非凡的勝利。賈伯斯為拉塞特和卡特慕爾帶來一家母公司，好讓他們自己獨特的公司可以維持興盛數十年。他甚至讓他們兩人坐上職位，以振興迪士尼這家史上最偉大的動畫公司。這樁交易之所以能順利完成，是靠著在不到一年的時間，賈伯斯與伊格建立起友誼，且伊格還幫忙賈伯斯解決他最厭惡的兩個人中的一個。比較起賈伯斯在NeXT與IBM談判時期所展現的警戒與憎惡，你就會明白他在這些年間有了多麼大的改變。

敲定交易之前

這是極為私人的磋商，直到最後一刻還考驗著伊格和賈伯斯。在雙方董事會都簽字後，發布日期定在2006年1月24日，星期二。伊格從洛杉磯飛過去，和拉塞特、卡特慕爾及賈伯斯一同在愛莫利維爾，向皮克斯的員工宣布這項交易。就在即將宣布的前一個小時，賈伯斯建議他們兩人到公司園區裡走一走，賈伯斯有重要的事相告。

伊格向大家示意之後，便與他的總顧問布拉維曼私下聊了一下。「我不確定他要做什麼，」他坦白說。「或許他想退出這場交易。或許他想抬高價碼。」然後，伊格和賈伯斯走出大樓。賈伯斯帶他走到園區一個偏僻角落的長椅坐了下來，然後把手臂搭在伊格的肩頭。伊格回想接下來發生的事：

> 他說：「鮑伯，我要告訴你一件很重要的事。我一定要把我心裡的話跟你說，這件事真的很重要，因為與這項交易有關。」
>
> 我問他：「怎麼回事？」
>
> 他說：「我的癌症復發了。」當時是2006年1

月。手術之後，外界一直不知道他的癌症復發。因此，我當然要求他把詳情告訴我。他說了他肝臟上的斑點，以及化學治療等等。我要求他再說詳細一點。他說：「我對自己許下承諾，我一定要活到里德高中畢業那天。」

我便說：「里德多大了？」

他跟我說，里德十四歲了，四年後便會畢業。他說：「老實講，他們跟我說，我有五成機率再活五年。」

「你告訴我這件事，除了要發洩心裡的話以外，還有其他原因嗎？」我問說。

他說：「我告訴你，是因為我要給你一個可以退出這項交易的機會。」

於是我看了看手表，我們只剩三十分鐘。三十分鐘後，我們便將做出宣布。我們帶來了電視轉播人員，我們帶來了董事會投票，還有投資銀行家。箭已在弦上。我想著，我們活在這個後沙賓法案（Sarbanes-Oxley）及後安隆案（Enron）及信託責任的世界，而他即將成為我們最大股東，現在我卻被要求隱藏祕密。他跟我說，只有兩個人知道這件事：蘿琳和他的醫生。他告訴我：「我的小孩不知道，甚至連蘋果董事會都不知道。沒有人知道，而且你不可以跟任何人說。」

基本上，他是在說謝謝你保密。

我必須在跟他坐在長椅上的時候決定我能否完

成這項交易。我甚至不知道我必須這麼做。所以我冒了個險，我說：「你是我們最大的股東，可是我不認為那跟這件事有關。你不是這項交易的重要部分，我們買的是皮克斯，不是要買你。我們很興奮你成為最大股東，但那不是我們評估這項交易的原因。我們是根據皮克斯的資產來評估這項交易。」

因此，我們宣布了這項交易。

他們兩人走回大樓，卡特慕爾和拉塞特在賈伯斯過世後把它命名為「史帝夫・賈伯斯大樓」。伊格才剛發誓要保密，可是他覺得一定要告訴布拉維曼。他覺得自己需要聽聽別的意見。布拉維曼立刻同意，迪士尼繼續這項交易。賈伯斯去找拉塞特和卡特慕爾，把他們帶進他的辦公室。他用手搭在他們兩人肩上。卡特慕爾說：「他看著我們說：『你們滿意這項交易嗎？如果你們說不，我馬上叫他們走人。』我們兩人都表示我們可以接受，史帝夫突然開始啜泣。我們三人互相擁抱了很長一段時間。他真的愛這家公司。」

賈伯斯和伊格簽署所有文件後，這四個人走到中庭大廳向員工宣布。交易的傳聞在前一天便已洩漏出去，可是當賈伯斯證實皮克斯事實上已賣給迪士尼時，員工依然感到震驚。「問題是，艾德和我經歷這趟三個月的旅程才了解鮑伯・伊格，做完我們的盡職調查，最後明白這是正確的決定，」拉塞特回想。「可是，公司裡的其他人跟史帝夫最初向我們提起這個想法時的感受一模一樣，『你怎麼可以這麼做？』在那個時刻站在他們面前真的很不容易。人群響起一陣驚呼聲，例如，『我的天啊！』我永遠不會忘記，『蟲蟲危機』製作人凱薩琳・沙拉菲恩（Katherine Sarafian）就坐在前排，當史帝夫宣布消息的時候，她忍不住開始啜泣。」

吐露病情

伊格對另外兩個人透露賈伯斯的癌症。當晚他告訴自己的妻子，電視記者薇蘿・貝（Willow Bay）。過了一天後，他把這項祕密告知迪士尼的公關主管齊妮亞・穆卡（Zenia Mucha）。賈伯斯的癌症復發直到2009年才向外界公布，那時他不得不再次休病假、暫時離開蘋果公司，以接受肝臟移植。「在那三年期間，」伊格說。「我很清楚知道史帝夫的醫療情況。他和我一直保持聯絡，因為我保守祕密，他便向我吐露一切。我知道鹿特丹及阿姆斯特丹的行程，也聽過癌症標靶放射治療。」

在這項交易宣布之前，賈伯斯曾跟蘿琳講過，要向伊格透露他的祕密。他們兩人都覺得這是應該做的事，因為這筆交易規模龐大。他們的討論一直圍繞著一個問題：賈伯斯真的可以信任伊格會保守祕密嗎？賈伯斯跟她說，他們可以信任他。「我喜歡那個人。」他跟蘿琳說。

15

具體而微的 iPhone

為皮克斯團隊找到一條出路，讓賈伯斯尤其欣慰，畢竟，這家原本他興之所至買下的小公司，後來成為他人生中的一大高潮。但除了皮克斯之外，賈伯斯生前作品最豐富的時期剛好在這個階段，也就是他2004年秋天接受胰臟切除手術後重返工作崗位的那四年。

那些年，蘋果的日常運作並未因賈伯斯罹癌而受到影響。接班人計畫雖然曾搬上檯面討論，但董事會大多數成員並不知道他的癌細胞已經擴散。他偶爾略顯疲態，但對於2005年年屆五十歲、又剛動過癌症切除手術的人來說，會累也是正常。他有時會請個幾天假回診治療，但因為他平常也會在家工作，所以大家並不會大驚小怪。當然，同事擔心他的癌症可能復發，還是會特別注意一些徵兆，但一切似乎都很正常。不料到了2008年夏天，賈伯斯體重急遽下滑，令大家看了憂心。

但世人看到的是，這個企業領導人有魄力有遠見，正值事業最高峰。蘋果那幾年並非一帆風順，但每每遇到挑戰，賈伯斯總是能順自己的意逐一化解。年紀輕輕就當上企業領導人的他，如今已是駕輕就熟，自知有能力帶領數萬名員工達成營運目標。這段期間，為了讓蘋果持續縱橫個人電腦市場，他頻頻出招，包括：改採新款微處理器；強勢主導管理階層的幾次重大人事變動；針對庫克所謂有如「跑步機」不斷運轉的產品研發機制，持續提高研發效率，擴大願景。這段期間，賈伯斯也推出可說是他最經典的代表作，也就是iPhone，而後改採他個人原本排斥的產品策略，一再推出升級版本，進而帶動了應用軟體市場轉型，影響力不輸當初的比爾・蓋茲。

那幾年，他幾乎做什麼事都能成功。從過去慢慢累積的轉變，都在這個時期湧現，在研發上有源源不絕的靈感，在經營上有點石成金的本事。「現在的我是真正的我」，這句賈伯斯常掛在嘴邊的話，正是他逝世前那七年的寫照。

擁有幾十億名顧客的潛在商機

涉足音樂市場之後，就連賈伯斯自己也發現低估了「數位生活中樞」的潛力，讓自家各項產品連結到電腦，確實商機無窮。隨著電腦與消費性電子產品愈來愈密不可分，蘋果持續改進個人電子裝置的使用經驗，不管是純粹聽音樂、看照片、看影片，還是管理編輯，都更加輕鬆自在。這種把不同技術一以貫之的成就，當時沒有其他企業能敵。消費者使用不同公司的產品，常有技術不相容的問題，徒增使用上的困惑，反觀蘋果自許提供一個簡單卻神奇（賈伯斯最愛的形容詞之一）的平台，讓消費者在各個階段都有美好體驗。透過蘋果的平台線上購買音樂或電腦再簡單不過，而走進蘋果的實體商店亦是一大享受，玻璃宮殿般的店面一閃一閃，店員個個年輕有朝氣，天才吧（Genius Bar）也有專業人員駐守。Wi-Fi技術方面，雖然是數位生活中樞版圖最棘手的環節，但這時也愈做愈好，各產品都能無線上網。行銷學有句至理名言，賈伯斯深信不疑，那就是，消費者不管是購買、使用、到店面瀏覽、看到廣告招牌，甚至只是看到電視廣告，無時無刻都在為這個品牌加分或扣分。蘋果創業界之先，融合了一流的行銷與技術，打造出讓消費者一試成主顧的「蘋果體驗」。

消費者以前壓根沒想過能有如此高品質的體驗，科技與電子產品竟可以不再宅得冷冰冰。其他市場大廠如Olympus、Panasonic、IBM、摩托羅拉、佳能，乃至於索尼，消費者買了產品之後，翻開使用說明書拜讀，看了一頭霧水也就罷了，內容很多完全不用心，跟賈伯斯小時候的Heathkit手冊一樣粗糙。反觀蘋果的產品絲毫不費力，只要拆開新潮包裝，把產品接到插頭或Mac電腦一開，就能立刻使用。

蘋果旗下電腦產品的好品質，PC的消費者早已耳聞多年，到了這時，已有數百萬名消費者用過iPod，也在PC上使用過iTunes軟體，因此愈來愈多人對於蘋果的產品留下深刻印象，甚至讓索尼的產品也相形失色。蘋果零售店剛開幕時，其實有些年輕族群並不領情，但蘋果只花了兩、三年便大受這些人的好評。到了2006年，蘋果零售店從東京、約翰尼斯堡，一直開到位於曼哈頓市中心第五大道、外觀呈玻璃立方體的旗艦店，顧客絕大多數是年輕人。有了新客源，當然再加上死忠果粉，蘋果有如拿到進軍其他市場領域的入場券，未來一有新產品推出，大家會心甘情願買單。

另一點也值得注意。賈伯斯向來自認有能力摸索出產業的不足之處，進而帶領蘋果搶占先機，但一直到這時，才真正稱得上有十足的實力，而非空有自信。指出別人缺點總是一針見血的他，對於電腦周邊產業的評斷同樣精準，知道哪裡是可以下手的弱點。如今iTunes打出漂亮的一戰，賈伯斯知道在其他產業也能成功顛覆營運模式，為蘋果與消費者創造雙贏。他知道，蘋果如果推出智慧型手機，有機會把營運拉到更深更遠的格局，結果不但會牽動幾千萬、幾億人的生活，受到影響的潛在顧客，更可能多達幾十億名。只要摸索出與電信業者的合作模式，他的手機藍圖就能啟動。

業界創舉：與AT&T合作

我第一次聽賈伯斯抱怨「電信業者爛透了」是在1997年，可見他很久之前就在思考研發手機的可能性。想歸想，他對電信業者的批評始終不絕於耳，揚言絕對不跟「那些笨蛋」合作。我曾竄改莎翁名劇《哈姆雷特》的名言，開他玩笑：「賈伯斯啊，在下竊以為您怨言甚多！想必您必然為了此事糾結萬分。」他不但沒笑，反而更是一把火，氣呼呼地說：「是啊，我是一直想著那些爛人沒錯。要跨足手機市場，竟然只能跟這些沒水準的電信業者合作，哼！」

賈伯斯同意推出ROKR手機時，主要是由摩托羅拉與電信業者接洽，怎知上市後市場反應冷淡，使得他更加認為，電信業者只會占手機廠的便宜。但問題是，電信業者是打進手機市場的敲門磚，不由得他忽視。全球手機銷售量2004年已逾五億支，不但超過PC、iPod、PDA三者總和，數字還在不斷成長。

蘋果若不想跟電信業者合作，也可自己經營網路。美國市場當時冒出一種新型電信業者，稱為「虛擬行動網路系統業者」（MVNO），品牌夠大的企業可向電信大廠租用無線頻寬，進而經營自有品牌網路。Sprint曾跟賈伯斯接洽，希望合作推出蘋果品牌的MVNO。賈伯斯雖想避開電信業者這個環節，但也知道自營網路牽涉太多層面，作業量高度密集，遠非蘋果的專業領域所能應付，他於是嚥下傲氣，要庫依開始接洽電信業者。

庫依和賈伯斯都知道，想與電信業者合作愉快，有一個大關卡必須先克服，那就是說服對方讓蘋果全權掌控研發方向。賈伯斯心目中的iPhone，預計集iPod、上網、電腦功能於一身，因此使用者體驗特別重要。手機將搭載多點觸控介面，完全顛覆消費者的以往經驗。此外，上網瀏覽網頁如果要讓長者和小孩都能輕鬆看得清楚，螢幕也得變大，甚至占了手機整個表面。賈伯斯覺得這些都能做到，前提是電信業者不能干涉手機設計。最後一點，賈伯斯知道得讓研發團隊經過幾次嘗試之後，才能做出滿意的成品，所以蘋果必須有實驗的自由空間，不容外界懷疑旗下工程師的能力。因此，如果有電信業者要與蘋果合作，必須願意被蒙在鼓裡，等最後才能百分之百知道手機細節。

庫依當初接洽的公司是Cingular，亦即貝爾南方

（Bell South）與SBC的合資企業。Cingular於2004年買下AT&T無線；2006年，SBC收購AT&T與貝爾南方後，更名為AT&T。「其實我們對威訊（Verizon）的了解比AT&T多。會了解威訊，乃是因為之前和摩托羅拉合作ROKR手機時，曾經找過他們代理銷售，但沒有合作成功。這次再回去找他們討論合作新手機，他們的態度很強硬，認為電信市場是他們的地盤，凡事都得照他們的規矩來。他們的市場勢力也確實很龐大，不肯屈就我們的要求，不敢相信我們竟然想掌控手機的使用者介面。」

蘋果轉向AT&T無線部門接觸，他們的高階主管就較願意配合了。AT&T的客戶比威訊多，卻因網路覆蓋率不佳而成為市場笑柄，所以庫依與賈伯斯登門拜訪時，態度自然與威訊不同。庫依說：「我們與AT&T的維加（Ralph de la Vega）和盧里（Glenn Lurie）約在四季飯店，一聊就是四個鐘頭。他們一開始給我們的印象就很好，看得出他們很積極，想證明他們的能耐。我們當天一拍即合，立刻決定合作。」

賈伯斯向對方說明，iPhone將會搭載眾多功能，因此需要動用大量行動數據頻寬，等於是為AT&T劃出一塊大餅。史上頭一回，用手機就能做到桌上型電腦的大部分功能。iPhone使用大面積觸控螢幕，網站網頁不經修改也不必刪減內容，到處都能看。手機用戶可以下載與分享照片，這些都需要高數據使用量。手機用戶會花很多時間寄收電子郵件。他們可以用手機遠端編輯文件或管理業務聯絡人名單，除了可以透過內建應用程式之外，亦能上網進入某些特定網站，不管電腦是PC還是Mac都可以，手機用戶可從iTunes購買並下載音樂，寫簡訊也容易。這都還沒提到以手機看影片的潛力呢！等到大家都開始上網看影片或電影，數據使用量可望暴增，有天手機還可能打視訊電話。賈伯斯提到二月有個叫YouTube的網站剛成立，讓一般人也能上傳自拍影片，與全世界分享，說不定以後會轟動市場！他說，AT&T如果願意與蘋果合作，未來就有這些全新的商機值得期待。他還說自己這一路走來學到一個寶貴心得，這樣的高科技產品影響力強大，推出後的成功力道往往是一般人、甚至連他也無法預期。市場後續發展勢必也能助長AT&T行動網路的使用量。

正因為如此，賈伯斯除了要全權掌握手機的設計、製造、定價之外，還有另一項要求。他覺得，如果手機能激勵行動數據的需求，為合作的電信業者帶來額外業務，那蘋果也應該從中獲利。如果AT&T希望成為iPhone第一家、亦是獨家代理的電信業者，就應該支付蘋果銷售佣金，因為iPhone勢必會為他們帶來更多數據流量。換句話說，賈伯斯希望分食電信大餅中的一塊。畢竟，iTunes商店每有一筆銷售，蘋果都能分得三成利潤，手機數據資費似乎也能如法炮製。

賈伯斯敢劃大餅，要求利潤時也同樣不手軟，但這樣卻沒嚇跑AT&T。AT&T認為，一來iPhone能夠為網路業務打上強心針，二來蘋果逐漸成為全球最夯的消費性電子產品製造商，若能代理iPhone，等於是其他競爭對手沒有的利基，所以願意與蘋果合作。如今從蘋果的角度回過頭看，這項合作案實在不可多得，AT&T對賈伯斯有求必應，也完全不干涉研發方向，成為業界的創舉。手機亦由蘋果定價，AT&T不得更動或提供折扣。最後，蘋果還能分享營收，iPhone用戶在合約期間每月的數據資費中，營收有一成左右歸蘋果所有。這些合作條件都是業界頭一遭，從來沒有電信業者與手機製造商分享營收過。

事實證明，利潤分享的模式兩方都不喜歡，一年後重訂合約，由AT&T全額買下iPhone，而不拿手機經銷商價格（比零售價低兩百美元左右）。基於會計準則，蘋果可將來自AT&T的手機營收分兩年認列，進而降低營收波動幅度，不受手機用戶使用量起起伏伏的影響。AT&T也不必再與蘋果分享營收。新協議對雙方來說都更乾淨俐落，但從蘋果的角度來看，很多通訊產業分析師甚至認為新協議比舊協議更好。

iTunes打出一片江山後，賈伯斯深知蘋果已有舉足輕重的勢力，也懂得善加積極利用。他並沒有遷就AT&T，因為他知道對方需要iPhone這樣的產品提振業績，也知道這種手機只有蘋果做得出來，所以訂出的合作條件除了AT&T取得所需，也讓蘋果自己獲利滿盈。他指派庫依負責合作案的日常營運事項，庫依經常與AT&T的盧里通電話，避免又出現當初與摩托羅拉的合作慘劇。蘋果這步棋走得漂亮，如今更是開花結果，根據一些分析師估計，蘋果現在占手機產業總利潤高達八成。

與艾夫的合作

那些年，賈伯斯心心念念都在蘋果，生活從簡，把精力鎖定在少數幾個工作層面。他把該注重的事情分得很清楚：家庭很重要；幾個好朋友很重要；工作也很重要，而在他一心一意追求心目中的願景時，有幾個工作夥伴願意當他的助力而非阻力，這些人也是他最重視的。其他人事物都無關緊要。

正因為如此，賈伯斯生前最後那十年，工作與生活都離不開既是事業夥伴、又是好友的艾夫。他們兩人一合作，迸發出自己單打獨鬥時未見的創意火花。同是點子源源不斷的兩人，就算意見不合也能相處融洽。艾夫2014年兩度接受我深度採訪，其中一次提到：「大家常說史帝夫難相處，一下子是他愛將，一下子又被他打入冷宮。我很幸運我們的關係不是那樣。不管是他生病那段期間，還是公司的重大轉型期，我們都維持很好的關係。」

時間回到1997年，他們並未一拍即合。賈伯斯第一次踏進艾夫的設計工作室視察時，艾夫坐立難安，以為新老闆準備當場要他走人。但賈伯斯跟我說，他一眼就知道艾夫是「難得一見的人才」，欣賞艾夫的品味、判斷與企圖心。儘管如此，艾夫在賈伯斯剛回鍋蘋果的第一年，心情還是忐忑不安，深怕做錯一件事就等著被開除，畢竟賈伯斯是出名的翻臉不認人。研發第一款iMac時，艾夫雖然與賈伯斯合作得很愉快，但有些時候必須跟老闆解釋設計決策，還是覺得戰戰兢兢。一直到有次陪賈伯斯到皮克斯，他才發現兩人其實有絕佳的共識。「就算合作了一段時間，我那時對史帝夫的了解還是不深。那次拿iMac的第一個模型到皮克斯時，我才豁然開朗。」艾夫說：「他當著皮克斯全體員工介紹我，我才發現他真的懂我，知道我想觸及產品設計的情感面，知道我要傳達的概念。」

艾夫聽著賈伯斯的說明，漸漸發現賈伯斯的美感與直覺比自己更精準，深知iMac設計雖然顛覆傳統，但設計理念絕對成立。當時，iMac尚未公布，除了蘋果以外沒人看過。艾夫說：「他就是有這個本事，很懂得琢磨構想、說明構想，功力比其他人高出許多。我想他很快就發現我對品味的高度要求，也對美學與造型有深入了解。但我的問題是有時不善於精準表達概念。我的直覺很厲害，史帝夫完全知道我在想什麼，所以我不必特別說清楚講明白，但他事後會把我無法表達的構想清楚闡述出來，真的很妙。我後來慢慢學習表達的功夫，也愈做愈好，但當然絕對比不上他。」

隨著蘋果的研發速度加快，他們兩人的關係也更加密切。電腦這種產品永遠沒有拍板定案的一天，有很大的原因是摩爾定律的電扶梯效應（escalator effect）：在零組件功能愈來愈好的情況下，電腦的設計也不得不日新月異。iPod的誕生更加速了蘋果的研發週期，新產品上市後雖然風風光光，但艾夫與賈伯斯從來無法停下腳步太久。所幸，艾夫樂見這樣的挑戰，日常工作能夠結合快節奏的研發速度，對他是一大樂事。他說：「我一直覺得，一項研發專案的結束可以看到很多成果。除了產品本身之外，你學到的東西也是。學到的東西不但跟產品本身一樣具體，而且更加寶貴，因為未來運用得到。你看得到未來，於是對自己要求更加嚴格，對對方的期許也更高，相互激盪之下，不管是產品還是過程所學都有更驚人的成果。」

艾夫認為，產品一個接一個研發出來，賈伯斯每次都從中學到寶貴經驗，也因此無法停下腳步。每個產品總是有不滿意之處，所以下個版本會更好，也絕對要做得更好。在這樣的理念下，產品的每個小改進都成了賈伯斯的動力，督促他持續追求那看似不可能的完美境界。產品這次沒有的，下個版本會更精進。賈伯斯向來只把眼光向前看，產品研發結束只是一個里程碑，必須再往未來邁進。

跟庫克與蘿琳一樣，艾夫認為賈伯斯2004年動完手術後重回工作崗位，甚至比以前更專注。他說：「我還記得他剛回來沒多久，有次跟他走在路上，我們兩個都淚流滿面，不知道他能不能撐到兒子畢業。我平日也常問他醫師怎麼說，檢驗報告怎麼樣。」但蘋果之所以在賈伯斯過世前幾年火力全開，艾夫認為並非癌症帶給他的動力。「病痛纏身那麼多年，我想換成是誰都很難專注在工作上，所以讓他更投入工作的原因還有其他事情。例如產品大受市場肯定，銷量創下蘋果史上最高紀錄，光是同一個產品就賣出幾千萬、幾億個，這對蘋果是一大轉捩點。」

「我還記得有次跟他聊天，講到我們如何定義蘋果的成功。我們都認為不是看股價。那看電腦的銷售量呢？也不是，因為如果看銷售數字，Windows還是最成功的作業系統。所以這個問題還是回到原點，也就是，我們對於蘋果設計研發出的成果是否感到自豪？」

「自豪是一定有的。除了從數字可以看出我們的實力，我也覺得史帝夫有一種平反的感覺。這點很重要。說平反，不是說他自己之前被誤解，而是讓他覺得自己對人性的信念沒錯。只要願意給消費者選擇，他們確實能夠辨識品質好壞，而且看重品質。這點對我們都很重要，因為這代表蘋果跟全世界的消費者心有靈犀，能掌握人性的脈動，而不是被市場邊緣化，只懂得做利基產品。」

艾夫最後說：「史帝夫比以前更在意輕重緩急，是很多因素相互作用的結果。固然這是因為他的病，另一個關鍵則是蘋果出現前所未有的成長動能。疾病使他更專注、更能掌握時間，而能夠感覺到這樣的動能，對他的創造力和成功非常重要，因為他仍為蘋果的成長興奮、悸動。」

iPhone成為研發重點時，艾夫已是賈伯斯一生中關係最密切的工作夥伴。艾夫說：「我們感情好到有話直說都沒關係，也不必互相解釋這個構想為什麼好，那個點子為什麼重要。也因為能對彼此坦白，就算指出對方的點子很爛，也不必擔心對方會太受傷。」

看他們關係這麼好，也難怪管理階層有人覺得賈伯斯對艾夫太過言聽計從。賈伯斯死後前幾年，有愈來愈多謠言把矛頭指向艾夫，說他才是決定誰該離職、誰該升官的人，彷彿賈伯斯是他的傀儡。但這樣的說法言過其實。賈伯斯凡事都排出輕重緩急，幾乎到了不近人情的地步，哪些人事物重要、哪些不重要，他都能明確界定。對他而言，與艾夫的友誼及互動很重要，就算犧牲與其他人的關係也值得。事實證明，他們的契合度好得沒話說。

艾夫說：「我們為什麼關係這麼好，為什麼有一定的工作模式，主要是我們的設計觀有別於傳統認知。我們都能夠訴諸直覺，從環境、人群、組織結構的角度看物品。美可以是抽象概念，可以有象徵意義，可以見證人類的進展，也可以代表人類這十五年來的成就。從這個角度來看，美說得偉大一點，是人類的進步；說得渺小一點，甚至可以是螺絲頭型。這就是我們為什麼合得來的原因，我們英雄所見略同。如果我只管好產品的外觀造型，我們就不會花那麼多時間在一起了。蘋果這麼大一家企業，賈伯斯貴為執行長，怎麼可能午餐和下午都跟一個只在意產品外觀的人耗在一起。

「說真的，我和他有時會聊到非常抽象的觀念，到現在都是我最深刻、最寶貴的回憶。我們會討論形而上的設計觀，和其他人反而沒辦法。如果要我在工程師面前講這麼抽象，我會渾身不自在。工程師雖然是一群很有創意的人，但跟他們大談產品設計的完整性與真諦，他們會受不了，畢竟這不是他們的工作重點。我和賈伯斯聊到這些事時，好幾次瞄到大家露出一副『他們兩個又來了』的眼神。」

「話說回來，我們也會討論很細節的東西。我會說：『你看，我們是這樣設計支架的。』他啊，因為視力太差，這時會把眼鏡摘下，仔細欣賞支架的設計，就連那些精心設計的螺絲也不放過。」艾夫所說的螺絲，正是用於iPhone內部的扁平螺絲。在2007年終於上市的iPhone，外觀美不勝收，跳脫大家對電子產品的印象，甚至可以說是工藝精品了。即使到現在，大家一提到賈伯斯與艾夫合作擦出的創意火花，最具代表性的產品仍非iPhone莫屬。

iPhone的誕生，是幾千人共同努力的成果，上至費德爾與克里斯帝，下至遠在中國的富士康工人。iPhone背後蘊藏的研發概念與工程技術突破，數也數不清。但沒有賈伯斯和艾夫這兩個心靈伴侶的密切合作，iPhone的構想絕對無法成形，更別說製造出實體了。

iPhone隆重登場

2007年1月9日，每年一度的麥金塔世界博覽會在舊金山莫斯康展覽中心（Moscone Center）進入第二天，蘋果正式推出iPhone。這是蘋果的一步險棋，iPhone根本無法出貨，軟體有重大缺陷，硬體也還有問題。零組件雖然都已經過檢測，但原型機卻還沒實際測試過，也就是說，消費者是否可以如預期輕鬆使用iPhone，在通話、音樂、上網的功能間快速無縫轉換，蘋果也還不知道。

除了重大作業系統升級之外，沒有萬全準備好就推出產品，向來不是賈伯斯的作風。一來，他怕示範產品使用時，軟體、螢幕或其他環節突然出錯；二來，手機產業的競爭白熱化，他也擔心太早出招，失去優勢。但提早讓iPhone曝光，賈伯斯有三個重要考量。首先，他必須拿出成品向AT&T交代。AT&T已經等了好幾年，連一支模型與原型機都沒瞧過，而且根據雙方合約，蘋果若沒按照進度達到一些既定研發目標，AT&T隨時可以毀約。雖然發生的機會不高，但賈伯斯不存僥倖心態。第二，正如克洛的觀察，賈伯斯根本是馬戲團大王巴納姆的化身，特別喜歡在產品發表會帶來驚喜。蘋果默默研發手機近三年，從沒對外提及，但要賈伯斯再忍個幾個月，實在是折磨。iPhone還是得由員工實際測試，所以被外人發現也是遲早的事，他寧可把掌控權握在自己手上。最後一點，一月份的麥金塔世界會議是他最好的舞台，不但是自己的場子，而且iPhone勢必能成為鎂光燈的焦點，要是等到拉斯維加斯的國際消費電子展，其他手機品牌紛紛推出自家產品，iPhone鋒頭恐怕會被分散。賈伯斯非要讓iPhone搶下版面不可。

iPhone提早曝光，又選在蘋果的最佳舞台登場，原因還有一個。賈伯斯與旗下團隊打從心底知道，iPhone是一款非常特別的產品，大家都迫不及待想讓全世界一窺究竟。庫依回憶說：「史帝夫所付出的一切，以及我自己所學到的種種，全都體現在iPhone。這是我唯一帶妻小參加的產品發表會，因為我跟他們說：『這個手機可能是你們這輩子最重大的發明。』你感覺得到它會在市場投下震撼彈。」

事前的擔憂是多餘的，發表會進行得很順利。多點觸控螢幕在賈伯斯的操作下，這裡一按，那裡一點，讓人看了目不轉睛，有如魔術表演。上下捲動名單，幾乎如行雲流水；雙擊網站列，網頁會放大到整個螢幕；內建的谷歌地圖（Google Maps）應用程式，論好用度、功能性，都大勝才剛問世不久的口袋型衛星導航。絕佳的產品，搭配上精采的發表會，蘋果打出漂亮的一戰，但卻有個問題，而且唯獨賈伯斯沒有看到。

開放第三方開發iPhone應用程式

賈伯斯同意發表會後接受少數幾場私人訪談，時間都不長，《財星》雜誌的科技專欄記者路易斯（Peter Lewis）就是其中一人，我有機會跟去。我之前為了寫書，從《財星》請了一年半的公休假，因此有很長一段時間沒見到賈伯斯。久別重逢，我自然滿心期待。發表會順利結束，看得出來他輕鬆了不少，但採訪過程中一度不悅，因為路易斯和我一直逼問他：蘋果為什麼不讓軟體工程師研發iPhone的應用程式？畢竟iPhone算得上是電腦了，功能跟早期的Mac和PC一樣啊！我說，既然都有谷歌地圖和YouTube功能了，表示iPhone絕對可以

「開放」給第三方軟體工程師。賈伯斯回說：「那些應用程式是我們幫忙才做起來的，技術細節只有我們知道。」他又說他擔心第三方應用程式的篩選與監管問題。做得好，手機才不會出現軟體病毒。他補上一句：「我們也想先進一步了解應用程式對網路的影響，以後才能開放。我們不希望躁進，導致不可收拾的下場。」他還說，如果軟體工程師真想研發iPhone專用的應用程式，大可從設計網頁的方向著手，透過網路伺服器也能運作，也就是把手機純粹當成終端機。

這個問題不是賈伯斯第一次聽到。打從研發iPhone開始，蘋果內外都有人跟他說，不開放第三方應用程式是一大失策。創投龍頭KPCB（Kleiner Perkins Caufield & Byers）執行合夥人杜爾（John Doerr）正是其中一人。他和賈伯斯的女兒都就讀帕羅奧圖市的卡斯蒂列亞中學（Castilleja School），偶爾會到彼此家裡作客過夜，所以也讓兩人結下交情。杜爾跟蘋果沒有直接的生意往來，但蘋果的重要人物他都認識，矽谷大大小小事他也都有耳聞。iPhone正式出貨前幾個月，賈伯斯就曾拿給他鑑賞。杜爾看了看，立刻問賈伯斯同樣的問題：為什麼不開放給第三方應用程式？杜爾回憶道：「我們那次聊到最後，我說我不同意他的看法，但如果你日後改變心意，我願意成立一筆基金鼓勵有志者研發應用程式。我覺得商機很大。』他說：『好，如果我們想法有變，我會打電話給你。』」

2007年6月29日，iPhone終於正式出貨。消費者拿到手機後，最大的問題並不是應用程式，而是AT&T的網路覆蓋率實在太差，舉個鮮明的例子：史雷德收到賈伯斯給他的兩支iPhone，但在西雅圖家中卻收不到訊號，於是故意寫信給賈伯斯鬧他，沒想到賈伯斯立刻打電話給AT&T執行長，要求解決問題。隔天，AT&T的服務人員便出現在史雷德家門口。但問題還是沒解決，史雷德必須等到出了西雅圖，才有辦法測試iPhone。

更慘的是，AT&T在舊金山灣區的訊號比威訊還弱，造成第一天就買iPhone的科技嘗鮮族不少困擾，通勤往返於舊金山與聖荷西的時候，在I-280公路上常常電話講到一半就斷訊。就算到了有訊號的地區，能不能上網又是一個頭痛問題。

iPhone上市後，前三個月熱銷約一百五十萬支，但若是沒有這些瑕疵，銷售數字應該可以更漂亮。收訊問題，加上由蘋果與谷歌自行研發的應用程式不多，iPhone買氣並沒有一般人預期來得暢旺。消費者原本以為iPhone有十八般武藝，可以是電動、參考書、高級計算機、文字處理器，以及財務試算表，但拿到手後卻大失所望。賈伯斯之前在蘋果的死對頭、後來轉戰創投業的葛賽，不假修飾地說：「iPhone剛上市就慘遭滑鐵盧。」

賈伯斯之前一見iMovie苗頭不對，隨即聽管理團隊的勸告，改而專注在iTunes的研發，而這次iPhone成績不如他預期，他更是當機立斷認錯。庫依記得他當時是說：「媽的，要做就去做，少來煩我。」雖然態度不怎麼好，但至少決定很明快。2007年秋，杜爾接到賈伯斯的電話。「賈伯斯劈頭就說：『我們兩個有必要聊聊，找時間來蘋果一趟，說明你之前提的基金構想。』所以我們公司趕緊張羅研究，提案成立一個叫做iFund的基金。我說我們願意挹注五千萬美元。當初負責iPhone作業系統的佛斯托（Scott Forstall）也出席會議，說：『杜爾，你怎麼可能只有五千萬美元的魄力而已，一億美元才像話。』我們後來便把金額加碼到一億美元。」

到了十一月，亦即iPhone正式出貨四個多月後，蘋果公布推出軟體開發包，讓有興趣的人都能自行開發iPhone應用程式。葛賽說：「『我們這時候才確定賈伯斯終於想通了。一時之間，軟體開發包成為矽谷和創投圈的熱門話題，吸引成千上百名軟體工程師投入，看誰先搶到商機。後來蘋果又推出應用程式商店（App Store）。iPhone 3G接著也隆重登場（亦即第二代iPhone，2008年7月出貨，無線技術更好，微處理器運算速度更快）。這時的iPhone才真的算大功告成，該有的五臟六腑都有了，雖然還需要長肉轉大人，但已經發展得很完全。

iPhone：具體而微的電腦

自從在2007年麥金塔世界博覽會初登場，iPhone這八年來的總銷量超過五億支，是史上最叫好又叫座的消費性電子產品，銷量最多、利潤最高、全球最多電信業者銷售、應用程式也最多。環顧市場，有哪個產品要價幾百美元、又能賣出五億個？當然，寶僑家品可以賣出幾十億條牙膏，吉列也能賣出幾十億片刮鬍刀片，但卻不像iPhone必須綁兩年約，所以換算下來，擁有一支iPhone的總成本幾乎要一千美元。

第一代iPhone推出之際，市場亦有其他號稱是智慧型手機的產品。Palm的Treo已上市幾年，加拿大商RIM（Research In Motion）的黑莓機在市場亦有優異成績。這些產品都搭配小鍵盤和方方正正的螢幕，功能也算齊全，要查電子郵件、看行事曆、找聯絡人資料都不成問題。如今市場殺出iPhone，這兩家手機廠可說是岌岌可危，黑莓機的命運稍微好一點，苟延殘喘了好幾年。iPhone徹底顛覆手機市場的遊戲規則，谷歌看在眼裡，投入了一年半的時間研發，推出類似iPhone作業軟體、卻強打免費開放的安卓，做為其他品牌手機的作業系統，合作對象包括三星、LG、HTC，以及後來異軍突起的中國小米手機。影響所及，市場態勢丕變，蘋果暫時領先。雖然iPhone銷售量最終還是被安卓手機趕上，但起碼到現在為止，還沒有重新上演麥金塔電腦的慘痛經驗。

網景共同創辦人、後來亦成為矽谷創投天王的安德森（Marc Andreessen），認為iPhone的誕生對科技業有深遠影響，「顛覆了大者為王的產業模式」。以前有能力推動科技變革的組織機構，不是國防單位就是大企業，只有他們口袋夠深，買得起先進機具設備，但現在科技業已不可同日而語，領導趨勢的是像你我這樣的一般消費者。安德森尖尖的光頭像彈頭，說話彷彿機關槍，劈里啪啦提出精闢見解：「智慧型手機的規模經濟太大了，賣得這麼好，以後銷售量可能達到幾十億支。這樣一來，智慧型手機供應鏈也漸漸成為電腦產業的供應鏈，iPhone的零組件〔如康寧的大猩猩玻璃（Gorilla Glass）、英國公司ARM的微處理器〕最後會取代電腦零組件。2020年之前，甚至連伺服器也會採用ARM架構，因為智慧型手機的規模經濟太大，其他相關產業比不過。」

換言之，賈伯斯以手機徹底顛覆了電腦產業。iPhone代表新型的電腦運算，貼身程度比以前的「個人電腦」更甚。安德森說：「我覺得蘋果的轉機題材在於，市場還沒有真正搞清楚他們的成就。不管是Mac、iPhone還是iPad，都是披著消費性電子外皮、實際是以Unix為平台的超級電腦。講白了就是如此，但很少有人討論到這一點，因為大家都把焦點放在蘋果的設計。」他微向前傾，彷彿在強調重點：「你放在口袋裡的iPhone，就好比是二十年前要價一千萬美元的Cray XMP超級電腦，同樣的作業系統、同樣的運算速度、同樣的數據儲存容量，卻壓縮再壓縮，變成一個只要六百美元的產品。這是賈伯斯帶給科技業的突破。智慧型手機其實就是具體而微的電腦！」

16

不完美的英雄

第二代iPhone上市後幾週，我有天接到音樂人諾蘭（John Nowland）的電話。他是資深搖滾歌手尼爾・楊（Neil Young）的合作夥伴，尼爾・楊在加州拉宏達市（La Honda）附近的自家農場裡設有錄音室，由諾蘭擔任錄音工程總監。我跟他們兩人的公關洽談了一年左右，希望有機會在《財星》雜誌專文介紹尼爾・楊對科技業的熱誠，分析他為何想涉足高端數位音樂與車用生質燃料。尼爾・楊跟我都有聽覺障礙，所以第一次見面時有共同話題，特別聊到音樂人聽覺受損所面臨的處境。

諾蘭在電話那頭說，尼爾・楊把他所有的個人專輯重製成一套黑膠唱片，想送給賈伯斯，一方面算是向他賠不是，一方面也順便提醒他，類比音樂的音質還是最迷人的。尼爾・楊對音質的堅持不無道理。CD唱片問世造成數位音樂流行，但音質卻大不如前，而在壓縮數位音檔當道後更是每況愈下。iPod上市不久，尼爾・楊曾公開批評蘋果採用的數位音樂格式，說歌曲要在iTunes音樂商店上銷售，必須大幅壓縮音檔，嚴重「犧牲」了音樂品質。

聽到心血結晶遭重量級人物痛批，賈伯斯常抑制不住情緒。對於尼爾・楊的評論，他氣得說：「他有音樂格式上的疑慮，不先來問我們，竟然就公開批評。」發生這個插曲後，尼爾・楊即使日後釋出善意，賈伯斯一概不領情。

但我知道賈伯斯偶爾喜歡聽黑膠唱片，所以答應諾蘭的要求，打電話問他想不想接受這份禮物。電話才響第二聲，賈伯斯就接了起來，我解釋來電的用意。上次跟他聊到尼爾・楊的批評，已經是一年前左右的事，我以為他氣已經消了。

沒想到，他聽了破口大罵：「他媽的尼爾・楊！他媽的唱片！要收你自己收！」這個話題結束。

賈伯斯一路走來確實成熟不少，也轉變許多。如果生而為人是一段把優點放大、缺點縮小的長途旅程，賈伯斯可說是把前者發揮得淋漓盡致，卻未必能改善個人缺點。他有盲點，也有壞習慣，一輩子擺脫不了意氣用事的毛病。這些缺點常常淪為外界把柄，說他是「王八蛋」、「混帳東西」，或者覺得他這輩子彷彿有雙重性格，時而王八蛋，時而天才。這些說法不但片面，也沒幫助，若想認識他這個人，應該要研究他為何無法改掉缺點與孤僻個性，也應該探討爆發的方式、時間與原因，為何在他風光不可一世的那幾年也難以倖免。

君子報仇，三年不晚

賈伯斯逝世前十年，媒體常拿他的個性當話題來炒作。自2000年以來，賈伯斯帶領蘋果成功打下市場，卻偶爾會冒出令人皺眉的行為，改也改不掉，實在與蘋果給外界的形象不合。在消費者眼中，蘋果是家重視創意與潛力的企業，讓創意人使用創新技術，充分發揮個人潛力，打造一個更美好的世界。

蘋果酷炫創新的形象並非表面功夫，但確實也下過一番苦工營造，例如：克洛發想出一系列吸睛的廣告宣傳；艾夫設計出極簡造型的產品；而賈伯斯在產品發表會的表現更是精準到位，用「神奇」、「不可思議」等字眼形容iPod與iPhone等產品。蘋果的形象也是實至名歸，經過多年努力，產品終於叫好又叫座，iPhone更成為史上人氣最高的消費性電子產品。此時的蘋果，規模之大、影響力之高，都勝過索尼。但正當蘋果給予外界新潮高雅的觀感時，賈伯斯的個人行為有時卻幫倒忙。曾為《君子》雜誌撰文介紹賈伯斯、時任《紐約時報》專欄作家的諾瑟拉，2008年被他痛罵是「亂竄改事實的人渣一個」。打出正派純潔招牌的蘋果，怎麼會委外給富士康這樣的工廠生產，後者因為工作環境不佳，造成十幾名工人自殺。蘋果鼓動出版社聯手爭取電子書的定價權，藉此施壓亞馬遜提高電子書的零售價。蘋果跟其他矽谷大企業暗中協議互不挖角，又有何依據？而有哪個形象正派的企業或執行長，因發放天價員工認股權而被美國證管會盯上，卻把錯都歸咎給前高階主管呢？

因為這些事件而稱他道德有問題，或許過於誇張，也或許沒能考量所有因素而妄下定論。但許多情況已經夠棘手，賈伯斯回應時或無理、或不屑、或傲慢，只是使情況更難以收拾。像我們這樣認識賈伯斯多年的人，都發現他的個性成熟不少，但就算如此，大家還是明顯感受到他的反社會行徑，甚至還會為此爭論。賈伯斯為何無法擺脫幼稚的行為，我問過大家有何解釋，但沒有人說得出所以然，就連他夫人也解釋不了。但我們可以做的是，從賈伯斯的個性抽絲剝繭探討分析，而不是以好人、壞人、雙面人的框架來詮釋他。

因為了解賈伯斯的個性，電話中聽他飆髒話罵尼爾・楊，我只是笑笑，不覺得訝異。他這個人記恨可以幾十年不忘。就算迪士尼答應皮克斯所有收購條件，但他日後每次講到艾斯納，還是一肚子火。葛賽當年向蘋果史考利通風報信，說賈伯斯有意把他從執行長位置拔下，即使事情發生在1985年，但二十五年後，他一直沒忘記這樁「滔天大罪」，聽到這個法國佬的名字就氣。

甚至被賈伯斯認定辜負蘋果的企業，他也懷恨在心。舉例來說，他對Adobe恨得牙癢癢的，多少是認為Adobe創辦人渥諾克（John Warnock）見風轉舵，在蘋果營運黯淡時，決定讓自家軟體支援Windows系統。平心而論，這個決策很合理，畢竟Mac當時市占率還不到5%。但看在賈伯斯眼中，卻是背叛。

多年後重新站上事業顛峰的賈伯斯，反將了Adobe一軍，不讓iPhone支援他們獨霸市場的Flash軟體。這套軟體能夠線上觀賞影片等互動內容，亦讓其他開發人員方便使用，是Adobe的研發傑作。但Flash有安全漏洞，常會不預警當機。在賈伯斯心中，Adobe對改善這個問題的態度不夠積極，iPhone又是全新的聯網平台，絕對不能出現遭駭或安全問題，發展初期更要特別小心。礙於這番考量，他決定不讓iPhone搭載Flash，同樣策略也沿用到日後的iPad。Flash原本就有眾多愛好者，蘋果決定不予採用，遭來許多人的抱怨，但賈伯斯心意已決，在

2010年發表長篇聲明，細數不支援Flash的六大理由。他的立論有理，但字裡行間卻透露出君子報仇三年不晚的調調。勢力龐大的蘋果，讓Adobe付出了「背叛」的代價。Flash日後雖然通過市場考驗，但Adobe漸漸轉攻其他串流媒體技術。

讓賈伯斯逝世前幾年最忿忿不平的是谷歌。2008年，谷歌針對手機推出安卓作業系統，許多功能皆仿效蘋果iOS系統而來，這招已經讓賈伯斯覺得背後被捅一刀，但他最氣不過的，是谷歌執行長暨董事長施密特。施密特跟他有多年私交，也是蘋果董事之一，iOS便是施密特擔任董事時辛苦研發出來的，但如今谷歌卻推出類似平台，直接跟蘋果對打。

賈伯斯更難接受的是，谷歌竟然將安卓系統免費提供給手機製造商，等於是讓三星、HTC、LG等品牌手機降低成本，直接搶攻蘋果一手打造的新市場。這叫賈伯斯怎能不氣。谷歌分明是拿當初的微軟當範本，學它稱霸全球市場的招數。在賈伯斯眼中，谷歌決定免費提供作業系統，顯然是想推動手機與手持式裝置的主流標準，無異於重演二十年前比爾・蓋茲以Windows打擊麥金塔電腦的戲碼。

賈伯斯這次學了乖，知道光靠一流產品還不夠。2011年，在賈伯斯逝世前幾個月，蘋果對身為安卓手機與平板領導品牌的三星發動訴訟攻勢，除了要求賠償金之外，更向法院申請禁售令，不讓三星在美國銷售。賈伯斯選擇不直接告谷歌，是因為安卓屬於免費系統，谷歌並沒有直接從中獲利。但他可以朝手機廠開刀〔被告的手機廠還有宏達電，以及2012年遭谷歌收購的摩托羅拉行動（Motorola Mobility）〕。

他指稱這些品牌公然抄襲，許多iOS系統的使用者介面關鍵功能都遭到剽竊，因此大規模興訟，一直到2014年才有判決結果。蘋果在美國法院大勝三星，但至今尚未拿到對方的賠償金。雙方亦在2014年達成共識，在美國以外的市場撤銷安卓相關訴訟案，似乎默認長期交戰對雙方都是歹戲拖棚。為了讓賈伯斯報谷歌一箭之仇，蘋果付出起碼六千萬美元的訴訟費用。賈伯斯若能全心專注在工作上，對蘋果是莫大的競爭優勢，但蘋果卻因他之故，發動大規模的訴訟，日後可能發現其實完全沒好處，只是害自己分心罷了。

公司利益永遠重於同事情誼

對賈伯斯而言，工作就是他的一切。多年來，他慢慢學會相信這份熱誠的力量，也正因為如此，他才敢於相信直覺，進而撼動整個產業。但工作熱誠有好處，也有壞處。

第一個問題是，在自我認同與工作難分難捨的情況下，賈伯斯雖然罵起人來不留情面，竟禁不起別人批評。和大多數頂尖的公眾人物一樣，賈伯斯習慣點出他人的不是，自然也是別人批評的焦點。但他覺得自己對現代社會也有不少功勞，大家偶爾也該給他掌聲才對。

看到我在《財星》雜誌拿他開刀的文章，他曾不只一次寫信或打電話給我說：「我看了很難過。」這樣的批評文又不是頭一回，我本來以為他頂多不認同罷了，沒想到他覺得我傷了他的心。但他不是每次都這麼敏感，覺得我是故意找他的碴。第一代Apple TV上市後，被我在專欄裡批得一文不值，我說用來當門擋更適合，說是有現代風格的壽司盤也不為過。賈伯斯看了，立刻寫信給我說：「你這篇寫的論點，我完全不贊同。」蘋果歷任執行長中，可能除了艾米利歐之外，只有他會對我的報導流露真性情。

從賈伯斯對待同事的方式，能看到他不假修飾、好惡分明的一面。這樣的個性，倒也讓他在歷任管理團隊凝聚出忠誠度，激勵大家為蘋果效力。但他逝世前那十年的幾次管理團隊人事變動，個性也成了他的罩門。核心圈要是有人鬆懈怠惰、或自私自利、或好大喜功，賈伯斯絕不縱容。他時常拋出議題讓大家互相較勁，看誰的概念最好，誰的腦袋最靈光。每個人隨時都得保持最佳狀態，發揮具體貢獻，全心投入，否則就會被賈伯斯巧妙地打進冷宮。看他與郤凡尼恩、盧賓斯坦、安德森、費德爾等人的關係，就知道他隨時能把一個人排除在核心圈外。

世界第一等財務長

安德森是第一個離開管理團隊的成員。他比賈伯斯年長十歲，甚至都能當幾個新進成員的爸爸了。他在財務長任內表現優異，公認是讓蘋果留下一口氣等賈伯斯回鍋的功臣。管理團隊當中，他是最有工作自主權的一位，非財務專業的賈伯斯不會干涉他。他和賈伯斯的辦公室只隔兩、三間，不是沒有道理。賈伯斯想大修預算時，走幾步路就能找到安德森，要他想辦法找錢。安德森回憶道：「史帝夫跟我兩人很尊重彼此，工作上是很好的拍檔。所以他要是有好的構想或行銷做法，需要五百萬、一千萬美元推動，不會自己決定了就做，會先來找我，大力說服我說：『你就幫忙找點預算，可以的啦！』我們兩個人的合作模式就是這樣。」

安德森一度倦勤，經慰留後而繼續留任。其實早在2001年，他就萌生離職或退休的念頭。同一年，戴爾電腦向他招手，賈伯斯為此說動董事會破例，給安德森一百萬股員工認股權，藉此感謝他對蘋果的貢獻。郤凡尼恩、盧賓斯坦、庫克也獲得同樣股數的認股權。其他高階主管也有，只是股數較少。此舉日後雖然成了賈伯斯與安德森的夢魘，但當時確實是讓大家心情與戶頭都振奮的事。安德森事後又留任三年，但值得注意的是，賈伯斯限制他不得擔任其他企業的董事。「史帝夫有控制欲，喜歡把人掌握在他的勢力範圍裡。」安德森說。賈伯斯最終還是放手，讓安德森擔任3Com與eBay的董事，而安德森退休後，亦接受賈伯斯邀請擔任蘋果董事。

安德森2004年6月公布退休後，收到前蘋果董事長伍拉德的信，除了感謝他的貢獻之外，還謝謝他長期擔任「賈伯斯火氣控制長」一職。安德森以同仁身分最後一次參與蘋果的精英度假會議時，賈伯斯上台向他致意，播放感謝影片時，激動到落淚。而在員工餐廳舉辦歡送派對時，賈伯斯還說安德森是大家心中的大好人。如今轉戰高昇創投公司（Elevation Partners）的安德森，辦公室裡留有兩個退休禮物。一個是賈伯斯送的小匾額，上頭寫著「世界第一等財務長」，一個是他的漫畫肖像，上面有賈伯斯和每個老戰友的簽名。

軟硬體雙雄

同樣拯救蘋果有功的盧賓斯坦與郜凡尼恩，後來也離開管理團隊。這對好哥兒們一個管硬體、一個管軟體，是蘋果「一體成型」（whole widget）理念的左右手。盧賓斯坦說：「蘋果有賈伯斯的風格沒錯，但當初那個把蘋果救回來的管理團隊，也很重要，影響力到現在還是看得到。」1997年起，公司每一個重要決策都有兩人的參與。離開蘋果之前更創下一個豐功偉業，成為他們與賈伯斯、庫克多年津津樂道的話題，那就是，棄用PowerPC陣營，蘋果每一款電腦全面改採英特爾處理器。

PowerPC處理器的兩大客戶是IBM與蘋果，每年出貨量幾百、幾千萬顆，反觀英特爾的市場涵蓋Windows電腦與伺服器，處理器出貨量高出幾百、幾千倍。摩托羅拉的生產能力遠遠不及英特爾。後者將處理器業務的大部分利潤再用於投資，興建高階晶圓廠，每座造價超過十億美元。總歸一句話，投效英特爾陣營，在產品價格與性能上都有難以抗拒的優勢，更何況賈伯斯又從對方爭取到相當優渥的條件，這次與他交手的人是英特爾執行長歐德寧（Paul Otellini）。

平台移轉讓管理團隊每個人都神經緊繃。一來，不管是已經買了iMac、PowerBook、MacBook，還是PowerBook，有些使用者追求最新、最好的軟體，只好被迫買新機種，當然會火大。其次，郃凡尼恩的軟體團隊必須做好萬全準備，軟體絕不能出錯，因為有些人已經幫舊機買OSX系統相容的軟體，之後買新機也必須能順利使用。所幸，平台移轉的工程比大家預期地要順利許多。郃凡尼恩的團隊多年前便有移植作業系統的經驗，曾把NeXT作業系統移轉到英特爾系統上，所以很熟悉英特爾處理器的優點與特性。第一批平台移轉在2006年2月完成，所有產品在當年夏天亦全數轉換成功，過程並無出現明顯問題。

郃凡尼恩與盧賓斯坦軟硬體雙雄，就是這麼厲害。但在蘋果待久了，兩人都覺得工作似乎愈來愈無趣，更何況獲利主力已經被iPod等行動裝置取代。在賈伯斯眼中，此時的郃凡尼恩與盧賓斯坦只是老電腦人，費德爾與佛斯托則是後個人電腦世代的先鋒成員，可望成為iPhone軟硬體團隊的重要大將。於是乎，正如當初的安德森一樣，郃凡尼恩與盧賓斯坦亦開始萌生退意。

「史帝夫會把他不在乎的人架空。」郃凡尼恩說。他多次提到想嘗試新的業務，於是賈伯斯2003年任命他為

「軟體科技長」。看頭銜是升官沒錯，但他後來才發現有名無實，這份工作沒有具體職責。他覺得被邊緣化，新職位並沒有意義。「在賈伯斯底下當個有名無實的主管，沒什麼用處，因為他想做什麼都已經決定好了。我如果在產品評估會議上發表意見，他會駁斥，就是不喜歡我的看法。見我占高位又無實權，沒有表現，他也漸漸覺得反感。」他說。

蘋果現任執行長庫克指出，他當時怕部凡尼恩求去，2004年還請賈伯斯安排另一個有挑戰性的工作，務必留下這位對蘋果有功的軟體大將。庫克回憶道：「賈伯斯看了我一眼，說：『我也知道他很厲害，可是他的心已經不在工作上。我這輩子人看多了，一個不想拚命的人，再怎麼勸他，他也不可能努力工作的。』」還有一次，賈伯斯聽說他開始打起高爾夫球，不久後跟庫克抱怨部凡尼恩真的沒救了。他不可置信地提高分貝說：「打什麼高爾夫球？！誰有時間打高爾夫球啊？」

盧賓斯坦也注意到異狀，賈伯斯2004年動完癌症手術後，就愈來愈不搭理他。他說：「最早在蘋果的時候，大家同舟共濟，工作起來很愉快。大家真的把彼此當成夥伴。但後來蘋果做得很成功，賈伯斯開始把自己拉到更高的格局，刻意和我們保持距離。凡事以他為中心，團隊不再重要。氣氛久而久之就變了，不再像是跟賈伯斯共事，而是在他底下做事。」

盧賓斯坦自認是當執行長的料，看到庫克的實權漸大感到吃味。他和艾夫也出現衝突，因為艾夫以前不過是他的下屬，現在卻能直接向賈伯斯報告。至於iPod首席工程師費德爾，他同樣看不順眼。日後盧賓斯坦與費德爾即使陸續離開蘋果，兩人的戰火依然延燒多年，各自把iPod的成功攬在自己身上，貶低對方的貢獻（他甚至還有次隔空說費德爾是「廢人」）。

盧賓斯坦最後忍無可忍，有天直接到賈伯斯的辦公室找他，說自己累了，想離職，到墨西哥打造心目中的夢想住宅。他於2006年3月14日正式離職，比郜凡尼恩才早幾個星期。盧賓斯坦說：「在蘋果是一段非常好的經驗，如果能夠重新來過，我還是會選擇蘋果。蘋果的好，有太多方面可以聊了，它給了我不一樣的人生。我從史帝夫身上學到很多。他有時真的是很過分，但我到現在還是珍惜那段交情，真的！」

賈伯斯視他們兩人為朋友，但也因為這份私交，在兩人陸續求去時，賈伯斯心情大受打擊。每個好人緣的高階主管都會面臨這樣的問題，但對賈伯斯而言尤其棘手。即使個性多年來逐漸成熟，遇到老戰友與他討論職涯規劃的時候，他還是不懂得婉轉處理。因此，他跟郜凡尼恩與盧賓斯坦沒能好聚好散。對曾在1991年幫他辦單身派對的郜凡尼恩，他只是讓交情逐漸變淡。但他和盧賓斯坦的關係卻鬧得相當不愉快。

離職後的盧賓斯坦，完成了打造夢想屋的心願，但事業企圖心依舊不減。2007年底，他轉戰當時在手持式裝置市場尚有一席之地的Palm，事前還特別寫信知會賈伯斯。根據盧賓斯坦的說法，賈伯斯看到信後立刻打電話給他，說了一堆讓他差點沒昏倒的話。盧賓斯坦回憶說：「他不懂我的決定……說什麼『你錢那麼多，為什麼還要去Palm工作？』我聽了之後反問他：『你聽聽自己說那什麼話，你比我有錢太多太多了，還問我為什麼想工作？搞什麼嘛！』」

盧賓斯坦轉戰蘋果的直接競爭對手，看在賈伯斯眼裡無異是叛徒一個。套句巴恩斯的形容，他「在忠誠度上測試不及格。」

好幾度，盧賓斯坦想跟賈伯斯講道理，甚至還說兩家公司「不一定得殺個你死我活」。但因為Palm的手持式裝置明顯與iPhone對打，所以他的說法當然不成立，甚至可能是他一廂情願罷了。不過到最後，他是對是錯也不重要了。Palm漸漸失去市場地位，不但難敵iPhone競爭，就算後來被惠普併購有集團優勢，也是回天乏術，甚至不久後又被惠普出售。盧賓斯坦與賈伯斯再也沒講過話。

盧賓斯坦與卻凡尼恩還在蘋果時，賈伯斯也想過辦法讓兩人有事做，但問題是，兩人升官後卻形同被架空，看得出賈伯斯對留下他們其實舉棋不定。賈伯斯身為企業領導人的初衷並沒變，公司利益永遠重於同事關係。這個觀念在他逝世前幾年尤其明顯。他除了嚴以律己，也以最高標準要求團隊成員，評估每個人的表現時，往往理智又精準。公司有人離職，不管是下屬、同事，還是朋友，對賈伯斯與大家都是傷感情的事。但他一直以來的觀念是，人事異動必須明快處置，內部運作不久後自然會調適，公司沒有元老功臣也能順利運作。

賈伯斯在人事變動的做法沒錯，失策的是後續處理。他和盧賓斯坦並肩作戰十六年，最後形同陌路，無疑標準的賈式作風。對他而言，其他人如果不及他的拚勁與專注，或是無法協助他完成對蘋果的規畫，或是道不同而離職求去，他都不會花時間在他們身上。他在意的是消費者，至於沒有貢獻的老將想走人，他無心加油打氣。邰凡尼恩與盧賓斯坦會遭到如此待遇，心裡應該早就有數才對。賈伯斯一向有翻臉不認人的前科，蘋果的共同創辦人沃茲尼克不正是受害者嗎？賈伯斯對於蘋果前景自有一套理念，排定孰輕孰重時幾乎不近人情，一旦發現邰凡尼恩與盧賓斯坦已經跟不上其他人的實力，無法協助他完成大計，他便選擇割捨。

認股權風波

邰凡尼恩與盧賓斯坦相繼退休兩個月後，蘋果發布一則看似平常的新聞稿，證實公司法務長海寧已低調離職。海寧身為管理團隊唯二的女性成員之一，「退休」時年僅四十八歲，消息一出並沒有掀起漣漪。沒想到一個月後竟出現意外轉折。蘋果在另一則新聞稿中指出，公司正在配合證管會要求進行「內部調查」，以釐清1997到2001年間發放給資深管理階層的員工認股權，是否有明顯「違紀」之情事。事發將近一年後的2007年4月24日，海寧正式遭證管會起訴，認為她涉嫌不當處理2001年兩筆認股權的回溯生效日期。一筆是賈伯斯的七百五十萬股，另一筆是發給其他高階主管的四百八十萬股，後者更是賈伯斯親自推動，希望安德森能打消轉戰戴爾的念頭。海寧核准認股權可回溯生效，等於讓賈伯斯與管理階層能拿到更好的履約價，這樣的做法本身並不違法，問題出在認股權紀錄遭到竄改，而且可能是海寧下的指導棋，使得蘋果有小幅膨脹獲利之嫌。海寧最後與證管會達成和解，但否認違法行為，除了支付二十萬美元罰緩，並歸還她從認股權獲得的一百五十七萬五千美元收益。

當初發放這些認股權時，剛好是在安德森擔任財務長任內。在證管會舉證的一封電子郵件中，可看到他草率同意海寧將回溯日期設定在某一天。他自己亦因監督不周而遭證管會起訴，最後和海寧一樣支付認股權利得，以和解收場，金額高達三百六十五萬美元。

原本有助釐清的資訊，卻使得案情愈描愈黑。身為蘋果外部法務顧問、位於帕羅奧圖市的WSGR律師事務所（Wilson Sonsini Goodrich），跟海寧說認股權回溯應該不違法。包括皮克斯在內的其他幾家科技企業，亦從該事務所得到同樣意見，最後同樣遭到證管會調查。也就是說，賈伯斯在不知有違法疑慮的情況下，同意認股權回溯。到證管會作證時，他的說法也沒幫到忙。說明自己拿到七百五十萬股的原委時，甚至還流露出自怨自艾的語氣。他說：「問題其實不是錢。每個人都希望受到同儕肯定。」他原本希望董事會看到他治理有方，再加上上次發放的認股權早已一文不值，主動發放新認股權。「這樣我會覺得安慰一點。」他對調查人員說。

他果然是不懂人情世故！雖然說賈伯斯作證當天身體不適，也壓根沒想到證詞會對外公布，但他的心態都完整顯露在字句之間，就算是無心的言詞，旁人卻能聽出他似乎不在乎安德森與海寧的困境。證管會公布裁決的前半年左右，蘋果經內部調查後，明顯有意歸罪在安德森與海寧身上，這時安德森已從董事會離職。另一方面，賈伯斯最後卻全身而退。安德森說：「我覺得很難過。我這輩子行得正、坐得直，最在意的是實踐我的人生觀，做事無愧我心。不管是在蘋果還是私底下，大家都知道我非常重視倫理道德，絕對不可能有意做壞事，對人也是坦蕩蕩。我待人一向尊重，而且避免讓很多人遭到賈伯斯脾氣的波及。」

賈伯斯與蘋果如此對待安德森，實在不應該（海寧離職後並未公開發表言論）。但認股權醜聞爆發的時候，安德森已卸下財務長的職位，在賈伯斯心中的地位大不如前。遇到朋友或同事有難，尤其是需要就醫治療時，賈伯斯常常大方伸出援手。但如果覺得對方的個人問題會阻礙公司前景，或者無法全心投入工作，他也不怕擺出冷淡無情的一面。如果賈伯斯能多點惻隱之心、多關懷他認為不再重要的人，或許蘋果和他自己就能避免幾個不必要的麻煩。

兩件重大爭議

接下來幾年，賈伯斯的管理團隊有老幹，有新枝。庫克和艾夫已與他共事多年，公關主管卡頓與個性極佳的行銷主管席勒也是老戰友。慢慢進入核心圈的則有坦默頓與庫依；費德爾與佛斯托這兩位來自NeXT的青年才俊，更是經賈伯斯大力栽培，分別擔任iPhone研發案硬體與軟體的主管。要不是他們兩人打從一開始就互看不順眼，否則有可能成為新生代的郃凡尼恩與盧賓斯坦。費德爾雖然也常跟艾夫與盧賓斯坦起爭執，但他與佛斯托的明爭暗鬥更是激烈。蘋果向來自誇有「祕密武器」，高明而有巧思地整合軟硬體於一體，幻化成有魔力的數位產品，但這股綜效有被兩人恩怨所犧牲的跡象，賈伯斯常常得跳出來調停。氣焰逼人的費德爾，甚至在2009年離開蘋果，自己開了一家名為Nest Labs的新公司，生產家用Wi-Fi智慧空調控制器與煙霧警報器。蘋果管理階層對費德爾的印象不怎麼好，有些人現在講到他更不客氣，說他是那個做「小小空調控制器」的人。說小，當然是見仁見智，谷歌2014年便以三十二億美元收購Nest Labs。

賈伯斯生前最後幾年發生兩件重大爭議，使得他無法專心與這些戰友研發新產品。隨著這兩件原本可避免、甚至在他死後尚未結束的爭議愈演愈烈，蘋果與賈伯斯留給外界的印象不但自負任性，甚至凌駕法律之上。從2005年前後開始，賈伯斯與矽谷一群執行長達成協議，互不挖角彼此的資深員工，他自己更擔任起這群人的非正式領導人。2010年，美國司法部向蘋果、Adobe、谷歌、英特爾、財捷、皮克斯等企業提出告訴，指它們或正式或非正式達成多項協議，不得聘用彼此員工。2011年，盧卡斯影業一名工程師提出集體訴訟，代表這幾家企業裡六萬四千名員工與其他矽谷人討公道（盧卡斯影業跟皮克斯一樣，現已為迪士尼所有，在該訴訟案中亦是被告企業）。原告指出，各企業人才若能自由流動，薪資增幅總計可高達幾十億美元，卻在這項反競爭協議的限制下動彈不得。

從調查過程中取得的電子郵件可看出，賈伯斯顯然知情。郵件中還顯露出他見獵心喜的一面。原來，他曾寫信向谷歌執行長施密特抱怨，說谷歌有名召募專員竟然要挖蘋果的人。後來聽到該專員被開除後，他回信時回了個笑臉。因郵件往來而被抓包的執行長，不只賈伯斯一人，但卻只有他把別人的痛苦當笑話來看。其他執行長之所以願意配合，動機似乎很簡單：大家都不想惹毛賈伯斯這個科技霸主。

庫克繼任執行長後，企圖開出數億美元和解金，以平息這項集體訴訟案，但他覺得賈伯斯當初的做法並不過分。他說：「我能了解賈伯斯的用意。他不是故意要壓低人才薪資，這個他連提都沒提過。他的目的很單純。就拿與英特爾合作來說好了，如果我們開會時把構想都攤在陽光下，說Mac要改用英特爾處理器，事關機密，我們彼此當然不希望人才被對方挖走。這不是很合理的事嗎？我完全不覺得他有惡意，心裡只想著要省錢。他只是為了保護自己旗下的人才，不希望他們被挖走罷了。」庫克的說法不是沒道理，凡是執行長都想留住精英人才。殊不知，對美國政府與大部分反壟斷法律師而言，希望留住人才固然合理，但為此而與其他企業協議，不管是正式還是非正式，已屬犯法行為。賈伯斯顯然懶得管這些法規。

在另一件官司中，美國政府控告蘋果與出版社共謀，聯合哄抬電子書價格，雖然最後以和解收場，但賈伯斯在過程中的態度也有損蘋果形象。賈伯斯很有把握，iPad上市後，閱讀電子書的功能會受到消費者青睞，可望在為蘋果另闢財源的同時，也能搶到亞馬遜的顧客。有鑑於應用程式商店與iTunes的成功經驗，他與庫依大力鼓吹書商也採用同樣的代理模式，亦即電子書價格由書商自訂，而由蘋果抽取三成利潤。此外，書商亦不能將電子書降價在其他通路銷售。電子書若在亞馬遜銷售，新書通常訂在9.99美元低價，但如果依循蘋果建議的模式，價格有機會全面提升。書商雖然要分一筆利潤給蘋果，卻能把定價拉高，不必再任憑亞馬遜壓低售價。跟互不挖角的爭議一樣，賈伯斯的電郵內容只是幫倒忙。他在信中協商時盛氣凌人，顯見他完全知道聯合書商對市場的潛在衝擊。賈伯斯寫信給詹姆斯・梅鐸〔James Murdoch；新聞集團（News Corp）執行長梅鐸（Rupert Murdoch）之子〕時指出，對新聞集團最有利的選擇是「加入蘋果陣營，看看大家能不能做出點成績，把電子書主流設定在12.99到14.99美元。」

賈伯斯真不知道聯合各書商有壟斷書市之嫌嗎？是有這個可能，因為之前成立iTunes Music Store時，他與各唱片公司執行長也達成過類似協議，當時沒人怪他耍陰謀。但別忘了，他堅持每首單曲只收99美分，不也走低價路線嗎？另外還有一種情況是，如果蘋果事前做好預防措施，例如加強法律諮詢與法規遵循等等，可能就不會陷入壟斷電子書或互不挖角的醜聞。但在賈伯斯打造之下，蘋果這時已成為化賈式概念為具體產品的利器，而不是普通的企業，怕出錯而墨守成規。因此，蘋果雖有預防措施，但難免還是會有問題產生。

比爾・蓋茲在賈伯斯逝世後曾跟我說：「賈伯斯發展出來的管理手法，適用於他腦海中想研發的產品。因為第一，蘋果把軟硬體都包下來；第二，蘋果只做少數幾個殺手級產品；第三，蘋果採取端對端（end-to-end）的一條龍模式，把過程全掌握在自己手上，是否與其他企業合作並非關鍵所在。他的管理手法完全是配合蘋果的經營模式而來。」

我和比爾・蓋茲也聊到，為何有這麼多書喜歡教人學蘋果經營、學賈伯斯領導。他的想法是，賈伯斯是非常特別的經理人，他的管理方式無法複製應用。他半開玩笑地說：「搞不好你的書應該叫《別輕易嘗試的管理學》。很多人都想效法賈伯斯，卻只學到他的跋扈霸氣，他天才那一面根本學不來。」他還說，賈式經營術有一個缺陷，「這樣的企業要敢跳脫種種束縛。」

畢竟也是凡夫俗子

終其一生，賈伯斯扮演著蘋果代言人的角色，希望掌控蘋果的品牌故事。這麼做的缺點，一直到他生前最後幾年才冒出，一來是他的火爆風格，也因為蘋果在市場有亮眼成績，使得蘋果比以前更容易受到各界檢視。不管是有人痛陳科技業漠視環境永續的問題，還是批評企業治理的做法有爭議，蘋果都淪為大家開刀的對象。問題是，最能代表蘋果說話的人卻得了重病，一心只想投入工作，哪有性子處理這一堆煩心的事情。

2004年罹癌後，賈伯斯便訂下生前想達成的目標。有些是個人心願，像是撐到看到小孩畢業的那天；有些是對蘋果的目標，例如希望能撐到iPad上市。無奈三番兩頭就有事情冒出來攪局。例如，2010年iPhone 4還在研發階段，有個年輕工程師竟不小心把原型機留在酒吧裡，被一個科技部落客拿到手而曝光，引來媒體一窩蜂報導。等iPhone正式上市後，又發現如果拿握手機的角度不對，竟比前幾代機種更容易斷訊，衍生出媒體所謂的「天線門事件」。原本在夏威夷度假的賈伯斯，還為此特別回到公司說清楚講明白。對於企業治理的爭議，他更是採取能趕快解決就不要拖延的態度。這些事只是加重他的負擔，他的時日已剩不多，管理近五萬名員工的國際化蘋果，才是他的當務之急。

處理這類麻煩事，本來就是身為執行長的工作，但賈伯斯以前未必擅長處置，更何況現在有病在身。他一向不是有耐心的人，罹癌後身心俱疲，病痛交加，當然偶爾有公事處理不當的時候。

舉例來說，有人覺得賈伯斯有責任提早公布罹癌消息，並讓各界知道病情進展。但賈伯斯或許是一廂情願吧，覺得生病是個人隱私，所以對外再三隱瞞。講理的人聽到外界有如此聲浪，可以選擇不苟同，但賈伯斯不一樣，接到《紐約時報》雜誌專欄作家諾瑟拉電話要求表態時，他竟然罵對方是「人渣」。這樣的爆走行為對蘋果、對他自己都沒好處。另一個例子，富士康是iPhone主要代工廠，其中國廠前幾年員工連環自殺事件的爭議，賈伯斯的幾次發言同樣適得其反，使得各界忘了一件事，以蘋果這麼一家全球大企業來說，在勞資關係上其實向來做得不錯。

隨著蘋果打造起iPhone、iPod、iTouch、Nano等產品的供應鏈，每年會定期前往代工廠督導工作環境，甚至連代工廠的轉包商也不放過。但有時難免忽略掉一些問題。這在所難免，畢竟亞洲廠的工作環境問題已經存在數十年，要徹底改進不太可能。當地的營運模式完全以成本考量，以最低成本幫歐美企業生產，容易造成員工薪資低落或待遇不佳的問題。蘋果得知自殺事件時，其實第一時間便籌組可靠的工作小組，前往富士康工廠調查，另外還採取了一些補救措施，許多觀察人士都覺得做法有益長期發展。蘋果這件事處理得好不好，大家大可理性討論，但賈伯斯公開發言時，偏偏挖洞給自己跳，有次在科技產業大會中說：「啊，這件事我們一定會給個交代。」油腔滑調的語氣，跟其他企業執行長敷衍問題的調調沒兩樣。

賈伯斯的個性多年來成熟不少，跟當年阿拉庭園的那個火爆年輕人已不可同日而語。有些老毛病難改，但有些積習已有改善。面對工作壓力時，性情日益圓融的他，原本應該更能從容應對，無奈後來病痛纏身，讓他一路走來更加顛簸。

翻開英雄人物的故事，不應該出現這些不完美的章節才對。在賈伯斯生前幾年愈做愈好的皮克斯與迪士尼動畫片，不都是綻放真性情、人生大和解的劇情嗎？但是，賈伯斯的人生不是電影，而是一篇時而勵志、時而難解、時而提醒世人他也是凡夫俗子的故事，跟著他走到生命盡頭。

17

「說我是王八蛋就好了！」

2008年12月初，有一天我在佛斯特家中書房接到賈伯斯的來電，說有要事相告。

著書構想

我已經籌備一場聯合訪談好幾個月，希望找賈伯斯、葛洛夫、比爾・蓋茲、戴爾等人暢談經營之道，為新書內容取材。書名我都想好了，叫做《創業難，守成更難》（*Founders Keepers*），希望以這幾位重量級人物為主角，介紹他們的發跡歷程：原本是熱愛科技的創業人，最後躍居產業領頭羊；原本是活在自己世界的發明家，日後邊做邊學，打下一片江山；原本是不拘小節的夢想家，卻能在企業規模激增、個人財富與影響力大幅膨脹之際，還能有為有守。

這本書原訂2005年開始動筆，我本來打算開車勇闖尼加拉瓜，然後悠閒地度個長假，沒想到途中生了一場大病。我八年前移植在主動脈的人工心臟瓣膜，意外感染心內膜炎，隨血液擴散到全身。從脊柱部分又引發成腦膜炎，接著併發肺炎、腸炎，全身都遭到波及。我在馬納瓜市（Managua）的醫院就診，醫生為了救回我的命，只好讓我人工昏迷，不停注射抗生素，結果雖然有效抑制了發炎，卻導致我損失了65%的聽力，一隻耳朵甚至完全失去聽覺。我服務的時代雜誌集團緊急讓我搭機回國就診，安置在帕羅奧圖市的史丹佛醫院，在加護病房整整待了三週。為什麼病情這麼嚴重，連醫生都覺得不可思議。

住院期間，賈伯斯曾來探病兩、三次。我又是鎮定劑又是止痛劑，早已神智不清，有次竟跟他說我覺得好遺憾，不能在他籌備的披頭四回顧演唱會上吹薩克斯風。不知為何，我以為他正在跟林哥・史達（Ringo Starr）與保羅・麥卡尼（Paul McCartney）合作，準備在拉斯維加斯辦這場演唱會，而他還特別苦練吉他，要擔任約翰・藍儂的角色，邀我當伴奏。我在病床上向他訴苦，說現在聽力受損，恐怕沒辦法把薩克斯風吹好。我後來恢復意識後才知道這段插曲，內人羅娜說她跟賈伯斯聽我瘋言瘋語，都笑得不可開支。她還說，賈伯斯離開之前說了一句：「我吩咐院方給你們最好的治療。需要幫忙的話隨時打電話給我。」

接下來幾年，我在新墨西哥州聖塔非市慢慢養病，偶爾還會寫信跟賈伯斯聯絡。我當時幫《財星》雜誌寫了最後一篇封面故事，以皮克斯的拉塞特為主角，內容為四度採訪他之後由他口述而成。賈伯斯雖然與拉塞特交情深厚，卻沒為文章拍照，甚至連接受簡短訪問也沒有。我後來才發現原因出在我，他決定不再接受我的任何撰文訪談。是因為他來探病時看我瘋瘋癲癲，覺得我報導蘋果（或皮克斯）時無法像以前精闢嗎？還是另有原因？我始終不知道。

賈伯斯雖然不想接受我的雜誌訪談，但聽到我有寫書構想，似乎是真的感興趣。我們針對內容討論過幾次，一直到2008年春，我告訴他決定要邀請約八位企業創辦人進行圓桌會談，當作是書的主軸。他不以為然地說：「太多人了！每個人都想要有曝光機會，只會講講客套話。你倒不如把焦點放在個人電腦的崛起，只找四個人就好，我、比爾‧蓋茲、葛洛夫、戴爾。大家可以暢所欲言，講得更深入。彼此有哪些優缺點，我們都知道。這樣你的書也會精采許多，而且我們大家會更實話實說。」

他甚至說願意幫我張羅好其他三人，但被我婉拒了。因為光是說賈伯斯要加入訪談，其他人肯定會立刻附和。果然彷彿魔棒一揮，跟其他三位大人物說賈伯斯會參與，他們也立刻答應，願意百忙之中抽空加入。幾度協調之後，訪談細節終於底定，時間是12月18日星期四，地點選在葛洛夫家庭基金會位於加州洛斯阿圖斯市區的辦公室。四位主角同意共進午餐，撥出整個下午的時間受訪。午餐由葛洛夫的多年助理墨妃（Terri Murphy）張羅，但我事前已跟賈伯斯的行政助理白克荷（Lanita Burkhead）聯絡，詢問他午餐可以吃什麼，深怕挑嘴出名的他不滿意，得到的答案是壽司，或者沙拉也可以，還要花草茶。

晴天霹靂

萬萬沒想到，12月11日下午兩、三點時，賈伯斯打電話到我家。「喂，布蘭特嗎？我是史帝夫。」不等我反應，他立刻又說：「我想跟你鄭重抱歉，我下週四真的沒辦法到場。」

我聽了彷彿晴天霹靂。「這次訪談籌備了半年，大家都特別空出一整天參加。我上星期才跟你助理確認過沒問題啊。你不在，訪談就進行不下去了。」

「當然可以啊。」他說。

我一句話也沒說，等著聽他解釋。

「事到如此，我也就直說了。我的身體狀況惡化得很嚴重，體重一直沒辦法增加。你也知道我吃素，但現在為了體重問題，我甚至開始喝巧克力奶昔、吃起司，能吃的都吃了，體重就是沒有改善。我現在這樣實在不能見人。我太太說我不能再等，現在就得想辦法回醫院處理。我也同意。」

我問起之前的手術，也問他當初為何那麼有把握已經痊癒。這次還是胰臟的問題嗎？還是其他的毛病？他說是一種內分泌失調，導致身體不容易消化食物。「我一吃東西就拉。」他說。

「不管身體是什麼問題，我現在就得搞清楚，其他事都能等。我不能對不起家人。我準備再請一次長假養病，連董事會和庫克都不知道。麥金塔世界博覽會很快就要登場，我應該沒辦法參加了，所以還要趕在之前公布消息。」

講到這裡，他語氣一轉。「一直以來，我從來沒向你隱瞞健康狀況，因為我知道你能懂我的心情。所以我相信你也不會走漏風聲，這件事只有你知道。打這通電話，是因為我想親自向你解釋，我很希望能參加訪談，可是真的沒辦法。」

我在書房裡坐立難安，努力想像賈伯斯此刻的模樣。上次跟他碰面已是去年六月，在舊金山的全球開發者大會（會展位於莫斯康展覽中心）。當時的他身型雖然削瘦，但仍流露出一股活力。當時的蘋果，iPhone熱賣，應用程式商店架上的下載次數達數百萬次。多次轉型後的iMac，如今化身時尚灰的一體成型機，線條輕盈得彷彿漂浮在眼前，銷售量比以前機種更亮眼。而新推出的MacBook Air則有如筆電界超模，更是吸引市場目光。

「那我該怎麼跟其他三個人說？」我問：「他們一定會問你為什麼臨時退出。我應該說你突然不想來了嗎？其他細節我會保密。」

賈伯斯沒回話，沉默了幾秒後，突然爆出一陣冷笑，說：「說我是王八蛋就好了！反正他們可能也是這麼想，乾脆大剌剌地講出來！」

他的回答把我愣住了。「你真的要我這麼說？」我嘴上回他，但心中知道沒人會接受這種爛藉口。其他三個人都知道賈伯斯的作風，他不可能讓我大費周章籌備後，又無故退出。他有時態度是過分沒錯，但做人絕對不是王八蛋等級。「我只希望你先別告訴他們真正的原因。還不是時候。」

通知戴爾、葛洛夫與比爾・蓋茲時，我只說，賈伯斯礙於個人因素只好臨時取消。蘋果不久後公布，賈伯斯因為「複雜」的健康因素，必須向公司告假療養。訪談事件過後一個月左右，我到微軟總公司與比爾・蓋茲會面，他說他想聯絡賈伯斯，但不知怎麼做才好，他們兩個人已經很長一段時間沒聯絡。我給他賈伯斯的家用與手機電話，還給了賈伯斯助理的電郵和手機號碼，當然沒忘記分享賈伯斯為了幫我想藉口、自稱「王八蛋」的插曲。一向懂得欣賞快人快語的比爾・蓋茲，聽了也哈哈大笑。

「外界並不了解他的這一面。」

根據庫克的說法，他和公關長卡頓得知賈伯斯要開肝臟移植手術的消息，已經是2009年1月，與我們兩人的那通電話隔了好幾週。但賈伯斯在前一年日益憔悴，他都看在眼裡。2009年初，賈伯斯已經完全不到公司上班，庫克幾乎每天都到他家探望他，也開始擔心他可能已經走到生命盡頭。「每天去找他說話，看著他一天比一天憔悴，我實在很難受。」庫克說。賈伯斯這時的模樣愈來愈脆弱。他併發腹水問題，肚子腫脹嚴重，整天只能病懨懨地躺在床上，脾氣很不好。

他列名在加州的肝臟移植等候名單，縱有再大權勢，也只能慢慢地等。賈伯斯有次在床邊跟庫克說，他的罕見血型說不定能讓他比別人更早等到肝臟。庫克聽了覺得沒道理，跟他同血型的等候換肝者雖然比較少，但既然是罕見血型，不正表示捐贈人選也更少嗎？事實上，配對成功的機率很低。

庫克有天下午道別後，心情一時難以平復，特地跑去驗血，發現他自己也屬於罕見血型，以為可能跟賈伯斯的血型一樣。他開始深入研究，發現醫學上可以進行一部分的活體肝臟移植。美國每年的活體肝臟移植手術約有六千起，病患與捐贈者的復原機率都很高。肝臟是有再生功能的器官，將一部分肝臟移植到病患後，它會自行成長到一定體積，恢復應有功能，而捐贈人的肝臟也會長回正常大小。

庫克決定進行一連串檢驗，看自己的健康狀況是否符合捐贈資格。「我當時覺得他恐怕活不久了。」庫克解釋說。他還特地跑到離灣區很遠的醫院做檢驗，深怕被別人認出。檢驗完隔天，他又跑去探望賈伯斯。臥房裡只有他們兩人，庫克供出他的換肝計畫。他回憶說：「我真的希望他能接受，但幾乎話一說完，就被他斷然拒絕。他說：『不行，我絕對不允許你這麼做，門都沒有！』」

庫克接著說：「這種話是自私自利的人說不出口的。你想想，一個因為等不到肝臟、就快死掉的人，竟然拒絕一個健康的人要給他活命的機會。我說：『史帝夫啊，我做過檢驗了，身體很健康，檢驗報告在這裡。我捐肝不會有危險的。』但他連考慮都不考慮，反應不是『你確定嗎？』，不是『讓我想一想』，也不是『喔，我現在的情況是……』，而是『我絕對不會這麼做！』他還特地坐起來拒絕我，而且他那時候的情況真的很不好。我認識史帝夫十三年，只被他罵過四、五次，那是其中一次。」

「外界並不了解他的這一面。」庫克說：「我覺得艾薩克森寫的那本《賈伯斯傳》實在對他不公平。書裡只是把其他人寫過的報導老瓶新裝，重點擺在他個性的一些缺陷。讀了會以為史帝夫是自私貪婪、過度自我膨脹的人，根本沒捕捉到他的真性情。如果他真是書中描述的那個人，我絕對不會跟他共事那麼多年。人生苦短，我何必糟蹋自己呢？」庫克這席話也道出了賈伯斯幾位好友的共同心聲。在一次又一次的訪談中，他們為賈伯斯抱不平，說他們心甘情願在他旗下拚命那麼久，一定有他個性成功的地方，但絕大多數的書籍與報導都沒有完整刻畫。這些前同事還有另一個類似的心聲：這輩子工作表現的巔峰，正是與賈伯斯共事的時候。

庫克接著說：「史帝夫很在乎成果。他對工作很有熱情，也希望把事情做到完美。這就是他最令人激賞的地方。他希望每個人都能拿出最好的本事。他認為小團隊比大團隊好，做事效率高出更多。他也認為，選對人才很重要，效果比選到一個差不多對的人才，要高出一百倍。這些都是他的真實個性，但很多人把那股熱情扭曲成自負。我並不是說他是聖人，這世上沒有人是聖人，但說史帝夫心地不好，絕絕對對是錯的。很多人都誤解他了。」

「我在1998年初認識的史帝夫，的確是傲慢自信，做起事來很熱血，但還是有親和的一面，而且在接下來的十三年裡愈來愈圓融，待人處事上都是如此。有時候，員工或員工配偶有健康問題，他會盡最大努力讓他們獲得妥善醫療，而不是草草了事，說什麼『有需要的話再找我』。」

「發現自己有錯，他有勇氣認錯、改變，許多跟他一樣功成名就的人都做不到這點，該改變方向卻不敢。他心中自有一把尺，不符合這套價值觀的，他都願意捨棄。該改變就改變，絕不會拖延。說這是他的天賦絕對不為過。他隨時都在改變。不管是什麼五花八門的新觀念，史帝夫就是有辦法學得很快，比我認識的人都厲害。」

「我所認識的史帝夫嫌我太宅，要我多交交朋友，但他不是故意要找我麻煩，是他自己深知家庭生活的重要，也希望我能有自己的家庭。」庫克說（他於2014年公開出櫃，賈伯斯與公司員工當然已經知道多年）。「他根本不認識我媽，有天竟然打電話到阿拉巴馬州給她，說要找我，知道我一定在家裡！而且兩個人還在電話上聊起我來。諸如此類的例子很多，可以感受到他細心溫柔的一面。他骨子裡有那個DNA。一個待人處事只講功利的人，是不會這樣的。」

第二度開刀

皇天不負苦心人，賈伯斯最後等到了肝臟移植手術，但手術卻是在田納西州孟菲斯市（Memphis）開的。在別州的換肝名單上登記並不違法，但必須符合幾項條件。第一，接到手術通知後必須八小時內趕到醫院——

賈伯斯有私人飛機，所以這點不是問題。第二，必須經院方醫療小組檢查，評估復原機率高才能動手術。2009年3月21日，他和蘿琳飛往孟菲斯市準備換肝。術後幾天出現併發症，因此再度進入開刀房。他們夫妻留在孟菲斯市兩個月，度日如年，情況一度危急，親朋好友如艾夫、胞妹辛普森，以及他的律師瑞里等人，都趕來醫院探望，或許也想送他最後一程吧。艾夫甚至還代表設計團隊帶了特別禮物送他，是一個迷你版的鋁製Macbook Pro。每次新產品上市後，賈伯斯都會從設計團隊拿到類似的迷你模型，由於Macbook Pro即將在六月出貨，拿到這個禮物特別有意義。

賈伯斯大難不死，手術後復原成功。他日後告訴伊格說，手術後曾一度考慮請辭蘋果，多花點時間在家陪小孩。但正如庫依所說：「賈伯斯這輩子在乎的，除了蘋果和皮克斯，就是他的家人。」他兩者都不可缺，最後還是重返工作崗位，而且和動完2004年那次手術一樣，工作起來依舊衝勁十足。他為自己設下死前的新目標：推出iPad。

最渾然天成的經典之作

就技術面而言，iPad的研發比iPod與iPhone容易。研發iPod時，要想出徹底顛覆傳統的操作方式；iPhone更是集三種裝置為一身，成為可以拿在手上的超級電腦，蘋果等於是把個人電腦的演化史推向高峰。如今有了兩場勝戰的經驗，賈伯斯與團隊已經蓄積好實力，能夠打造出一款全新的驚艷之作。平板裝置原是2004年「紫色專案」的研發主軸，但後來經賈伯斯調整方向，專攻研發手機。賈伯斯的用意是希望先有iPhone，視平板為手機產品的延伸。換句話說，蘋果是把iPad當成是iPhone放大版來研發，而不是iMac的縮小版。也因此，iPad搭載常見於智慧型手機的ARM處理器，而不是許多電腦所採用、且更耗電的英特爾處理器。同時，iPad也承襲iPhone的多點觸控螢幕與虛擬鍵盤。最重要的是，iPad能把iTunes應用程式商店的功能發揮到淋漓盡致。說來諷刺，賈伯斯當年是排斥成立應用程式商店的，但如今有了iPad，讓軟體設計師有了更夠力的平台施展身手。畢竟iPad比iPhone的螢幕大許多，更適合寫出有趣好玩的應用程式，而且價格也和iPhone版程式一樣親民，打開在大螢幕上玩，似乎更物超所值。iPad的誕生，讓應用程式商店的重要性翻了好幾倍，也讓因應蘋果而衍生的軟體新市場與經營模式，更加舉足輕重。

在iPhone與iPad接連出擊成功之下，蘋果顛覆了消費者軟體的研發與銷售模式。以前，軟體產品的銷售量可能只有幾千套，定價必須高一點才可能有獲利；但現在，應用程式可以直接銷售給幾億名消費者。商機無限，連帶引爆出各式各樣的應用程式。以前被認為太小眾的產品紛紛出籠，現在想做什麼，可能都找得到相關的應用程式。反觀個人電腦就無法做到。電腦銷售量小很多，為了達到獲利，軟體價格不得不拉高。

從產品技術來看，iPhone在賈伯斯的事業路上，是比iPad更重要的里程碑，但iPad稱得上是他最渾然天成的經典之作，體現了他始終堅持的目標，那就是：科技要像一扇門，引人走進浩瀚無垠的資訊世界，也要簡單又功能強大，讓人幾乎忘了科技的存在，即使是不諳科技的一般大眾，也能立即上手，自由運用。正因為這股堅持，他在當年創業後才得以脫穎而出，因為比他更懂科技的同好也不在少數。努力目標的同時，他不只一次誤判情勢，沒等到科技發展成熟就急著做出產品。但到了iPad研發階段，他已經醞釀了多年功力，終於可以做出一個把科技化於無形的平板產品。他宛如藝術大師，最終成品絲毫不見苦工的痕跡。

2010年1月27日，他站上舊金山芳草地藝術中心（Yerba Buena Center）的舞台，正式推出iPad，欣慰之情全寫在臉上。不同於過去發表會的擺設，這次台上放了一張兩人座皮沙發與桌子。身型削瘦的賈伯斯步上舞台，依舊跟以前一樣獲得全場起立鼓掌。他在舞台上來回走動，自信而有活力，驕傲地細數蘋果的種種成就。營運數據逐一出現在螢幕上：iPod銷售量達2.5億支；應用程式商店推出一年半，下載次數達三十億次；公司年營收超過五百億美元；投影片還一度秀出他和沃茲尼克早年的合照。他說，現在的蘋果是行動裝置公司，如果以營收來看，更是全球最大的行動裝置公司。

賈伯斯在發表會開場常會先報告蘋果現況，這次雖然也不例外，卻隱約帶了點與大家道別的氛圍。畢竟，他是在回顧他一生志業的心路歷程。溫情氣氛持續了十幾分鐘，賈伯斯這時往沙發坐下，準備展示iPad操作起來有多方便。之所以會坐下，當然與他身體羸弱有關，但對展示iPad也有幫助。他往椅背一靠，用手指在螢幕上時滑時點，介紹iPad的眾多功能，包括寄收電子郵件、上網瀏覽、打開應用程式聽音樂、看YouTube影片，甚至可以用手指頭畫圖。他的一舉一動都被放映在大螢幕上，只見他一臉滿意地說：「它與使用者的貼身程度遠遠高於筆電。」和過去所有發表會一樣，這次也有清楚強烈的意圖，要讓大家知道，iPad能讓人以全新的方式使用電腦，輕鬆而自在，無縫融入我們的日常生活。

iPad剛上市時雖然也引來不少批評聲音，但立刻受到消費者的青睞。第一代iPad是蘋果有史以來最熱賣的第一代產品，到2010年底銷售量逼近一千五百萬台，硬是把當初的iPod與iPhone比下去。

與伊格的情誼

2009年初動完手術，賈伯斯休養半年後復出，工作幹勁不減，跟動完2004年那次手術一樣。但這次氣氛不同了，大家都知道這是他的告別演出，也知道結局如何，只是不曉得何時會發生。會不會痊癒，賈伯斯並沒有和別人談過，現在的他要「順其自然」，能拖一天是一天。聽過他談到自己病況的人不多，他甚至連跟核心圈的人都沒花太多時間討論。但大家都很清楚，他日子可能所剩不多。

伊格心裡也有數。和他當初預期的一樣，皮克斯在2006年賣給迪士尼後，賈伯斯雖然擔任後者董事，卻能謹守分際，適時提供寶貴建議而不強橫。賈伯斯與伊格培養出深厚的感情，甚至想邀請他擔任蘋果董事，但因利益衝突無法實現。伊格甚至為了維護這段友情，在布林、佩吉、施密特邀他擔任谷歌董事時也婉拒了。伊格苦笑說：「他說他會嫉妒。」但從蘋果後來與谷歌交惡來看，賈伯斯之所以不希望伊格答應，原因恐怕不只是吃味而已。

換肝手術前，賈伯斯一週會與伊格聊上三、四次。甚至各自到夏威夷避寒度假時，還會約見面。「我住四季飯店，他住科納村度假酒店，我們常一起散步。他每天會陪我走回四季飯店，邊走邊想辦法說服我一些個人看法，都是生活瑣事，像是白肉鳳梨比黃肉鳳梨更好吃之類的。我們還會坐在路邊長凳上討論音樂和世界大大小小的事。我還記得我興奮地跟他說，迪士尼想在夏威夷打造一座度假村，造價高達九億美元。我看得出他不怎麼認同，問他原因，他說這個計畫不夠大器。我說：『迪士尼要花九億美元到夏威夷投資耶，這還不夠大？那你覺得怎麼樣才算大器？』他說：『把拉奈島都買下來（這個夏威夷小島後來被艾利森買走）。』他覺得我們應該在島上蓋主題公園，同時提供迪士尼專屬交通運輸服務，把遊客帶進來。這個人的想法真是太天馬行空了！」

迪士尼位於加州柏班克市的總公司，還是兩人最常見面的地方，通常是賈伯斯來出席董事會會議。即使伊格在賈伯斯生前還沒加入蘋果董事會，但賈伯斯有時仍會向他請教公司經營的意見，遇到伊格拜訪蘋果總公司時，也會帶他參觀艾夫的設計部門。伊格回憶道：「我們會站在白板前腦力激盪，討論可以收購哪些企業。甚至說過要一起買雅虎哩！」迪士尼每次召開董事會會議之前，賈伯斯通常就從伊格那裡知道全部概況。伊格說：「我們在大部分議題都有共識。賈伯斯發表意見時，通常能得到其他董事的認同，完全沒有事先安排好。」

賈伯斯當然也有反對的時候，態度強硬卻不失禮。比方說，實施庫藏股照理說對公司本身是一項好投資，對大股東來說，亦是公司營運有信心的表現。但賈伯斯痛恨這種做法，有次在董事會上大力反對，但後來迪士尼還是做了。再舉一個例子，伊格曾經覺得迪士尼無力獨資兩艘造價十億美元的郵輪，決定與嘉年華郵輪公司（Carnival Cruise Lines）成立合資企業。就在簽約之前，賈伯斯力勸他與董事會萬萬不可，迪士尼應該自己造船才對。他說：「如果你們覺得這是值得投資的生意，何必把自己的品牌交給別人呢？」迪士尼後來自己建了兩艘新郵輪。

賈伯斯也出手協助迪士尼的零售業務。迪士尼專賣店多年採取授權委外經營的方式，2008年買回店面準備自營。新任零售部主管向董事會報告新計畫時，習慣坐在伊格旁邊的賈伯斯，愈聽愈不耐煩，頻翻白眼，甚至一度脫口說出「胡說八道」，雖然很小聲，但在場每個人都聽在耳裡。伊格朝他小腿踢了一下，要他克制。等到簡報結束，賈伯斯問該主管兩個簡單的問題：「你希望顧客走進店內，有什麼感覺？店面想要表達什麼理念？」

伊格回想當時的情景說：「那個主管答不出來。會議室一陣沉默。」賈伯斯會後建議伊格立刻開除他，但伊格不肯。伊格說：「賈伯斯對人容易有第一印象的偏見，這是他的缺點。我一直沒看到他有改善。我有時會跟他說：『先別急，我還不確定這個人是好是壞，你要給我機會讓我自己判斷。』有時也會說：『你完全看錯這個人了。』有時候他對，有時候我對，但無論誰對誰錯，他從來不會放馬後砲，拋出一句『我就說吧！』」

幾週後，伊格帶這位零售部主管和兩、三名幹部到蘋果總公司，與賈伯斯和蘋果零售部主管強森會面，腦力激盪了一整天。伊格說：「他並沒有重新設計我們的店面。就我所知，他連踏進去一步都沒有。但他撥出一整天時間與我們討論，大家共同琢磨出迪士尼專賣店的核心理念：小朋友的歡樂時光盡在這裡。」

賈伯斯生前兩、三年體力不支，不方便遠行，有幾次董事會會議必須以視訊方式參加。但難得到迪士尼總公司時，他跟伊格絕對會聚聚。伊格回想起2010年的一段插曲，他與太太有次邀賈伯斯夫婦到家裡吃晚餐，席間突然心有所感，賈伯斯真的可能不久人世。他回憶道：「我們都知道會有這麼一天，雖然大家都不願意接受事實，也不想提出來講，但大家心中都有數。史帝夫舉杯向大家敬酒，說：『我們兩個人還真是了不起，救了迪士尼和皮克斯。』他覺得皮克斯加入迪士尼後，有了一股新生氣，也改變了迪士尼的樣貌。說著說著，他眼眶泛淚，我們的另一半也同樣淚水直流。人生總是會有這樣的時刻，對自己的成就覺得不可思議，為自己感到驕傲。」

賈伯斯在蘋果內部依舊正常工作，努力不讓別人對他有特殊待遇。庫依回憶道：「就算身體有病痛，他還是拚老命做事。有時一邊開會，一邊吃嗎啡止痛。大家都看得出他很不舒服，但他還是很關心工作。」

培育下一代蘋果領導人

重回工作崗位後，他確實針對工作重點做了些調整，但變動不大，多數只是照2004年那次手術後的工作調整再加強罷了。他把重點放在自己最在乎的事項，例如行銷、設計、產品發表等等，也開始積極部署接班計畫，希望蘋果沒有他也能正常營運。庫克曾指出，早在2004年，賈伯斯便開始思考接班問題與蘋果的未來。可見接班人計畫早已啟動，只是現在更加緊步調。

賈伯斯2008年從耶魯大學管理學院網羅波多尼（Joel Podolny）教授，與他合作規劃高階主管養成課程，稱之為蘋果大學。在皮克斯也有皮克斯大學，提供員工五花八門的課程，教授創作藝術與實作技能等等。但蘋果大學走不同路線，旨在讓學員分析檢討蘋果成立以來的重大決策，藉此培養出新生代領袖。成立蘋果大學，是希望細部分解賈伯斯的決策過程，萃取精髓，將他的產品美學與行銷理念傳承給蘋果的下一代。庫克說：「賈伯斯很在乎每個決策的背後原因。如果是以前，他動手執行就好了，但愈到後期，他愈會花時間在我和其他人身上，解釋他為什麼某件事會那麼想、那麼做，所以才會有蘋果大學的構想。他希望能夠培育出下一代的蘋果領導人，讓大家知道我們這些前輩的心路歷程，為何有些決策很糟糕，有些決策很精準。」

賈伯斯也把心思放在總公司新大樓，那位於庫珀蒂諾的惠普舊址，目前尚在興建中。大樓設計由諾曼弗斯特建築事務所（Norman Foster Architects）負責，他自己亦積極參與設計。新大樓的設計構想許多都呼應皮克斯總公司大樓，卻多了蘋果的獨特風格。從外觀之，新址是一座龐大的環狀建築，樓高四層，最多可容納一萬三千名員工。有些人把蘋果新大樓比喻成太空站。走進大樓裡，內部設計旨在促進員工互動，每層樓都有一條走廊環繞；最大的咖啡廳可同時容納三千人。園區講究綠化，約八成用地將種植樹木，包括建築物中心的一大塊區域。建築物本身亦是高科技傑作，外觀不會出現平面或直立玻璃，而是由一大片一大片的曲面玻璃拼湊成「牆面」。員工餐廳有四層樓高的曲面玻璃拉門，可以打開享受好天氣。賈伯斯赴庫珀蒂諾市議會報告時說：「我覺得有機會打造出全世界最好的辦公大樓。」

構思新園區時，賈伯斯秉持一貫的設計理念：建築該如何設計，最能讓蘋果開創出屬於自己的未來？愈接近這個理想，對蘋果愈好。他自認蘋果已躍居全球最舉足輕重、最有創新精神的企業，因此竭盡全力，希望守住好不容易打下的江山。庫克說：「史帝夫希望大家都能真心愛蘋果，不是來公司上班而已，要能打從心底認同蘋果的價值觀。公司所追求的理念，他雖然已不像以前寫在牆上或做成海報，但希望能深刻體會，為崇高的理想奮鬥。」

庫克懂賈伯斯的信念，他也相信蘋果是獨特而具有神奇魅力的企業，正因為如此，賈伯斯才會向董事會推薦庫克繼任執行長。庫克說：「這是我們兩個人的共同心聲。我真的很愛蘋果，也覺得蘋果有崇高使命。世界上能這麼說的企業已經很少了。」

iPad 2產品發表會

癌症引發的劇痛，使得賈伯斯只好花更多時間在家休息。隨著iPad 2即將在2011年春天上市，克洛會登門拜訪，與他一起研擬廣告宣傳策略。克洛說：「他那時身體不適無法上班，我們小組會到他家。但他討論起來還是異常專注，無論是廣告或產品，凡是我們手邊正在進行的工作，他都希望能拿出來討論。」與克洛討論公事時，賈伯斯並不會特別講到過去，也很少提到自己來日的命運。「他一直用意志力撐著，當做自己會繼續活下去，不願意多想。」

他們兩人努力擬出iPad 2的首波主打廣告。廣告裡，自信沉穩的旁白，如詩一般的文字，讓人不禁聯想起當年開啟賈伯斯逆轉勝之旅的「不同凡想」廣告。iPad 2廣告這麼開場：「我們深信，科技不是絕對。更快、更薄、更輕，這些都是優點。但唯有化科技於無形，一切更加美好、甚至充滿神奇魔力。因為如此，你我往前邁進；因為如此，iPad 2誕生。」廣告裡，只有一隻手指操作各項應用程式，好不輕鬆自在。克洛回憶說：「那支廣告是他對iPad 2的最終期許，清楚呈現他的理念，把他自始至終的願景融會貫通，那就是：你我的生活能夠因科技而改變、更美好。科技應該人人都能上手。」

產品發表會前，市場議論紛紛，以為賈伯斯應該無法親自上台介紹。但2011年3月2日當天，他站在舞台上，字字句句呼應著廣告的主題：「身為蘋果人，我們知道光是科技還不夠。科技必須發自人性，產品才有辦法讓人心動。」iPad 2比第一代產品有顯著改善，機身更輕薄，同時搭載兩個數位相機鏡頭：前鏡頭可支援視訊電話與自拍，高畫素的後鏡頭更內建閃光燈。研發功臣是蘋果在第一代iPhone上市後網羅的相機工程團隊。

iPad 2品質雖有顯著改善，但在產品發表日那天，賈伯斯仍是鎂光燈最主要的焦點，大家看得出他是在搏命演出。他走到台上的步伐僵硬，引發市場疑慮，出場沒多久，蘋果股價應聲下跌。這次撐場介紹主要功能的主管比以前更多。

賈伯斯疾病纏身多年，病情時好時壞，生命何時會走到盡頭，他自己、同事，甚至連醫生也不知道。6月

7日，賈伯斯向庫珀蒂諾市議會提報新園區建案時，他明顯忍著病痛，聲如游絲。賈伯斯似乎知道，新園區是他的最後代表作，能夠為蘋果未來鋪路，亦能造福這個他稱之為家的城市。因此他靠著意志力支撐，花了十五分鐘向議員說明提案，最後還留了約五分鐘回答問題。有位女議員席間還開玩笑問他，市議會如果核准建案通過，蘋果是不是能幫整個城市建置免費Wi-Fi設備。賈伯斯聽了回說：「這麼嘛……我這個人比較老派，我覺得我們既然納了稅，市政府也要提供應有的服務才對。」

生前最後幾個月，固定有人到他家探望。美國前總統柯林頓來過，而歐巴馬也曾邀請他與少數科技業重量級人物餐敘。《紐約時報》記者馬柯夫（John Markoff）與科技作家李維（Steven Levy）聯袂來向賈伯斯致意——李維以矽谷趨勢為題著有多本著作，其中幾本專門介紹麥金塔電腦與iPod的發展史。比爾・蓋茲有天下午還跟賈伯斯聊了四個小時。比爾・蓋茲說：「我和賈伯斯沒有外界想像得偉大，畢竟外界在討論我們公司的時候，總要找個代表人物。什麼意思呢？賈伯斯的成就是很傑出沒錯，如果先不算我的話，若要選出一個對電腦產業最有貢獻的人，我相信大家會推賈伯斯，這很合理。但其實他跟其他人才的差別並沒有想像中那麼大，不該說他跟神一樣偉大。」他們兩人雖有歧見，卻培養出惺惺相惜的情誼。比爾・蓋茲說：「那天下午，我們不必爭誰比誰厲害。只是討論著我們對產業的貢獻，產業未來又會如何發展。」賈伯斯逝世前幾週，比爾・蓋茲還親自寫了一封信給他。

經營團隊固定會來探望賈伯斯。隨著他的病情惡化，原本就有革命情感的大家，如今感情更是密切。他們會跟賈伯斯談到工作，有時就只是閒話家常，一起看電影或吃晚餐。他們一起努力，讓蘋果的創新機器像庫克形容的「跑步機」一樣運轉不息，以強化已有的動能。蘿琳談到與賈伯斯一起把蘋果逆轉勝的安德森、郃凡尼恩、盧賓斯坦等人，說：「史帝夫以前跟第一個團隊很親近，但他更愛最後這群人，我覺得跟他們合作出偉大的產品有關。」

欽點庫克接任執行長

8月11日，星期天，賈伯斯打電話給庫克，要他到家裡一趟。庫克回憶說：「他說：『我想跟你討論一件事。』那時他已完全在家休養。我問他什麼時候過去。他回說：『現在。』我立刻動身。到了之後，他說已經做好決定，要我接任執行長。我那時以為，他覺得自己還有一段時間可活，因為我們認真討論到由我當執行長、他當董事長會有什麼影響。我問他：『你現在做的事，有哪些是你不想做的嗎？』」

庫克苦笑說：「那次的討論很有意思。他說：『公司大小事全權由你決定。』我回說：『等等，我先問你一個問題。』我想挑件他有興趣的事刺激他，所以說：『你是說，我查看完一支廣告後，如果我喜歡，不必經過你同意就可以拿去播？』他笑了出來，說：『你好歹也問我一下吧！』我一連問了他兩、三次：『你確定要這麼做嗎？』如果他那天沒講，我都以為他病情有改善。我週間常常去找他，有時候週末也會過去，每次見到他，他的病情似乎都有好轉，他自己也這麼認為。只可惜造化弄人……」

多年來，庫克已是接任蘋果執行長的當然人選，他在2004年與2009年賈伯斯兩度告假期間，曾經暫代執行長職位。此外，賈伯斯也希望由內部拔擢人選。庫克說：「如果你認為接班人要能深入了解蘋果的企業文化，自然會從公司內部遴選人才。如果是我今天下午要卸任，我也會選公司內部的人，因為我覺得空降部隊的執行長很難了解蘋果錯綜複雜的運作方式，無法深入掌握我們的企業文化。我也覺得，史帝夫認為蘋果接班人要能認同他對企業經營的理念，懂得向披頭四取經。新任執行長如果希望取代史帝夫的地位，或覺得有必要取代他，對蘋果未必是好事。我覺得應該不會有這種人，但不難想像有許多人會想這麼做。他知道我沒笨到會想取代他，甚至覺得我必須做得跟他一樣。」

賈伯斯與庫克討論接班計畫已經好幾年，所以那天的談話並不意外。他們也常常討論沒有賈伯斯的蘋果該何去何從。正如庫克所言：「他不希望大家彼此問說：『賈伯斯會怎麼做？』他看到迪士尼企業文化在華德・迪斯奈死後便出現停滯，深感不以為然，誓言絕不讓蘋果落入同樣的下場。」

賈伯斯欽點庫克成為接班人八週後，病情急轉直下。庫克回憶說：「他過世那個週末前的星期五，我還跟他看了一部電影，叫「衝鋒陷陣」（*Remember the Titans*，劇情講述一名不被看好的美式足球教練，帶領球隊異軍突起的成功故事）。我很訝異他會想看這部片，還問他確不確定，因為史帝夫根本對體育賽事毫無興趣。我們最後還是看了，聊了很多事情，離開他家時我還覺得他心情不錯。想不到週末突然變了調。」

拉塞特接到蘿琳的電話，要他來見賈伯斯最後一面。「我們待在他改裝成臥室的書房裡，聊到皮克斯、迪士尼等等事情。講到最後，我看了他一眼，他說：『先這樣吧，我要睡個午覺。』我站起身往房門走去，停下腳步，又看了看他，走回來給他一個大大的擁抱，親了他一下，說：『謝謝你，謝謝你這些年來的照顧。』

「他是個很特別的人。」拉塞特說：「說來很妙，我們幾個人在史帝夫過世前跟他尤其親近，都非常想念他。我還記得2013年11月到舊金山參加蘿琳的五十歲生日派對，我稍微提早到了，庫克這時剛好抵達，走過來找我寒暄，話題當然還是圍繞著史帝夫打轉。我說：『你會想他嗎？我很想念他。』我還秀出這個給他看。」拉塞特邊說邊指著iPhone的常用聯絡人名單：「我的手機裡還留有史帝夫的電話。我說：『要我把電話刪掉，我辦不到。』庫克看了，也把他的iPhone掏出來讓我看，他也還留著史帝夫的電話。」

打造基業常青的蘋果

管理大師柯林斯說：「人生應該是不斷進步與成長的過程。偉大的企業領導人大部分並非天生，而是靠後天慢慢學習成長，賈伯斯正是如此。我不把他的歷程看成是發跡成功的故事，而是成長奮鬥的故事。真希望能看到第三版的賈伯斯，也就是他五十五歲到七十五歲的階段，不然一定很精采。一個人到了人生第三版這時期，如果身體健康，應該是開花結果的時期。只可惜我們看不到這樣的賈伯斯。」

柯林斯話鋒轉到蘋果：「真正偉大的企業必須具備三個條件。第一，要有過人的營運績效。第二，要對市場產生絕無僅有的衝擊，就算公司已經不存在了，別人也無法輕易取代。第三，必須要能基業長青，不管是針對科技、市場，還是經濟週期，都必須延續好幾代，而這樣的能力不能只仰賴單獨一位領導人。蘋果符合條件一與條件二，賈伯斯生前盡全力要達到條件三。蘋果是不是偉大的企業，最後就看它能否基業長青，這個日久才會見真章。蘋果有許多優秀人才，有可能做得到。」

賈伯斯對蘋果的遠大期許，在他逝世之前幾乎都已實現。2011年，蘋果可說是最創新、最成功的美國企業。對內而言，蘋果的目標是透過內部各團隊的合作，擺脫官僚文化的束縛，持續而有效率地研發一流產品。這樣的做法行之多年，即使蘋果在賈伯斯逝世時已有六萬名員工，依舊沒有大企業的綁手綁腳。蘋果營收來源多元，獲利表現亮眼，遠遠高出賈伯斯1997年回任執行長時的情況。管理團隊由資深老將所組成，多年來極少變動。鄔凡尼恩、盧賓斯坦、安德森、費德爾等人的離職雖然引起市場注目，但其他人都是跟著蘋果一路成長，發揮卓著貢獻。最重要的是，蘋果打造出讓市場如癡如狂的產品，展現出研發、生產、行銷的非凡能力。賈伯斯希望蘋果做到的，它都做到了。

追思會

賈伯斯逝世於2011年10月5日星期二。親友為他舉辦了三場追思會。安葬儀式選在10月8日，約有三十幾位親友同事觀禮，除了賈伯斯的四個小孩與蘿琳，還有他兩個妹妹佩蒂・賈伯斯與夢娜・辛普森。到場的蘋果主管包括庫克、卡頓、庫依、艾夫；公司董事包括康貝爾、高爾、伊格、杜爾、卡特慕爾、史雷德、克洛。大家聚集在帕羅奧圖市的阿爾塔梅薩紀念墓園（Alta Mesa Memorial Park），踏上榻榻米鋪成的小道走到賈伯斯棺木，圍著坐定。有幾個人致詞，也有人讀詩。儀式結束後，大家前往杜爾的住家追思。

10月17日，賈伯斯追思會在史丹佛大學校園內的紀念教堂（Memorial Church）舉行。iPhone 4S兩天前才剛發表（也是蘋果在賈伯斯逝世後的第一場公開活動），預購量超過前幾代的機種。追思會不對外開放，邀請的賓客都是他最親近的親友，包括柯林頓夫婦、波諾、伊曼紐爾、演員佛萊（Stephen Fry）、佩吉、梅鐸、Adobe共同創辦人渥納克。波諾和U2合唱團吉他手「刀子」（Edge）演唱「細沙粒粒」（*Every Grain of Sand*），是賈伯斯最愛的巴布・狄倫名曲；瓊拜雅（Joan Baez）演唱黑人靈歌「輕輕搖啊，可愛的馬車」（*Swing Low, Sweet Chariot*）；辛普森讀了一段悼詞，對賈伯斯臨終之前的細節尤其至情至性。艾利森和艾夫也上台致詞。追思會一開始，由賈伯斯的女兒艾琳點蠟燭，其他幾個小孩也都上台回憶父親：里德分享自己的感想；麗莎朗讀詩句；伊芙讀了「不同凡想」系列廣告的幾句話。追思會在馬友友的第一號無伴奏大提琴組曲前奏曲裡展開，雖然在場人數眾多，但氣氛溫馨感性。蘿琳的悼詞尤其令人動容：

史丹佛是我和史帝夫相逢的地方，那時我才搬來兩個星期。他應邀到校園演講，事後我們在停車場裡偶遇。我們聊天聊到凌晨四點。他求婚那天是元旦，天空下著雨，他手裡握著剛採的鮮花。我說我願意。我當然說願意啊。就這樣，一路走來相依相伴。

他影響了我看世界的觀點。我們兩人都很有主見，但他對美感有深刻的定義，是我所不能及。一件東西擺在眼前，要撥開層層障礙清楚看到本質，已經不容易，但賈伯斯的境界更高，他能見人所不能見者，洞視少了什麼、能有什麼、該有什麼。他的心從來不會受到現實的局限，相反的是，他能夠想像現實缺少了哪些東西，再想辦法解決。他的構想並非來自理性的論辯，而是直覺的奔放，心靈無牽無掛。因為如此，他看到寬廣無際的可能性。

史帝夫的美感，乃至於他對醜陋的不耐煩，浮現在我們生活的點點滴滴。還記得我們新婚不久，有次跟夢娜和李奇共進晚餐，大家天南地北地聊著，那頓飯吃到很晚。開車回家的路上，史帝夫把餐廳的壁燈批評得一無是處，夢娜聽了一直附和，但我和李奇兩人只是面面相覷，小聲說：「壁燈是什麼？是放在牆壁的燈嗎？」再小、再微不足道的物品，也逃不過賈伯斯的眼睛。每件東西的意義、品質、外觀他都細細琢磨。除了看，他更要做，而且要做到完美。

追求完美的過程可能無情，但日積月累之下，我慢慢了解背後的原因，也能體會他那股驚人的衝勁從何而來，更是嚴以律己，對自己有最高要求。

他覺得加州是唯一適合他生活的地方。山丘的蜿蜒夜光，城市的色調，純粹的美感。他打從骨子底就是個加州人。加州彷彿一張空白畫布，任人揮灑，正是他所需要的自由。加州影響他、啟發他、感動他。這裡有大地、山丘、橡樹、果園，洋溢著大自然的原始韻律，是他不可或缺的養分。加州有一股生生不息的靈魂，讓他充滿活力，也成了他釋放靈魂的出口。大器，是有感染力的：大自然的壯闊，也成就了思維的格局。豪情壯志，誰比得過賈伯斯？他是我認識過最無拘無束的思想家。能夠長伴他身旁天馬行空，實在是人生一大樂事。

家父在我小時候就離開了人世，我深知喪父之痛，更不願我的小孩承受這樣的痛苦。但日落總有日出時，明日陽光依舊會閃耀，陪伴我們度過哀慟與感恩。我們會繼續活出有意義的人生，不忘過去，有情有愛。

追思會結束後不久，我便離開現場，情緒難以平復，心中擱著一絲遺憾，恨自己幾個月前沒跟賈伯斯好好聊幾句話。他那時打電話給我，邀我散步聊聊天。那年夏天他找了許多人一一道別，如今回想起來，他找我應該也是這個原因。但我那時因為種種理由，心情很鬱悶，所以不但沒答應他的邀請，甚至還對他大小聲，怪他不重視我們之間的情誼。尤其是講到他在我得了腦膜炎後，竟不再願意接受我代表《財星》雜誌的採訪，更讓我忿忿不平。他似乎被我的回應嚇了一跳，聽我抱怨了幾分鐘後，先是沉默不語，然後說他真的很抱歉。我相信他是真心的。他還說，還是希望我去找他，兩個人或許可以在附近走走。我半認真、半敷衍地跟他的助理排行程，但過程出現一點小問題，我乾脆就放棄了，卻成了這輩子永遠的遺憾。

紀念教堂的追思會結束後，走一小段路，坎特藝術中心（Cantor Arts Center）的羅丹雕塑花園（Rodin Sculpture Garden）還有茶會。如果我那天出席了，可以跟每個人一樣，拿到以牛皮紙包裝、尤伽南達著作的《一個瑜伽行者的自傳》。我也能遇見矽谷的重量級人物，男多女少，無一不是電腦與網路革命的先鋒。大老級的有杜爾、施密特、戴爾，新生代的則有布林、楊致遠、安吉森。蘋果的原始核心團隊也在現場，包括沃茲尼克、麥肯納、崔博爾、何茲菲德、亞特金森等人。其他出席者還有廣告公司的克洛與文森（James Vincent），以及NeXT的老將巴恩斯與史雷德等。跟史雷德同行的是比爾・蓋茲。

史雷德說：「比爾・蓋茲之前五月去探望史帝夫時，認識了他的小女兒伊芙。比爾・蓋茲的女兒跟伊芙都從事馬術運動。我和比爾・蓋茲一起抵達茶會後，我有點把他丟在一旁不管，因為我認識的人比他還多，想跟大家寒暄。我對他有點不好意思，可是想想，他都這麼大了，哪需要我招呼。就這樣過了半小時，我一直沒看到他的人影，才開始到處找他。雕塑花園正中央擺了幾張長沙發，兩兩相對，蘿琳跟幾個小孩都坐在那裡。比爾・蓋茲也在，正忙著跟伊芙討論馬術。他這半個小時一直在那邊，沒跟其他人講到話。」

未來仍有長路要走

10月20日，最後一場賈伯斯追思會在蘋果總公司園區舉行。排列成圓弧狀的幾棟大樓前，近萬名員工集合在草坪上。全球每家蘋果零售店亦關門表示悼念，員工透過蘋果虛擬網路觀看追思會現場直播。庫克首先上台發言。音樂經蘋果電視廣告採用的酷玩樂團與諾拉瓊絲（Norah Jones），也現身演出。但追思會最感人的部分落在兩個人身上：其中一位是艾夫，另一位則是蘋果董事、亦是賈伯斯多年的良師益友康貝爾。

「史帝夫變了。」康貝爾說：「他向來散發個人魅力，有十足熱誠，厲害到沒話說。但這些年來，我還看到他慢慢變成偉大的企業經理人。他見人所未見。科技業的其他領導人看到我們不會使用科技產品，覺得我們笨，但他認為那是科技人的傲慢無知。他說：『害消費者不會使用產品，是科技人笨。』」康貝爾接著提到他私底下所認識的賈伯斯：「過去七年半，他變得愈來愈脆弱，把自己的這一面讓他最親近的親友同事知道，流露出至情至性，也時時不忘幽默。他是一生難得的好朋友。」

接著上台的艾夫，也談到兩人的情誼。「他是我最要好、也最挺我的好朋友。我們並肩合作十五年了，」艾夫說：「我每次講『鋁』這個單字，英國腔還是會被他笑。」艾夫的悼詞集中在他們兩人的合作過程，尤其是與賈伯斯共事的樂趣。「史帝夫喜歡想事情，也喜歡把構想化成作品，對創意過程有一種難得、卻令人激賞的敬意。他比其他人都清楚一點，構想最後雖然成為爆發力十足的成品，但萌芽階段卻異常脆弱，稍縱即逝，一不小心就被破壞殆盡。他的成功，來自於他對美感與純粹的追求，套句他常說的話，也來自他的『在乎』。」

追思會氣氛莊嚴，字字句句令人沸騰。時至今日，任何人若透過iMac、iPhone、iPad，或是三星Galaxy或微軟Surface觀賞，還是能感受當時的氛圍。康貝爾說：「請大家往前後左右看一看。你們就是最好的證明，你們都是造就蘋果的幕後功臣。」緬懷過去的同時，那場追思會也提醒大家，未來仍有長路要走，正如賈伯斯希望大家繼續努力一樣。酷玩樂團在追思會尾聲再度獻唱，主唱馬汀（Chris Martin）說：「不會耽擱各位太多時間。相信史帝夫會希望大家回去專心工作。」

資料來源

有關賈伯斯的採訪與報導，我和特茲利從1986年至2011年寫的筆記和訪談紀錄多達好幾千頁，錄音紀錄總計有數百小時，見諸於報章、雜誌的文章有數十篇，還有很多親身經驗則是沒有記錄下來的。起先，我們以為最簡單的做法就是結集我過去寫好的東西，畢竟那時記憶猶新，印象也最鮮明。

但我們後來發現這些報導有一個問題，也就是見樹不見林，恐怕無法達到本書的目的，即深入了解賈伯斯不斷演化的企業經營技巧與能力，以及他那幾乎傳教、想要改變這個世界的熱忱。我們想要呈現他如何自我修煉、他的理想主義、他那駭人的癡迷、他的美學觀和強烈的使命感。此外，他了解一般人在這個日益複雜、喧囂和混亂的世界，想要利用新工具增加自己的能力、不斷自我改善的焦慮與需求。

因此，我們不得不重新撰寫這個故事。儘管有一部分取材於過去的文章，但加上賈伯斯至交、同事或敵人的觀察與思索。畢竟他們與賈伯斯共同擁有一段特別的回憶，我們也可藉這個機會，深入了解賈伯斯與這些人的關係。我們在這部分特別補充、分析這方面的資料，好讓讀者了解書中一些段落的脈絡。

前言

這篇序言主要是根據我第一次與賈伯斯進行訪談的回憶與筆記。時間是在1986年4月17日，地點在帕羅奧圖。其他觀察則來自之後與賈伯斯多達一百五十次的互動，包括會談、訪問、電話、電子郵件，以及私下閒談，直至2011年10月5日他過世。本書引用他說的話都來自這些會談、電話或電子郵件，否則將另外加注解說。有些引用的部分已刊登在我先前為《財星》或《華爾街日報》撰寫的報導。這些報導文章的全文或摘要皆未在本書出現。

賈伯斯生於1955年2月24日，我則是生於1954年4月9日。我們都在1972年春天高中畢業。我在這篇序言不但提到我與賈伯斯面對面訪談的經過，也加入與麥肯納和卡特慕爾訪談的內容，訪談進行的日期分別是在2012年7月31日和2014年1月16日。

第1章　阿拉庭園裡的賈伯斯

本章為賈伯斯日後的蛻變建立一個基準線。賈伯斯在阿拉庭園這段往事的提供者，主要是史特爾因應全球威脅基金會（Skoll Global Threats Fund）的執行長布里恩特。他與賈伯斯自七〇年代中期開始結識，之後成為畢生摯友。我們採訪了他兩次，分別在2013年8月23日及2014年1月17日。我們也在布里恩特及其夫人姬莉雅（Girija）

的陪同下，造訪加州米爾山谷的阿拉庭園。姬莉雅是塞瓦基金會的共同創辦人。本章其他重要訪談人物包括蘿琳、李・克洛和麥肯納，訪談進行的時間分別是在2013年10月14日、2013年10月14日和2012年7月31日。

有關賈伯斯生平資料的一些細節，我們參考了許多已出版的專書，包括艾薩克森的《賈伯斯傳》、莫瑞茲（Michael Moritz）的《重返小王國》（*Return to The Little Kingdom*）。至於沃茲尼克的生平及他對蘋果的貢獻，則參考他與史密斯（Gina Smith）共同撰寫的回憶錄《科技頑童沃茲尼克》（*iWoz: Computer Geek to Cult Icon*）。賈伯斯與賈伯斯的藍盒子歷險記細節多半來自此書。

有關自組電腦俱樂部的背景資料，則是參考《科技頑童沃茲尼克》、《重返小王國》等書。過去二十年，我與比爾・蓋茲與賈伯斯進行訪談，曾數次跟他們討論過這個電腦俱樂部。

蘋果電腦向證券交易委員會提出1980年12月12日股票上市，在申請資料提供業務成長資料：「蘋果電腦至1977年9月30日，之前六個月銷售量是五百七十部，但　至1978年9月30日、1979年9月30日、1978年9月30日，年度銷售量分別為七千六百部、三萬五千一百部和七萬八千一百部。」

我們也參考了其他線上資料：塞瓦基金會網站（www.seva.org）、懷特度假中心（即阿拉庭園官方名稱www.ralstonwhiteretreat.org/history.asp）、《財星》2008-2014年〈全球最受讚賞的公司〉（www/time.com/10351/

fortune-worlds-most-admired-company-2014）、賈伯斯在1995年4月20日接受史密森學會訪談的錄影紀錄（http://americanhistory.si.edu/comphist/sj1.html）。關於新創公司的早期發展，李文斯敦（Klaus Livingston）的專書《創辦人的故事》（*Founders at Work: Stories of Startups' Early Days*）及其相關網站（www.foundersatwork.com/steve-wozniak.html）很值得參看。至於賈伯斯去阿拉庭園那天的詳細天氣狀況，參看：http://ggweather.com/sjc/daily_records.html#September。

第2章 「我不想當生意人。」

本章解釋賈伯斯早先踏入商業世界的態度，很多細節來自討論蘋果電腦發展初期的專書和雜誌文章、我與賈伯斯的訪談，以及曾和賈伯斯共事者的回憶。特別感謝麥肯納提供的私人資料，包括筆記、手繪圖畫、宣傳手冊、年度報告、信件等，以及他出版的《真實年代》（*Real Time: Preparing for the Age of the Never Satisfied Customer*）一書。我們在2012年和2013年三度與他進行深度訪談。

本章其他參考書籍包括沃茲尼克與史密斯合著的《科技頑童沃茲尼克》、莫瑞茲的《重返小王國》、《葛洛夫自傳》（*Swimming Across: A Memoir*）、泰德洛（Richard S. Tedlow）著《活著就是贏家：英特爾創辦人葛洛夫傳》（The Life and Times of an American）、瑞德（T.

R. Reid）的《IC雙雄：諾貝爾物理得獎人vs.英特爾創辦人的創新大賽》（*The Chip: How Two Americans Invented the Microchip and Launched a Revolution*）及博林（Leslie Berlin）著《諾宜斯與矽谷的誕生》（*Robert Noyce and the Invention of Silicon Valley*）。我們也引用了《紐約客》在1997年11月刊登的〈數位化〉（Digitization）一文。本章也參考蘋果電腦為了公開上市在1980年提交給證券交易委員會的資料。

第3章　突破與崩壞

本章描述賈伯斯在蘋果權力被架空，在董事會施壓之下，最後不得不離開這家他創辦的公司。我們整合很多資料，包括書籍、訪談、如年度財報等官方檔案，以及賈伯斯的回憶。此一時期與賈伯斯共事的人也在最近的訪談中提供寶貴的資料。我們也參考當時報章雜誌對這個事件的報導。

除了我與賈伯斯的訪談，本章也引述了不少巴恩斯的話。這些是她在2012年7月24日的訪談中告訴我們的。另外，也引用其他人在訪談中說的話（括號中的日期為訪談時間），如李・克洛（2013年10月14日）、麥肯納（2012年7月31日）、比爾・蓋茲（2012年6月15日）、史雷德（2012年7月23日）和葛賽（2012年10月17日）。

有些段落也參考了下列書籍：梅尼茲（Stephen Manes）與安德魯斯（Paul Andrews）合著的《電腦小霸

王》（*Gates*）、史考利著《蘋果戰爭：從百事可樂到蘋果電腦》（*Odyssey: Pepsi to Apple, A Journey of Adventure, Ideas, and the Future*）、布雷能著《蘋果上的咬狠：我與賈伯斯的一段過去》（*The Bite in the Apple: A Memoir of My Life with Steve Jobs*）、林茲梅爾（Owen W. Linzmayer）著《蘋果傳奇》（*Apple Confidential 2.0: The Definitive History of the World's Most Colorful Company*）、西爾吉克（Michael A. Hiltzik）著《創新未酬》（*Dealers of Lightning: Xerox PARC and the Dawn of the Computer Age*）、李維（Steven Levy）著《瘋狂般偉大：麥金塔的生命與時代，改變一切的電腦》（*Insanely Great: The Life and Times of Macintosh, the Computer That Changed Everything*）、莫瑞茲的《重返小王國》以及《科技頑童沃茲尼克》。

其他報導包括烏塔爾（Bro Uttal）撰〈賈伯斯被逐出蘋果〉（The Fall of Steve）等，見1985年8月5日出刊的《財星》。

第4章　接下來呢？

賈伯斯創立NeXT之初，也是我對他進行訪談的起點。最初我是《華爾街日報》的記者，後來為《財星》撰稿，主要報導矽谷的發展。其實，在這個時期的前三年，關於NeXT和皮克斯我沒寫多少。因為這兩家公司並非矽谷注目的焦點。1989年，我到《財星》工作後，決心多報導一些賈伯斯及其公司的情況，也就跟他變得熟稔。本章描述多出我自己的筆記、訪談紀錄和對當時事件的記憶。與賈伯斯共事者的深入訪談也成為本章重要背景資料。

除了我自己與賈伯斯的接觸，本章引用的話很多出自我與魯文、巴恩斯、郃凡尼恩、盧賓斯坦的訪談，訪談日期分別是2012年7月26日、2012年7月24日、2012年11月12日和2012年7月25日。在此感謝艾莉森・湯瑪絲在2014年1月20日提供的電子郵件資料。

關於NeXT公司，我們參看了兩本重要專書：史托斯（Randall Stross）的《賈伯斯和他的NeXT》（Steve Jobs and the NeXT Big Thing）及林茲梅爾的《蘋果傳奇》。

至於昇陽電腦的快速成長和工作站電腦的競爭，出自我從1998年到2004年為《財星》撰寫的報導（見參考書目資料）。NeXT電腦產品發表會的描述則主要出自我自己的在場經驗，以及我在1988年10月13日為《華爾街日報》寫的報導，題為〈下一個計畫：賈伯斯把蘋果拋在腦後，再創新的電腦系統〉（Next Project: Apple Era Behind Him, Steve Jobs Tries Again, Using a New System）。

有關硬碟和半導體的相對效能，主要參考資料如下：葛辛格（Pat Gelsinger）撰〈摩爾定律——影響不絕〉（Moore's Law—The Genius Lives On），見2007年7月13日出刊的《半導體技術雜誌》（*Solid State Circuits*）通訊報導部分，以及華特（Chip Walter）刊登於2005年7月25日《科學美國人》（*Scientific American*）的專文〈克拉底定律〉（Kryder's Law）。

其他有參考價值的雜誌文章如史瓦茲（John Schwartz）撰寫的〈賈伯斯回來了〉（Steve Jobs Comes Back），刊登於1988年10月24日的《新聞週刊》。我們也參考諾瑟拉在1986年12月號的《君子雜誌》發表的〈賈伯斯的二度聖臨〉（The Second Coming of Steven Jobs）。本章也提到PBS在1986年「企業家」系列節目以賈伯斯為主題人物那集。

其他線上資料包括：礦業名人堂（http://www.mininghalloffame.org/inductee/jackling）；艾默德威特（Philip Elmer-DeWitt）在2009年4月27日發表的〈深入賈伯斯在伍德塞德的大宅院〉（http://fortune.com/2009/04/27/inside-steve-jobs-tear-down-mansion/）。另外，昇陽提交給證管會的資料參看：http://www.sec.gov/cgi-bin/browse-edgar?company=sun+microsystems&owner=exclude&action=getcompany。

第5章　賭注

本章描述賈伯斯買下皮克斯的緣起。很多資料源於我從1989年至2006年所寫的報導（見書目資料）。我們感謝卡特慕爾最近多次接受我們的採訪，也參看了他所寫的《創意電力公司》一書。至於一些細節的考證，我們則參看了派克（Karen Paik）寫的《創造奇蹟——皮克斯動畫工作室幕後創作解析》（*To Infinity and Beyond: The Story of Pixar Animation Studios*）。

除了我與賈伯斯的訪談，本章引用的話很多出自我們和巴恩斯、卡特慕爾、拉塞特、伊格與蘿琳的訪談，訪談時間分別為2012年7月24日、2014年1月16日、2014年5月8日、2014年5月14日，以及2013年10月25日。

第6章　冤家聚頭

本章很特別，因為這是根據比爾・蓋茲與賈伯斯的聯合訪談所寫。賈伯斯與比爾・蓋茲兩人只接受過兩次聯合訪。（另一次則是在十六年後）。因此本章資料主要是我的訪談紀錄、筆記、我自己的回憶和對當時電腦產業的分析。

我們參考了美國經濟事務部1976-2012年產業資料分析，見下列網頁：https://www.bea.gov/scb/pdf/2005/01January/0105_Industry_Acct.pdf。

至於比爾・蓋茲，我們參考了烏塔爾發表的文章〈讓比爾・蓋茲在三十歲那年大賺三億五千萬美元的交易〉（The Deal That Made Bill Gates, Age 30, $350 Million），見1986年7月21日出刊的《財星》。此外，我們也在2012年7月23日與史雷德進行訪談，並在2012年6月15日採訪比爾・蓋茲。

第7章　運氣

本章描述皮克斯如何從一間小小的電腦動畫工作

演變成電影動畫巨人。寫作資料大抵來自我最近與皮克斯關鍵人物進行的訪談，佐以多年來我對皮克斯的報導（見參看書目）。感謝過去報導及在撰寫本書時，卡特慕爾和拉塞特不吝撥出時間與我詳談。本章資料也取自我在90年代末與卡森伯格與艾斯納的訪談紀錄。卡特慕爾的《創意電力公司》更是不可多得的參考資料。

其他參考資料包括派克的《創造奇蹟》和普萊斯（David A. Price）的《皮克斯傳奇》（*The Pixar Touch: The Making of a Company*）。至於賈伯斯如何藉由投資皮克斯晉身億萬富翁之列，我們參看了富比世的網站，特別是〈二十年的財富〉（Two Decades of Wealth）一文，參看：www.forbes.com/static_html/rich400/2002/timemapFLA400.html。

我們也到證券交易委員會的網站，查證網景通訊在1995年8月9日首次公開上市的資料。該公司釋出350萬股，每股28美元，因此售得款為九千八百萬美元。

卡特慕爾和拉塞特分別在2014年1月16日、5月8日接受我們的訪談，對本章的撰寫助益很大。

第8章　蠢蛋、混蛋與掌門人

這一章反映出我與賈伯斯關係裡一段不尋常的時光，因為當時的賈伯斯正好兼任NeXT與皮克斯的執行長，常常會看似突然地打電話給我，討論蘋果電腦的現況。在此之前，對於這間他最初嘗試創立的基業，我們從未聊太多，主要是因為他並不是那種會看後照鏡回顧往事的人。但他似乎真心警告蘋果正開始一步步邁向毀滅。我花上一整年大好時光，陸陸續續地報導，準備針對蘋果的困境撰寫一篇兼具深度與廣度的報導，這篇報導原本應該有資格成為封面故事的。我的消息來源不只是在我耳邊碎嘴的賈伯斯，還包括來自蘋果內部與外界其他人的抱怨。這篇名為〈腐敗中的庫珀蒂諾〉（Something's Rotten in Cupertino）的報導，直到1997年3月3日才在《財星》雜誌刊登，就在蘋果倉促決定收購NeXT的兩個多月後。後續跟進那篇特別報導的其他新聞，加上我在1995至1997年期間，針對微軟、NeXT與皮克斯寫的其他報導，是本章主要的資料來源。關於蘋果的數據，都來自當時的蘋果年度報告。2012年8月，兩次長時間訪問安德森，特別有助於說明1996年春天，當他進了蘋果之後，他如何一手主導，帶領蘋果脫離財務困境。

除了從我與賈伯斯的會面中摘錄隻字片語，本章中大部分直接引用都出自安德森的訪談；其他則是來自以下這些人的訪談：史雷德（2012年7月23日）；卡特慕爾（2014年1月16日）；葛賽（2012年10月17日）；郃凡尼恩（2012年11月12日）；葛洛夫（2012年6月20日）；比爾・蓋茲（2012年6月15日）。

其他資料來源包括賈伯斯於1997年8月6日在波士頓麥金塔大會演說的影片檔：http://www.youtube.com/watch?v=PEHNrqPkefI；以及1992年3月19日在《紐約時報》登出的一篇報導，標題為〈商業人物：NeXT在電信業找到董事長〉（Business People: NeXT Finds a President in Telephone Industry），作者是勞倫斯・費雪（Lawrence Fisher），這篇報導提供了凱連伯格的背景資料。

第9章　瘋狂的必要

本章涵蓋賈伯斯回到蘋果掌權的前四年時光，主要依據我自己針對1997到2001年之間的蘋果進行的報導與寫作。儘管蘋果的情勢危急，大家普遍對蘋果抱持懷疑態度，但電子迷與各領域的商人都有很大的興趣，想知道賈伯斯藏了什麼王牌，可以讓這家標竿企業扭轉情勢。賈伯斯非常清楚，他把穩定情勢的策略全盤告訴我，對他是有利的事，我們在這段時間裡建立了穩固的信任。結果，剛回到蘋果的前幾年，他坦率直言，不像後來進入二十一世紀時，他開始守口如瓶。

除了我與賈伯斯碰面時記下的隻言片語，本章大部分引言都摘錄自以下訪談：克洛（2013年10月14日）；盧賓斯坦（2012年7月25日）；郃凡尼恩（2012年11月12日）；盧賓斯坦與郃凡尼恩（2012年10月12日）；艾夫（2014年6月10日）；比爾・蓋茲（2012年6月16日）；史雷德（2012年7月23日）。

本章提及的財務數據、員工人數與其他數據，主要來自蘋果1996到2000年的每季財務報告，因此我們不在此處個別列舉。至於戴爾建議賈伯斯乾脆清理蘋果資產那番惡名昭彰的話，則是1997年10月6日，他前往佛羅里達州奧蘭多市參加1997年度高德納論壇與IT博覽會（Gartner Symposium and ITxpo97），在問答時間的回答：http://news.cnet.com/Dell-Apple-should-close-shop/2100-1001_3-203937.html。蘋果首席設計師艾夫的主要靈感來源是設計大師拉姆斯，他的背景資料來自德國家具設計公司威特索的網站：https://www.vitsoe.com/us/about/dieter-rams與https://www.vitsoe.com/us/about/good-design。我們提到的iMac與其他電腦原型的技術細節，來自：www.everymac.com/systems/apple/imac/specs/imac _ab.html。

第10章　跟著直覺走

這一章描述蘋果最後如何重振旗鼓，亦即跨入截然不同的產業，成為撼動產業的力量，在這種情況下研發出來的個人音訊電子產品，包括音樂管理軟體iTunes與可攜式數位音樂播放器iPod。本章同時詳盡地描述賈伯斯轉而擁抱新方法，也就是他口中的「跟隨你的直覺」（following your nose），不再規劃某種預設的策略「路線圖」。至於iTunes、iPod與後續的iTunes Music Store，它們的重要性就在於如何以一個產品帶出下一個產品、然後再下一個產品。每當這些產品推出時，我就在《財星》雜誌陸續報導這個過程。只有借助後見之名，你才能明白每個產品都是最好的證據，證明賈伯斯和他的團隊跟隨直覺，在每一步之後看見下一個可能性。再一次，我們為《財星》雜誌報導、撰寫與編輯的文章，為本章提供大部分的事實依據。

除了我與賈伯斯碰面時記下的隻言片語，本章大部分引言都摘錄自以下訪談：費德爾（2014年5月1日）；庫依（2014年4月29日）；艾夫（2014年6月10日）；庫克（2014年4月30日）；盧賓斯坦與邰凡尼恩（2012年10月12日）。

關於比爾・蓋茲在消費電子展的主場演講，相關資訊與背景資料均來自微軟的線上媒體報導資料庫。財務數據來自線上的每季財務報告。我從蘋果電腦線上事業資料庫中，找到2001年1月16日的報導〈iTunes首週下載高達二十七萬五千次〉，以及蘋果電腦總結至2001年9月30日為止的會計年度報告。其他本章的線上資料來源包括：在高德納集團網站上找到許多市場數據：http://www.gartner.com/newsroom/id/2301715；以及問答網站：http://www.quora.com/Steve-Jobs/What-are-the-best-stories-about-people-randomly-meeting-Steve-Jobs/answer/Tim-Smith-18。

第11章　盡力做到最好

本章基本上述說的是賈伯斯身為商人的故事。由《財星》雜誌其他記者撰寫的兩篇報導，提供部分背景資料：由里奧納德（Devin Leonard）執筆的2003年封面故事，描述iTunes稱霸音樂零售業的過程；另一篇則是尤西姆（Jerry Useem）撰寫的報導，2007年刊登，描述蘋果的零售店如何成為全世界營收最高的商店。瑞克在《娛樂周刊》（*Entertainment Weekly*）擔任編輯的經驗，也有助於我們說明音樂產業的動態，當時他們藉由加入蘋果的iTunes線上音樂商店，懷抱信心一舉躍入數位未來。

除了我與賈伯斯碰面時記下的隻字片語，本章大部分引言都摘錄自以下訪談：庫依（2014年4月29日）；庫克（2014年4月30日）；蘿琳（2013年10月14日）。

我們提及的雜誌報導包括：〈蘋果：美國最傑出的零售商〉（Apple: America's Best Retailer），由尤西姆執筆，刊登於2007年3月8日的《財星》雜誌；〈賈伯斯的關鍵歌曲〉（Songs in the Key of Steve Jobs），由里奧納德執筆，刊登於2003年5月12日的《財星》雜誌；〈評論：抱歉，史帝夫，蘋果專賣店行不通〉（Commentary: Sorry Steve: Here's Why Apple Stores Won't Work），由愛德華（Cliff Edwards）執筆，刊登於2001年5月20日的《商業週刊》雜誌。

第12章　兩個決定

這一章主要描寫賈伯斯及其團隊決定做出行動「智慧型手機」的曲折過程。我們根據幾次新的訪談、沃格斯坦（Fred Vogelstein）的《Apple vs. Google世紀大格鬥：一場盟友反目成仇，無聲改變世界與生活的科技大戰》，以及艾薩克森的《賈伯斯傳》，來寫這個故事。

我們也參考了各種書籍和網路文章，包括克魯格

（Myron W. Krueger）的《人工實境II》（*Artificial Reality II*，暫譯），以提供多點觸控使用者介面的演進背景。

除了我個人和賈伯斯見面時所獲得的片段了解以外，這一章大部分的直接引述來自於以下訪談：柯林斯（2014年4月15日）；艾夫（2014年5月6日及6月10日）；費德爾（2014年5月1日）；蘿琳（2013年10月14日）；庫克（2014年4月30日）；庫依（2014年4月29日）。

線上資料則是參考三菱電子研究實驗室網站中，由保羅・迪耶茲（Paul Dietz）及戴倫・利（Darren Leigh）所寫、於2003年10月發布的文章「DiamondTouch：多人多點觸控技術」。文章網址：http://www.merl.com/publications/docs/TR2003-125.pdf；來自國家癌症研究所的胰臟癌背景資料：http://www.cancer.gov/cancertopics/pdq/treatment/isletcell/HealthProfessional；蘋果的線上新聞稿檔案內，有關蘋果電腦公司2004年8月2日公布的財報，以及其他公司資料。

第13章　史丹佛的畢業演說

這一章節描述賈伯斯為史丹佛大學2005年畢業生所做的畢業演說。這是一件不尋常的事，因為賈伯斯很少在蘋果公司或皮克斯以外的場合公開演講，而且即使是在蘋果公司或皮克斯的活動上演講，也是為了要發表新產品或新技術。大部分的篇幅來自我們其中一位受訪者：蘿琳，她記得她丈夫過度執著地準備演講的過程，以及演講當天一家人遭受的小事故。蘋果公司和蘿琳亦同意將這令人難忘的演講稿完整刊載上來。

除了賈伯斯的演講，本章大部分的直接引述來自以下訪談：庫克（2014年4月30日）；同日訪問卡頓；柯林斯（同年4月15日）；蘿琳（同年4月30日及2013年10月25日、12月6日）。

第14章　皮克斯的避風港

本章是2006年初，賈伯斯把皮克斯動畫工作室賣給迪士尼的不為人知內情。當時這兩家公司的關係非常緊張。迪士尼執行長伊格、皮克斯創辦人卡特慕爾、主導皮克斯創新的靈魂人物拉塞特所說的故事，就像皮克斯電影的情節一樣，都在描述角色的個人成長，雖然有時會自己絆到腳。2014年初，我們有幸能與他們進行長時間、深具啟發性的訪談。

有些背景資料我們亦參考了兩本書：詹姆士・史都華（James B. Stewart）的《迪士尼戰爭》（*Disney War*，暫譯）以及艾薩克森的《賈伯斯傳》。

除了我個人和賈伯斯見面時所獲得的片段了解以外，本章大部分的直接引述來自於以下訪談：拉塞特（2014年5月8日）；庫克（2014年4月30日）；卡特慕爾（2014年1月16日）；伊格（2014年5月14日）。

第15章　具體而微的iPhone

本章幾個主軸均強調一個重點：隨著蘋果的營運規模與產品陣容持續擴大，公司經營愈形複雜。2004到2008年間，蘋果動作頻仍，包括：公司名稱去掉電腦兩字；iPhone上市；管理階層異動；與AT&T合作。這段期間的營收與員工人數成長近兩倍。蘋果的一些作為亦惹來不少爭議，例如：高階主管的員工認股權發放程序有瑕疵，導致證管會介入調查；中國代工廠的工作環境惡劣，引來民眾批評聲浪；與書商合作，企圖掌握電子書定價，遭人指控違反反壟斷法；與矽谷其他科技公司簽訂互不挖角協議。蘋果的規模持續成長，而iPhone大受市場歡迎，亦代表賈伯斯在研發上的又一勝。但風光之際，他的病情持續惡化。我們深度訪談多位蘋果前任與現任重要主管，包括執行長庫克、設計資深副總艾夫、網路軟體與服務資深副總庫依、企業公關副總卡頓，以及Nest Labs創辦人費德爾（Nest Labs現為谷歌子公司）。針對員工認股權相關內容，我們亦參考蘋果官方新聞稿、證管會申報文件、法院紀錄等。

除了我個人與賈伯斯的交談內容外，本章多數引言節選於各方人士的訪談，包括：庫依（2014年4月29日）、安德森（2012年8月8日）、郤凡尼恩（2012年10月11日）、庫克（2014年4月30日）、盧賓斯坦（2012年7月25日）、艾夫（2014年5月6日與6月10日）、杜爾（2014年5月7日）、葛賽（2012年10月17日）、安德森

（2014年5月7日）。

我們亦參考網路資訊，包括：《快速企業》雜誌網站Fastcodesign.com，文章為：http://www.fastcodesign.com/3030923/4-myths-about-apple-design-from-an-ex-apple-designer，2014年5月22日；前蘋果工程師梅爾頓（Don Melton）部落格，網址為：donmelton.com/2014/04/10/memories-of-steve/。蘋果2000年到2013年會計年度單季銷售數字，則是參考證管會申報文件。

第16章　不完美的英雄

本章一反前面章節，不依時間順序介紹蘋果的重要大事，而是舉出幾個關鍵事件，藉此說明賈伯斯受人非議的性格與行徑。事件發生時，正值蘋果成長趨勢驚人、又成為市場寵兒之際，加上他罹患絕症，都為他的決策和行為帶來無形壓力，有些事吃上官司，有些事受到監管單位懲處，有些事衝擊到企業形象，有些事單純是口無遮攔的結果。針對這些爭議事件的背景資訊，我們主要參考法院紀錄與報章雜誌的報導，也請長期與賈伯斯並肩作戰的蘋果人發表意見。我們對事件並不評斷對錯，對於仍在審理中的訴訟案更是謹慎。但我們覺得有必要詳細說明賈伯斯的處理方式，藉以探討他在顛峰時期顯露出的個性與脾氣。他與管理團隊成員的關係，以及幾位大將在2005年前後離去的原委，本章亦有著墨。

除了我個人與賈伯斯多年來的交談內容外，本章多數引言節選於各方人士的第一手訪談，包括：庫克（2014年4月30日）、庫依（2014年4月29日）、卡頓（2014年4月30日）、安德森（2012年8月8日）、盧賓斯坦（2012年7月25日）、郃凡尼恩（2012年10月11日）、比爾・蓋茲（2012年6月15日）。

我們亦參考網路資訊，包括：2008年7月26日登載於《紐約時報》的專欄文章〈Talking Business: Apple's Culture of Secrecy〉，諾瑟拉撰，網址http://www.nytimes.com/2008/07/26/business/26nocera.html?pagewanted=all；員工認股權爭議和解一事，參考證管會執法案件資料庫的新聞稿線上資料庫，訴訟新聞稿編號20086，網址http://www.sec.gov/litigation/litreleases/2007/lr20086.htm；違反反壟斷法方面，美國司法部控告蘋果、Adobe、谷歌、英特爾、財捷、皮克斯等企業互不挖角一案，請參考http://www.justice.gov/atr/cases/f262600/262654.pdf，控告蘋果與數家書商聯合操控電子書定價，參考http://www.justice.gov/atr/cases/f299200/299275.pdf；iPhone不採用Adobe的Flash多媒體播放軟體的原因，參考賈伯斯題名為〈Thoughts on Flash〉的公開信，網址https://www.apple.com/hotnews/thoughts-on-flash/；蘋果控告三星一案（三星的智慧型手機採用谷歌安卓系統，獨霸市場多年），參考蘋果新聞稿資料庫；2012年1月21日《紐約時報》的〈How the U.S. Lost Out on iPhone Work〉一文，Charles Duhigg與Keith Bradsher撰，網址http://www.nytimes.com/2012/01/22/business/apple-america-and-asqueezed-middle-class.html；2012年1月25日登載於《紐約時報》的〈In China, Human Costs Are Built into an iPad〉一文，Charles Duhigg與David Barboza撰，網址http://www.nytimes.com/2012/01/26/business/ieconomy-apples-ipad-and-the-human-costs-for-workers-in-china.html；2012年4月28日登載於《紐約時報》的〈How Apple Sidesteps Billions in Taxes〉一文，Charles Duhigg與David Kocieniewski撰，網址http://www.nytimes.com/2012/04/29/business/apples-tax-strategy-aims-at-low-tax-states-and-nations.html；2012年6月23日登載於《紐約時報》的〈Apple's Retail Army, Long on Loyalty but Short on Pay〉一文，David Segal撰，網址http://www.nytimes.com/2012/06/24/business/apple-store-workers-loyal-but-short-on-pay.html.

其他相關背景資訊亦參考《Apple vs. Google世紀大格鬥一書。

第17章 「說我是王八蛋就好了！」

最後一章同樣聚焦在賈伯斯生前最後幾年，包括：他與我的幾次談話；2009年的肝臟移植手術；中國代工廠的工作環境爭議；兩起反壟斷法爭議，一個是與書商共謀拉抬電子書定價，一個是與其他科技企業協議互不挖角；iPad為何叫好又叫座，成為蘋果史上最熱銷的產品。但本章主要是希望透過這些重大事件，介紹賈伯斯的心路歷程，他不再是當初自負的創業小伙子，而是轉變成身經百戰的企業領導人，打造出全新的消費性電子產品，亦針對這些產品，發展出配套措施。本章內容提及的言論與描述，大多取自賈伯斯最親近的人。

安葬儀式的段落描述，由幾位不願具名的觀禮者所提供。蘿琳在追思會的悼詞，亦經過她本人同意節選。

除了我個人與賈伯斯的交談內容外，本章多數引言節選於各方人士的第一手訪談，包括：庫克（2014年4月30日）、伊格（2014年5月14日）、庫依（2014年4月29日）、克洛（2014年1月20日）、比爾・蓋茲（2012年6月15日）、蘿琳（2014年4月30日）、拉塞特（2014年5月8日）、柯林斯（2014年4月15日）、史雷德（2012年7月23日）。

賈伯斯2011年6月7日赴庫珀蒂諾市議會報告新園區計畫，本章的引言參考市議會影片資料庫，網址http://www.cupertino.org/index.aspx?recordid=463&page=26；康貝爾與艾夫2011年10月20日在蘋果總公司發表悼詞，內容取自蘋果線上影片資料庫，網址http://events.apple.com.edgesuite.net/10oiuhfvojb23/event/index.html.。

參考文獻

書籍

Amelio, Gil. *On the Firing Line: My 500 Days at Apple*. New York: HarperBusiness 1998.

Berlin, Leslie. *The Man Behind the Microchip: Robert Noyce and the Invention of Silicon Valley*. New York: Oxford University Press, 2005.

Brennan, Chrisann. *The Bite in the Apple: A Memoir of My Life with Steve Jobs*. New York: St. Martin's Press, 2013.

Catmull, Ed. *Creativity Inc.: Overcoming the Unseen Forces That Stand in the Way of True Inspiration*. New York: Random House, 2014.

Collins, Jim. *Good to Great: Why Some Companies Make the Leap . . . and Others Don't.* New York: HarperBusiness, 2001.

Collins, Jim, and Jerry I. Porras. *Built to Last: Successful Habits of Visionary Companies*. New York: HarperBusiness, 2004.

Deutschmann, Alan. *The Second Coming of Steve Jobs*. New York: Crown Business, 2001.

Esslinger, Hartmut. *Keep It Simple: The Early Design Years at Apple*. Stuttgart: Arnoldsche Verlaganstalt, 2014.

Grove, Andrew S. *Swimming Across: A Memoir*. New York: Grand Central Publishing, 2001.

Hertzfeld, Andy. *Revolution in the Valley: The Insanely Great Story of How the Mac Was Made*. Sebastopol, CA: O'Reilly Media, 2004.

Hiltzik, Michael A. *Dealers of Lightning: Xerox PARC and the Dawn of the Computer Age*. New York: HarperBusiness, 1999.

Isaacson, Walter. *Steve Jobs*. New York: Simon & Schuster, 2011.

Kahney, Leander. *Jony Ive: The Man Behind Apple's Greatest Products*. New York: Portfolio Hardcover, 2013.

Krueger, Myron W. *Artificial Reality II*. Boston: Addison-Wessley Professional, 1991.

Lashinsky, Adam. *Inside Apple: How America's Most Admired—and Secretive— Company Really Works.* New York: Business Plus, 2012.

Levy, Steven. *Insanely Great: The Life and Times of Macintosh, the Computer That Changed Everything*. New York: Penguin, 2000.

——. *The Perfect Thing: How the iPod Shuffles Commerce, Culture, and Coolness*. New York: Simon & Schuster, 2006.

Linzmayer, Owen W. *Apple Confidential 2.0: The Definitive History of the World's Most Colorful Company*. San Francisco: No Starch Press, 2004.

Livingston, Jessica. *Founders at Work: Stories of Startups' Early Days*. New York: Apress, 2009.

Lovell, Sophie. *Dieter Rams: As Little Design as Possible*. London: Phaidon Press, 2011.

Manes, Stephen, and Paul Andrews. *Gates*. New York: Touchstone, 1994.

Markoff, John. *What the Dormouse Said: How the Sixties Counterculture Shaped the Personal Computer*. New York: Penguin, 2006.

McKenna, Regis. *Real Time: Preparing for the Age of the Never Satisfied Customer*. Boston: Harvard Business Review Press,

1999.

Melby, Caleb. *The Zen of Steve Jobs*. New York: Wiley, 2012.

Moritz, Michael. *The Little Kingdom: The Private Story of Apple Computer*. New York: William Morrow & Co., 1984.

Paik, Karen. *To Infinity and Beyond: The Story of Pixar Animation Studios*. San Francisco: Chronicle Books, 2007.

Paramahansa Yogananda. *Autobiography of a Yogi*. Oakland, CA: Self-Realization Fellowship, 1998.

Price, David A. *The Pixar Touch: The Making of a Company*. New York: Vintage, 2009.

Reid, T. R. *The Chip: How Two Americans Invented the Microchip and Launched a Revolution*. New York: Simon & Schuster, 1985.

Sculley, John. *Odyssey: Pepsi to Apple, A Journey of Adventure, Ideas, and the Future.* New York: HarperCollins, 1987.

Segall, Ken. *Insanely Simple: The Obsession That Drives Apple's Success*. New York: Portfolio Hardcover, 2012.

Simpson, Mona. *A Regular Guy*. New York: Vintage, 1997.

Stewart, James B. *DisneyWar*. New York: Simon & Schuster, 2006.

Stross, Randall. *Steve Jobs and the NeXT Big Thing*. New York: Scribner, 1993.

Suzuki, Shunryu. *Zen Mind, Beginner's Mind: Informal Talks on Zen Meditation and Practice*. Boston: Shambhala, 2006.

Tedlow, Richard S. *Andy Grove: The Life and Times of an American*. New York: Penguin, 2006.

Vogelstein, Fred. *Dog fight: How Apple and Google Went to War and Started a Revolution*. New York: Sarah Crichton Books, 2013.

Wozniak, Stephen, and Gina Smith. *iWoz: Computer Geek to Cult Icon: How I Invented the Personal Computer, Co-founded Apple, and Had Fun Doing It*. New York: W. W. Norton & Company, 2007.

Young, Jeffrey S. Steve *Jobs: The Journey Is the Reward*. New York: Scott Foresman Trade, 1987.

作者的文章

Schlender, Brenton R. “Jobs, Perot Become Unlikely Partners in Apple Founder’s New Concern.” *Wall Street Journal*, February 2, 1987.

——. “Next Project: Apple Era Behind Him, Steve Jobs Tries Again, Using a New System.” *Wall Street Journal*, October 13, 1988.

——. “How Steve Jobs Linked Up with IBM.” *Fortune*, October 9, 1989.

——. “The Future of the PC: Steve Jobs and Bill Gates Talk About Tomorrow.” *Fortune*, August 26, 1991.

——. “What Bill Gates Really Wants.” *Fortune*, January 16, 1995.

——. “Steve Jobs’ Amazing Movie Adventure.” *Fortune*, September 18, 1995.

——. “Something’s Rotten in Cupertino.” *Fortune*, March 3, 1997.

——. “The Three Faces of Steve.” *Fortune*, November 9, 1998.

——. “Apple’s One-Dollar-a-Year Man.” *Fortune*, January 24, 2000.

——. “Steve Jobs’ Apple Gets Way Cooler.” *Fortune*, January 24, 2000.

——. "Steve Jobs: Graying Prince of a Shrinking Kingdom." *Fortune*, May 14, 2001.

——. "Pixar's Fun House." *Fortune*, July 23, 2001.

——. "Apple's 21st Century Walkman." *Fortune*, November 12, 2001.

——. "Apple's Bumper Crop." *Fortune*, February 3, 2003.

——. "What Does Steve Jobs Want?" *Fortune*, February 23, 2004.

——. "Incredible: The Man Who Built Pixar's Innovation Machine." *Fortune*, November 15, 2004.

——. "How Big Can Apple Get?" *Fortune*, February 21, 2005.

——. "Pixar's Magic Man." *Fortune*, May 17, 2006.

——. "Steve and Me: A Journalist Reminisces." *Fortune*, October 25, 2011.

——. "The Lost Steve Jobs Tapes." *Fast Company*, May 2012.

其他報章雜誌

BusinessWeek /BloombergBusinessweek

Esquire

Fast Company

Fortune

New York Times

The New Yorker

Newsweek

San Francisco Chronicle

San Jose Mercury News

Time

Wall Street Journal

Wired

網站

allaboutstevejobs.com

apple.com

apple-history.com

Computer History Museum: www.computerhistory.org/atchm/steve-jobs/cultofmac.com

donmelton.com/2014/04/10/memories-of-steve/everystevejobsvideo.com

Fastcodesign.com, a Fast Company website that a focuses on design news, May 22, 2014, http://www.fastcodesign.com/3030923/4-myths-about-apple-design-from-an-ex-apple-designer

Forbes billionaires list: "Two Decades of Wealth," www.forbes.com/static_html/rich400/2002/timemapFLA400.html

foundersatwork.com; interview with Stephen Wozniak, www.foundersatwork.com/steve-wozniak.html

Gartner Group: http://www.gartner.com/newsroom/id/2301715

Golden Gate Weather: http://ggweather.com/sjc/daily_records.html#September

National Cancer Institute: http://www.cancer.gov/cancertopics/pdq/treatment/isletcell/HealthProfessional

National Historic Trust for Historic Preservation: preservationnation.org (Jackling Mansion details)

National Mining Hall of Fame, Leadville, Co.: http://www.mininghalloffame.org/inductee/jackling

news.cnet.com

paloalto.patch.com/groups/opinion/p/my-neighbor-steve-jobs

quora.com; http://www.quora.com/Steve-Jobs/What-are-the-best-stories-about-people-randomly-meeting-Steve-Jobs/answer/Tim-Smith-18.

The Ralston White Retreat: www.ralstonwhiteretreat.org/history.asp

The Seva Foundation: www.seva.org

Smithsonian Institution's "Oral and Video Histories" Steve Jobs interview on April 20, 1995: http://americanhistory.si.edu/comphist/sj1.html

Steve Jobs addressing MacWorld Boston, August 6, 1997: http://www.youtube.com/watch?v=PEHNrqPkefI

Steve Jobs open letter "Thoughts on Flash," explaining his reasoning for not allowing Adobe Corp.'s Flash media player software on the Apple iPhone: https://www.apple.com/hotnews/thoughts-on-flash/

stevejobsarchive.net

U.S. Bureau of Economic Affairs, Annual Industry Accounts 1976–2012, https://www.bea.gov/scb/pdf/2005/01January/0105_Industry_Acct.pdf

Vitsœ: https://www.vitsoe.com/us/about/dieter-rams; https://www.vitsoe.com/us/about/good-design

其他

Cupertino City Council video archive of Steve Jobs's presentation of plans for a new Apple headquarters, June 7, 2011, http://www.cupertino.org/index.aspx?recordid= 463&page=26.

Dietz, Paul, and Darren Leigh. "DiamondTouch: A Multi-User Touch Technology." Mitsubishi Electric Research Laboratories white paper, October 2003, http://www.merl.com/publications/docs/TR2003-125.pdf.

The Entrepreneurs. PBS, 1986.

Leonard, Devin. "Songs in the Key of Steve Jobs." *Fortune*, May 12, 2003.

Securities and Exchange Commission S-1 filing of the prospectus for Netscape Communications Inc.'s initial public offering on August 9, 1995.

Securities and Exchange Commission S-1 filing of the prospectus for Pixar's initial public offering on November 29, 1995. (Filing date October 11, 1995.)

Securities and Exchange Commission S-1 filing of the prospectus for Apple Computer Inc.'s initial public offering on December 22, 1980. (Filing date December 12, 1980.)

Securities and Exchange Commission litigation press release No. 20086, *Securities and Exchange Commission v. Nancy R. Heinen and Fred D. Anderson, Case No. 07-2214-HRL*, April 24, 2007, http://www.sec.gov/litigation/litreleases/2007/lr20086.htm.

Useem, Jerry. "Apple: America's Best Retailer." *Fortune*, March 8, 2007.

Uttal, Bro. "The Fall of Steve." *Fortune*, August 5, 1985.

——. "The Deal That Made Bill Gates, Age 30, $350 Million." *Fortune*, July 21, 1986.

致謝

感謝經紀人Kris Dahl，在本書從構想到成文的過程中，擔任我們的靠山與軍師。Crown出版社編輯Roger Shcoll從一開始便看好本書，我們每次遇到挫折時，他總是全力支持，編輯過程有他協助，是我們的福氣。John Huey是我們兩人共事的牽線人，因為他，我們變成好朋友，也才有機會合作寫下本書。Cathy Cook是我們在矽谷的多年好友，總是給我們明智中肯的意見。Jenny Lyss與我們共進晚餐時提出書名構想，大方讓我們採用。本書承蒙眾人協助得以完成，特別感謝Larry Brilliant、Annie Chia、Larry Cohen、Katie Cotton、Mia Diehl、Steve Dowling、Caroline Eisenmann、Heather Feng、Sadie Ferguson、Sarah Filippi、Veronica Garcia、Celine Grouard、Bill Joy、Ted Keller、George Lange、Kristen McCoy、

Regis McKenna、Gretchen Menn、Doug Menuez、Michelle Moretta、Zenia Mucha、Terri Murphy、Karen Paik、Emily Philpott、Derek Reed、Abby Royle、Wendy Tanzillo、Allison Thomas、Fred Vogelstein、Tom Waldrop。

感謝諸位賈伯斯的親友、同事、事業導師及競爭對手等人，願意信任我們，分享對他的回憶、印象與觀點，在此不一一具名感謝。接受我們正式訪談的人士，完整名單列於〈資料來源〉部分。感謝這些人願意敞開心胸，分享對賈伯斯的回憶與個人感受。

——史蘭德與特茲利

感謝與我結褵三十年的妻子Lorna，對於我的記者工作無怨無悔，即使我工作時間不穩定、情緒時好時壞、偶爾突然必須出國採訪，她都默默承受。感謝兩個女兒Greta與Fernanda在書中客串演出，出現在幾個段落；她們也跟媽媽一樣，鼓勵我完成這本書，不要被疾病打敗。謝謝已故的母親Charlotte，她生前是八年級英文老師，讓我了解到學習英文字根的重要，也教導我用字遣詞總有再進步的空間。特別感謝我父親Harold，他這輩子以營造與手工藝為業，本書出版那個月適逢他九十歲大壽。他在我小時候就教會我一個道理，做錯事一定有三個壞處。第一，浪費精力和資源；第二，錯的地方要先改正；第三，改正後，又得重新來過，把事情做對。這個準則不正適合用在人生每件事嗎？我父親以身作則，讓我體會到只要有心，再大的挑戰都能完成，年齡不是問題。我們位於堪薩斯州麥克弗森市（McPherson）的老家，有一座宏偉的歌劇院古蹟，得以修復成功，重新開幕，都靠我父親自己的力量——他那時八十五歲。最後，我還要感謝跟我是老交情的好友Rodney Pearlman，他博學多聞，在寫書收尾階段提供寶貴中肯的建議，給我莫大幫助。

——史蘭德

《快速企業》雜誌編輯Bob Safian鼓勵我寫這本書，雖然比我們原本預期地還要費時，他卻願意給我空間，讓我放心完成。世界需要有更多像他這樣的企業領導人——他看到這句話肯定會不好意思，但這是我的肺腑之言。David Lidsky讀完本書初稿後，給予我們寶貴意見。感謝他與Lori Hoffman和Jill Bernstei在我向《快速企業》請假寫書時，管理紙本雜誌團隊。Frank Davis與Nancy Blecher Davis總是在關鍵時刻伸出援手，是天底下最好的岳父岳母。Christine Pierre多年來是我們一家人的學習榜樣，幫助我們良多，只是她生性謙虛不願居功。我兄弟Bill與Chris一直是我的好知己，Adam Bluestein、Nicole Gueron、Carter Strickland、Steve Tager也不斷給我支持。寫書過程中，我的小孩Jonah、Tal、Anya偶爾也會有脾氣，但大部分時間都很體貼，也對內容深感興趣。他們讓我做的每件事更添意義，也讓我體會到這本書的價值與限制。最後，我想感謝結婚十七年的妻子Mari，她是本書最忠實、最用功的讀者。底稿有她滿滿的註記，讓每一版初稿的內容更扎實。她鼓勵我們行文更明確、目標更高遠、內容更深入。最重要的是，她是我最好的朋友與人生伴侶。Mari，還記得嗎？認識妳的第一晚，我陪妳走了六十五個街區送妳回家，沒想到妳就此改變了我的人生。因為認識了妳，因為有妳為妻，我的人生更加美好，謝謝妳。

——特茲利

財經企管 BCB550B

成為賈伯斯
天才巨星的挫敗與孕成
Becoming Steve Jobs
The Evolution of a Reckless Upstart into a Visionary Leader

作者 — 史蘭德（Brent Schlender）、特茲利（Rick Tetzeli）
譯者 — 廖月娟、沈維君、蕭美惠、連育德
總編輯 — 吳佩穎
責任編輯 — 許玉意、周宜芳
內頁設計及封面構成 — 張議文

出版者 — 遠見天下文化出版股份有限公司
創辦人 — 高希均、王力行
遠見・天下文化 事業群榮譽董事長 — 高希均
遠見・天下文化 事業群董事長 — 王力行
天下文化社長 — 王力行
天下文化總經理 — 鄧瑋羚
國際事務開發部兼版權中心總監 — 潘欣
法律顧問 — 理律法律事務所陳長文律師
著作權顧問 — 魏啟翔律師
社址 — 台北市 104 松江路 93 巷 1 號 2 樓
讀者服務專線 —（02）2662-0012
傳　真 —（02）2662-0007；2662-0009
電子信箱 — cwpc@cwgv.com.tw
直接郵撥帳號 — 1326703-6 號　遠見天下文化出版股份有限公司

電腦排版 — 立全電腦印前排版有限公司
製版廠 — 東豪印刷事業有限公司
印刷廠 — 中原造像股份有限公司
裝訂廠 — 中原造像股份有限公司
登記證 — 局版台業字第 2517 號
總經銷 — 大和書報圖書股份有限公司　電話／(02)8990-2588
出版日期 — 2015 年 5 月 29 日 第一版第 1 次印行
2024 年 5 月 23 日 第三版第 1 次印行

國家圖書館出版品預行編目(CIP)資料

成為賈伯斯：天才巨星的挫敗與孕成 / 史蘭德(Brent Schlender), 特茲利(Rick Tetzeli)合著；廖月娟等合譯. -- 第一版. -- 臺北市：遠見天下文化, 2015.05
面；　公分. -- (財經企管；BCB550)
譯自：Becoming Steve Jobs : the evolution of a reckless upstart into a visionary leader
ISBN 978-986-320-718-4

1.賈伯斯(Jobs, Steven, 1955-2011) 2.蘋果電腦公司(Apple Computer, Inc.) 3.傳記 4.電腦資訊業

484.67　　104005904

定價 — 650 元
條碼 — 4713510944578
書號 — BCB550B
天下文化官網 — bookzone.cwgv.com.tw